Peter Hennicke
Dieter Seifried

Das Einsparkraftwerk

– eingesparte Energie neu nutzen

Springer Basel AG

Die Deutsche Bibliothek – CIP-Einheitsaufnahme

Hennicke, Peter:
Das Einsparkraftwerk : eingesparte Energie neu nutzen / Peter
Hennicke ; Dieter Seifried.
ISBN 978-3-0348-6023-9   ISBN 978-3-0348-6022-2 (eBook)
DOI 10.1007/978-3-0348-6022-2
NE: Seifried, Dieter:

©1996 Springer Basel AG
Ursprünglich erschienen bei Birkhäuser Verlag GmbH 1996
Softcover reprint of the hardcover 1st edition 1996

Umschlaggestaltung: yellow circle, Köln
Gedruckt auf säurefreiem Papier, hergestellt aus chlorfrei gebleichtem Zellstoff. TCF ∞

ISBN 978-3-0348-6023-9

9 8 7 6 5 4 3 2 1

Inhaltsverzeichnis

Vorwort

Wie alles begann

Dieses Buch ist das Ergebnis einer ungewöhnlichen und langjährigen Zusammenarbeit von ökologisch orientierten Wissenschaftlern und Praktikern aus der Versorgungswirtschaft. Ökologen haben noch nirgendwo in der Bundesrepublik so intensiv in den »Eingeweiden« eines Versorgungsunternehmens geforscht wie bei den Stadtwerken Hannover. Und in keinem Versorgungsunternehmen haben mehr als 50 Mitarbeiterinnen und Mitarbeiter aus allen Fachabteilungen in mehr als 200 Arbeitssitzungen so konstruktiv mit Wissenschaftlern gestritten und zusammengearbeitet wie bei der LCP-Fallstudie Hannover.

Die Vorgeschichte reicht bis in das Jahr 1990 zurück. Spitzenmanager der deutschen Elektrizitätswirtschaft und ökologisch orientierte Wissenschaftler wie Amory Lovins (USA), Joergen Noergard (Dänemark) und ihre Kollegen aus dem Öko-Institut Freiburg trafen sich auf Einladung der Schweisfurth-Stiftung, moderiert von Reinhard Ueberhorst, in München. Ausgerechnet aus den USA, dem Land der billigen Energie und unbegrenzten Energieverschwendung, kamen die interessantesten Neuigkeiten: Private Elektrizitätsunternehmen investierten in die Effizienzverbesserung bei ihren Kunden, statt neue Kraftwerke zu bauen. »Profits with NEGAWatts« – mehr Gewinn durch das Einsparen als durch das Herstellen von Energie – hieß die faszinierende Parole. »Least-Cost Planning«, »Demand Side Management« oder »Integrierte Ressourcenplanung« waren die Zauberwörter, ins Deutsche nur mühsam mit »Energiedienstleistungsplanung«, »Minimalkostenplanung« oder »Integrierte Ressourcenplanung« übersetzbar.
Aber die neue Botschaft war im Grunde einfach: Wenn es für die Kunden billiger ist, Strom durch stromsparende Geräte und Techniken einzusparen, sollten die Stromversorger statt in neue Kraftwerke in die Erschließung dieser Einsparpotentiale bei ihren Kunden investieren. Die Reaktion der in München versammelten Strommanager reichte von ungläubigem Staunen bis zu offener Ablehnung: »Machen wir doch schon alles«, oder »Gut für die energieverschwenderische USA, aber doch nicht für die energieeffiziente Bundesrepublik« verlautete offiziell.
Nach dem Seminar wurde beim Essen und beim Bier weiter diskutiert. Die Gespräche waren weniger positioniert, und Zwischentöne wurden erkennbar. Schaufensterreden waren jetzt unnötig, und Verbandsbulletins langweilten. Aber die Skepsis, daß all dies funktionieren könnte, überwog auch bei denen, die genau zugehört hatten.

Dr. Erich Deppe, Vorstand der Stadtwerke Hannover, Peter Hennicke und Dieter Seifried saßen am Abend zufällig nebeneinander. Auch sie waren skeptisch, jeder auf seine Art. Erich Deppe fand die LCP-Idee faszinierend, aber die Praxis in Hannover sah doch ganz anders aus. Als ehemaliger Kämmerer der Stadt Hannover ahnte Erich Deppe, was das bedeuten würde: Auch in Hannover sind natürlich alle für Energiesparen, aber weniger Energieverkauf, weniger Energiegewinne, weniger Geld für den Stadtsäckel – was bleibt dann von den hehren Schwüren für den Umweltschutz? Peter Hennicke und Dieter Seifried waren zusammen mit Stephan Kohler und vielen anderen Kollegen aus dem Öko-Institut seit Jahren als Wanderprediger zum Thema »Energiewende und Rekommunalisierung« durch die Lande gezogen. Aber »Energiesparen mit Gewinn für Energieversorgungsunternehmen (EVU)«? Kann man den Bock wirklich zum Gärtner machen? Da blieben doch für engagierte Ökologen viele Fragen offen.

Aber was heißt da »Skepsis«? Alles, was neu ist, kann man erst sicher beurteilen, wenn man es einmal gemacht hat. So endete der Abend mit einer Verabredung zwischen Erich Deppe und Peter Hennicke: Laßt es uns ausprobieren. Am besten, wenn noch andere Partner mit im Boot sind. Da paßte es hervorragend, daß in der Berliner Versorgungsszene so etwas wie Aufbruchstimmung herrschte. Die Berliner Elektrizitäts- und Wasser AG (BEWAG) hatte gerade mit Professor Winje einen ausgewiesenen Energiewissenschaftler als neuen Vorstand bekommen; und der Berliner Senat hatte für seine neue Energieleitstelle Dr. Klaus Müschen, einen ehemaligen Aktivisten und Experten aus dem Öko-Institut, eingestellt.
So wurde, vorsichtig wie man damals war, zunächst eine gemeinsame Vorstudie zum Thema »Entwicklung eines methodischen Instrumentariums für ein örtliches Least-Cost-Planning-Modell (incl. CO_2-Reduktionskonzept)« verabredet und durchgeführt. Das Ergebnis war ermutigend, aber beileibe noch kein Durchbruch: Das in den USA geborene LCP-Konzept ist im Prinzip auf die Bundesrepublik übertragbar. Die BEWAG ging danach eigene Wege, und Professor Winje wurde der Leiter eines Arbeitskreises »Least-Cost Planning« der Vereinigung Deutscher Elektizitätswerke (VDEW).

Das neue Interesse der VDEW am Thema LCP wurde, so war zu hören, nicht unwesentlich davon beeinflußt, daß man in Hannover auf Grund der Ergebnisse der Vorstudie einen energischen Schritt vorangegangen war. Mit Unterstützung des Bundesumweltministeriums und des Umweltbundesamtes, der europäischen Gemeinschaft und des Landes Niedersachsen hatten sich die Stadtwerke zu einer umfassenden Hauptstudie, der LCP-Fallstudie Hannover, entschlossen. Sie wurde von Oktober 1992 bis 1995 gemeinsam vom Öko-Institut Freiburg und dem Wuppertal Institut durchgeführt.

Die LCP-Fallstudie Hannover bildet das Herzstück der Erfahrungen und Erkenntnisse, auf denen dieses Buch basiert. Daß wir es jetzt schreiben können, verdanken wir einer großen Anzahl von Mitarbeiterinnen und Mitarbeitern, von Kolleginnen und Kollegen, denen an dieser Stelle herzlich gedankt sei: Bernd Hagenberg und Dr. Arndt Weidenhausen, die die Koordinierung der Arbeiten bei den Stadtwerken Hannover übernommen haben, und den zahlreichen anderen, die sich bei den Stadtwerken Hannover engagiert haben. Wir danken auch den Mitarbeitern des Öko-Instituts und des Wuppertal Instituts, Uwe Fritsche, Thomas Hanke, Uwe Ilgemann, Prof. Dr. Uwe Leprich, Gero Lücking, Felix C. Matthes, Brigitte Peter, Stephan Thomas, Prof. Dr. Dieter Viefhues und Johannes Witt. Unser besonderer Dank gilt dem Vorstand der Stadtwerke Hannover, vor allem Dr. Deppe, der die unternehmerische Verantwortung für das Experiment LCP-Fallstudie Hannover übernommen und es trotz vieler Skrupel und Skepsis auf den Weg gebracht hat. Dieses Buch wäre an den unzähligen Alltagsproblemen gescheitert, wenn nicht Wolfram Huncke vom Wuppertal Institut und Frau Dorothée Engel vom Birkhäuser Verlag uns mit Tatkraft, Ratschlägen und Ermutigung zur Seite gestanden hätten. Ohne die Unterstützung der folgenden fünf Personen wäre ein weniger leserfreundliches Produkt entstanden: Rainer Klüting hat als erfahrener Wissenschaftsjournalist unsere Wissenschaftlerschreibe verständlich gemacht, Bernward Janzing war bei der redaktionellen Bearbeitung behilflich und Prof. Günter Horntrich und Hans Kretschmer haben zusammen mit Agim Meta, der die Grafiken bearbeitete, für die eindrucksvolle Gestaltung eines sonst »Bleiwüste« gebliebenen Textes gesorgt. Dr. Kurt Berlo hat uns wertvolle Textteile zugeliefert, und Renate de Moll hat viele nützliche Hinweise für eine bessere Lesbarkeit des Textes beigesteuert. Dorothea Frinker, Fabienne Petry, Martin Wrotny und Werner Lenhart haben uns schließlich bei den mühsamen Korrekturarbeiten geholfen.

Heute (Juli 1996) führen nach einer Umfrage der VDEW mehr als 85 Energieversorgungsunternehmen in der Bundesrepublik rund 360 LCP-orientierte Programme durch. *Gegen* LCP ist heute niemand mehr, aber wer ist wirklich *dafür?* Und wofür? Die inzwischen populären Begriffe und Formeln wurden von vielen übernommen, aber ist »strategisches Energiesparen« wirklich wesentlicher Bestandteil der Unternehmenspraxis von Energieversorgern geworden? Und was denken die Verbraucher über ihre zum »Energiedienstleistungsunternehmen« gewendeten ehemaligen Energieversorger? Sind sie glaubwürdig, und machen die Verbraucher beim Energiesparen mit?

Unsere nüchterne Einschätzung ist: Ein Buch über Energiesparen zu schreiben bleibt ein Experiment; denn alle sind für Energiesparen, aber den besseren Einsichten folgen nur selten Taten. Auf zehn-

Bücher über das Energieangebot kommt bisher vielleicht eines, das die Einsparung von Energie zum Thema hat.

Über ein »Einsparkraftwerk« zu schreiben ist ein noch größeres Experiment, vor allem auch für uns selbst, die Autoren. Seit Jahren errechnen wir als ökologisch orientierte Energiewissenschaftler riesige »theoretisch wirtschaftliche« Einsparpotentiale. Aber was sagen die skeptischen Kollegen dazu? Jeder kennt sie, keiner glaubt sie. Und die Leute auf der Straße? Sie haben andere Sorgen: Arbeitsplätze, Sozialabbau, Ferienreise, das neue Auto. Umweltzerstörung? Ja, beunruhigend! Aber was kann ich als einzelner dagegen tun?

Im Interview mit Dr. Deppe (vgl. S. 325 ff.) wird andererseits das Spannungsfeld deutlich, in das ein ökologisch orientierter Manager in der Versorgungswirtschaft zwangsläufig gerät: Als Stadtwerkevorstand bleibt sein Job – auch bei noch so guten umweltorientierten Absichten –, für die »Versorgungssicherheit« der Bürger und Unternehmen in Hannover und die wirtschaftliche Solidität eines Großunternehmens zu sorgen; so kann man sich leicht zwischen alle Stühle setzen: bei den Kollegen aus der Versorgerbranche, die »Einsparkraftwerke« noch immer für grüne Spinnerei halten; und bei grünen Stadträten, die ihm jede nicht eingesparte Kilowattstunde als Halbherzigkeit ankreiden werden.

So bewegen wir uns mit dem Thema dieses Buches auf einem Feld voller Widersprüche und ungelöster Fragen – wie im richtigen Leben. Heißt Energiesparen für den Verbraucher schlicht Verzicht? Sägen sich Energieversorgungsunternehmen mit »Einsparkraftwerken« nicht den Ast ab, auf dem sie sitzen? Bedeutet, die Ökologie ernstzunehmen, den Gürtel enger schnallen zu müssen? Warum nicht den Wohlstand genießen, solange er – zumindest für einige – noch da ist? Oder besteht gar die Chance, daß beides zusammengehen könnte: mit weniger Energie mehr Wohlstand zu erreichen?

Fast vier Jahre lang hat das Team von Versorgungsfachleuten der Stadtwerke Hannover gemeinsam mit den Wissenschaftlern aus dem Öko-Institut und dem Wuppertal Institut die Frage untersucht, ob und wie das Wegsparen statt des Baus von Kraftwerken organisiert werden könnte. Heute wissen wir, daß es funktionieren *kann* und die Verbraucher, die Umwelt und sogar die Energiedienstleistungsunternehmen hieraus gemeinsam Nutzen ziehen *könnten;* ob es jedoch wirklich funktioniert, hängt von vielen Rahmenbedingungen ab: vor allem davon, ob der Staat (die staatliche Energieaufsicht) und die Kunden mitspielen.

Vor allem die staatlichen Rahmenbedingungen und der ordnungspolitische Zeitgeist sind für Erfolg und Mißerfolg von Einsparkraftwerken entscheidend. Angesichts wachsender ökologischer und ökonomischer Probleme verstärkt sich derzeit das Auf und Ab der politischen Konjunkturen und Zeitströmungen. »Deregulierung«

heißt weltweit der Schlachtruf derjenigen Propheten, die auf komplizierter werdende Fragen immer einfachere Antworten nach dem Muster geben: »Der Markt löst alle Probleme«. Es erscheint nicht mehr ausgeschlossen, daß selbst sehr erfolgreiche LCP-Aktivitäten in den USA, wie die des Stadtwerks von Sacramento (SMUD; siehe Kapitel 3) dem energiepolitischen Modetrend der »Deregulierung« zum Opfer fallen könnten. Als wir dieses Buch konzipiert haben, erschien es noch ausreichend und überzeugend genug, am Beispiel Hannover den Prototyp eines Einsparkraftwerks und die Chancen und Risiken von LCP/IRP in Deutschland möglichst praxisnah zu beschreiben. Wir haben jetzt die energie- und ordnungspolitischen Grundsatzfragen, wie z.B. die »Deregulierungs«-Diskussion, viel ausführlicher behandelt, um vor den scheinbar einfachen Lösungen des reinen Preiswettbewerbs zu warnen. Die Gefahr ist groß, daß dadurch der ermutigende Aufschwung von Aktivitäten zur rationelleren Energienutzung, zur Ressourcenschonung und zum Klimaschutz abgebremst wird.

Unsere in langjähriger kritischer Zusammenarbeit mit vielen Unternehmen der Versorgungsbranche gewachsene Überzeugung ist: Wenn es nicht gelingt, in Zukunft »Einsparkraftwerke« genauso professionell und betriebswirtschaftlich solide zu bauen wie Kraftwerke und stabile Rahmenbedingungen für einen Qualitätswettbewerb mit veredelter Energie – also einen Markt für umweltverträgliche »Energiedienstleistungen« – zu schaffen, bleiben alle Forderungen nach Klimaschutz und zukunftsfähiger Entwicklung eine Illusion.
Unser Anspruch an dieses gemeinsame Buch ist daher, das Spannungsfeld zwischen ökologischen Einsichten und praktischen Hemmnissen nicht zu verschweigen, sondern es zum Thema zu machen und vielleicht gerade dadurch möglichst viele Leser zu »Mittätern« beim Klimaschutz zu gewinnen. Wir wollten kein Fachbuch, sondern ein verständliches Tatbuch schreiben. Wir hoffen, daß das Buch so unter die Haut geht, daß es Handlungsbereitschaft auslöst. Denn wir beklagen heute weniger ein Wissens- oder Technikdefizit, und es fehlt auch nicht an Problemanalysen. Woran es mangelt, sind praktikable Lösungen und deren aktive Umsetzung.

Um als Handlungsanleitung nützlich zu sein, braucht ein Buch weniger Fußnoten und lange Zitate, die den eigenen Kenntnisstand dokumentieren. Unsere wissenschaftlich geschulten Kolleginnen und Kollegen mögen uns daher verzeihen: Fast alles, was sie sonst zu lesen gewohnt sind, haben wir zu Gunsten möglichst einfacher Lesbarkeit gestrichen. Auf wesentliche Zahlen, auf Tabellen und auf quantifizierte grafische Darstellungen möglicher Energiezukünfte – auf »Szenarien« – können wir aber nicht verzichten, denn die »harten Fakten«, so unser Eindruck, sprechen manchmal besonders überzeugend für den »sanften Weg« zur Energieeinspar- und Sonnenenergiewirtschaft.

Der Volksmund sagt: Trau keiner Statistik, die du nicht selbst gefälscht hast! Da steckt ein Körnchen Wahrheit drin: Mit einseitigen Statistiken und verdrehten Zahlen kann man alles beweisen. Wir haben uns bemüht, diesen Fehler nicht zu machen. Viele der von uns zitierten Zahlen sind allerdings unsicher, weil sie Aussagen über die Zukunft enthalten, die für niemanden gewiß ist. Wir haben uns bemüht, die besten Zahlen zu zitieren, die wir kennen, und alle Zahlen einer Gegenprüfung zu unterziehen. Für jede »bessere« (mehr belastbare) Zahl sind wir jedoch dankbar.

Dieses Buch richtet sich an alle, die mit Energie in Zukunft weniger sorglos umgehen wollen als bisher. Dies sind die Verbraucher in Haushalten und in Büros, aber auch die Entscheider in den Betrieben; insbesondere auch die Beschäftigten in der Versorgungswirtschaft, die besorgt sind, daß jede zur Versorgung bereitgestellte Kilowattstunde Strom fast ein Kilogramm Kohlendioxid freisetzt.

Jeder, der heute keine Energiesparlampe, sondern weiter Glühlampen kauft, entscheidet sich damit, eine halbe Tonne CO_2 zu viel an die Umwelt abzugeben; abgesehen davon, daß er während der achtmal so langen Lebensdauer den Mehrpreis der Energiesparlampe durch die Stromkosteneinsparung mehr als wett macht. Jedes EVU, das seinen Kunden eine 20-W-Energiesparlampe schenkt, um damit eine 100-W-Glühlampe mit gleicher Lichtstärke zu ersetzen, hat einen

Abb. 1:
Das Prinzip des Einsparkraftwerks: In einem 4-Personenhaushalt können mit modernsten Haushaltsgeräten durchschnittlich etwa 2600 Kilowattstunden pro Jahr eingespart werden. Hochgerechnet auf alle Haushalte (alte Bundesländer), könnten so etwa 60–80 Prozent des Stromverbrauchs oder sieben bis zehn Großkraftwerke zu je 1000 MW eingespart werden.

Quelle: Stahl / Goetzberger 1992; eigene Berechnungen.

Elektrizitätsverbrauch Freiburger Solarhaus im Vergleich zum Bundesdurchnitt

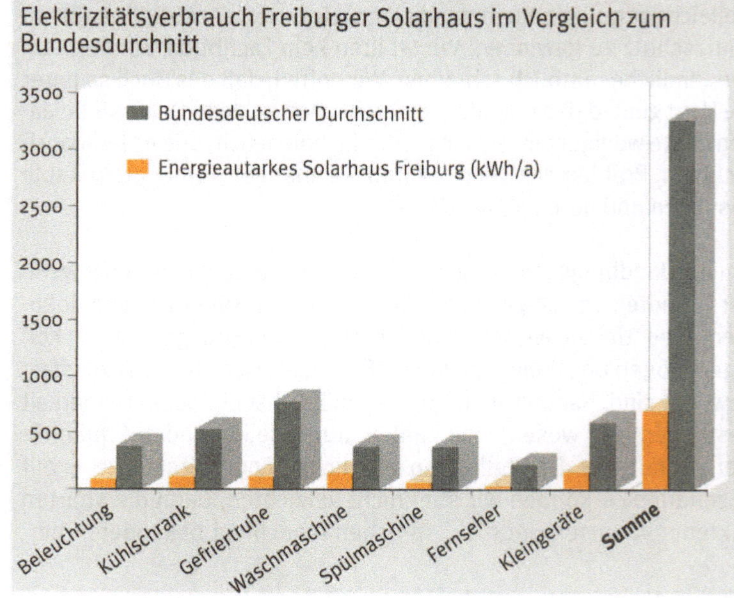

kleinen Baustein für ein »Einsparkraftwerk« gelegt. Denn für die eingesparten 80 W brauchen keine neuen Stromkapazitäten aufgebaut bzw. können bestehende Kapazitäten an andere Kunden verkauft werden. Beim Bau eines »Einsparkraftwerks« wird diese Methode systematisiert und potenziert: Mit Prämien und Beratungsprogrammen für alle Kundengruppen, z.B. für energiesparende Hauhaltsgeräte, für modernste Beleuchtungsanlagen, für geregelte Elektromotoren und Pumpen, erschließt ein »Stadtwerk der Zukunft« aus der Vielzahl der eingesparten Watts beim Kunden die NEGAWatts: So wird durch strategisch vermiedene neue Kraftwerkskapazität und weniger Schadstoffe das Energiesparen zur Ressource.

Das revolutionäre Konzept eines Einsparkraftwerks ist natürlich nicht in allen Punkten neu »erfunden«. Sprachlich und ideell standen dabei das »Conservation Power Plant« aus der amerikanischen LCP-Szene ebenso Pate wie die »Energiequelle Energiesparen« – Prof. Klaus-Michael Meyer-Abichs visionäres Konzept aus dem Jahr 1978. Erfolgversprechende Konzepte bauen in der Regel auf Bewährtem auf. Revolutionär nennen wir das Einsparkraftwerk dennoch, weil es über seine Vorgänger hinaus einige wesentliche neue Komponenten enthält, durch die quasi »Quantität in Qualität umschlägt«: Während das technokratische »Conservation Power Plant« noch dem amerikanischen Traum vom grenzenlosen Wachstum, von unbeschränkter technischer Machbarkeit und schnellerem Fortschritt folgt, verstehen wir das Einsparkraftwerk als soziale und technische Innovation sowie als Keimform des Übergangs zu einer zukunftsfähigen Wirtschaft. Für die Manager eines »Conservation Power Plant« geht es pragmatisch darum, mit kalkulierten Dollars die »NEGAWatts« zur rechten Zeit und im richtigen Umfang verfügbar zu machen. Verbraucherverhalten, so wird angenommen, läßt sich vorrangig durch Geld steuern. Prämien für effiziente Geräte halten wir im Rahmen von LCP-Programmen zwar auch für notwendig. Aber anders als in den USA, wo fast alles mit privatem Kapital zu haben ist, spielen öffentliche Ziele wie Klima- und Umweltschutz und ein ausgeprägtes umweltpolitisches Bewußtsein in Deutschland eine bedeutende Rolle. Auch die Grenzen des Wachstums sind den Deutschen bewußter als im Land der scheinbar noch unbegrenzten Möglichkeiten.

Meyer-Abichs Definition lautete seinerzeit: »Die Energiequelle Energieeinsparung ist der Ersatz von nicht erneuerbaren Energieträgern durch technisches Wissen, Kapital, Arbeit und regenerierbare Energieträger.« Dieses umfassendere Verständnis kommt den systemaren Zusammenhängen eines Einsparkraftwerks schon sehr nahe. Heute können und müssen wir allerdings in drei entscheidenden Punkten über dieses Konzept hinausgehen: Erstens sind die Energiesparpotentiale noch weit umfangreicher, eine veritable Effizienzrevolution wurde damals noch kaum für möglich gehalten. Zweitens sind die Potentiale billiger als das Team von Meyer-Abich damals wissen konnte. Drittens könnten die Potentiale schneller erschlossen werden, wenn eine »Ökonomie des Vermeidens« durch staatliche Rahmenvorgaben institutionalisiert und die Energieanbieter an einer strategischen Energiesparinitiative betriebswirtschaftlich interessiert werden würden.

Fast alle wissen heute, daß es mit der Umweltzerstörung so nicht weitergehen kann. Aber wer ist bereit und auch praktisch in der Lage, hieraus wirklich ernsthaft Konsequenzen zu ziehen? Mit moralischen Appellen an das Umweltbewußtsein und Warnungen vor drohenden Klimaveränderungen allein ist hier nicht geholfen. Man muß wissen, wie ein Fahrzeug funktioniert, um es zum Halten zu bringen. Ohne bewußtes Umsteuern wird es seine Richtung nicht ändern. Jeden Tag werden in Deutschland Hunderttausende neuer Geräte und Lampen gekauft, die doppelt so viel Strom verbrauchen, wie technisch notwendig ist. Jeden Tag entscheiden Energiemanager in der Bundesrepublik über Investitionen in neues Energieangebot, die gemessen am Zustand der Umwelt und am technischen Einsparpotential Fehlinvestitionen sind. Was die einen an überflüssigem Energieverbrauch tagtäglich programmieren, veranlaßt die anderen, im Namen der Versorgungssicherheit zu viele Kraftwerke zu bauen.
Kritiker der Energiewirtschaft sehen den Zusammenhang umgekehrt: Weil die EVU zu viel Energie verkaufen wollen, haben sie kein Interesse, beim Kunden das Energiesparen zu fördern.
Schuldzuweisungen jedoch interessieren uns hier nicht: An welchen Hebeln und mit welchen Folgen das antiquierte Schwungrad angehalten werden kann, das den Zustand der Energieverschwendung perpetuiert, dies ist von höchstem Interesse.

Mit dem »Einsparkraftwerk« glauben wir einen Hebel gefunden zu haben, der die heutige perverse Anreizstruktur im Energiesystem umkehren könnte: Nicht Mehrverbrauch von Energie, sondern Energieeinsparung muß und kann sich für Verbraucher und Anbieter lohnen. Eine generelle Pause bei den »MEGAWatts« (beim zusätzlichen Energieangebot) wäre theoretisch möglich, wenn zunächst die billigeren »NEGAWatts« (Energiesparpotentiale) erschlossen würden.
Wir haben die Ergebnisse der LCP-Fallstudie Hannover auf die Bundesrepublik hochgerechnet (vgl. Kap. 3) Ergebnis: 18 000 Megawatt, fast 1/5 der derzeit installierten Stromerzeugungskapazitäten, könnten mit hohem volkswirtschaftlichen Gewinn in etwa zehn Jahren weggespart werden. Würden diese »Einsparkraftwerke« (d.h. die Mehrkosten für effizientere Stromgeräte und die Marketing- und Umsetzungskosten) analog wie Kraftwerke über den Strompreis finanziert, würden die Strompreise durchschnittlich um maximal zwei Pfennige pro Kilowattstunde steigen. Dennoch könnte die Stromrechnung aller Stromkunden in der Bundesrepublik um jährlich etwa

zehn Milliarden Mark sinken, und der Umwelt blieben jährlich etwa 50 Millionen Tonnen CO_2 erspart. Die Gewinne der EVU könnten sogar leicht steigen. LCP ist in der Tat, so schreiben zu Recht selbst die »Stromthemen« (eine von der Elektrizitätswirtschaft herausgegebene Info-Broschüre), eine »Strategie, bei der Kunden und Unternehmen gewinnen können«.

Schon dieses Ergebnis ist aufregend genug. Aber mehr noch: Einsparkraftwerke und LCP sind nur besondere und erfolgreich praktizierte Spezialfälle einer allgemeinen »Ökonomie des Vermeidens« im Übergang zu einer zukunftsfähigen »Dienstleistungswirtschaft«. Das neue Denken läßt sich auf viele andere Bereiche anwenden, z.B. auf Gas- und Fernwärme, auf Wasser und Abwasser, auf Verkehr und ganz generell auf material- und abfallvermeidendes Konstruieren, Herstellen, Gebrauchen und Entsorgen. Niemand benötigt Kilowattstunden, sondern gebraucht werden konkrete Energiedienstleistungen wie z.B. warme Räume, gute Beleuchtung, motorische Kraft oder Kommunikation. Energie ist nur Mittel zum Zweck.

Aber nicht nur bei den Kilowattstunden, auch bei jedem einzelnen Produkt kann man die Frage stellen: Welche Dienstleistung erwarten sich die Käufer hiervon, und läßt sich das gleiche Bedürfnis nicht volkswirtschaftlich preiswerter und umweltverträglicher mit weniger Material-, weniger Flächen- und auch weniger Energieeinsatz befriedigen? Besonders gut gelingt dies dann, wenn es ausreicht, Güter (intensiver) zu nutzen, statt sie zu besitzen. Dann hat der Hersteller mehr Interesse an Langlebigkeit, Wiederverwendbarkeit und umweltverträglicher – und das heißt letztlich auch billigerer – Entsorgung. So steigt beim Hersteller die »Produktverantwortung« für die Dienstleistungs- und Entsorgungseigenschaft seines Produkts, wenn er nur dessen Nutzen verkauft, statt das Produkt selbst, und am Ende der Nutzungsdauer für die umweltverträgliche Entsorgung zuständig bleibt.

Erfolgreiche »Einsparkraftwerke« könnten also einen generellen Paradigmenwechsel hin zur »Dienstleistungswirtschaft« und einer Ära der »Ökonomie des Vermeidens« einleiten: mehr Wohlstand mit weniger Energie-, Material- und Flächenverbrauch. Das Spannende daran ist, daß hierbei technische und soziale Innovationen Hand in Hand gehen müssen. Wer sich auf »Einsparkraftwerke« und die »Ökonomie des Vermeidens« einläßt, muß integrierter denken, planen und handeln. Er oder sie muß den Markt intelligenter nutzen, muß quasi den »Wettbewerb planen«, um die eigenen Unternehmensziele mit den wirklichen Kundenbedürfnissen und dem Umweltschutz in Einklang zu bringen. Kundenorientierung und soziales Marketing (»für Vermeiden und Umweltschutz statt zum Mehrkauf und Wegwerfen gewinnen«) werden zum Imperativ. Kraftwerke kann man vorzeigen, technisch kontrollieren und beherrschen. Bei »Einsparkraftwerken« kann man nur messen, ob sich Millionen von Verbrauchern aus umweltpolitischer Überzeugung und wohlverstandenem Eigennutz für energieeffizientere Geräte entschieden haben. Aus Marktkonfrontation und Wettbewerb um jeden Preis werden Kooperation, neue Allianzen und runde Tische zur Konsensbildung. Funktionierende »Einsparkraftwerke« sind daher soziale und demokratische Innovationen – Keimformen eines bewußt umweltverträglichen Wirtschaftens und Lebens.

Das herrschende mit den Naturkreisläufen unverträgliche Paradigma aber lautet noch immer: mehr Wohlstand durch Wachstum – mehr Wachstum auch von Energie- und Stoffumsätzen. Höchstens eine vorübergehende »Entkoppelung« wird für möglich gehalten; aber langfristig sei eine Verbindung von wachsendem Wohlstand und sinkendem Energieverbrauch unmöglich.

Bücher über *mehr* Öl, Kohle, Erdgas und Kernenergie sind daher Legion. Ihr Thema ist: Wie sichert sich die wachsende Menschheit ein ständig expandierendes Energieangebot? Aber ist das wirklich das Problem? Mangel an Energie prägte die Nachkriegszeit und ist heute noch typisch für viele Entwicklungsländer. Selbst die Ölpreiskrisen der siebziger Jahre erschienen vielen Zeitgenossen damals als ein Problem der Verknappung von Öl. »Die Scheichs wollen uns den Ölhahn abdrehen«, so klang es an den Stammtischen. Der Ton bei Politikern und Energiemanagern war vornehmer, dafür bei einigen, vor allem in den USA, um so drohender: Eine Strangulierung der Ölversorgung »unserer Wirtschaft« könne nicht hingenommen werden. Die »Verfügbarkeit« der lebenswichtigen Ölressourcen müsse gesichert werden, notfalls mit militärischen Mitteln. Der harmlos klingende Begriff »Versorgungssicherheit« erhielt plötzlich einen säbelrasselnden Klang.

Was während der Ölpreiskrisen noch Drohung blieb, wurde wenige Jahre später blutiger Ernst: Der »Desert Storm« gegen Saddam Husseins Aggression war auch ein Krieg um Öl – aus der Sicht Europas zwar bisher nur ein Stellvertreterkrieg, aber die ölhungrigsten Industriestaaten der Welt, von Japan bis zur Bundesrepublik, haben ihn mitfinanziert, damit das Schmiermittel ihres Wohlstands nicht versiegt.

Doch seit den Ölpreiskrisen und dem Nahostkrieg hat sich das Unbehagen verstärkt: *Nicht zu wenig, sondern zu viel Energie ist das Problem.* Immer unabweisbarer kommt das wirkliche Thema auf die Agenda internationaler Konferenzen: Der energieintensive Industrialisierungstyp des reichen Westens ist ein Auslaufmodell. Würde die arme Bevölkerungsmehrheit in der Welt dieses Modell wie bisher weiter nachzuahmen versuchen, bräuchten wir im nächsten Jahrhundert die Ressourcen, Senken und Atmosphären von fünf Erdbällen. Hinzu kommt die wachsende Erkenntnis, daß der überindustrialisierte Wohlstand trügerisch ist. Er beruht auf einer Raubwirtschaft, für die jeder Banker gefeuert würde. Statt von den Zinsen zu leben, verzehrt vor allem die reiche Welt das Naturkapital. Statt die erschöpfbaren Energiequellen maximal für künftige Generationen zu strecken, werden sie in welthistorischem Schweinsgalopp verpraßt. Weil die einen, die reichen Industrieländer, heute zu viel verbrauchen, wird für alle späteren Generationen, vor allem aber für arme Entwicklungsländer, zu wenig übrigbleiben. Zyniker oder technologische Optimisten scheint dies nicht zu beunruhigen: Noch reicht das Öl für vielleicht 50 Jahre, das Erdgas für 70 Jahre und die Kohle für mindestens 150 Jahre. Trotz wachsenden Weltenergieverbrauchs ist die Reichweite der gewinnbaren Reserven durch erfolgreiche Exploration gestiegen. Ist das nicht beruhigend? Hat die Welt der Energiewirtschaft nicht bewiesen, daß sie eine technologische Antwort auf die befürchtete Verknappung der Ressourcen geben kann?

Heute wissen wir, daß die technologische Antwort, so wie sie gegeben wurde, falsch oder zumindest nicht ausreichend war. Der scheinbare Überfluß hebt die Endlichkeit der Ressourcen nicht auf und trifft zunehmend auf eine Naturschranke: Die Welt darf im nächsten Jahrhundert nicht mehr verbrennen, was sie an fossilen Energien entdeckt hat. Wenn das Erdklima stabil bleiben soll und die ohnehin nicht mehr aufzuhaltenden Klimaveränderungen in Grenzen gehalten werden sollen, darf nur noch ein Drittel der heute bekannten Ressourcen an fossilen Energieträgern verbraucht werden. Nicht allein die Erde, sondern der Himmel ist die Grenze.
Wenn also zu viel Energie und die ungerechte Verteilung von Energie das Problem sind, schaffen wir uns mit Energiesparen und weniger Energie nicht noch mehr oder andere Probleme? Die Antwort dieses Buches lautet: Zum Energiesparen gibt es keine Alternative. Eine weltweite »Effizienzrevolution« ist nicht nur notwendig, sie ist auch machbar und finanzierbar. Und nur so kommen wir zur Sonnenenergiewirtschaft. Die Schizophrenie liegt darin, daß dies viele wissen, aber viel zu wenig geschieht. Dies kann und muß geändert werden. Wenn dieses Buch hierzu einen kleinen Beitrag leistet, hat sich die Mühe gelohnt, es zu schreiben.

Kapitel 1

Die »Ware Energie« und das Klima:
Wir besitzen nur eine Erde

Was sind Energieunternehmen und worin besteht ihr Geschäft? Die
Antwort scheint klar zu sein: Energieunternehmen verdienen ihr
Geld, indem sie Energie mit Gewinn verkaufen. Energie wäre demnach ein Ware wie jede andere. Verkauft und gekauft werden
bestimmte Einheiten von Energie, also zum Beispiel Kilowattstunden. Die Fachleute unterscheiden die gehandelte Energie nach
Arbeit (gemessen in Kilowattstunden) und nach Bezug einer
bestimmten Leistung (gemessen in Kilowatt). Preise und Mengen
regeln sich auf dem Markt durch Angebot und Nachfrage. Daran
scheint nichts Ungewöhnliches oder gar Anstößiges zu sein. Oder
doch?

»Der Markt löst alle Probleme«

Fragen wir eine Studentin der Wirtschaftswissenschaften: Sie lernt
dort im ersten Semester Wirtschaftstheorie, daß Privatunternehmen
»Gewinnmaximierung« betreiben. Spiegelbildlich hierzu wird angenommen, daß sich private Haushalte mit »Nutzenmaximierung«
beschäftigen. Durch die »unsichtbare Hand« des vollkommenen
Wettbewerbs, so vermutete schon Adam Smith vor 200 Jahren, gelan-
gen all diese gewinn- und nutzenmaximierenden Individuen trotz
widerstrebenden Interessen und Investitionsplänen auf wundersame
Weise zu einem »volkswirtschaftlichen Optimum«. Die Studentin der
Wirtschaftswissenschaften, Aktivistin bei Greenpeace, ist ein kritischer Geist und wundert sich über diese Theorie: Sie stellt ihrem Professor Fragen über Wirtschaftskrisen, über Arbeitslosigkeit, über
Umweltverschmutzung, über erschöpfbare Ressourcen und Energieprobleme. Der Professor vertröstet sie auf spätere Semester. Im 10.
Semester schaut unsere nun akademisch gebildete Studentin in ihr
mit aufwendiger Mathematik gespicktes Examensskript: Waren da
nicht noch Fragen offen geblieben? Aber jetzt bleibt keine Zeit mehr:
Ohne Examen droht Arbeitslosigkeit, für unbequeme Fragen im
Examen gibt es keine guten Noten, ohne gute Noten besteht kaum
Hoffnung auf eine Einstellung. Und so schweigt unsere Studentin,
wiederholt mit Bravour, was der Professor schon immer gesagt hat,
macht ein exzellentes Examen und hofft auf bessere Erkenntnis in der
Praxis.
Unsere nun fürs Arbeitsleben gerüstete Jungakademikerin hat
Glück. Wegen ihres Engagements bei Greenpeace wird sie bei
einem Energieversorgungsunternehmen (EVU) eingestellt. Sie wird

Vorstandsassistentin in der Stabsabteilung »Energiewirtschaftliche Grundsatzfragen«. Sie stürzt sich hochmotiviert in die Arbeit, denn sie wollte schon immer nicht für die Schule, sondern fürs Leben lernen. So erlebt sie ihren ersten Praxisschock: Die Welt der Energie hat offenbar mit dem ihr verabreichten Lehrbuchwissen fast nichts zu tun.

»Gewinnmaximierung«? Schamvoll ist im Geschäftsbericht höchstens von »angemessenem Gewinn« die Rede. Lieber wird vom »Versorgungsauftrag« gesprochen; das Bemühen um die »Daseinsvorsorge« wird hervorgehoben, oder das EVU präsentiert sich schlicht als »Versorger« oder »Dienstleister«.
Und wie betreiben die versorgten Kunden die »Nutzenmaximierung«? Welchen Nutzen, so fragt sie ihren erfahrenen Kollegen vom Vertrieb und Marketing, ziehen die Kunden aus den gekauften Kilowattstunden, und wie maximieren sie ihn? Gehört dazu auch der Nutzen einer intakten Umwelt?
Selbstverständlich hat der Marketing-Chef hierzu eine Antwort und eine Hochglanzbroschüre parat: »Wir verstehen uns als ein kundenorientiertes Energiedienstleistungsunternehmen (EDU)«, heißt es dort. Das klingt gut, findet unsere junge Vorstandsassistentin, aber beantwortet die Frage nicht. Ist »Kundenorientierung« nicht selbstverständlich, gerade wenn man sich auf einen »Versorgungsauftrag« beruft? Und was heißt »Dienstleistungsunternehmen«? Wir haben die Kraftwerkswirkungsgrade verbessert, unsere Rauchgase gereinigt, und vor allem: wir garantieren die Versorgungssicherheit, sagt der Marketing-Chef. Eine zweifellos wichtige Errungenschaft, aber wieviel Primärenergie, Leitungsmasten und Stromkabel braucht man dafür, und wieviel verkraftet die Umwelt? Das entscheidet letztlich der Markt, antwortet der Marketing-Chef, wir bieten nur so viel Energie an, wie die Kunden nachfragen.

Wie war das mit »Angebot« und »Nachfrage« bei Monopolunternehmen? Unsere junge Wirtschaftswissenschaftlerin erinnert sich an ihr drittes Semester und was sie dort fürs Leben gelernt hat: Monopolisten unterliegen keinem Wettbewerb, ohne Wettbewerb kein funktionsfähiger Markt. Wie also kann »der Markt« beim einzigen Stromanbieter im Versorgungsgebiet einen optimalen Ausgleich zwischen Angebot und Nachfrage herstellen? Eben deshalb gibt es die öffentliche Aufsicht, erwidert der Marketing-Chef. Sie achtet darauf, daß Monopole ihre marktbeherrschende Stellung nicht mißbräuchlich ausnutzen können. Also sorgt die Aufsicht für den Ausgleich von Angebot und Nachfrage, fragt unsere junge Kollegin mit sarkastischem Greenpeace-Unterton. Natürlich nicht in einer Marktwirtschaft, antwortet der Marketing-Chef: »Es war sehr interessant, mit Ihnen zu diskutieren«, und verabschiedet sich.

Unsere junge Kollegin schätzt den sachkundigen Marketing-Chef, aber nach diesem Gespräch erlebt sie ihren zweiten Praxisschock: Weder die Theorie noch die Praxis beantworten offenbar ihre Fragen, statt dessen ergeben sich immer mehr Ungereimtheiten. Dennoch hat sie einiges gelernt: Stromanbieter sind Monopolisten, sie verdienen überdurchschnittlich gut, reden aber nicht gern darüber, besonders, wenn sie groß sind. Große (Verbund-)Unternehmen gibt es in der Bundesrepublik nur neun, ihnen gehören 80 Prozent der Kraftwerkskapazität. Regionalunternehmen und Stadtwerke gibt es rund 860, sie besitzen aber nur jeweils 20 Prozent der Stromerzeugungskapazität. Sowohl die Goliaths auf der Verbundebene als auch die Davids vor Ort wollen keine EVU mehr sein, sondern verstehen sich als EDU. Welche Ware verkauft ein EDU, und auf welchem Markt? De facto offensichtlich nach wie vor Kilowattstunden. Wollen EDU ihre Kunden nicht eigentlich mit Energiedienstleistungen statt mit Kilowattstunden versorgen? Und wie werden Angebot und Nachfrage nach Energiedienstleistungen am Markt zur Deckung gebracht? Vor allem ihre Kernfrage bleibt unbeantwortet: Welchen individuellen und gemeinschaftlichen Nutzen ziehen die versorgten Kunden aus den gekauften Kilowattstunden?

Greenpeace-Aktivistinnen sind bekanntlich hartnäckig, besonders wenn sie Vorstandsassistentin in einem EDU werden. Daher will es unsere junge Kollegin nun wissen. Sie wendet sich mit ihren Fragen an den Bundeswirtschaftminister, zuständig für die Ordnung der leitungsgebundenen Energiewirtschaft. Von dort erhält sie eine forsche Antwort: Natürlich seien EVU Monopole, aber dies müsse geändert werden, die Industrie fordere dies mit Nachdruck. Zwar sind die Industriegewinne überdurchschnittlich gestiegen, aber dennoch ist alles am »Standort Deutschland« – gemessen an der Weltmarktkonkurrenz – noch viel zu teuer: die Arbeit, der Arbeits- und der Umweltschutz sowie vor allem auch die Energie. Deshalb werde man nicht zögern, »mehr Wettbewerb« und »Deregulierung« auch in der Strom- und Gaswirtschaft durchzusetzen. Erst durch das freie Spiel von Angebot und Nachfrage auf den Energiemärkten könnten mehr Effizienz, sinkende Kosten, geringere Gewinne und preiswertere Energie zum Nutzen aller bereitgestellt werden.

Vor allem diese letzte Weisheit kommt unserer Kollegin bekannt vor, und das versetzt ihr den dritten Praxisschock: Offenbar hatte der Bundeswirtschaftminister auch nur das gleiche wirtschaftswissenschaftliche Lehrbuch gelesen wie sie! »Wie ist es möglich«, so fragt sie empört in einem Brief an den Bundeswirtschaftminister, »daß Sie heute eine Theorie als konkrete Politik verkünden, die mir schon im ersten Semester als stark erklärungsbedürftig erschienen ist? Wie stellen Sie am Markt sicher, daß Kunden und Umwelt tatsächlich den ‚maximalen Nutzen‘ aus der Energie ziehen? Wo bleibt das ‚Energiedienstleistungsunternehmen‘, wie es alle EVU heute sein wollen, wenn es nur um den möglichst billigen Verkauf von Kilowattstunden Energie geht?«

Der Wirtschaftsminister ist ein liberaler Mann. Er läßt daher höflich zurückschreiben, daß er ideologische Fragen grundsätzlich nur unideologisch und auf der Sachebene beantworten kann. Der Markt sei erwiesenermaßen das beste Entdeckungsverfahren und Garant für eine effiziente Ressourcenallokation. Nicht zuletzt habe sich dies auch am Zusammenbruch des Kommunismus gezeigt, die Ineffizienz planwirtschaftlicher Systeme sei damit offensichtlich. Überall dort, wo der Staat regulierend in den Markt eingreife, zeige sich deutliches »Staatsversagen«. Im übrigen sei die Europäische Kommission der gleichen Meinung wie er und werde daher den Binnenmarkt für Energie ohnehin über kurz oder lang herstellen.

Unsere Kollegin ist von dieser Beweisführung sichtlich beeindruckt: Ihr damaliger Professor hatte ihr zwar auch keine befriedigende Antwort gegeben, aber er war sich immerhin bewußt, daß es noch offene Fragen zu seiner Theorie des »vollkommenen Wettbewerbs« gibt. Die Logik des Bundeswirtschaftsministers dagegen lautet: Zwar mag es viele Fragen geben, aber warum muß ich sie mir stellen lassen, wenn ich die richtige Antwort doch schon kenne: Der Markt löst alle Probleme.

Die Ambivalenz der »Ware Energie«: Wohlstand und Katastrophen

Unsere Kollegin haben wir erfunden. Vor allem die Tatsache, daß sie Vorstandsassistentin geworden sein soll, weil sie Greenpeace-Aktivistin ist, haben wir uns ausdenken müssen. In den USA gibt es jedoch tatsächlich bereits vereinzelte Beispiele, wo Aktivisten sogenannter Nichtregierungsorganisationen (NGO) *wegen* ihres anerkannten Umweltengagements in Führungspositionen von Energieunternehmen übernommen wurden, so zum Beispiel John Bryson, Vorstand von Southern California Edison (SCE), der vom Natural Resource Defense Council (NRDC) auf den Chefsessel von SCE geholt wurde. Aber mit dem kleinen Zusatz »*trotz* NGO-Aktivitäten« trifft inzwischen auch für die Bundesrepublik zu, daß aktenkundiges Umweltengagement nicht mehr grundsätzlich eine Tätigkeit in der Versorgungswirtschaft ausschließt. Es soll vorgekommen sein, daß jemand deshalb – klammheimlich – eingestellt wurde.

Alle anderen Darsteller und ihre Antworten in unserem kleinen Rollenspiel sind ebenfalls frei erfunden, auch der Bundeswirtschaftsminister – er würde sich so nicht äußern.

Nicht erfunden sind die Fragen der Vorstandsassistentin und die Tatsache, daß es bisher weder von den Versorgungsunternehmen und

ihren Verbänden, noch viel weniger von den Energiepolitikern hierauf
befriedigende und übereinstimmende Antworten gibt. Dies ist auch
erklärbar. Wenige etablierte Branchen werden einer derartigen
Zukunftsunsicherheit und einem Zwang zum Wandel ausgesetzt sein
wie die Unternehmen der Energiewirtschaft. Wir werden daher erst
diesen Wandel der Unternehmensziele und die zukünftigen Herausforderungen darstellen und dabei auf die genannten Fragen wieder
zurückkommen.

Der Wandel vom EVU zum EDU ist in vollem Gang – oft zwar noch in
der Form neuer Hochglanzbroschüren und mit symbolischem, politi-
schem Charakter, bei anderen aber schon im realen Unternehmens-
alltag und bei wichtigen Investitionsentscheidungen.

Dennoch: Gemessen an den zukünftigen dramatischen Herausforderungen durch die Umwelt- und Klimaschutzpolitik und den Verschär-
fungen des Wettbewerbs, die auf die Unternehmen zukommen, steht
dieser Wandel erst am Anfang. Um die tiefe Zäsur gegenüber den
früheren energie- und unternehmenspolitischen Leitbildern und die
Dramatik des Wandels verständlich zu machen, müssen wir einen
kurzen Blick zurück in die Geschichte der leitungsgebundenen Energiewirtschaft werfen.

Die deutsche Energiepolitik zielte seit vielen Jahrzehnten vor allem
auf eine Energieversorgung, die so »sicher und billig wie möglich« (so
die Präambel des Energiewirtschaftsgesetzes (EnWG) von 1935)
gestaltet werden soll. »Versorgungssicherheit« und »Preiswürdigkeit« bildeten daher bis in die siebziger Jahre die beherrschenden
Schlüsselbegriffe der Energiepolitik. Energie, so suggerierten diese
Leitziele, ist eine Ware wie jede andere, mit nur einer Besonderheit:
Sie muß ständig verfügbar sein. »Ständig verfügbar« für die Nach-
frager beinhaltet aber im Umkehrschluß »Versorgungspflicht« für die
Anbieter – eine gern übernommene »Pflicht«; denn diese »Besonderheit« diente historisch zur Durchsetzung außergewöhnlicher Pri-
vilegien beim Leitungs- und Kraftwerksbau und bei der Absicherung
geschützter Absatzgebiete. Dennoch muß eingeräumt werden: Auf
dieser vor allem auch für die Anbieter nutzbringenden energiepolitischen Grundlage hat ein beispielloses Wirtschaftswachstum stattgefunden. Kohle, Elektrizität, Öl und später das Erdgas haben einen
Komfort ermöglicht, von dem unsere Großeltern nur träumen konnten.

Die heute und zukünftig damit verbundenen Alpträume wie Waldsterben, Klima- und Atomkatastrophen blieben den Großeltern
erspart. Aber auch mit der Umsetzung scheinbar so selbstverständ-
licher Leitziele wie »Versorgungssicherheit« und »Preiswürdigkeit«
waren von Anfang an gravierende gesellschaftspolitische Probleme
und Risiken verbunden.

Ein *verantwortlicher Umgang mit Energie* setzt daher voraus, daß
diese Ambivalenz bei der Umwandlung und bei der Nutzung jeder

Kilowattstunde bewußt bleibt. Daß gerade dies in den hochentwickelten Energie»versorgungs«systemen nicht mehr der Fall ist, ist einer der Kernpunkte des Energieproblems überhaupt. Wir kommen darauf zurück.

Wegen der besonderen Qualität der Ware Energie hat kein Staat in der Welt jemals den Aufbau einer nationalen Energiewirtschaft allein dem Markt überlassen. Die Deutschen waren allerdings mit Staatseingriffen besonders gründlich. Das heute noch geltende Energiewirtschaftsgesetz (EnWG) stammt aus dem Jahre 1935, und das ist kein Zufall. Es ist dem Inhalt nach kein »Nazigesetz«, wie einige Kritiker vermuten, aber es ist ein Gesetz, das autoritäre Staatseingriffe begünstigte, vor allem den großen Energieunternehmen nützte und heute die Einbeziehung ökologischer Zielsetzungen erschwert.
Die Verabschiedung des EnWG beendete einerseits eine Phase harter Konkurrenzschlachten zwischen den sich entwickelnden großen Stromkonzernen und gegen die kommunale Energiewirtschaft. Andererseits wurde aber auch die Frage entschieden, wie und mit welchen Zielen sich der deutsche Staat einseitig in diese Konkurrenzschlachten einschaltete. Eine Verstaatlichung kam danach nicht mehr in Frage, sondern es wurde eine gemischtwirtschaftliche Eigentumsstruktur unter straffer nationalsozialistischer Führung angestrebt. Das seinerzeit noch geltende, aber nie angewandte »Gesetz betreffend die Sozialisierung der Elektrizitätswirtschaft« von 1919 landete im Papierkorb.
Die neue nationalsozialistische Führung stellte in gutem Einvernehmen mit den führenden deutschen Stromproduzenten (der damaligen »AG für deutsche Elektrizitätswirtschaft«) von Anfang an klar: »Wir brauchen«, so Reichsbankpräsident Hjalmar Schacht bei Verabschiedung des EnWG, »die Wehrhaftmachung der deutschen Industrie«. Als notwendige energiewirtschaftliche Basis dafür wurde die Herstellung einer zentralistischen Großraum-Verbundwirtschaft betrachtet. Die kommunale Energiewirtschaft stand, so Schacht weiter, diesen wirtschaftlichen und wehrpolitischen Zwecken im Wege; also wurde sie einer forcierten »Flurbereinigung« unterzogen. Der Widerstand in den Kommunen gegen diese Zielsetzung war beträchtlich – bis tief hinein in den kommunalen Flügel der NSDAP.
Nach 1945 lief der »Deutsche Städtetag« Sturm gegen »den übersteigerten Zentralismus« und prangerte »die diktatorischen Planungsmethoden« beim Vollzug des EnWG an. Aber der Ruf nach einer »Demokratisierung der Energieaufsicht« und nach Abschaffung des EnWG verhallte. Man arrangierte sich. Das EnWG erwies sich als so dehnbar, daß es mehr als 60 Jahre lang als kleinster gemeinsamer Nenner widersprüchlichen Ansprüchen und Interessen dienen konnte.

Energie war nie eine gewöhnliche Ware. Wie keine andere Ware war und ist Energie auch Ursache und Mittel gewalttätiger Konflikte. Wie bei keiner anderen Ware sind bei Energie zukünftige Wohlfahrtssteigerung und globale Katastrophen eng miteinander verkoppelt.

Die Nachkriegsgeschichte der internationalen Ölwirtschaft – bis hin
zur Sicherung des Zugriffs auf das Nahostöl als zentrales Motiv bei
der militärischen Niederschlagung des Iraks im Jahr 1990 – ist auch
eine Geschichte wachsender geopolitischer und militärischer Konflikte. Die Abhängigkeit vom Energieimport und der durch billige
Energie erst möglich gewordene ökonomische Reichtum der reichen
Energieverbraucherländer hat seitdem ständig zugenommen. Damit
wuchs aber auch die Bereitschaft und die Fähigkeit in bedrohlichem
Maße, die »Versorgungssicherheit« und den ungestörten Zugriff auf
die Öl- und Erdgasressourcen anderer Völker mit ökonomischen und
im Konfliktfall notfalls auch mit militärischen Mitteln durchzusetzen.
Aus dieser Abhängigkeit und dem neokolonialen Verständnis von
»Versorgungssicherheit« resultieren daher geopolitische und
militärische Risiken, die mit jedem zusätzlichen Barrel Öl oder Kubikmeter Erdgas in Zukunft weiter zunehmen werden – und dies in
potenzierter Form, wenn Öl oder Gas in wenigen Jahrzehnten tendenziell zumindest regional, wenn nicht weltweit knapp werden.
Hinzu kommen wirtschaftliche Risiken, die sich aus möglichen unkalkulierbaren Schwankungen und krisenhaften Sprüngen der Öl- und
Erdgaspreise ergeben können, insbesondere weil diese beiden Rohstoffe bei ungebremstem Wachstum nur noch eine wirtschaftliche
Reichweite von vielleicht 50 Jahren (Öl) beziehungsweise 70 Jahren
haben.
Dennoch sind in Zukunft die Erschöpfbarkeit von Energieträgern und
die damit verbundenen Risiken nicht mehr die vorrangigen Probleme.
Zu den geopolitischen und militärischen Risiken der Energieversorgung kamen nämlich mit dem »Waldsterben« sowie mit der Versaue-
rung von Böden, Seen und Flüssen seit den siebziger Jahren neue
Umweltrisiken hinzu, für die letztlich der Energiesektor der Haupt-
verantwortliche ist.
Doch dazu später. Solange die »klassischen Schadstoffe« SO_2 und
NO_x als die Hauptverursacher von Umweltschäden betrachtet werden
konnten, erlebte zunächst nur der nachsorgende Umweltschutz mit
der Verabschiedung der Großfeuerungsanlagenverordnung und mit
einem Investitionsboom für »End-of-the-pipe«-Technologien (zum
Beispiel Rauchgasentschwefelungsanlagen) in der Bundesrepublik
eine Blütezeit. Das Wirtschaftswachstum fand nun zunehmend in der
Form statt, daß die Industriezweige wuchsen, die die Umweltschäden
anderer Industrien zu reparieren versuchten oder in andere
Umweltmedien verlagerten.
Hinzu kam nach Harrisburg und Tschernobyl die Erkenntnis, daß das
sogenannte »Restrisiko« bei der Atomenergie keineswegs ein zu ver-
nachlässigendes, rein theoretischen Risiko ist. Vielmehr handelt es
sich um einen realen Risikorest, der im Schadensfall katastrophale
Folgen nicht nur für die unmittelbar betroffenen Länder und Regionen
nach sich ziehen kann.

Mit der Erschließung Europas
und der USA für das billige
Nahostöl begann nach dem
Zweiten Weltkrieg die eigentliche Phase der Internationa-
lisierung der »Ware Energie«
und damit auch die Phase der
Globalisierung ihrer Vorteile
wie ihrer Risiken.

Mit dem »Waldsterben«, mit »Tschernobyl« und schließlich mit dem menschengemachten Teil des »Treibhauseffekts« rückte eine neue globale Dimension der Energierisiken ins Blickfeld: Zwar wirken sich auch SO_2 und NO_x überregional aus, und der Fallout atomarer Unfälle kann viele angrenzende Länder in Mitleidenschaft ziehen. Aber erst mit der CO_2-Problematik erhalten die durch Energieumwandlung mitverursachten Umweltrisiken eine neue, tatsächlich weltumspannende Bedeutung. Weltumspannend sind nämlich sowohl die Ursachen wie die Wirkungen von Klimaänderungen.

Klimaänderungen: Die Schrift an der Wand

Die Energiewirtschaft ist die Hauptverursacherbranche von Klimaänderungen; deshalb ist sie auch am stärksten von der Klimapolitik betroffen. Es ist deshalb bestürzend, in welchem Maße einige Vertreter dieser Branche die Dimensionen des Klimaproblems in der Öffentlichkeit herunterspielen, verdrängen oder schlicht leugnen.

Zur Entwarnung besteht nicht der geringste Anlaß. Im Gegenteil: Sowohl der Abschlußbericht der Klima-Enquete-Kommissionen des Deutschen Bundestags als auch der des Intergovernmental Panel on Climate Change (IPCC),[1] einem von der UNO eingesetzten Wissenschaftlergremium, geben Anlaß zu Sorge. Vor allem die Rückversicherer entwickeln sich beim Blick auf ihre Bilanzen immer mehr zu »Alarmisten«.

Die Energiebranche hätte nicht nur allen Grund, sondern auch gute Chancen, durch eine aktive Klimaschutzpolitik ihrem »Versorgungs«-Auftrag eine neue, zukunftsfähige Richtung zu geben: Erstens verfügt sie im Rahmen ihrer Konzernaktivitäten über ein beträchtliches Diversifizierungs- und Krisenmanagementpotential, zweitens beschleunigt die Klimaschutzpolitik den ohnehin notwendigen Einstieg in die Energiespar- und Solarenergiewirtschaft, und drittens ist (wie wir noch zeigen werden) Klimapolitik über weite Strecken gleichbedeutend mit kluger Industriepolitik, die ohnehin praktiziert werden sollte.

Nicht zuletzt sollten die Realitäten der internationalen Klimaschutzpolitik zur Kenntnis genommen werden: »Vogel-Strauß-Politik« oder »Augen zu und durch« wird nicht mehr funktionieren. Der internationale Geleitzug fährt zwar viel zu langsam, aber er ist nicht mehr aufzuhalten. Daß er so erschreckend träge ist, liegt zwar auch an der Komplexität des Problems, wird aber durch eine internationale »Bremserkoalition« mitverursacht: allen voran die USA, die ihren energieverschwenderischen »Way of life« bedroht sehen, und die OPEC, die von dem ölabhängigen Lebens- und Produktionsstil profitiert. Hinzu kommen Länder wie China, das zur Kohle derzeit keine Alternative für seine Entwicklung sieht.

Die internationale Kohle- und Ölwirtschaft stützt diese »Wait and see«-Koalition, und einige Ökonomie-Professoren liefern ihr die Argumente. Kurz zusammengefaßt lauten diese: Erstens wüßten wir noch zu wenig, daher müsse weiter geforscht werden. Zweitens seien die Auswirkungen von Klimaänderungen nicht gravierend und die Schäden relativ gering. Drittens seien Vermeidungsaktivitäten relativ teuer. Eine Abwägung zwischen dem Nutzen (die Vermeidung der zukünftigen Schäden) und den heutigen Kosten (weniger Wirtschaftswachstum) spreche daher dafür, auf aktiven Klimaschutz zu verzichten. Die Klimaänderungen geschehen zu lassen und sich daran anzupassen sei in der Gesamtbilanz billiger.

Diese Argumentation wäre dann nicht so fatal, wenn es sich um eine der vertrauten volkswirtschaftlichen (Fehl-)Diagnosen der sogenannten » Fünf Weisen« handeln würde. Hier hat die kritische Öffentlichkeit die Möglichkeit, sich durch alternativen Sachverstand, durch kurzfristige Soll/Ist-Vergleiche und letztlich mit Hilfe der eigenen Erfahrung ein eigenes kritisches Urteil zu bilden. Anders bei hochkomplexen, weltumspannenden Nutzen/Kosten-Analysen, die sich auf einen Zeitraum von 100 und mehr Jahren beziehen und deren Annahmen und Modellierungen nur noch von Fachleuten hinterfragt werden können. Da Klimaschutzpolitik aber, anders als der klassische Kampf gegen die Schadstoffe NO_x und SO_2, sich nicht mehr auf heute wahrnehmbare (zum Beispiel »Waldsterben«) *Schäden* stützen kann, sondern mit komplizierten Modellrechnungen künftige Schäden vorwegnehmen muß, ist die »Computerisierung der Politikberatung« auf diesem Feld höchst sensibel und verantwortungsreich. Denn Fehldiagnosen der Berater werden gerade dann besonders politikwirksam, wenn sie den »Status quo« rechtfertigen und starken ökonomischen Beharrungstendenzen und Interessen eine Legitimationsbasis bieten.

Hinzu kommt, daß die Öffentlichkeit, verwirrt vom Expertenstreit, hin- und hergerissen wird und sich notgedrungen auf eigene »Common sense«-Argumente zurückzieht: War es nicht schon immer so, daß das Wetter stark schwankte? Picken sich die Experten nur die ihnen jeweils genehmen Extremlagen des Wetters als Belege für ihre Theorie heraus? Ist es nicht besser abzuwarten, zumal aktive Klimaschutzpolitik mit unangenehmen Konsequenzen für liebgewordene Gewohnheiten und mit Stolz gepflegte Besitztümer wie das Auto vor der Tür verbunden sein könnte?

Aber Klimaänderungen sind keine Wetterschwankungen. Klimaänderungen manifestieren sich in langfristigen durchschnittlichen Trendentwicklungen zum Beispiel von Temperaturen, Niederschlägen, Bodenfeuchte etc. und machen sich erst in Jahrzehnten, Jahrhunderten und Jahrtausenden bemerkbar. Das Wetter schwankt dagegen innerhalb von Tagen, Monaten und Jahreszeiten.

Das Dilemma der Computerisierung der Politikberatung: Im schlimmsten Fall lassen sich Politiker ihre vorgefaßten Meinungen durch »bestellte« Gutachten nur noch bestätigen; im günstigen Fall werden von tatsächlich unabhängigen Experten Modellergebnisse präsentiert, die die Politiker nicht mehr hinterfragen können, sondern schlicht glauben müssen.

Dennoch gehen Medien und Öffentlichkeit mit den Indizien von Klimaänderungen häufig so um, als ob man sich an sie mit einem Regenmantel, mit mehr Sonnenöl oder mit Gottergebenheit anpassen könne. »Jahrhunderthochwasser« am Rhein, Hitzewellen und Wasserknappheit in Griechenland, Überschwemmungskatastrophen in Bangladesch, Schneeausfall und geschmolzene Gletscher in den Alpen oder neue Rekordschäden durch tropische Wirbelstürme werden als Schlechtwettermeldungen oder reine »Natur«-Katastrophen kommentiert.

Aber Klimaforscher und die Risikoanalytiker großer Rückversicherungsunternehmen sagen uns das Gegenteil: Die sogenannten »Natur«-Katastrophen sind immer mehr menschgemacht oder durch menschlichen Einfluß provoziert. Ein handfestes Indiz dafür, daß sich das Klima bereits verändert hat, ist die Zunahme der Wetteranoma-

Abb. 2: Unterschiedliche Zeitverzögerung zwischen Emissionsmaximum und Schadensmaximum für SO_2 als klassischer Luftschadstoff und CO_2 als klimarelevanter Schadstoff. Die Zeitverzögerung zwischen Emissions- und Schadensmaximum beträgt bei einem klassischen Schadstoff wie SO_2 nur 15 Jahre, bei CO_2 aber etwa 50 Jahre. Daher kann sich die Klimaschutzpolitik nur auf antizipierte Schadensberechnungen und nicht auf wahrnehmbare Schäden stützen. (Quelle: Jochem 1990)

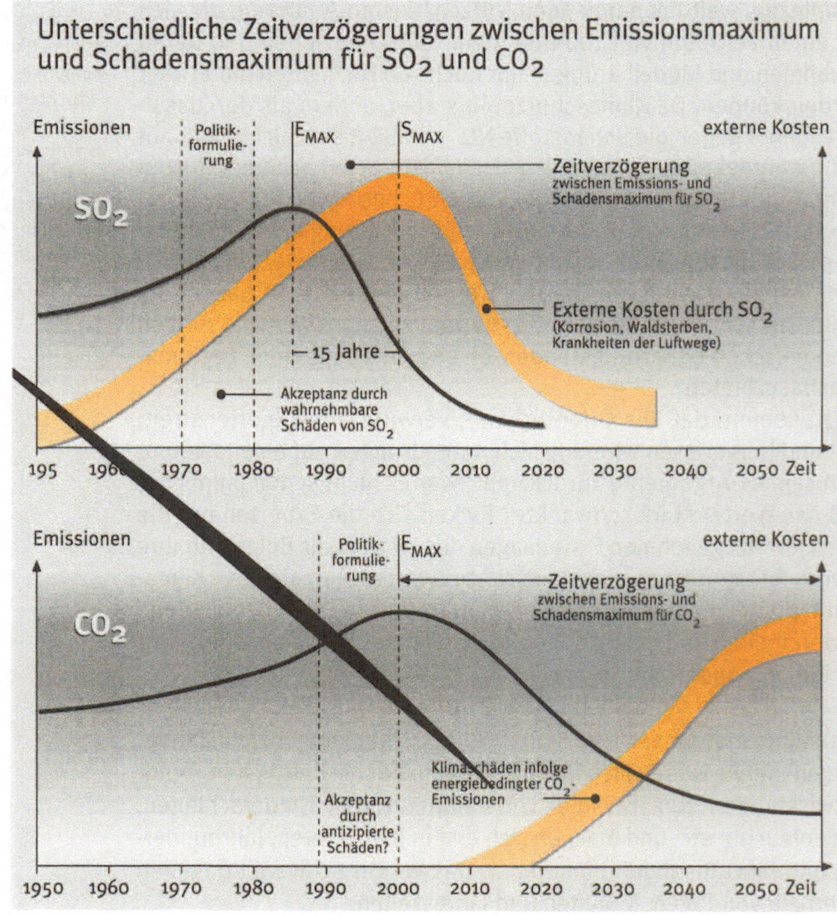

lien. Sie ist statistisch bereits signifikant, das heißt, in einem Indizienprozeß müßte der Täter als überführt gelten, auch wenn der letzte Beweis noch nicht erbracht werden kann. Auf den schlüssigen naturwissenschaftlichen Beweis zu warten wäre aber höchst fahrlässig: Wir setzen heute das Kohlendioxid frei, das für unsere Kinder und Enkelkinder in 40 bis 50 Jahren das Klima und die natürlichen Lebensgrundlagen irreversibel verändern wird.

Denn *sicher ist*: Durch die Freisetzung klimawirksamer Gase (vor allem CO_2, FCKW, N_2O, O_3, CH_4) verstärkt der Mensch den natürlichen Treibhauseffekt und verändert dadurch das Klima mit einer Zeitverzögerung von etwa 50 Jahren; die gemessene Konzentration aller klimawirksamen Gase hat seit der Industrialisierung (seit etwa 1870) drastisch zugenommen, zum Beispiel bei CO_2 von 280 ppm auf 358 ppm (1994). Die mittlere globale Lufttemperatur ist um 0,3 bis 0,6 Grad C und der Meeresspiegel um 10 – 25 cm seit dem Ende des 19. Jahrhunderts angestiegen. Auf Grund des neusten IPCC-Berichts steht zweifelsfrei fest, daß das Klima durch menschliche Aktivitäten verändert wird »… und zwar nicht erst in weiter Zukunft. Klimaänderungen sind vielmehr schon heute erkennbar – diese Erkenntnis hat das IPCC erstmals festgestellt« (BMU, Vorabdruck aus UMWELT, Heft Februar 1996).

Wahrscheinlich ist, daß bereits im 21. Jahrhundert bei unveränderten Trends die globale Lufttemperatur um 2 Grad C (Bandbreite 1 bis 3 Grad C) zusätzlich ansteigen wird. Ein solcher Anstieg der Erwärmung ist in den letzen 10000 Jahren nicht aufgetreten. Auch der Meeresspiegel steigt nach der besten Schätzung bis 2100 um 50 cm. Etwa 90 Millionen Menschen in Küstenregionen würden durch Überschwemmungen direkt bedroht. Bei Unterlassung von Gegenmaßnahmen ist weiter mit erheblichen Auswirkungen u.a. auf die Wälder, die menschliche Gesundheit und in bestimmten Regionen bei der landwirtschaftlichen Produktion mit dem Risiko von Hungersnöten in der Folge zu rechnen (ebd.). Mit der Zunahme von starken Dürren und Überflutungen ist in einigen Regionen zu rechnen. Zunehmende Anomalien des Wetters, zum Beispiel extrem heiße und extrem kalte Tage oder auch heftigere Stürme werden bei einer generellen Erwärmung erwartet.

Unsicher ist, bis wann und mit welchen konkreten regionalen Auswirkungen sich das Klima ändern wird. Die hochkomplexen Klimamodellrechnungen sind in den letzten Jahren erheblich verbessert worden, aber es bleiben viele Unsicherheiten. Zum Beispiel liegt der heutige Schätzwert des Temperaturanstiegs bis 2100 etwa 30% niedriger als der im IPCC-Bericht von 1990, weil auf Grund neuerer Erkenntnisse die kühlende Wirkung von Sulfataerosolen und auch teilweise niedrigere Emissionsszenarien (z.B. für CO_2 und FCKW) berücksichtigt wurden. Auch die Regionalisierung der Klimawirkungsforschung (»wie ändert sich das Klima bis zum Jahr 2050 unter

Nach einem Medienaufschrei verschwindet das Klimathema wieder im Konjunkturtal der Mediengesellschaft – bis zur nächsten Überschwemmungskatastrophe in Bangladesch. »Natur«-Katastrophen gelten als schicksalhaft, sie kommen unvermeidlich, aber sie gehen auch wieder. Ein populistischer und nur auf das kurzfristige Medienecho schielender Politikstil ist daher bei globalen Umweltproblemen gemeingefährlich. Wirksamer Klimaschutz verlangt eine vorsorgende und konsensorientierte Politik weit über Legislaturperioden hinaus.

Abb. 3:
Energiebedingte CO_2-Emissionen nach dem Reduktionsplan der Klima-Enquete-Kommission: Reduktionsziele für die Industrieländer und Begrenzung des Zuwachses für die Entwicklungsländer. (Quelle: Enquete-Kommission 1990).

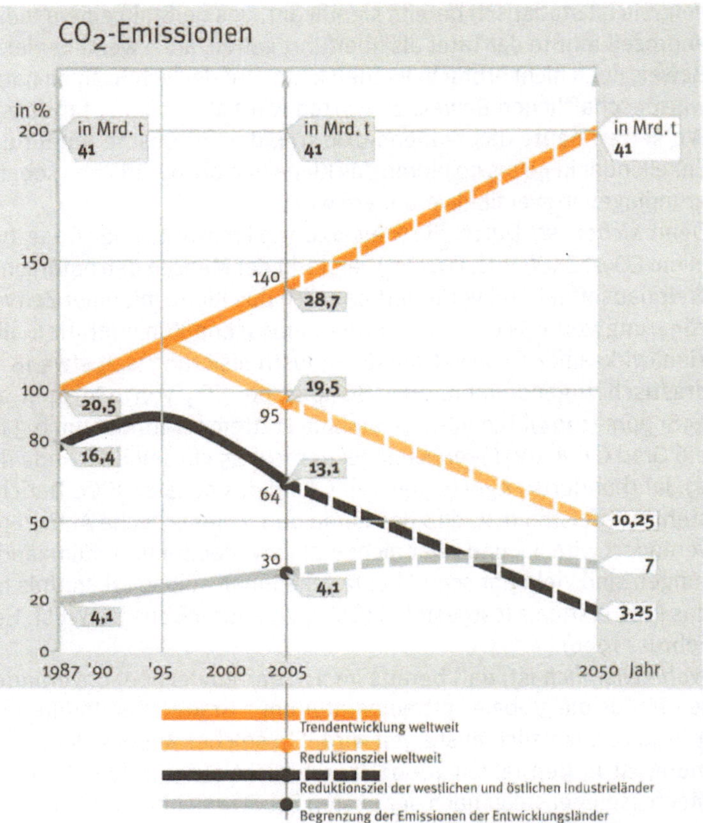

Trendbedingungen in der Bundesrepublik und mit welchen Folgen«?) steht noch vor vielen ungelösten Problemen. Aber es wäre ein verhängnisvoller Irrtum zu hoffen, daß die Unsicherheiten nur in eine Richtung – weniger Klimaänderungen als befürchtet – wirken würden. Ganz im Gegenteil: Bei den derzeitigen – aus klimageschichtlicher Sicht – extrem schnellen Temperaturänderungen nimmt auch das Risiko von »Überraschungen« zu, weil sich das Klimasystem nicht einfach linear, sondern quasi in Sprüngen ändern kann; so wird befürchtet, daß auch »unerwartete, große und schnelle Klimaänderungen auftreten« können. (BMU, ebd.)

Die deutsche Klima-Enquete-Kommission hat daher empfohlen, zum globalen Klimaschutz weltweit den CO_2-Ausstoß bis zum Jahr 2050 um mindestens die Hälfte zu senken (s. Abb. 3).

Diese Empfehlungen stützt sich auf das Vorsorgeprinzip und das Konzept der »erforderlichen CO_2-Reduktion«. Dabei wird einerseits davon ausgegangen, daß ein globaler Temperaturanstieg von etwa 0,1 Grad Celsius pro Dekade und insgesamt um etwa 2 Grad Celsius im Vergleich zur vorindustriellen Situation um 1870 bis 2100 kaum noch vermeidbar ist. Andererseits findet bei einem auf 0,1 Grad Celsius pro Dekade begrenzten Temperaturanstieg eine globale Klimaänderung statt, an die sich natürliche Ökosysteme innerhalb eines Jahrhunderts wahrscheinlich noch ohne dramatische Auswirkungen anpassen können.

Mit plausiblen Annahmen über die Emissionen und die Konzentration der übrigen klimarelevanten Spurengase (vor allem FCKW, N_2O, O_3, Methan) liefern computergestützte Klimamodelle das Ergebnis, daß die CO_2-Konzentration nicht wesentlich über 400 bis 450 ppm ansteigen darf, damit diese Schwellenwerte des Temperaturanstieges nicht überschritten werden. Für CO_2-Konzentrationen und den Temperaturanstieg kann man auf diese Weise also Grenzwerte festlegen. Aus ihnen errechnet man die sogenannte »erforderliche« Senkung der CO_2-Emissionen weltweit.

Nur wenn die CO_2-Emissionen bis 2050 um 50 Prozent gesenkt werden, gibt es nach diesen übereinstimmenden Berechnungen der beiden Kommissionen eine Chance, die Grenzwerte einzuhalten.

Die auf der UNCED-Konferenz in Brasilien (1992) beschlossene Klima-Rahmenkonvention, die inzwischen von 159 Ländern (darunter auch den USA und der Bundesrepublik) ratifiziert worden ist, schreibt explizit im Artikel 2 diese rigorosen Eckpunkte einer Klimaschutzpolitik fest. Der Artikel 2 fordert nämlich, »... die Stabilisierung der Treibhausgaskonzentrationen in der Atmosphäre auf einem Niveau zu erreichen, auf dem eine gefährliche anthropogene Störung des Klimasystems verhindert werden kann«. Um eine *Stabilisierung der Konzentration* der Treibhausgase in der Atmosphäre auf einem noch tolerablen Niveau zu erreichen, müssen nach Ansicht von Klimaexperten weltweit *die Emissionen* von CO_2 um 60 bis 80 Prozent, von N_2O um 80 Prozent, von CH_4 um 15 bis 20 Prozent und von FCKW zwischen 60 und 90 Prozent reduziert werden.

Im Gegensatz zu einigen kritischen Bewertungen in der Öffentlichkeit setzt daher die Klimakonvention ein hartes Ziel. Selbst der Weltenergierat (World Energy Council, WEC) ging auf der Madrider Weltenergiekonferenz davon aus, daß die Stabilisierung der CO_2-Konzentration in der Atmosphäre gegenüber dem Niveau von 1990 eine Reduktion der jährlichen anthropogenen CO_2-Emissionen um 60 Prozent erfordert.

Da man weiß, wieviel Kohlenstoff in den weltweit noch verfügbaren fossilen Energieträgern gebunden ist, läßt sich mit verläßlicher Prognosesicherheit errechnen, wieviel Kohle, Öl und Gas insgesamt noch verbrannt werden dürfen, damit die CO_2-Konzentration nicht über die genannten Schwellenwerte ansteigt. Das Ergebnis einer solchen überschlägigen Rechnung ist von höchst beunruhigender Dramatik. Dennoch wird es in der internationalen Klimaschutzdebatte immer wieder verdrängt und in seinen forschungs- und energiepolitischen Konsequenzen sträflich ignoriert: Würden jeweils nur die

Für die weit überwiegende Mehrheit der Klimaforscher und Umweltpolitiker in der Welt gilt: Die Ziele einer forcierten Klimaschutzpolitik werden nicht mehr ernsthaft bestritten, aber das eigentliche Problem ist deren rechtsverbindliche Umsetzung und Verteilung auf die Reduktionspflichten einzelner Staaten. Wir wissen genug, um handeln zu können.

Nicht die Erschöpfbarkeit der Ressourcen ist der begrenzende Faktor für den Einsatz fossiler Energieträger, sondern die Aufnahmefähigkeit der Atmosphäre bildet eine »Naturschranke«, die wesentlich engere Grenzen markiert.

wirtschaftlich gewinnbaren Reserven fossiler Energieträger (die vermuteten Reserven liegen noch weit darüber) in dem derzeitigen Tempo weiter verbrannt, dann würde die Konzentration von CO_2 im 21. Jahrhundert etwa um 170 ppm steigen. Der Schwellenwert von 450 ppm wäre also weit überschritten. Hieraus läßt sich abschätzen, daß weltweit nur noch *etwa ein Drittel* der wirtschaftlich gewinnbaren Reserven fossiler Energieträger im nächsten Jahrhundert verbrannt werden darf. Diese alarmierende Größenordnung wurde von der Deutschen Physikalischen Gesellschaft und der Deutschen Meteorologischen Gesellschaft bereits 1987 genannt und inzwischen in Studien im Detail begründet.

Die Konsequenzen dieser Abschätzung sind so weitreichend, daß hierdurch die gesamte Energieproblematik eine neue Dimension erhält: Offensichtlich ist die einst beherrschende Frage des »Club of Rome«, wie lange die Energieressourcen noch reichen, aus der klimapolitischen Perspektive nicht mehr die beunruhigendste. Vielen Energiewirtschaftlern und Energiepolitikern ist noch nicht klar: Nicht mehr allein die Erde, sondern vor allem der Himmel ist die Grenze.

Eine Chance für die Welt:
Solidarität mit der Mit- und Nachwelt

Was Kohle-, Öl- und Erdgaskonzernen auf den ersten Blick als Hiobsbotschaft anmuten mag, ist jedoch – würde die Menschheit hieraus die richtigen Konsequenzen ziehen – vor allem für die Entwicklungsländer sowie für unsere Kinder und Enkel eine gute Nachricht: Statt den bisherigen Raubbau an den Energieressourcen fortzusetzen, müssen vor allem die industrialisierten Länder, aber auch die OPEC und die »Kohlegiganten« China und Indien die Ausbeutung ihrer Lagerstätten auf einen wesentlich längeren Zeitraum strecken. Der Zeitgewinn wäre unschätzbar: Nicht nur ein Ersatz für die nicht erneuerbaren Energieressourcen wäre dann leichter zu beschaffen. Weit mehr noch: Würde das Klimaleitziel der Rio-Konferenz bis zum Jahr 2050 erreicht, hätte die Menschheit gleichzeitig die meisten der sich sonst gefährlich zuspitzenden Energieprobleme mit gelöst. Insbesondere die schockierende Ungleichverteilung von Energiegebrauch und -verbrauch sowie die dadurch verursachten Emissionen und Schäden könnten abgebaut werden.

Um den Klimaschutzzielen näherzukommen, müssen als nächstes die CO_2-Reduktionspflichten völkerrechtlich verbindlich auf die einzelnen Länder verteilt werden – aber nicht gleichmäßig, sondern nach klaren Kriterien. Zumindest muß berücksichtigt werden, wie hoch der historische Anteil des Landes am heutigen CO_2-Niveau ist, wie die Pro-Kopf-Emissionen heute sind, wie groß die wirtschaftliche Lei-

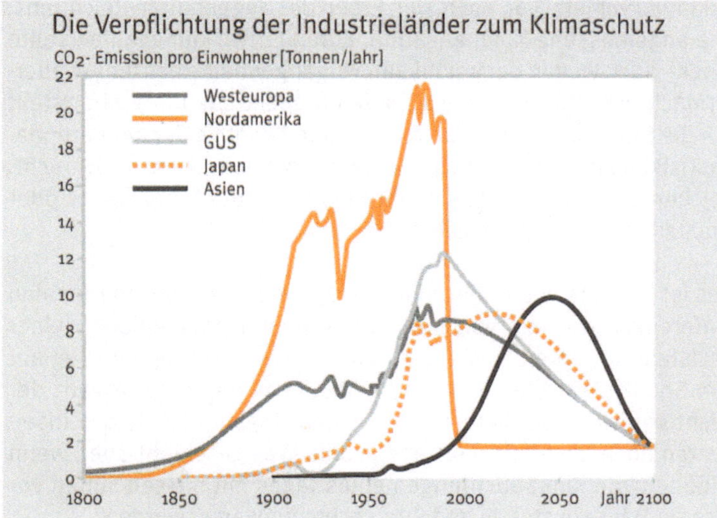

stungsfähigkeit ist und – bei den armen Ländern – auch der Bedarf an weiterer wirtschaftlicher Entwicklung. Die obige Abbildung wirft ein Schlaglicht darauf, was dies bedeuten wird (Abb. 4):

Aus der Perspektive einer weltweiten Klimaschutzpolitik muß die Erdatmosphäre quasi als CO_2-Deponie der gesamten Menschheit betrachtet werden. Hieraus ergibt sich ein zwingender neuer moralischer Imperativ: Jeder heute und in Zukunft lebende Mensch hat das gleiche Recht auf Inanspruchnahme dieser Deponie, und die Menschheit insgesamt hat die Verantwortung und Verpflichtung, eine gefährliche Übernutzung zu vermeiden.

Wenn ein Land historisch *objektiv* zur heutigen Situation beigetragen hat, dann bedeutet das natürlich nicht, daß *subjektiv* schuldhaft gehandelt wurde. Schließlich sind die Fakten erst seit wenigen Jahren bekannt und abgesichert. Aber die Menschen in den Entwicklungsländern werden uns in den reichen Ländern immer nachdrücklicher zwei Fragen stellen:

Erstens: Ihr in den Industrieländern redet immer von der »Bevölkerungsexplosion«. Wir in den Entwicklungsländern wissen, daß eine wachsende, unterernährte Bevölkerung ein schwerwiegendes Problem ist. Aber warum zeigt ihr euch so besorgt? Warum fragt ihr: »Wieviel Bevölkerung kann sich die Welt leisten?«, statt mit Blick auf euren maßlosen Ressourcenverbrauch pro Kopf die Frage zu stellen: »Wieviel Amerikaner und Europäer kann sich die Welt noch leisten?«

Zweitens: Unbestreitbar ist, daß ihr unsere gemeinsame CO_2-Deponie, die Atmosphäre, seit langem im Übermaß in Anspruch genommen habt. Zwar kannten eure Vorfahren nicht die Folgen; dennoch

Abb. 4:
»Absturz« auf 1,5 Tonnen CO_2 pro Kopf. Bisherige und zukünftige Kohlenstoff-Emissions-Zeitprofile verschiedener Regionen unter der Annahme gleichmäßiger CO_2-Emissionen pro Kopf über alle Länder und Generationen gemittelt. Das Szenario zielt auf eine Stabilisierung der atmosphärischen CO_2-Konzentration bei zweifacher vorindustrieller Konzentration ab dem Jahr 2100.

In ökologischer Hinsicht, das zeigt die Abbildung eindeutig, sind die Industrieländer bankrott. Sie haben ihr CO_2-Verschmutzungskonto bei weitem überzogen. (Quelle: Fujii 1990)

Gerade das Klimaproblem hat eine zutiefst ethische Dimension, weil wir heute entscheiden und verantworten müssen, welchen Spielraum zukünftige Generationen noch zum Leben haben.

Eine erfolgreiche Klimaschutzpolitik wäre eine reale Voraussetzung und gleichzeitig die erfolgversprechendste Motivation dafür, daß die Welt das noch anspruchsvollere Ziel einer »zukunftsfähigen Entwicklung« (sustainable development) erreichen kann.

verlangen wir jetzt von euch, den Erben des angehäuften Reichtums, eine angemessene Kompensation. Eure »Entwicklungshilfe« sollte daher – auch wegen der kolonialen Vergangenheit – besser »Wiedergutmachung« für bisherige Schäden heißen. Zukünftig aber stellt sich die Situation anders dar. Macht ihr in Kenntnis der katastrophalen Risiken so weiter wie bisher, dann begeht ihr bewußt Unrecht. Welchen Schadensersatz seid ihr bereit für euer fahrlässiges oder vorsätzliches Handeln zu zahlen?

Dies ist beileibe keine rhetorische Frage mehr. Auf internationalen Konferenzen wird sie von den AOSIS-Staaten (der Allianz kleiner Inselstaaten), deren Existenz durch den Meeresspiegelanstieg auf dem Spiele steht, bereits gestellt. Mag sein, daß die Arroganz der Mächtigen sich über berechtigte Existenzängste von kleinen Inselstaaten noch lange hinwegsetzen kann. Was geschieht aber, wenn Millionen von Klimaflüchtlingen eines Tages mit nassen Füßen vor unseren Häusern stehen und ihre Rechte einklagen werden?
Und was sagt der Braunkohlemanager seiner Tochter nach der Jahrhundertüberschwemmung in Bangladesch mit vielleicht Millionen Toten im Jahr 2005, wenn sie ihn fragt: »Warum hast du Garzweiler II erschlossen?« Reicht dann der Hinweis auf die Arbeitsplätze des Jahres 1996 und das Wohlergehen der Firma Rheinbraun? Kann der Hinweis beruhigen, daß das Kohlendioxid aus der Verbrennung deutscher Braunkohle nur einen marginalen Beitrag zum weltweiten CO_2-Ausstoß ausmacht? Ist es legitim, die eigene Mitverantwortung hinter der Globalität des Problems zu verstecken? Zumal dieses Argument in doppelter Weise fatal ist: Zum einen dient es häufig nur der Rechtfertigung des bequemen »Weiter so«; zum anderen verhindert das Argument, es nütze ja doch nichts, daß sich die so dringend benötigten Vorreiter für eine effiziente Klimapolitik finden.

Es geht hier nicht darum, nach Schuld zu suchen und Sühne zu verlangen. Schuldgefühle sind oft schlechte Ratgeber und können in sozialpsychologischer Hinsicht Lösungen erschweren. Unsere Überzeugung ist aber: Lösungen werden gänzlich unmöglich, wenn Energieprobleme nur als scheinbar konflikt- und moralfreie Fragen der Technik und Ökonomie abgehandelt werden. Das Klima- und Energieproblem ist im Kern ein ethisches Problem, weil es um die Verantwortung heutiger Generationen für die Lebensfähigkeit zukünftiger Generationen vor allem in den Entwicklungsländern geht.
Eine erfolgreiche Lösung des Klimaproblems würde daher weltweit auch eine generelle Wende in moralischer, politischer und ökologischer Hinsicht bedeuten. Viele positive sozio-technische Nebenwirkungen, zum Beispiel ein menschengerechteres Verkehrssystem, eine gesundheitsfördernde ökologische Landwirtschaft, ein Abbau von Großrisiken (in der Chlorchemie, in der Atomenergie), ein ange-

paßtes dezentrales und demokratisiertes Energiesystem und eine Vielzahl sozialer Innovationen, wären die Folgen.

Noch wichtiger aber wäre vielleicht der Gewinn an moralischer Substanz, wenn die »eine Welt« nicht nur in Sonntagsreden beschworen, sondern in praktizierter Solidarität mit den am meisten Betroffenen und Schwachen geschaffen würde.

»Zukunftsfähigkeit«:
Alle sind dafür, und nichts geschieht?

Im Rückblick auf die neunziger Jahre werden die Historiker und Sprachforscher im Jahr 2050 vielleicht einmal feststellen: »Nachhaltigkeit« (Sustainability) oder – wie wir im folgenden sagen werden – »Zukunftsfähigkeit« war das »MEGAWort der goldenen neunziger Jahre«: kein Umweltminister, der es nicht zweimal pro Tag benutzte, kein Regierungschef, der ihm nicht eine Passage seiner Regierungserklärung gewidmet hätte. Aber was bedeutet es? Und wie beeinflußt dieses neue Modewort die gesellschaftliche Entwicklung und den Zustand der Welt im Jahr 2050?

Unsere These ist: Der derzeitige inflationäre Gebrauch des Begriffs »Zukunftsfähigkeit« bedeutet nicht, daß die Dimension des Problems begriffen oder gar eine Einigung über Ziele und Inhalt erfolgt wäre. Noch weniger kann bisher davon ausgegangen werden, daß den Worten Taten folgen würden. Dennoch ist die noch weitgehend diffuse Forderung nach »Zukunftsfähigkeit« Ausdruck eines wachsenden Unbehagens am Zustand der Welt und signalisiert den Wunsch nach einer neuen gesellschaftlichen Perspektive. Noch ist allerdings möglich, daß die gesellschaftliche Entwicklung in diametral entgegengesetzter Richtung verläuft.

Lust auf Katastrophen?

Wir wissen nicht, wie der Zustand der Welt im Jahr 2050 von seinen Bewohnern bewertet werden wird. Aus heutiger Sicht sind zwei extreme Entwicklungsperspektiven möglich:

- Ein *Katastrophen«-Szenario:* Klima- und Umweltkatastrophen, Hungersnöte und Seuchen, Kriege um Öl, Wasser und Nahrungsmittel haben die Menschheit dezimiert und demoralisiert; viele kleine Inselstaaten und weite Teile Bangladeschs sind dem steigenden Meeresspiegel zum Opfer gefallen; Skifahren ist nur noch im Cyberspace möglich; die Ungleichverteilung von Ressourcen, Einkommen und Vermögen hat sich extrem zugespitzt, reiche Länder haben sich in Festungen verwandelt. Flüchtlingsströme werden an den Grenzen mit Gewalt zurückgewiesen.

Die weltweit mögliche fulminante Wirkung einer gemeinschaftlichen Energiesparinitiative (einer »Effizienzrevolution«) scheiterte bisher auch daran, daß einerseits Art und Ausmaß der kollektiven Verursachung von Risiken noch nicht ins öffentliche und individuelle Bewußtsein eingedrungen sind und andererseits die enormen Chancen gemeinsamen Handelns nicht erfahrbar gemacht werden. Umsetzungsbereitschaft kann und muß durch positive Rückkopplung von gemeinsamen Einsparerfolgen gelernt werden. Beispielhaft hierfür steht die »Nordlicht«-Aktion. [2]

- Ein »*Zukunftsfähigkeits*«-*Szenario*: Die Klimapolitik war erfolgreich und hat die Umsetzung anderer Wendeszenarien begünstigt. »Zukunftsfähigkeit« im strengen Sinn ist noch nicht erreicht, aber die Dynamik aller Trends läuft in diese Richtung. Neue »Wohlstandsmodelle« sind im Norden wie im Süden erfolgreich umgesetzt worden, so daß der Energie- und Ressourceneinsatz pro Kopf um den Faktor 4 gesenkt werden konnte. Ungleichheiten in den Lebenschancen sind drastisch abgebaut worden. Die Befriedigung der Grundbedürfnisse einer auf zehn Milliarden angewachsenen Menschheit sind gesichert. Freiheit, Gleichheit, Brüderlichkeit sind zu realen Leitbildern einer von Ausbeutung freien Gesellschaft geworden.

Welches Szenario halten Sie für wahrscheinlicher?

Wir können Ihnen, lieber Leser und liebe Leserin, keine repräsentativen Antworten auf diese Frage geben. Wir können nur vermuten, wie eine Umfrage ausgehen würde: Die Mehrheit würde sagen, keines der Szenarien sei wahrscheinlich. Vor die Wahl gestellt, nur diese beiden Szenarien zu bewerten, würde die Mehrheit antworten, das Katastrophenszenario sei wahrscheinlicher. Erneut gefragt, welches Szenario man selbst für wünschenswert hält, würden nahezu 100 Prozent sich für das »Zukunftsfähigkeits«-Szenario entscheiden. Testen Sie bitte dieses von uns prognostizierte Ergebnis in Ihrem Bekanntenkreis.

Wir vermuten dieses – auf den ersten Blick – widersprüchliche Ergebnis, weil hierin eine »kognitive Dissonanz« zum Ausdruck kommt, die in vielen Studien zu Energie und Umwelt immer wieder bestätigt wird. Zum einen sagen viele: »Ich bin Energiesparer, aber die anderen sind es nicht.« Zum anderen bestätigen Studien den Deutschen immer wieder ein ausgeprägtes Umweltbewußtsein, aber die tatsächliche Umweltbereitschaft stimmt damit nicht überein. Wir vermuten, daß zwischen beiden Befragungsergebnissen ein innerer Zusammenhang besteht: Das Gefühl, gegenüber Umweltproblemen als einzelner ohnmächtig zu sein, lähmt die Umsetzungsbereitschaft bis hin zur Resignation; die positive Selbsteinschätzung dient andererseits der inneren psychologischen Kompensation und Rechtfertigung; sie verstärkt aber resignative Tendenzen, weil Energiesparen und Umweltschutz als ein individuelles, folgenloses Opfer und eine außergewöhnliche Leistung betrachtet wird, die andere nicht erbringen wollen (vgl. auch Kapitel 6 und 7).

Bei Vorträgen begegnen uns auch immer wieder Zuhörer, die der Darstellung der möglichen Folgen einer Klimakatastrophe Anerkennung zollen, sich aber skeptisch bis ablehnend äußern, wenn Auswege und Alternativen aufgezeigt werden. Hier, so unsere Vermutung, dient das Ausmalen von Katastrophengemälden dazu, andere anzuklagen und gleichfalls die eigene Resignation und Untätigkeit zu rechtfertigen. Für den Erfolg einer Klimaschutz- und Energiesparpolitik spielen diese sozialpsychologischen Faktoren eine große Rolle. Solange dem einzelnen nicht bewußt ist, daß sein individuelles Handeln einen Gemeinschaftscharakter hat, daß Gemeinschaftsgüter – wie die CO_2-Deponie Atmosphäre – gemeinschaftlich übernutzt und Schäden kollektiv erzeugt werden, wird eine gemeinschaftliche Behebung oder Eindämmung der Schäden erst recht für unmöglich gehalten werden. Der Bau von Einsparkraftwerken in großem Stil wird daher einerseits nur dann erfolgreich sein, wenn viele dauerhaft bereit sind, zu handeln und etwas zu verändern. Dazu gehört aber andererseits, daß alle Teilnehmerinnen und Teilnehmer durch positive Rückkoppelung den gemeinsamen Erfolg erfahren können und wiederholte Erfolge die gesamten »kognitiven Dissonanzen« wirksam abbauen helfen. Hinzu muß eine geduldige Aufklärungsarbeit mit langem Atem kommen (»soziales Marketing«): Klimaschutzpolitik kann – trotz zunehmender Indizien für Klimaveränderungen und Klimaanomalien – nur auf *antizipierte Betroffenheit* gestützt werden. Die drohende Klimakatastrophe ist ein Zukunftsszenario, das von weitsichtigen Journalisten nur als »Zeitsprung« (so eine Sendereihe von Franz Alt) in die wohltemperierten Wohnzimmer vermittelt werden kann. Szenarien sind stets inhärent mit Unsicherheiten behaftet, auf die das Alltagsbewußtsein mit Verdrängung reagiert – ganz im Gegensatz zur *erfahrbaren Betroffenheit* beim Spaziergang in sterbenden Wäldern. Die Kontinuierlichkeit und Glaubwürdigkeit von Informationen ist daher entscheidend, Übertreibungen (»Kölner Dom unter Wasser«) wie Verharmlosungen (»Je wärmer, desto besser«) sind schädlich.

Hinzu kommt: Der Zeithorizont vieler Entscheidungsträger in der Politik entspricht häufig nur der Länge von Wahlperioden, und das Vertrauen auf »Business as usual« ist zählebig. Angesichts düsterer Prognosen dienen beruhigende Nachrichten der willkommenen Selbsttäuschung, auch wenn das dahinterstehende Lobbyisteninteresse kaum verhüllt ist. Daher sind Formen der Bürgerbeteiligung (zum Beispiel »Energie-Tische« wie in Heidelberg) und institutionalisierte Formen langfristiger Politikberatung wie etwa eine Enquete-Kommission »Zukunftsfähigkeit« notwendig.

Der ökologische kategorische Imperativ

»Sustainability« ist ein gesellschaftliches Leitziel, das scheinbar niemand ablehnt. Dies lag lange Zeit auch an der mangelnden Präzisierung sowie fehlenden Operationalisierung und Quantifizierung, wodurch zweifellos ein Etikettenschwindel mit dem Begriff begünstigt wurde: Aus »nachhaltiger Entwicklung« (sustainable development) wurde das Gegenteil, nämlich »dauerhaftes Wachstum« (sustainable growth); auch eine Firma wie Mercedes-Benz, mit einem

Der Begriff »Nachhaltigkeit« ist von Politik und Wirtschaft zunächst euphorischer aufgenommen worden als von der Umweltbewegung. Das war bisher auch nicht verwunderlich, war er doch recht unbestimmt und unverbindlich. Doch das könnte sich jetzt ändern, nachdem die Stoffstrom-Enquete-Kommission des Bundestages eine pragmatische Definition vorgelegt und das Wuppertal Institut in einem ersten ausführlichen Konzept für ein »Zukunftsfähiges Deutschland« den Begriff eingehend begründet und Zahlen sowohl für die Ziele wie die Mittel genannt hat.

Der Schlüssel zur Änderung liegt bei den Industriestaaten. Sie werden der Mehrheit der Weltbevölkerung – selbst wenn sie wollten – nicht diktieren, sondern nur vorleben können, daß »neue Wohlstandsmodelle« mit weniger Energie- und Ressourcenverbrauch möglich und attraktiv sind.

nicht gerade als herausragend umweltfreundlich bekannten Fahrzeugkonzept wie der S-Klasse, beruft sich auf die »Charta für eine langfristige nachhaltige Entwicklung« der internationalen Handelskammer.

Diese Ambivalenz enthält allerdings bereits der Bericht der Brundtland-Kommission, der das Konzept der »dauerhaften Entwicklung« vielleicht gerade deshalb so populär machen konnte, weil im gleichen Abschnitt offensichtlich bewußt von »Sustainable Development« und »Sustainable Growth« die Rede ist.

Heute kann niemand mehr »Zukunftsfähigkeit« propagieren und sein Nicht-Handeln damit entschuldigen, daß der Begriff und die Dimension des Problems noch nicht hinreichend aufgeklärt seien.

Seitdem einige Studien vorliegen, ist nämlich die Größenordnung der Aufgabe klar erkennbar. Das Wuppertal Institut konkretisiert zum Beispiel das »Zukunftsfähigkeits«-Konzept im Anschluß an den Brundtland-Bericht und die »Management-Regeln« der Stoffstrom-Enquete durch vier Regeln:

1. Erneuerbare Ressourcen dürfen nicht schneller verbraucht werden, als sie sich erneuern.
2. Es dürfen nicht mehr Stoffe in die Umwelt freigesetzt werden, als die Umwelt in der gleichen Zeit aufnehmen kann.
3. Die Nutzung nicht erneuerbarer Ressourcen muß minimiert werden. Sie dürfen nur genutzt werden, sofern ein physisch und funktionell gleichwertiger Ersatz in Form erneuerbarer Ressourcen geschaffen wird.
4. Das Zeitmaß menschlicher Eingriffe muß in einem ausgewogenen Verhältnis zum Zeitmaß der natürlichen Prozesse stehen.

Diese Regeln beruhen im Kern auf einem grundlegenden Werturteil: Jeder Mensch der heutigen und zukünftigen Generationen hat ein Recht auf eine intakte Umwelt. Es entspricht einem fundamentalen Gerechtigkeitspostulat, daß jedem Menschen das gleiche Recht der Nutzung natürlicher Ressourcen und Senken zusteht, solange hierdurch keine Übernutzung stattfindet und Naturkreisläufe erhalten bleiben.

Hieraus läßt sich ein *ökologischer kategorischer Imperativ* ableiten, der vor allem in den reichen Industrieländern eine grundlegende Herausforderung für den Lebens- und Produktionsstil darstellt: Jeder Mensch muß die Menge der Ressourcen, die er in Anspruch nimmt, so korrigieren, daß der verbleibende Pro-Kopf-Verbrauch sich für alle weltweit lebenden Menschen und für künftige Generationen verallgemeinern läßt.

Damit enthält das »Zukunftsfähigkeits«-Konzept eine ethische Grundlage, der nur schwer zu widersprechen ist. Obwohl dieser Imperativ in dieser rigoros formulierten Form kaum lösbare internationale und intergenerationelle (Um-)Verteilungsprobleme zur Folge hat, kann und muß er dennoch als Richtschnur für internationale Abkommen und für die reale Entwicklung dienen. Denn einerseits wird es niemand wagen, den Menschen in der Dritten Welt das Recht auf den gleichen Wohlstand wie in den USA oder in der Bundesrepublik abzusprechen, andererseits wäre allein schon die Übertragung unserer überbordenden Automobilität auf China eine Horrorvision. Die Moral, der ökologische Imperativ, hat also eine recht handfeste Basis: Halten wir an unserem ressourcenintensiven Produktions- und Lebensstil fest, wird seine Nachahmung in wirtschaftlich aufstrebenden Regionen dieser Erde in die Weltkatastrophe führen.

Keine der oben definierten Regeln ist derzeit weltweit oder für ein Land in der Welt erfüllt, insbesondere nicht für die Bundesrepublik. Gleichwohl sind diese Regeln aber prinzipiell erfüllbar. Tabelle 1 enthält die umweltpolitischen Ziele für ein »Zukunftsfähiges Deutschland«, wie sie in der Wuppertaler Studie zusammengetragen und begründet worden sind.

Während über die Notwendigkeit einer erheblichen Reduktion der Material- und Energieverbräuche weitgehend Konsens herrscht, ist noch umstritten, um wieviel reduziert werden muß, wieviel Zeit dafür nötig ist und vor allem, welche Mittel eingesetzt werden sollen und welche sozioökonomischen Zusammenhänge und Folgen berücksichtigt werden müssen. Insofern gibt es eine Vielzahl von Gründen, warum sich fast alle zur »Zukunftsfähigkeit« bekennen, aber nicht einmal mit einer schrittweisen Realisierung dieses Ziels Ernst gemacht wird.

Ein wesentlicher Grund für die fatale Tatenlosigkeit der Politik ist sicherlich, daß auf dem Weg zu einer zukunftsfähigen Wirtschaft ein grundlegender Wandel nötig ist und daß dazu tief in gewachsene wirtschaftliche und gesellschaftliche Strukturen und Interessen eingegriffen werden muß. Das aber überfordert die politischen Institutionen und ihre derzeitigen Repräsentanten. Wenn Politiker und Wählermehrheiten Politik vor allem als einen Job verstehen, die Geschäfte mehr schlecht als recht »am Laufen« zu halten und Besitzstände zu verteidigen, dann heißt die Maxime auch weiterhin »Durchwursteln ohne Perspektive«, und die überfällige vorsorgende Umwelt- und Klimaschutzpolitik bleibt eine Illusion.

Wie sich die Ziele langfristige Klimaverträglichkeit und Zukunftsfähigkeit erreichen lassen, kann man einer Gesellschaft nicht als fertiges Konzept überstülpen, sondern es muß in einem gesellschaftlichen Suchprozeß herausgefunden werden. Stichworte und konkrete Anregungen dazu enthalten die in der Wuppertal-Studie formulierten Leitbilder. Zu Recht sind diese Leitbilder quasi die Keime, aus denen eine künftige Gesellschaft wachsen könnte, auf besonderes Interesse gestoßen. Aufbauend auf dem »Action Plan Sustainable Netherlands« begründet die Studie des Wuppertal Instituts nicht nur,

Tabelle 1:
Umweltpolitische Ziele eines zukunftsfähigen Deutschlands

Umweltindikator	Umweltziel	
	kurzfristig (2010)	langfristig (2050)
RESSOURCENENTNAHME		
Energie		
Primärenergieverbrauch	mindestens −30 %	mindestens −50 %
Fossile Brennstoffe	−25 %	−80 bis 90 %
Kernenergie	−100 %	
Erneuerbare Energien	+ 3 bis 5 % pro Jahr	
Energieproduktivität [1]	+ 3 bis 5 % pro Jahr *	
Material		
Nicht erneuerbare Rohstoffe	−25 %	−80 bis 90 %
Materialproduktivität [2]	+ 4 bis 6 % pro Jahr *	
Fläche		
Siedlungs- und Verkehrsfläche	• absolute Stabilisierung	
Landwirtschaft	• flächendeckende Umstellung auf ökologischen Landbau	
	• Regionalisierung der Nährstoffkreisläufe	
Waldwirtschaft	• flächendeckende Umstellung auf naturnahen Waldbau	
	• verstärkte Nutzung heimischer Hölzer	
STOFFABGABEN / EMISSIONEN		
Kohlendioxid (CO_2)	−35 %	−80 bis 90 %
Schwefeldioxid (SO_2)	−80 bis 90 %	
Stickoxide (NO_x)	−80 % bis 2005	
Ammoniak (NH_3)	−80 bis 90 %	
Flüchtige Organische Verbindungen (VOC)	−80 % bis 2005	
Synthetischer Stickstoffdünger	−100 %	
Biozide in der Landwirtschaft	−100 %	
Bodenerosion	−80 bis 90 %	

1 Primärenergieverbrauch bezogen auf die Wertschöpfung (Bruttoinlandsprodukt)
2 Verbrauch nicht erneuerbarer Primärmaterialien bezogen auf die Wertschöpfung
* bei jährlichen Wachstumsraten des Bruttoinlandsprodukts von 2,5 %. Allerdings ist zu betonen, daß die Erreichung der langfristigen Umweltziele bei anhaltendem Wirtschaftswachstum nicht gelingen kann.

Quelle: BUND/Misereor (Hrsg.) 1995

warum es notwendig ist, bestimmte, für den Zustand der Umwelt repräsentative Leitgrößen drastisch zu verändern, und daß dies technisch prinzipiell möglich ist, sondern sie stellt auch Fragen nach der Qualität und Wünschbarkeit des gesellschaftlichen Wandels sowie nach den Übergängen und Zusammenhängen in einer »zukunftsfähigen« Wirtschaft und Gesellschaft (vgl. auch Kap. 7).

Verzweigungen zu einem nachhaltigen Energiesystem

Wir haben gezeigt: Klimaschutz ist eine notwendige, aber noch nicht hinreichende Bedingung für Zukunftsfähigkeit. Ein erfolgreicher Klimaschutz wäre aber durchaus bereits die »Hälfte des Beweises«, daß auch Zukunftsfähigkeit realisierbar ist.
Die Signale in der weltweiten Energiepolitik stehen jedoch derzeit noch in Richtung auf *Zukunftsunfähigkeit*. Obwohl es einen Trend zu mäßigem Energiesparen gibt, steigt der Weltenergieverbrauch weiter. Sicher ist: Wenn dieser Anstieg und nur moderates Trendsparen sich fortsetzen, werden sich unweigerlich die folgenden globalen Risiken verschärfen:

- Klimaänderungen durch den menschengemachten Treibhauseffekt (»Klimakatastrophe«)
- geostrategische Verteilungskämpfe um knapper werdende Primärenergie (»Krieg ums Öl«)
- mögliche weitere radioaktive Verseuchung nach Unfällen oder nach militärischer Zerstörung von Atomanlagen (»Atomarer Supergau«).

Entscheidend ist daher: Diese globalen Risiken können nur dann gemeinsam minimiert werden, wenn der rationelleren Energienutzung höchste Priorität eingeräumt wird. Keine noch so technisch aufwendige Diversifizierung des Energieangebots, auch nicht durch Solarenergie, kann einen vergleichbaren Beitrag liefern. Dies gilt für einen wirksamen Klimaschutz wie auch für die Realisierung eines »zukunftsfähigen« Energiesystems.
Aus dem allgemeinen ökologischen Imperativ folgt also der »Imperativ des Energiesparens«. Hierzu gibt es keine Alternative. Energiedienstleistungen, also der weltweite Bedarf zum Beispiel an wohltemperierter Wohnung, gekochter Nahrung, elektrischer Kraftentfaltung, komfortabler Mobilität, notwendiger Kommunikation etc., werden weltweit – vor allem in den Entwicklungsländern bei steigendem Bevölkerungswachstum dramatisch anwachsen. Aber der Einsatz nicht erneuerbarer Energiequellen muß gleichzeitig absolut sinken. Dies ist nur möglich, wenn aus jeder Kilowattstunde nicht erneuerbarer Energien innerhalb des nächsten Jahrhunderts ein maximaler Nutzen herausgeholt wird und der dann noch verbleibende Restenergiebedarf forciert mit erneuerbaren Energien bereitgestellt wird.

Viele werden spontan sagen: Ökologisch sind diese Argumente vielleicht zwingend, aber technisch und ökonomisch niemals realisierbar! In den nächsten Kapiteln werden wir zeigen, daß es funktionieren *kann. Vorausgesetzt, die Weichen für das Energiesystem der Zukunft werden jetzt gestellt.*

Offenbar stehen das weltweite Energiesystem und vor allem die Energieanbieter in den Industrieländern an einem entscheidenden Wendepunkt der Industriegeschichte: Wie kann ein Wirtschafts- und Energiesystem, das seine Entwicklung und seinen Wohlstand einem wachsenden Energieverbrauch verdankt, ohne schwerwiegende Krisen mit entgegengesetzter Dynamik auf die strategische Vermeidung von Energie umgesteuert werden? Wie können mächtige und kapitalstarke Energieverkäufer jemals ein wirtschaftliches Interesse daran entwickeln, unnötigen Energieverbrauch weltweit strategisch zu vermeiden? Die Antworten auf diese Fragen mögen schwierig sein, aber sie müssen gefunden werden. Ihnen auszuweichen würde bedeuten, daß die wachsenden Energieprobleme sich schließlich bis zu einer Weltkatastrophe verschärfen. Das Einsparkraftwerk ist eine Antwort, wenn auch nicht die einzige. Aber wir kennen keine bessere.

**Energieeinsparung =
Opfer, Verzicht, Mangel und Entbehrung?**

Energiesparen ist psychologisch mit einem Mangeltrauma verbunden und stellt doch in Wirklichkeit auf lange Zeit weltweit die größte erschließbare Energiequelle dar. Der Bedarf an Energiedienstleistungen, der in Zukunft vor allem in der Dritten Welt noch dramatisch steigen muß, kann auf Jahrzehnte hinaus durch effizientere Nutzung bereits erschlossener Energien gedeckt werden. Oder anders ausgedrückt: Aus jeder Kilowattstunde kann ein Vielfaches an Wohlstand herausgeholt werden. Die deutsche Energiepolitik ist, wie es scheint, noch immer von dem irrationalen Mangeltrauma geleitet. Sie setzt nicht auf Effizienz, sondern auf Masse; nicht auf Produktivität, sondern auf Produktion. Sie fördert in erster Linie das quantitative Wachstum des Energieangebots. Das zeigt sich besonders deutlich in der Energieforschung. Für die Erforschung der Effizienz steht seit Jahrzehnten nur ein winziger Bruchteil der öffentlichen Mittel bereit (nach Gerhard Scherhorn).

Energiezukünfte sind gestaltbar: Weniger Risiken durch Sparen und Sonnenenergie[3]

Die Risiken der Atomenergie oder fossiler Energieträger werden gelegentlich mit der Bemerkung relativiert, jede Form der Energieerzeugung habe ihre Risiken. Oberflächlich betrachtet stimmt das. Auch regenerative Energiequellen (REG) und Techniken rationeller Energienutzung (REN) können bei Herstellung, Rezyklierung oder unsachgemäßem Gebrauch Risiken bergen und Umweltprobleme auslösen. Bei der Herstellung von Photovoltaik-Elementen werden problematische Chemikalien eingesetzt, beim Rezyklieren von Energiesparlampen müssen Schwermetalle abgetrennt werden, und unsachgemäßes Management von Staudämmen kann ganze Landstriche und die darin lebenden Menschen gefährden. Dennoch sind jenseits dieser oberflächlichen Gemeinsamkeiten der Energieträger die Unterschiede beträchtlich. Mit Klimaänderungen und Atomunfällen sind derartige Mega-Risiken verbunden, daß die Risiken durch rationelle Energienutzung und regenerative Energiequellen gar nicht vergleichbar sind, weil sie um Größenordnungen darunter liegen – mit Ausnahme großer Staudammbrüche.

Die konsequenteste Form, Energierisiken zu minimieren, ist, möglichst wenig Energie zu verbrauchen, das heißt, die »Energiequelle« namens »rationelle Energienutzung« durch technische Effizienz und durch energiebewußtes Verhalten optimal zu erschließen.
Schon aus Gründen der Vorsorge und wegen der ungewissen Zukunft des Energiesystems müßte daher eigentlich überall in der Welt der rationellen Energienutzung Vorrang eingeräumt werden. Warum bisher gerade das Gegenteil der Fall ist, bleibt zu erklären, denn ganz im Gegensatz zu REN- und REG-Techniken spielt die Zukunftsungewißheit und Planungsunsicherheit beim großtechnischen Energieangebot objektiv häufig eine dominierende Rolle. In der subjektiven Wahrnehmung der Hauptakteure jedoch, der Investoren, der technischen Intelligenz und der Politiker, stellt sich das Problem der Unsicherheit gerade umgekehrt dar: *Rationelle Energienutzung wird, wenn überhaupt, nur als höchst unsichere und vor allem teure »Ressource« verstanden.* Keine Diskussionsveranstaltung, in der nicht ein Ingenieur sich belehrend zu Wort meldet und folgendes klarstellen möchte: Erstens sei es physikalischer Unsinn, Energiesparen eine »Energiequelle« zu nennen, zweitens bestünden zwar technische Energiesparpotentiale, aber die könnten nicht planmäßig und schon gar nicht kostengünstig »verfügbar« gemacht werden.
Daß mit der Metapher »Energiequelle Energiesparen« nur gesagt werden soll, daß die Potentiale von rationellen Energiequellen *quasi*

Jede nicht erzeugte Kilowattstunde baut auch wirtschaftliche Risiken und Planungsunsicherheiten ab, wenn gleichzeitig das Niveau an Energiedienstleistungen unverändert bleibt oder wenn Energieeinsparung durch bewußte Verhaltensänderung gesellschaftlich akzeptiert ist. Eine vermiedene Kilowattstunde kann eben nicht mehr teurer werden und ist nicht mit Schadstoffemission verbunden.

wie eine Ressource behandelt werden können, wird als Erwiderung gerade noch hingenommen. Auch daß große *technische* Energiesparpotentiale existieren, wird heute nicht mehr – wie noch vor einigen Jahren – ernsthaft bestritten. Aber ein ganzes technisches Weltbild scheint sich dagegen aufzulehnen, der Erschließung von Energiesparpotentialen durch das Investitions- und Gebrauchsverhalten von Millionen Menschen die höchste versorgungswirtschaftliche Weihe der »kostengünstigen Verfügbarkeit« zuzubilligen. Auf die Frage der Kosten werden wir noch zurückkommen; im folgenden geht es zunächst um die Frage der technischen »Verfügbarkeit«.

Nicht viel besser als dem Energiesparen ergeht es der dezentralen Solarenergienutzung. Auch sie findet vor dem kühnen Großkraftwerksplaner keine Gnade. Beliebt sind abschreckend gemeinte Rechenbeispiele, in denen die beeindruckenden Strommengen, die ein Großkraftwerk erzeugt, in eine scheinbar abenteuerliche Zahl von dezentralen Wind-, Photovoltaik- und kleinen Wasserkraftanlagen umgerechnet werden. Die Botschaft ist eindeutig: Vertraut auf zentrale und daher beherrschbare großtechnische Systeme, mißtraut der Vielzahl und Vielfalt unkontrollierbarer menschlicher Entscheidungen – sie sind nicht versorgungssicher! Dieses Credo vieler Ingenieursgenerationen ist natürlich nicht einfach falsch; es hatte in der Geschichte der Energietechnik viele Jahrzehnte seine Berechtigung. Inzwischen ist es aber auch technisch überholt und wirkt sich als das wohl zählebigste mentale Hemmnis für den Übergang in eine Energiespar- und Solarenergiewirtschaft aus.

»Bauleichen pflastern ihren Weg«: So könnte man – zugegeben etwas polemisch – den Aufstieg der deutschen Atomenergie charakterisieren. In Wackersdorf sowie mit Brüter, Hochtemperaturreaktor und den Hanauer Atomfabriken sind mindestens 25 Milliarden DM vergeblich investiert worden. Es ist abzusehen, daß einige Projekte zur Endlagerung von atomarem Müll in einem ähnlichen Fiasko enden werden. Nachträglich hierfür den gesellschaftlichen Protest verantwortlich zu machen, zeugt von einem doppelt getrübten Realitätssinn. Zum einen hat dieser Protest gigantische Fehlinvestitionen verhindert (siehe den Kasten auf S. 50), für die die Branche noch heute der Protestbewegung dankbar sein sollte; zum anderen wirft es kein gutes Licht auf die Qualitäten eines Managements, wenn es fehlende Zustimmung in der Gesellschaft nicht an entscheidender Stelle bei der Planung von Großinvestitionen berücksichtigt.

Zukunftsungewißheit:
Risiken minimieren, verlagern oder kumulieren?
Nehmen wir an, ein großer deutscher Stromkonzern »EWR Strom AG« plane im Jahr 1996, im nächsten Jahrhundert ein neues Braunkohle-

---

Die Zukunftsungewißheit betrifft keineswegs nur die Atomenergie – alle Großinvestitionen, vom Transrapid bis zum Aufschluß neuer Stein- und Braunkohlefelder, werden hiervon maßgeblich beeinflußt. Die Vermeidung unnötigen Energie- und Materialverbrauchs durch intelligentere Technik und maßvolleres Verhalten ist daher nicht nur in ökologischer Sicht klug, sondern reduziert auch die Prognoseunsicherheit und erhöht die Anpassungsfähigkeit technischer und sozialer Systeme.

feld aufzuschließen; dieses Braunkohlefeld würde ab dem Jahr 2006 mindestens 40 Jahre lang jährlich etwa 30 Millionen Tonnen Braunkohle zur Verstromung in Braunkohle-Großkraftwerken mit rund 3500 Megawattleistung liefern. Der Vorstand entscheidet also heute über einen Planungs-, Bau- und Nutzungszeitraum von insgesamt mindestens 50 oder 60 Jahren. Eine kühne planerische Aufgabe, eine Herausforderung für jeden deutschen Ingenieur!?

Manager großer Konzerne umgibt die Aura, daß sie alles im Griff haben, die Gegenwart und auch die Zukunft. Wer Verantwortung trägt für viele tausend Arbeitsplätze und Milliardenumsätze, muß sicher wissen, so der Anspruch, worüber er entscheidet. Publikum, Beschäftigte und Politik möchten den Manager wohl auch so sehen, wie er sich selbst gern darstellt: als anpackenden und visionären »Wirtschaftsführer«, der weiß, wo's langgeht. Unter Unsicherheit zu handeln und dies auch noch zuzugeben verträgt sich mit dieser Projektion schlecht.

Aber 60 Jahre Voraussicht? 1936 hätte demnach der Vorstand des Konzerns bei einer vergleichbaren Entscheidung vorhersehen müssen, daß Deutschland einen Krieg anfängt und verliert, daß ein qualvoller Wiederaufbau nur in einem Teil Deutschlands in ein sogenanntes »Wirtschaftswunder« einmündet, daß Öl und Erdgas einmal Kohle und Koksgas verdrängen und daß der Primärenergieverbrauch aufhört, immer weiter zu steigen, sondern statt dessen auf eine Stagnation hinläuft und beim Stand der Technik im Jahr 1996 halbiert werden könnte: Offensichtlich ist eine sichere Vorausschau für Großprojekte über solche Zeiträume ein hoffnungsloses Unterfangen.

Solange Energiewachstum mit Wirtschafts- und Wohlstandswachstum gleichgesetzt werden konnte und auf einem vom Verkäufer bestimmten Markt nahezu jede angebotene Kilowattstunde auch ihren Käufer fand, waren Unsicherheit und mögliche Fehlentscheidungen, die ein zu großes Energieangebot zur Folge hatten, kein ernsthaftes Problem. Dies hat sich aber schon seit fast zwei Jahrzehnten grundlegend geändert. Wer daher in Zeiten globaler Umweltkrisen noch glaubt, an Energieinvestitionen mit der »Machermentalität« der Nachkriegsgeneration herangehen zu können, hat sich beim Übergang ins 21. Jahrhundert im Zeitalter geirrt.

Einem gestandenen Energiemanager kann dies natürlich nicht passieren, er ist immer auf der Höhe der Zeit. Er wird sich vor allem durch den Vergleich mit dem »Mann auf der Straße« provoziert fühlen, verfügt sein Unternehmen doch über eine Abteilung »Strategische Unternehmensplanung«, die mit ausgeklügelten Prognose- und Simulationsmodellen und einer Flut von weltweiten Informationen für ihn »in die Zukunft schaut«. Wir geben zu: Das hilft etwas gegen die Unsicherheit. Wir schätzen diese Art der Zukunftsvorausschau ebenfalls, weil es keine bessere Methode gibt. Wir werden uns deshalb auch in diesem Kapitel dieser Methode ausgiebig bedienen.

Manager sind genausowenig Hellseher wie wir alle. Wenn sie abends nach Hause gehen, wissen sie genausowenig sicher wie ihre Frauen, ihre Kinder und der »Mann auf der Straße«, was die nächsten Jahre »bringen« werden. Was sie von dem »Mann auf der Straße« hinsichtlich der Zukunftsungewißheit aber prinzipiell unterscheidet, ist, daß sie Entscheidungen treffen müssen, egal, wie unsicher sie sich dabei sind – Entscheidungen fast immer über einen Zeitraum von 10, 20 oder auch mal 60 Jahren; denn gerade für die großen Energiekonzerne sind, bei der derzeitigen technischen Infrastruktur der Branche, extrem lange Planungszeiträume typisch.

Aber man darf die Vorausschau nie für die Realität halten. Das Problem ist eher: *Diese Vorausschau schafft zukünftige Realitäten und Sachzwänge.* Je mehr konkrete und langfristig wirksame Investitionsentscheidungen den Zielprojektionen und vorherrschenden technischen Weltbildern folgen, desto wahrscheinlicher wird, daß sich »Prognosen selbst erfüllen«. Ist das oben angenommene Braunkohlefeld erst einmal aufgeschlossen, zieht es ein Kraftwerksinvestitionsprogramm mit Braunkohle-Kraftwerksblöcken von je 600 bis 1000 Megawatt zwangsläufig nach sich. Rationelle Energienutzung und regenerative Energiequellen haben dann keine oder zumindest nur geringe Chancen. Das betriebswirtschaftliche Interesse am Bau von dezentralen industriellen und kommunalen Heizkraftwerken mit hohem Wirkungsgrad und optimaler an den Wärme- und Strombedarf angepaßter Fahrweise sinkt auf Null.

Vor allem in Zeiten eines an sich fälligen Umbruchs kann dies dramatische Folgen haben: *Die (noch) herrschenden technologischen Weltbilder und energiepolitischen Leitvorstellungen erzeugen einen strukturkonservierenden Langzeiteffekt und können zukünftige Alternativen und Innovationen andauernd blockieren.* Auch die Geschichte der deutschen Energie- und Kraftwerkstechnik erscheint nur im Rückblick als ein ungebrochener stetiger Siegeszug von immer größeren Blockgrößen und scheinbaren »Kostendegressionseffekten durch Größenprogression«. In Wahrheit hat es sowohl in den dreißiger als auch in den fünfziger Jahren technologische »Verzweigungssituationen« gegeben, in denen eine mehr dezentrale Energieversorgung mit Kraft-Wärme-Kopplung in Kommunen und Industrie lebhaft diskutiert wurde; Protagonisten waren zum Beispiel Lawraczek (1936) und Marguerre (1951). Eine Realisierung dieser Ansätze wurde aber energiepolitisch weitgehend verhindert.

Heute darf man davon ausgehen, daß die gemeinsame Erzeugung von Strom und Wärme, beziehungsweise Strom und Kälte in Kraft-Wärme- oder Kraft-Kälte-Kopplung ihre eigentliche Zukunft noch vor sich hat – ebenso wie eine generell mehr dezentralisierte Strom- und Wärmeerzeugung. Insoweit die großen EVU diese modernen Techniken nicht selbst anstelle der Dinosaurier der 700-Megawatt-Kohle- und 1200-Megawatt-Kernkraftwerke einsetzen wollen, werden es neue unabhängige Produzenten und vor allem die Herstellerindustrie selbst tun; dies hat einer der Größten der Branche, der ABB-Konzern, der staunenden Versorgungswirtschaft angekündigt.

Deshalb noch einmal: Eine der hartnäckigsten mentalen Barrieren im Kopf der heutigen Technikergeneration gegen den Einstieg in die Solar- und Energiesparwirtschaft lautet: Je größer, desto billiger, desto versorgungssicherer. Es fragt sich, wie lange sich technischer

Erfindungs- und Innovationsgeist in dieses Denkkorsett noch wird einspannen lassen; denn obwohl heute die Korsettstangen erst gelockert werden, wird bereits deutlich: Der unaufhaltsame Trend zu mehr *Dezentralisierung der Technik* über Kraft-Wärme-Kopplungs-Anlagen, Brennstoffzellen, Windkraft, Photovoltaik- und solarthermi-sche Anlagen bedeutet auch *eine Dekonzentration von Marktmacht* auf den zukünftigen Märkten für Energiedienstleistungen. Letzten Endes ist dies vielleicht einer der entscheidenden Gründe, warum der ökologische Umbau der Energiewirtschaft nur so schleppend voran-kommt: *Die nationalen Energiemärkte sind für die großen Energie-konzerne bereits viel zu eng und für die vielen potentiellen Newcomer wegen der übermächtigen Großen noch nicht offen genug geworden.* Dabei könnten insbesondere die großen Stromverbundkonzerne in Osteuropa und in den Entwicklungsländern dank ihres enormen tech-nischen Know-hows und dank ihrer Kapitalstärke beim Aufbau des Energiesystems und bei der Energieveredelung eine führende Rolle spielen; statt sich zu Technologiekonzernen für ökologisch verträg-liche Techniken und zu internationalen »Systemführern Energie« zu entwickeln, drohen sie statt dessen als marktbeherrschende Strom- und Gas-Verbundkonzerne die neuen innovativen Ansätze einer Ener-gieeinspar- und Solarenergiewirtschaft auf den nationalen Ener-giemärkten zu blockieren.

Ein weiterer Grund für diese Sklerose besteht sicherlich auch in dem Irrglaube, zur heutigen Struktur gäbe es keine wirklich »belastbaren« technischen Alternativen. Eine Aufgabe dieses Kapitels ist daher, *die erstaunliche technologische Bandbreite und die Handlungsmöglich-keiten zu demonstrieren, die sich beim systematischen Erkunden technischer Energiezukünfte eröffnen.* Die Ungewißheit über die Zukunft wird dadurch nicht geringer. Aber deutlich wird: Für voraus-schauende und gestaltende Energie- und Unternehmenspolitik besteht ein gewaltiger Handlungsspielraum. Politik und Wirtschaft können ihn durch *Richtungsentscheidungen* in die eine oder andere Richtung ausschöpfen. Die Menschheit kann (noch) wählen, ob sie die Risiken ihrer Energieversorgung kumuliert, nur verlagert oder weitgehend minimiert. Wenden wir uns also der wissenschaftlichen »Hellseherei« mit Hilfe von Prognosen und Szenarien zu.

Steigender Energieverbrauch ist kein Schicksal, sondern politische Entscheidung

Energieszenarien sind vereinfachte, möglichst widerspruchsfrei kon-struierte, modellhafte Bilder technisch möglicher zukünftiger Ener-giesysteme. Mit ihnen werden Wechselwirkungen in komplexen Systemen veranschaulicht und transparent gemacht. Man kann ein

Szenario mehrmals mit unterschiedlichen Annahmen und Zielsetzungen durchrechnen und erhält Informationen über die Auswirkungen unterschiedlicher Strategien und über Handlungsspielräume.

Prognosen dagegen sind der Versuch, eine Aussage über die voraussichtliche tatsächliche Entwicklung zu machen. Szenarien können als Grundlage für Prognosen dienen, sie beanspruchen aber in der Regel nicht, die reale Entwicklung vorwegzunehmen. Diese Unterscheidung zwischen Szenarien (»mögliche alternative Zukunftspfade«) und Prognosen (»Vorhersage über die wahrscheinliche Entwicklung«) erscheint insbesondere im Hinblick auf die bisherige »Treffsicherheit« von Energieprognosen notwendig.

Die Geschichte »offizieller« Energieprognosen ist durch eine *systematische* und – zum Teil – maßlose Überschätzung des zukünftigen Energieverbrauchs gekennzeichnet.

Die Abb. 5 veranschaulicht die Geschichte dieser scheinbaren »Irrtümer« in der Bundesrepublik am Beispiel der Stromverbrauchsprognosen.

Nicht die mehr oder weniger große Abweichung jeder Prognose von der Realität ist das erklärungsbedürftige Phänomen (hier reicht der Hinweis auf die prinzipielle Zukunftsunsicherheit), sondern die systematische Abweichung nahezu aller offiziellen Prognosen *in eine Richtung, nämlich nach oben,* gibt zu denken.

Zwei Hauptursachen scheinen bei der *Überschätzung* in Energieprognosen eine Rolle zu spielen: *Zum einen* dienten Energieprognosen »am oberen Rand« schon immer der Überzeugungsarbeit von Konzernvorständen gegenüber Staat, Aktionären und Aufsichtsorganen, um öffentliche Subventionen oder Investitionsbudgets für neues Energieangebot und Großtechniken (zum Beispiel Brüter, Kernfusion)

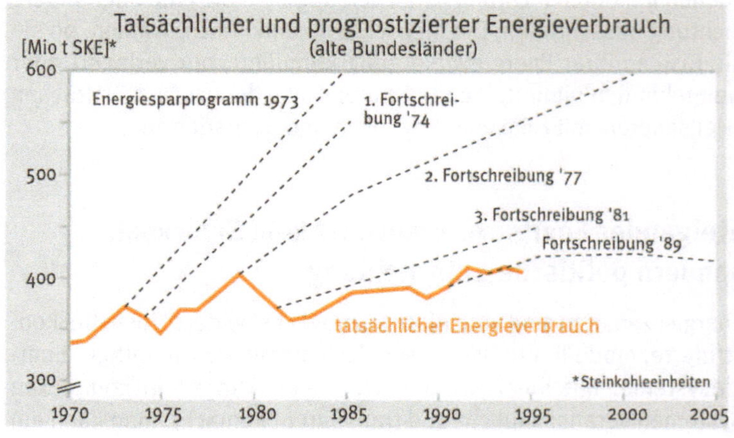

Abb. 5:
Tatsächlicher und prognostizierter Energieverbrauch in Deutschland (alte Bundesländer).

gefördert und genehmigt zu bekommen. So entstehen Energiezukünfte »aus der Verkäuferperspektive«. Auf den hochzentralisier-
ten und vermachteten Strommärkten bestand unter den bisherigen
Rahmenbedingungen ein direkter betriebswirtschaftlicher Anreiz, an
der Oberkante des denkbaren Verbrauchszuwachses zu planen. Die
Kosten der dadurch geschaffenen Überkapazitäten konnten bisher –
insbesondere im Strombereich innerhalb von Gebietskartellen – relativ risikolos auf die Verbraucher überwälzt werden.

Zum anderen spielten herrschende technische Weltbilder und energiepolitische Paradigmen eine Rolle: So erschien es Energieexperten jahrzehntelang als ein ungeschriebenes Gesetz, daß der Energieverbrauch zumindest proportional mit dem Wirtschaftswachstum
steigt und das Bruttosozialprodukt auch in Zukunft stetig weiter
wachsen würde.

Wohlgemerkt: Es liegt uns fern, den Energieexperten *absichtsvolle
Fehlprognosen* zu unterstellen. Die Zusammenhänge sind subtiler:
Massive Wirtschaftsinteressen und herrschende energie- und ver-
kehrspolitische Grundüberzeugungen haben in den »Prognose-Com-
munities« ein sozialpsychologisches und wissenschaftspolitisches
Klima erzeugt, das auch gewissenhaften Prognosen seinen Stempel
aufdrückt. Daher war auch nicht verwunderlich, daß dieser Zusammenhang bei Welt-Prognosen niemals so einheitlich ausfiel wie in
den nationalen Communities. Vor allem war auch zu erwarten, daß
sich die Prognosen differenzieren würden, wenn sich die einst »herrschenden Grundüberzeugungen« auseinanderentwickeln würden.

Seit den fünfziger Jahren überschwemmten die Ölkonzerne die OECD-
Staaten mit billigem Nahostöl, und der Ölpreis wurde zum Leitpreis
aller anderen Energieträger. Als Folge der niedrigen Energiepreise bildeten sich in allen Industriestaaten Energieverschwendungsstruktu-
ren heraus, die sich um so mehr verfestigten (zum Beispiel in den
USA), je länger das niedrige Preisniveau beibehalten wurde. Zur
Überraschung der Fachwelt trat jedoch nach den »Ölpreiskrisen« der
siebziger Jahre eine erste »Entkopplung« von Wirtschaftswachstum
und Energieverbrauch auf.

Damit zerbrach Ende der siebziger Jahre die obengenannte Einheit-
lichkeit der Grundüberzeugungen, und die Schulen der Energiepro-
gnostiker begannen sich zunächst schroff zu polarisieren. Ein hefti-
ger Streit tobte zwischen Vertretern von »harten« und »sanften« oder
auch von »angebotsorientierten« und »nutzungsorientierten« Ener-
giepfaden. Eine bezeichnende Artikelüberschrift von Autoren aus
dem Öko-Institut in Freiburg lautete: »Die harten Fakten sprechen für
den ›sanften‹ Pfad!«

Auch die Unterscheidung zwischen Szenarien und Prognosen wurde
nun genauer beachtet, denn das Renommee der »Chefprognostiker«
war wegen der teilweise phantastischen Überschätzungen des Energieverbrauchs erheblich angeschlagen.

Offizielle Energieprognosen
untersuchten bis in die siebziger Jahre erstaunlicherweise nie im Detail, für welche
(Energie-)Dienstleistungen
Energie eigentlich benötigt
und wie effizient sie umgewandelt wird. Die schein-
baren Trends der Kilowatt-
märkte wurden mit einem Si-
cherheitsaufschlag (»Versorgungssicherheit«) und mit
mehr oder weniger wissen-
schaftlichem Aufwand in die
Zukunft extrapoliert.

Heute wird nicht mehr bestritten, daß der Energieverbrauch
trotz Wirtschaftswachstum zumindest konstant bleiben oder
auch sinken kann; herrschende Meinung ist jedoch noch
immer, daß eine längerfristige
Entkopplung unmöglich sei –
die Einsparpotentiale seien
bald aufgezehrt! – und daß
zumindest der Stromver-
brauch auch in Zukunft mit
dem Wirtschaftswachstum
weiter steigen müsse. Im
Trend ist das richtig, aber bei
Ausschöpfung der Strom-
sparpotentiale trifft dies nicht
zu (vgl. auch Kapitel 7).

Exkurs: Wer waren die Realisten, wer die Utopisten?
Auch in der Bundesrepublik haben die Vertreter des »harten«, angebotsorientierten Paradigmas bis in die jüngste Zeit die Energieprognosen und -programme nahezu unangefochten dominiert. Um so erstaunlicher ist, daß deren absonderliche wissenschaftliche Fehlleistungen bisher nahezu ohne Konsequenzen blieben und mit Stillschweigen übergangen werden.
Gegenüber der Öffentlichkeit präsentieren zum Beispiel die Betreiber und Befürworter der Atomenergie gern sich selbst als nüchterne Realisten und ihre Kritiker als die Utopisten. Eine seltsame Verkehrung der Realität: Auf keinem Feld der Energiepolitik verstieg sich die überwiegende Mehrheit von Pro-Atom-Experten und Politikern zu derartigen Fehleinschätzungen wie in der Frage der Realisierungschancen der Atomenergie einerseits und der Energieeinsparung andererseits. Da die realistische Einschätzung insbesondere der Rolle des Energiesparens für die Zukunft eine Schlüsselfrage darstellt, kann hier vielleicht ein Rückblick auf die bisherige Entwicklung und auf den bisher wenig überzeugenden Realitätssinn von Vertretern des »harten« Pfads einen Anhaltspunkt liefern: Die Enquete-Kommission »Zukünftige Kernenergie-Politik« hatte 1980 erstmalig systematisch »vier repräsentative energiepolitische Energiepfade« für einen Zeitraum von 50 Jahren konzipiert. Im Pfad 1 wurde bis 2030 ein Ausbau der Atomenergie auf mindestens 165 Gigawatt (davon 50 Prozent Brüter) für möglich und wünschbar gehalten. Dennoch wären die CO_2-Emissionen noch erheblich angestiegen; dies vor allem deshalb, weil im Pfad 1 mindestens eine Verdoppelung des Primärenergieverbrauchs (auf 800 Millionen Tonnen Steinkohleeinheiten 2030) für akzeptabel und für Wirtschaftswachstum und soziale Sicherung für vorteilhaft gehalten wurde. Auch im Pfad 2 wurde noch von einem Zuwachs des Primärenergieverbrauchs auf mindestens 550 Millionen Tonnen Steinkohleeinheiten (2030) und von einer Atomenergiekapazität von mindestens 120 Gigawatt (davon 54 Gigawatt Brüter) ausgegangen. Heute wissen wir, daß dies keine realitätstüchtigen Annahmen und Ergebnisse waren.
Im Pfad 4 war dagegen ein Ausstieg aus der Atomenergie und eine Absenkung des Primärenergieverbrauchs auf 310 Millionen ▷

Amory Lovins' These von der »Effizienzrevolution« machte die Runde, und sein programmatisches Buch »Sanfte Energie – Für einen dauerhaften Frieden« aus dem Jahre 1978 gab weltweit den Anstoß zu einer ganzen Reihe »alternativer«, nutzungsorientierter Energieszenarien. Aber für die regierungsoffiziellen Prognosen und Szenarien waren solche »Alternativ-Szenarien« lange Zeit nur das Spielmaterial für sarkastische Fußnoten über die ökologischen Spinner.

Tonnen Steinkohleeinheiten (2030) errechnet worden. 1980 wurde diese Energieeinsparung noch mehrheitlich als »extrem« eingestuft; die technische Machbarkeit war »äußerst umstritten«, und die Kosten galten als »nicht abschätzbar«. Professor Häfele glaubte den Befürwortern von Pfad 3 und 4 und den Kritikern des »Atomstaats« quasi mit gleicher Münze entgegenhalten zu können: »Dann wären ebenso Kontroll- und Durchsetzungsmaßnahmen zum sehr starken und extremen Sparen, als Weg zum ‚Kalorienstaat‘ apostrophierbar, in dem die letzte Kalorie staatlich bewacht würde.« Und besonders eindrucksvoll weit weg von der Realität behauptete er weiter: »Es ist nun entscheidend zu erkennen, daß jedwedes Sparen nicht erprobt ist … Demgegenüber muß der Brüter als bereits hochgradig erprobt gelten.«

Dieser Fehleinschätzung haben sich die drei CDU-Vertreter in der Kommission im Tenor angeschlossen; auch sie konstatierten: »Pfad 1 dürfte der Realität wesentlich näher sein als die Gruppe der übrigen Pfade.«

Heute wissen wir: Im Gegensatz zu einer in der Öffentlichkeit verbreiteten Legende waren die Befürworter der Pfade 1 und 2 die Phantasten und Wunschträumer, die Realisten dagegen die Befürworter der Pfade 3 und 4. Allein schon der allgemeine Trend zum Energiesparen hat in der Bundesrepublik dazu geführt, daß zumindest in den nächsten zwei Jahrzehnten nach übereinstimmenden Prognosen etwa von Shell oder Prognos der Primärenergieverbrauch nicht mehr ansteigen wird. Wenn das vorhandene wirtschaftliche und insbesondere das technische Energieeinsparpotential ausgeschöpft wird, kann der Zielwert des Pfades 4 (310 Millionen Tonnen Steinkohleeinheiten bis zum Jahr 2030 für die alten Bundesländer) weit unterboten werden. Joachim Nitsch und Joachim Luther errechneten, daß allein schon der allgemeine Trend den Energieverbrauch bis 2020 auf 313 Millionen Tonnen Steinkohleeinheiten verringern wird, und halten – eine andere Energiepolitik vorausgesetzt – eine Absenkung auf 252 Millionen Tonnen Steinkohleeinheiten für möglich. Heute besteht wahrscheinlich Übereinstimmung über alle ernstzunehmenden energiepolitischen »Lager« hinweg, daß der Einspar-Pfad 4 weit gangbarer ist als der extreme Atom-Pfad 1. ■

Eine Studie der Kernforschungsanlage Jülich stellt heute fest: »Die Tatsache, daß der Endenergieverbrauch sich in den hier betrachteten 11 Jahren so entwickelt hat, wie es dem extremen Sparszenario des Pfades 4 entsprach, ohne daß man in dieser Zeit von extremen Anstrengungen zum Energiesparen … sprechen kann, läßt vermuten, daß mit entsprechenden energiepolitischen Anstrengungen weitere Einsparpotentiale erschlossen werden können.« (aus: Energiewirtschaft, 1994, Heft 26, S. 1633)

Erst seit Anfang der neunziger Jahren wurde auch von der etablierten Energiewissenschaft immer weniger in Frage gestellt, daß noch umfangreiche *technische* Potentiale der rationelleren Energienutzung in allen Ländern erschlossen werden können. Das *Pendel offizieller »Trendprognosen« hat heute sogar bedenklich in die andere Richtung ausgeschlagen:* Um den Handlungsbedarf staatlicher Energiepolitik herunterzuspielen, werden jetzt dem Markt und den Trendprognosen schon unter Bedingungen des »Business as usual« *über-optimistische Einspareffekte* zugeschrieben.

Aber das wohl hartnäckigste Vorurteil hält sich bis heute: Nach wie vor gilt für die herrschende Energiepolitik ein über den Markttrend hinausgehendes forciertes Energiesparen *als eine technisch wenig attraktive, unzuverlässige und vor allem unbezahlbare Ressource.* Solange dieser Legende immer noch geglaubt wird, wird der erwünschte Übergang zur Einspar- und Sonnenenergiewirtschaft nicht im großen Stile stattfinden. Erfolgreich »arbeitende« Einsparkraftwerke sind daher wichtige Bausteine, um dieser Legende durch die Praxis den Boden zu entziehen.

Die Vorstellungen der Experten in aller Welt darüber, welche »Energiezukünfte« möglich sind, entwickelten sich seit Anfang der achtziger Jahre in erstaunlicher Weise auseinander. Heute herrscht auf der Ebene von Szenarioanalysen eine verblüffende »friedliche Koexistenz« zwischen traditionellen »harten, angebotsorientierten« und innovativen »sanften, nutzungsorientierten« Strategien. Aber die Energiepolitik hat aus dieser Divergenz bisher wenig Konsequenzen gezogen. Dies ist um so erstaunlicher, als mit den nüchternen Mengengerüsten der Szenarien im Kern sowohl erschreckende Katastrophenpfade als auch risikomindernde Übergänge in eine »dauerhafte Entwicklung« (sustainability) abgebildet werden.

Da wir kein Buch über Energieszenarien schreiben wollten, dient die Auswahl der im folgenden zusammengefaßten Szenarien für die Welt, Europa und das Bundesgebiet vor allem dazu, drei grundlegenden Fragen zu beantworten:

1. Welche technischen Optionen für eine Klimaschutzpolitik sind global verfügbar?
2. Ist Klimaschutz nur durch Risikostreuung zum Beispiel durch Inkaufnahme von mehr nuklearen Risiken möglich?
3. Ist eine risikominimierende Energiestrategie finanzierbar, die sowohl die Risiken der Atomenergie als auch die von Klimaänderungen vermeidet?

Alle diese Punkte verbindet letztlich die Kernfrage nach der Rolle der rationellen Energienutzung.

Es zeigt sich, daß Klimaschutzpolitik in weiten Bereichen deckungsgleich ist mit vorsorgender Industriepolitik. Mit anderen Worten: Selbst wenn Politik und Wirtschaft die Dringlichkeit umfassenden Klimaschutzes nicht anerkennen würden, kann eine aktive Klimaschutzpolitik sowohl mit volkswirtschaftlichen Argumenten als auch mit dem Vorsorgeprinzip begründet werden. Die Zusatzkosten einer forcierten Klimaschutzpolitik sind weit geringer als die Schäden durch Klimaänderungen, die eine Energiepolitik in den Gleisen des heute immer noch vorherrschenden Trends provozieren würde.

Die Kosten weltweiten Klimaschutzes – um Größenordnungen geringer als zukünftige Schäden

Vergleicht man einige repräsentative Weltenergieszenarien, die seit den achtziger Jahren erstellt wurden, dann findet man höchst unterschiedliche Vorstellungen von der technisch möglichen Energiezukunft[4] (siehe Abb. 6). Bis zu einem Faktor 7 unterscheidet sich der Energieverbrauch im Jahre 2030 – trotz vergleichbarer Basisannahmen zum Beispiel über das Wirtschafts- und Bevölkerungswachstum! In technischer Hinsicht besteht also eine erstaunliche Bandbreite von möglichen Energiezukünften.

Die Menschheit hätte im Prinzip große Wahlmöglichkeiten, zum Fatalismus besteht eigentlich kein Anlaß. Energieverbrauch ist offensichtlich aus der Sicht der Weltenergieprognostiker kein Schicksal, sondern weitgehend politische Entscheidung. Oder anders ausgedrückt: In der Energiepolitik besteht weniger ein Technik- als *vor allem ein Politik- und Umsetzungsdefizit*. Die Energiepolitik nutzt die bestehenden technisch-wirtschaftlichen Wahlmöglichkeiten und Entscheidungsspielräume nicht aus. Obwohl gravierende Risiken vermieden werden könnten, geschieht zu wenig.

Der Primärenergiebedarf wächst zum Beispiel selbst nach dem seinerzeit von der offiziellen Energiepolitik als moderat eingeschätzten IIASA-Szenario (low) bis zum Jahr 2030 auf 22,4 Terawatt (TWa/a); das Angebot an Atomenergie steigt auf 5,17 Terawatt (oder 23 Prozent des gesamten Energieangebots), und erneuerbare Energiequellen liefern 2,28 Terawatt (10 Prozent). 67 Prozent des Primärenergiebedarfs müßten dann immer noch mit fossilen Energieträgern gedeckt werden – mit der Folge, daß die CO_2-Emissionen gegenüber 1985 auf fast das Doppelte anwachsen würden, nämlich 9,4 Milliarden Tonnen Kohlenstoff. Hieraus wird deutlich, daß die für die damalige Zeit typischen IIASA-Szenarien der achtziger Jahre einen risikokumulierenden Effekt haben: Trotz eines exorbitanten Zuwachses der Atomenergie steigen die CO_2-Emissionen dramatisch an. Das gilt insbesondere für das damalige High-Szenario der IIASA. In diesem Szenario steigt der Primärenergiebedarf bis 2030 auf 35,6 Terawatt, davon 8,1 Terawatt Atomenergie. Dennoch verdreifachen sich die CO_2-Emissionen gegenüber 1985 auf 15,8 Milliarden Tonnen Kohlenstoff.

Diese Aussage kann generalisiert werden: Alle *angebotsorientierten Weltenergieszenarien* – einschließlich der Szenarien der Weltenergiekonferenzen von Montreal (1989), Madrid (1992) und Tokio (1995; zur Ausnahme siehe weiter unten) – weisen risikokumulierende Effekte auf: Mehr CO_2-Emissionen (»Treibhauseffekt«), mehr Atomenergie (»Supergau«) und mehr Ölverbrauch (»Krieg um Öl«)! Es entstehen quasi Energiezukünfte aus der Verkäuferperspektive: Wie auch immer sich die Energieanbieter (im wohlverstanden Eigeninteresse) bemühen, dem scheinbar unbeeinflußbar anwachsenden

Abb. 6:
Übersicht über repräsentative Welt-Energieszenarien (nach Schüssler/ Hennicke 1994)

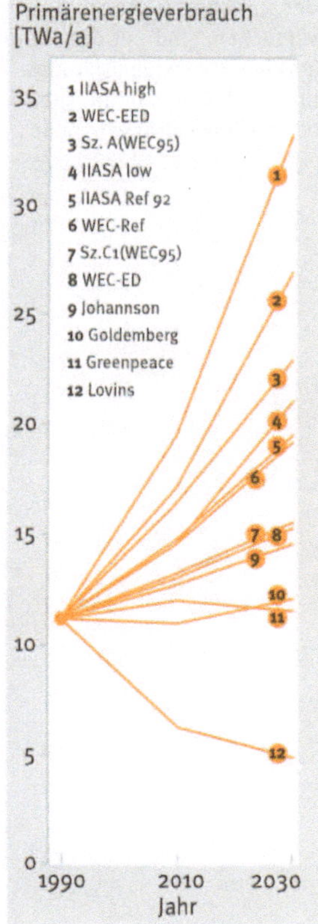

Heute wissen wir: Strategien, die die Weltenergieprobleme durch ein steigendes Angebot an fossilen oder nuklearen Energien und eine immer aufwendigere Diversifizierung des Angebotsmixes zu lösen versuchen, sind mit den Zielen einer Klimastabilisierungs- und Risikominimierungspolitik prinzipiell nicht vereinbar.

Energieverbrauch das Energieangebot hinterherzubauen – es führt immer nur zur Kumulierung von immer mehr globalen Energierisiken! Der grundlegende Fehlschluß derartiger angebotsorientierter Weltenergieszenarien liegt darin, daß sie durch die Verknüpfung von *zwei Schlüsselgrößen* – dem Bevölkerungswachstum und einem weltweit steigenden Pro-Kopf-Energieverbrauch – rechnerisch einen ständig wachsenden Primärenergieverbrauch extrapolieren, statt die Möglichkeiten rationellerer Energienutzung bei der Energieerzeugung und Endenergieumwandlung genau zu untersuchen.

In der Tat haben die Menschen in den Entwicklungsländern einen enormen Nachholbedarf an zusätzlichen Energiedienstleistungen, und die Weltbevölkerung wächst weiter. Angesichts dieser Tatsachen ist das Weltenergieproblem jedoch in erster Linie ein *Effizienz-*, in zweiter Linie ein *Verteilungs-* und in dritter Linie ein durch Solarenergie zu deckendes *Bedarfsproblem*. Die grundlegende Weltenergiestrategie muß daher sein, den Pro-Kopf-Verbrauch in den Industrieländern durch effizientere Nutzung drastisch zu senken (mindestens zu halbieren) und die für die Entwicklung notwendige Steigerung des Pro-Kopf-Verbrauchs in den Entwicklungsländern bei wachsendem Lebensstandard durch modernste Energieumwandlungstechnologie von Anfang an möglichst gering zu halten sowie den weltweiten Restenergiebedarf möglichst weitgehend durch Solarenergie zu decken! Weltweit hat bereits im Trend eine Entwicklung in diese Richtung eingesetzt; dies wird erkennbar, wenn man die historische Entwicklung der Energieintensität (Energieeinsatz pro Einheit Bruttosozialprodukt) verschiedener Länder während ihrer Industrialisierung miteinander vergleicht. Die Abb. 7 zeigt, daß bisher die Energieintensität aller Länder dem gleichen Entwicklungsmuster folgt: Sie steigt im Zuge der Industrialisierung auf ein Maximum und fällt dann wieder ab. Aber ein wesentlicher Unterschied besteht: Je später ein Land mit der Industrialisierung beginnt, desto flacher die Kurve und desto geringer das Maximum der Energieintensität. Eine spätere Entwicklung, so die Folgerung, kann auf dem jeweils modernsten Effizienzniveau aufbauen und insofern den energieintensiven Entwicklungsweg der heute hoch- und überindustrialisierten Länder vermeiden.

Heute kann definitiv festgestellt werden: Ohne eine wesentlich effizientere Nutzung jeder »verbrauchten« Kilowattstunde Energie können weder die globalen Risiken einer Klimaveränderung noch die der Atomenergie eingedämmt oder die Verteilungsprobleme knapper Öl- und Gasressourcen auf Dauer friedlich gelöst werden.

Diese Grunderkenntnis hat nun auch die größte Energieanbieter-Konferenz der Welt, den »World Energy Council« (WEC), erreicht. Auf der WEC-Konferenz in Tokio im Oktober 1995 wurde ein langfristiges Szenario bis 2050 beziehungsweise 2100 vorgelegt,[5] das erstmalig im Rahmen der WEC der Frage intensiv nachgeht, ob eine risikomini-

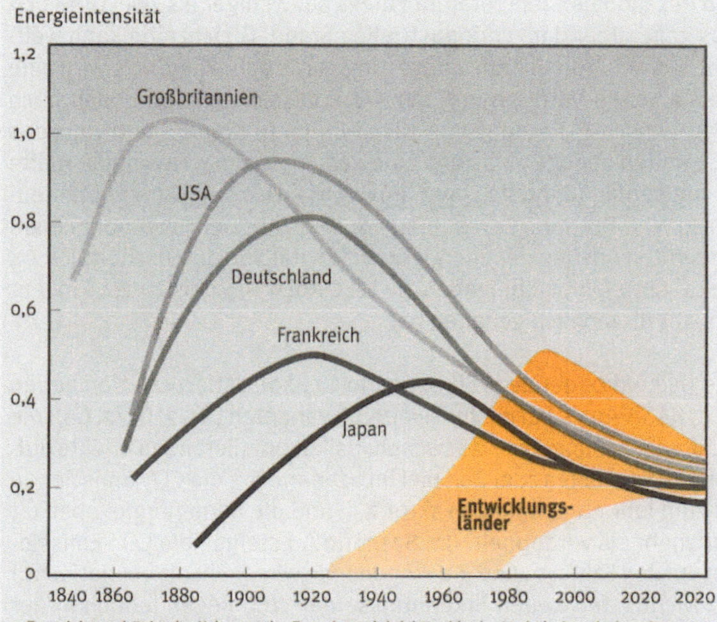

Energieintensität ist der Kehrwert der Energieproduktivität, d.h. das Verhältnis zwischen Gesamt-Energieeinsatz und Bruttoinlandsprodukt (in Äquivalenten einer metrischen Tonne Öl / 1000 US $).

Abb. 7:
Die Energieintensität nimmt in der Frühphase der Industrialisierung zu, wobei das Maximum der später industrialisierten Länder tiefer liegt. Im Zuge der Industrialisierung nimmt die Energieintensität ab, aber bisher zu langsam, um zu einer absoluten Abnahme des Energieverbrauchs zu führen. (Quelle: Öko-Institut 1990)

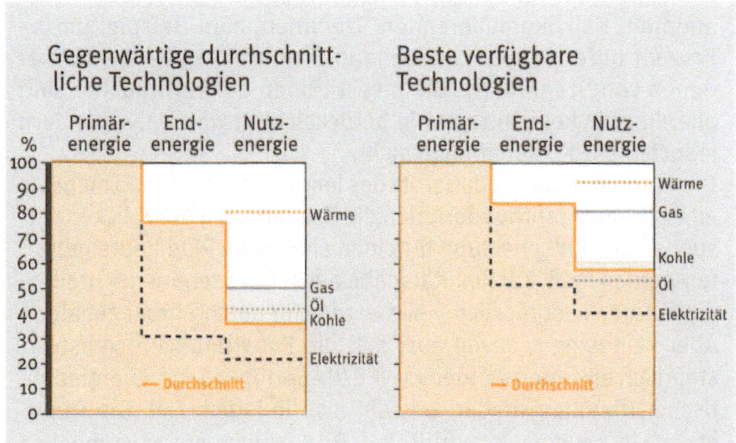

Abb. 8:
Weltweite Energieeffizienz in Prozent der Primärenergie. Bereits beim heutigen Stand der Technik (»beste verfügbare Technologien«) könnte der Wirkungsgrad des Weltenergiesystems praktisch verdoppelt werden. Auch diese Darstellung verdeutlicht, daß derzeit nicht in erster Linie ein Technik-, sondern vor allem ein Politikdefizit bei der Umsetzung existierender Effizienztechniken besteht. (Quelle: IIASA 1992)

mierende, »dauerhafte« Energiestrategie weltweit möglich ist (WEC/IIASA 1995). Das Ergebnis ist für die WEC sensationell: Im 21. Jahrhundert können die anspruchsvollen Ziele einer Weltklimaschutzpolitik im wesentlichen erreicht werden, nämlich die Begrenzung des Anstiegs der CO_2-Konzentration auf weniger als 450 ppm und des globalen Temperaturanstiegs auf weniger als zwei Grad Celsius gegenüber dem vorindustriellen Stand. Gleichzeitig kann weltweit aus der Atomenergie ausgestiegen werden. Allerdings wird eine ausreichende Verringerung der CO_2-Emission erst erheblich nach 2050 erreicht; die deutsche Klima-Enquete-Kommission und das IPCC halten dagegen bis 2050 eine Reduktion um weltweit die Hälfte für notwendig (Enquete 1995; IPCC 1995). Das langsamere Umsteuern im WEC-Szenario C1 resultiert vor allem aus dem angenommenen moderaten Anstieg der Energieproduktivität von durchschnittlich 1,4 Prozent pro Jahr, wohingegen die WEC noch 1992 bis zu 2,4 Prozent pro Jahr für möglich gehalten hat.

Das risikoabbauende WEC-Szenario C1 »koexistiert« in den neuen WEC/IIASA-Analysen mit fünf weiteren Varianten (A1/2, B1/2, C2), die mehr oder weniger die klassischen, risikokumulierenden Effekte aufweisen. So steigen zum Beispiel im Szenario A 2 die CO_2-Emissionen bis zum Jahr 2050 um den Faktor 2,5, und die Kernenergiekapazität wird mehr als verdoppelt. (Im Szenario A 1 steigen die CO_2-Emissionen um den Faktor 2, und die Kernenergie wird mehr als vervierfacht.) Die wichtigsten neuen Erkenntnisse der WEC liegen jedoch in der *Bewertung der Investitionskosten und der Realisierungschancen* der Szenarien:

- Die über den Zeitraum von 1990 bis 2050 summierten Investitionskosten des C1-Szenarios liegen deutlich unter denen der anderen, risikokumulierenden Szenarien, zum Beispiel um 33 Prozent unter denen von Szenario B und um 43 Prozent unter denen von Szenario A1. Die Investitionen der Verbraucher sind allerdings in keinem Szenario berücksichtigt worden, sie ändern jedoch diese Kostenabfolge nicht.
- Die Autoren betonen, daß trotz des langen Zeitraums von mehr als einem halben Jahrhundert, den die Szenarien zu überblicken versuchen, die Entscheidung für einen speziellen Pfad heute getroffen werden muß. Zur Realitätsnähe der sechs Szenarien schreiben die Autoren ausdrücklich: »Alle werden für durchführbar gehalten. Aber keines geht davon aus, daß die Entwicklungen selbstverständlich eintreten werden« (WEC/IIASA 1995, S. 2). Energiepolitischer Handlungsbedarf besteht also in jedem Fall. Die Quintessenz ist so klar wie aufrüttelnd: Risikominimierung ist möglich und finanzierbar, nur: Energiemanager, Politiker und wir alle müssen uns bald entscheiden.

Mit dem C1-Szenario des WEC hat sich – von der Fachwelt und der Energiepolitik noch viel zu wenig gewürdigt – eine veritable intellektuelle Revolution in der Welt der Energie ereignet. Was Generationen von Energieexperten lebenslang bestritten haben, ist jetzt schwarz auf weiß und nachvollziehbar dargestellt worden: Eine risikoärmere

Weltenergiestrategie – Klimaschutz plus Ausstieg aus der Atomenergie – kann kostengünstiger sein als angebotsorientierte risikokumulierende Zukunftspfade! Und dieses Ergebnis ergibt sich bereits ohne Berücksichtigung der möglichen Schäden, die die traditionellen, angebotsorientierten Strategien verursachen können; denn diese Strategien verlangen nicht nur höhere Investitionskosten, sondern sind auch mit höheren Risiken verbunden, und die Schäden können, wenn sie eintreten, wesentlich höher sein.

Mit der Szenarioanalyse einer Wissenschaftlergruppe unter der Leitung von Florentin Krause liegt eine Studie vor, die den Tenor des C1-Szeanrios der WEC für Europa bestätigt. Florentin Krause ist Mitarbeiter am renommierten Lawrence Berkeley Laboratory (USA); seine von vielen europäischen Expertenteams unterstützte Arbeit wurde von niederländischen Umweltministerium mitfinanziert. Mit der IPSEP-Studie[6] liegt für die fünf größten europäischen Länder – Bundesrepublik, Frankreich, Italien, Großbritannien und die Niederlande – eine der umfassendsten Szenarienanalysen und eine Bewertung der relativen Investitionskosten einer Klimaschutzstrategie im Vergleich zu einer Trendentwicklung vor.

Da sich die IPSEP-Studie in den zentralen Ergebnissen mit denen des WEC-C1-Szenarios und von Untersuchungen zur Bundesrepublik deckt, braucht sie hier nur zusammenfassend referiert zu werden: Es werden die Daten des Jahres 1985 mit einem Referenz-Szenario – dem Trend – und zwei Zielszenarien verglichen, den Szenarien »minimale Kosten« und »minimales Risiko«. Im letzteren Szenario wird unterstellt, daß die verfügbaren Techniken zur Verringerung des Kohlendioxidausstoßes im Bereich der erneuerbaren Energiequellen (REG) und der rationellen Energienutzung (REN) weitgehend ausgeschöpft werden und daß aus der Atomenergie ausgestiegen wird. Im Szenario »minimale Kosten« verringert sich die Kohlendioxidemission bis zum Jahr 2020 um fast 40 Prozent, bei »minimalem Risiko« um fast 60 Prozent. Beide Klimaschutzstrategien verursachen im Regelfall geringere Investitionskosten als das Referenzszenario (das dem Szenario »Conventional Wisdom« der Europäischen Kommission entspricht. Dies wurde ausführlich getestet, vor allem auch unter der Annahme, daß die Entwicklung der Kapitalkosten unsicher ist.
Krauses Schlußfolgerung ist daher, daß Klimaschutzpolitik in Europa deckungsgleich ist mit »kluger Industriepolitik«. Auch wenn es den Treibhauseffekt und die Notwendigkeit einer vorsorgenden Klimaschutzpolitik nicht gäbe, wäre es aus industriepolitischen Gründen vernünftig, die Potentiale von regenerativen Energiequellen und rationeller Energienutzung bis zum Jahr 2020 maximal auszureizen, weil sich hierdurch insgesamt Kostenrisiken gegen-

über einer Trendentwicklung vermindern lassen würden. Interessant ist in diesem Zusammenhang, daß inzwischen auch das weltweit höchstrangige Klimaexperten-Gremium, das Intergovernmental Panel on Climate Change (IPCC), in einem seiner Berichte von 1995 zu dem Schluß kommt, daß die sogenannten »no regret«-Optionen – das heißt Klimaschutzmaßnahmen, bei denen die Volkswirtschaft mehr Kosten einsparen kann, als sie aufwenden muß – schon heute zwischen 10 bis 30 Prozent betragen und in Zukunft weiter anwachsen werden.

Abb. 9:
Primärenergieverbrauch im IPSEP-Szenario für fünf europäische Länder

Unterstellte Rahmendaten:
Szenariozeitraum:
1985 bis 2020.
Wirtschaftswachstum:
2,7 % pro Jahr (1985 bis 2020). (Quelle: Krause 1995)

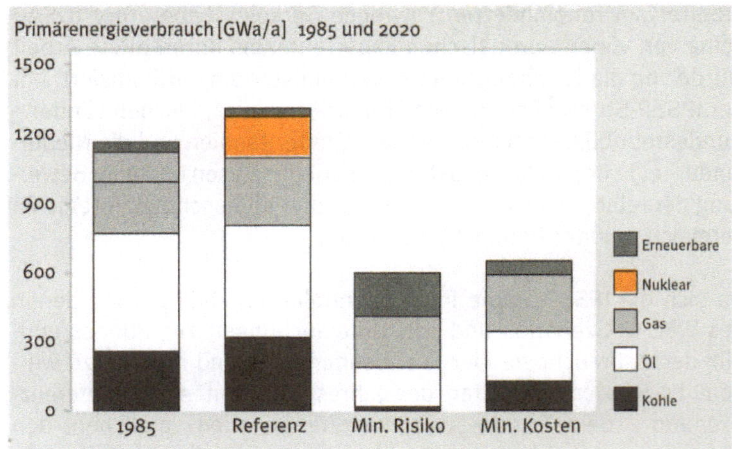

Auch in Deutschland das gleiche Bild: Ungenutzte Handlungsspielräume und Umsetzungsdefizite!

Trend, Klimaschutz und Risikominimierung

Die Enquete-Kommission »Schutz der Erdatmosphäre«[7] hat verschiedene zukünftige Entwicklungspfade mit Hilfe der Szenarioanalyse untersuchen lassen. Trotz einer Vielzahl offener Fragen und methodischer Ungereimtheiten bieten die Szenarien jedoch eine umfassendere energiewirtschaftliche Grundlage, als sie bisher vorlag, und damit eine bessere Orientierung für eine mittelfristige Klimaschutzpolitik.[8]

In den Enquete-Szenarien wurde zunächst aufgezeigt, welche Entwicklung zu erwarten ist, wenn sich die derzeitigen Trends fortsetzen (Referenzszenario). Durch das Referenzszenario wurde deutlich, daß bei einer Politik entlang dem herrschenden Trend die umwelt-

und klimapolitischen Ziele weit verfehlt werden. Dementsprechend wurden neben der Referenzentwicklung zwei Szenarien entworfen, die bis zum Jahr 2020 zu einer Minderung des CO_2-Ausstoßes um 45 Prozent gegenüber 1987 führen. Die Diskussionen über das Für und Wider der weiteren Nutzung der Kernenergie wurden in der Form aufgenommen, daß zum einen ein Entwicklungspfad beschrieben wurde, der von einer mittelfristig konstanten Kernenergiekapazität ausgeht; es wird also nur die Kapazität stillgelegter Kraftwerke durch Neubauten ersetzt. Zum anderen wurde eine Entwicklungslinie skizziert, nach der bis zum Jahr 2005 ein Ausstieg aus der Kernenergie realisiert werden soll. Im folgenden werden diese Szenarien mit »Klimaschutz« und »Klimaschutz und Risikominimierung« bezeichnet.

CO_2-Reduktion nur als Vereinigungsgewinn?

Der ermittelte Endenergieverbrauch für die verschiedenen Szenarien ist in Abb. 10 dargestellt.

Demnach kommt es auch im Rahmen der skizzierten Referenzentwicklung nur zu einer geringfügigen Erhöhung der Endenergienachfrage bis zum Jahr 2020. Die festen Brennstoffe verlieren dabei an Bedeutung; es erfolgt eine Kompensation durch Gas und Öl, deren Gesamtverbrauch insgesamt zunimmt. Ebenso erhöht sich die Nachfrage nach elektrischer Energie um durchschnittlich 0,6 Prozent pro Jahr.

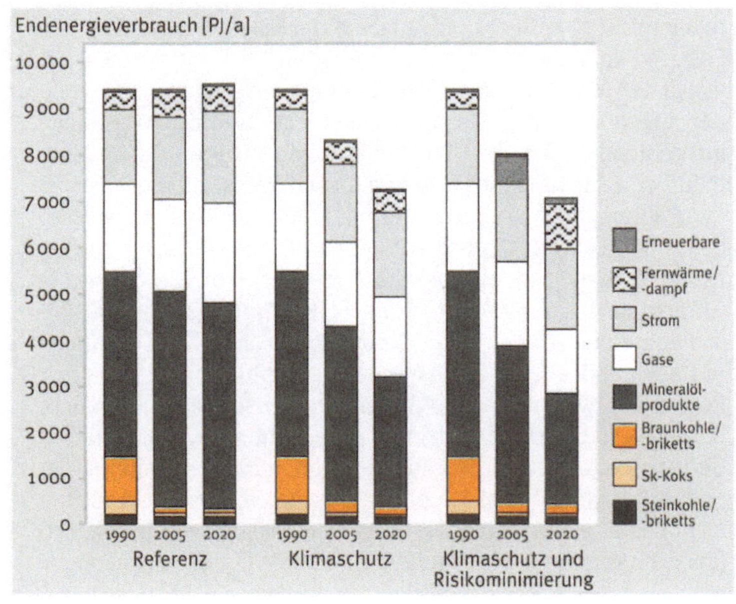

Abb. 10:
Endenergieverbrauch der verschiedenen Enquete-Szenarien. (Quelle: Enquete-Kommission 1995)

Exkurs: Ohne Atomausstieg kein Investitions- und Innovationsschub!

Gegenüber dem Referenzszenario weisen beide Klimaschutzszenarien eine deutliche Minderung der Endenergienachfrage aus. Dabei wird – entgegen theoretischen und empirischen Argumenten – unterstellt, *daß die systemimmanente Angebotsorientierung eines Großkraftwerks und Verbundsystems mit Kernenergie für die Ausschöpfung der bestehenden Einsparpotentiale kein Hemmnis darstellt.* Es wurde also zum Beispiel angenommen, daß Kernkraftwerksinvestoren mit nahezu gleicher Intensität Energiesparmaßnahmen (zum Beispiel durch LCP-Maßnahmen) fördern würden wie nach einem Ausstieg aus der Atomenergie. Wer jedoch etwa 5 Milliarden DM »versunkene« Kapitalkosten in ein Atomkraftwerk investiert hat, hat kein betriebswirtschaftliches Interesse, sich die volle Auslastung dieser Stromerzeugungskapazität durch aktive Förderung von Energiesparmaßnahmen oder den Bau von dezentralen Kraft-Wärme-Kopplungs- oder von Solarenergieanlagen in Frage stellen zu lassen.

Dennoch reduziert sich die Endenergienachfrage in den Enquete-Szenarien bis zum Jahr 2020 unter Beibehaltung der derzeitigen Kernenergiekapazität im Vergleich zum Jahr 1990 um rund 22 Prozent und im Vergleich zur Referenzentwicklung um etwa 24 Prozent. Auch bei einem gleichzeitigen Kernenergieausstieg liegen die Endenergieverbrauchsminderungen nur in vergleichbarer Größenordnung. Der erst *durch den Ausstieg induzierte Innovations- und Investitionsschub,* wie er beispielsweise in einer dynamischen Input-Output-Analyse der ISI/DIW-Studie für die Enquete-Kommission (1994) zum Ausdruck kommt, wird bei der gewählten Modellstruktur (lineares Programmierungsmodell) und den angenommenen überhöhten Kosten für Stromspartechniken ausgeblendet. Die ISI/DIW-Studie kommt wegen der modellmäßigen Erfassung dieser neuen Investitions- und Innovationsdynamik einer Klimaschutzpolitik mit Atomausstieg daher auch zu besseren volkswirtschaftlichen Effekten als ohne Ausstieg. Zu ähnlichen Ergebnissen war bereits Ende der achtziger Jahre ein Gutachten des Prognos-Instituts (1987) gelangt, das die Beschleunigung industrieller Innovationen und die positiven Außenhandelseffekte eines Atomausstiegs im Vergleich zu einer Referenzentwicklung mit Atomenergie besonders untersucht hatte. Die in der Öffentlichkeit von der Atomlobby kolportierten Befürchtungen, durch den Ausstieg könne quasi ein »industriepolitischer Fadenriß« eintreten, werden also von der Wissenschaft nicht bestätigt. Im Gegenteil: Durch den Ausstieg würden exportfähige Innovationen in der Industrie an Breite und Tiefe zunehmen.

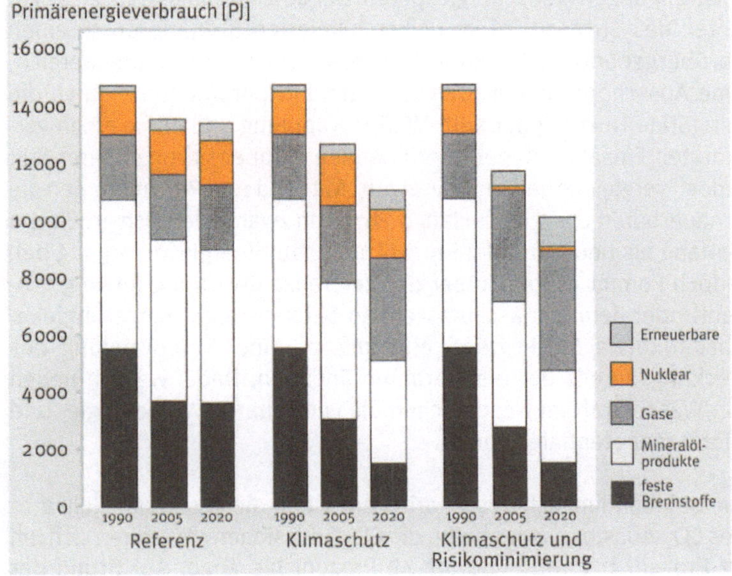

Abb. 11:
Primärenergieverbrauch der
verschiedenen Enquete-
Szenarien. (Quelle: Enquete-
Kommission 1995)

Ausgehend von der skizzierten Entwicklung der Endenergienachfrage
stellt sich der hiermit verbundene Primärenergieverbrauch gemäß
Abb. 11 dar.

Bis zum Jahr 2020 ist im Rahmen der Referenzentwicklung eine Ver-
brauchsreduzierung um 8,7 Prozent gegenüber dem Jahr 1990 zu ver-
zeichnen. Dies führt zu einer Minderung der CO_2-Emissionen um 14
Prozent bis 2005 und 16 Prozent bis 2020. Dementsprechend werden
die gesetzten Reduktionsziele mit einer trendgemäßen Entwicklung
deutlich verfehlt; die Reduktion geht vor allem auf die Umstrukturierung des (Braunkohle)-Energiesystems und den industriellen Umbau
in den neuen Bundesländern zurück.

Die Untersuchungen zeigen, daß eine Klimaschutzstrategie im
wesentlichen auf der Ausschöpfung der bestehenden Einspar- und
Substitutionspotentiale aufbaut. Annahmegemäß und modell-
bedingt gilt dies unabhängig von der weiteren Nutzung der Kernenergie (vgl. Kasten auf S. 60). Beide Klimaschutzszenarien sind
durch eine Effizienzsteigerung um, bezogen auf die Endenergie,
durchschnittlich 3,1 Prozent pro Jahr von 1990 bis 2020 gekennzeichnet. Demgegenüber kommt es im Rahmen der Referenzentwicklung
nur zu einer jährlichen Verbesserung der Energienutzung um rund 2,2
Prozent. Im Vergleich zu den letzten 20 Jahren, in denen beispielsweise in den alten Bundesländern die Effizienz um durchschnittlich
1,75 Prozent pro Jahr zunahm, bedeutet dies wesentlich stärkere

Anstrengungen beim Energiesparen. Der durch Atomenergie erzeugte Anteil des Stroms wird im risikominimierten Szenario durch einen vorübergehend verstärkten Gaseinsatz im Umwandlungsbereich, eine Ausschöpfung der primärseitigen Einsparpotentiale durch die verstärkte Nutzung der Kraft-Wärme-Kopplung und durch einen verstärkten Einsatz erneuerbarer Energien kompensiert. Letzterer fällt jedoch vergleichsweise moderat aus. Mit rund 10,5 Prozent tragen die erneuerbaren Energien im Jahr 2020 dann zwar in deutlich größerem Umfang als heute (rund 2 Prozent 1990) zur Energieversorgung bei, jedoch kommt es gegenüber der Referenzentwicklung (etwa 5 Prozent) oder dem Klimaschutzszenario bei konstanter Kernenergiekapazität (etwa 6,3 Prozent) allenfalls zu einer Verdoppelung des Deckungsanteils der erneuerbaren Energien. Dabei werden neben der Wasserkraft im wesentlichen die verfügbaren Windenergie- und Biomassepotentiale genutzt.

Die beiden Klimaschutzszenarien erreichen die gesetzten Zielwerte des CO_2-Ausstoßes, das heißt, die CO_2-Emissionen reduzieren sich um 27 Prozent bis 2005 und um 45 Prozent bis 2020. Auf Grund der gewählten Annahmen (geringer CO_2-Reduktionsbeitrag des Verkehrs; überhöhte Kosten der Energieeinsparung; relativ günstige Kosten für Atomenergie) ergeben sich im Fall der Beibehaltung der derzeitigen Kernenergiekapazität geringere volkswirtschaftliche Aufwendungen gegenüber der Referenzentwicklung. Hingegen führt – gemäß dieser Annahmen – ein gleichzeitiger Kernenergieausstieg im Betrachtungszeitraum von 1990 bis 2020 zu kumulierten, abdiskontierten Zusatzkosten von rund 150 Milliarden DM (beziehungsweise 5 Milliarden DM pro Jahr, das heißt, rund 60 DM pro Kopf und Jahr) im Vergleich zu einer den derzeitigen Trends folgenden Entwicklung. Gegenüber dem Klimaschutzszenario mit weiterer Nutzung der Kernenergie ergeben sich rechnerisch – wegen der die Kernenergie favorisierenden Annahmen – Zusatzkosten von rund 180 Milliarden DM oder eine durchschnittliche Pro-Kopf-Belastung von etwa 75 DM pro Jahr. Es kann zwar zum einen davon ausgegangen werden, daß eine derartige Pro-Kopf-Belastung für den Großteil der Bevölkerung als »Versicherungsprämie« gegen die Vermeidung der Risiken der Kernenergie akzeptabel erscheint. Zum anderen würde eine genauere Analyse der Ergebnisse unter Berücksichtigung der methodenimmanenten und annahmespezifischen Ungereimtheiten, der nur unzureichenden Erfassung der CO_2-Minderungsmöglichkeiten im Verkehrssektor sowie der Ungewißheit der Energieträgerpreisentwicklung zu dem Ergebnis kommen, daß ein Ausstieg aus der Kernenergie bei gleichzeitiger Einhaltung der CO_2-Minderungsziele ohne zusätzliche volkswirtschaftliche Belastungen erreicht werden kann.[9] So kommen vergleichbar detaillierte Untersuchungen, in denen umfassende Vergleichsrechnungen zwischen Angebots- und Nach-

frageressourcen durchgeführt wurden, für Deutschland zu dem
Schluß, daß ein Ausstieg aus der Kernenergie im Rahmen eines effektiven Klimaschutzes nicht zu einer Mehrbelastung führen muß, sondern zum Teil sogar eine Minderbelastung und damit positive gesamtwirtschaftliche Effekte zur Folge haben kann.[10]

Ein Zwischenfazit

Als vorläufiges Fazit der Szenarienanalyse läßt sich festhalten: Für
die Welt, für Europa und für die Bundesrepublik läßt sich zeigen, daß
eine Politik der Risikominimierung nicht nur technisch möglich, sondern auch finanzierbar und wirtschaftlich auch vorteilhafter sein
kann als »Business as usual« in der Energiepolitik.

Alle Szenarien zeigen übereinstimmend, daß eine derartige Risikominimierungspolitik nur dann eine Erfolgschance hat, wenn der rationelleren Energienutzung auch in Taten Vorrang eingeräumt wird und
Richtungsentscheidungen für den forcierten Einstieg in die Solarenergiewirtschaft bald erfolgen. Hierfür steht die Uhr auf fünf Minu-
ten vor Zwölf. Warum diese Richtungsentscheidungen – trotz ihrer
vielversprechenden Perspektiven – in allen Volkswirtschaften offensichtlich schwerfallen, bleibt eine zentrale, weiter zu untersuchende
Frage.

Der Schlüssel zu dieser Frage liegt bei der Analyse der energiepolitischen Rahmenbedingungen und Unternehmensziele der Hauptakteure in der Energiewirtschaft, den Energieversorgungsunternehmen (EVU). Wie reagieren EVU auf den sich abzeichnenden
dramatischen Wandel, nehmen sie »Zukunftsfähigkeit«, »Klimaschutz« und »Risikominimierung« in ihren konkreten Unternehmens-
entscheidungen ernst?

Für die zukünftige Energiepolitik ist nicht notwendig, zwischen der Pest (möglichen Re-
aktorkatastrophen) und der
Cholera (möglichen dramatischen Klimaveränderungen)
zu wählen, weil angeblich nur
noch eine Streuung zwischen
den MEGA-Risiken und keine
reale Risikominimierung mehr
möglich ist. Im Gegenteil lautet die eindeutige Botschaft:
Die risikoärmere Energiepolitik ist auch die volkswirtschaftlich attraktivere – und
dennoch wird sie nicht durchgeführt: Dies ist das frappie-
rende Ergebnis der Szenarienanalyse!

Anmerkungen

1 IPCC ist die Abkürzung für Intergovernmental Panel on Climate Change; dieser »Zwischenstaatliche Ausschuß über Klimaänderungen« erarbeitet unter der Beteiligung von Wissenschaftlern und Regierungsvertretern aus aller Welt wissenschaftliche Berichte zum Thema Klimaänderungen/Klimaschutz, die international anerkannt sind. Von den drei Arbeitsgruppen des IPCC sind 1995 drei auch für den Laien verständliche »Summaries for Policy Makers« vorgelegt worden, IPCC Secretariat WMO, Geneva 1995.

2 Diese erfolgreiche Kampagne des »Sozialen Marketings«, die vom Psychologischen Institut der Universität Kiel und von Dr. Prose initiiert wurde, beruht auf einem wesentlichen Rückkoppelungseffekt: Es bleibt nicht bei der Aufforderung und bei vielen Tips zum individuellen Energiesparen (z.B. Einsatz von Energiesparlampen), sondern der gemeinsame Energiespar- und CO_2-Vermeidungserfolg dieser Kampagne wird erfaßt und den Teilnehmern jeweils zurückgemeldet. Die individuelle Umsetzungsbereitschaft wird durch die Erfahrung gemeinsamen erfolgreichen Handelns gestärkt.

3 Unter »Sonnenenergie« verstehen wir hier alle erneuerbaren Energiequellen (REG), also neben der direkten Solarenergienutzung zur Strom- und Wärmeerzeugung auch Wind, Biomasse und Wasser.

4 Vgl. Schüssler, M./Hennicke, P.: Potentiale und Kosten für eine risikoarme Energieversorgung, Wuppertal-Papers Nr. 11, Wuppertal 1994.

5 Vgl. WEC/IIASA: Global Energy Perspectives to 2050 and Beyond, WEC Report 1995, London 1995. In Abbildung 6 liegt das Szenario C1 bis zum Jahr 2030 noch im unteren Drittel. Die entscheidende risikominimierende Dynamik findet in dieser Strategie erst im weiteren Verlauf des 21. Jahrhunderts statt.

6 Krause, F. et al: Energy Policy in the Greenhouse, Volume II, Cutting Carbon Emissions: Burden or Benefit? The Economics of Energy Taxes and Regulatory Reforms on Climate, Growth and Jobs, Executive Summary, IPSEP 1995 und mehrere hierzu erschienene Einzelbände des IPSEP-Projekts 1995.

7 Enquete-Kommission »Schutz der Erdatmosphäre« des 12. Deutschen Bundestages, Mehr Zukunft für die Erde – Nachhaltige Energiepolitik für dauerhaften Klimaschutz, Bundestagsdrucksache 12/8600, Bonn, 1994. Der folgende Abschnitt basiert auf dem Artikel von Fischedick, M./Hennicke, P.: Für eine klimaverträgliche und risikominimierende Energieversorgung, in: Greenpeace (Hrsg.): Der Preis der Energie. Plädoyer für eine ökologische Steuerreform, München 1995. Vgl. auch Öko-Institut, Das Energiewende-Szenario, Freiburg 1996 sowie Fischedick, M et al., Kernenergie: Rettung aus der drohenden Klimakatastrophe oder Hemmschuh für effektiven Klimaschutz?, Wuppertal Papers Nr. 55, April 1996.

8 Vgl. auch Nitsch, J. et al.: Bedingungen und Folgen von Aufbaustrategien für eine solare Wasserstoffwirtschaft, Bericht der Enquete-Kommission »Technikfolgenabschätzung«, Bonn, 1990; Masuhr, K. P. et al.: Konsistenzprüfung einer denkbaren zukünftigen Wasserstoffwirtschaft, Prognos AG, Basel, 1991; Traube, K.: Perspektiven der Umstrukturierung des westdeutschen Energiesystems angesichts des CO_2-Problems, Bremer Energie Institut, Bremen, 1992; Hennicke, P. (Hrsg.): Solarwasserstoff – Energieträger der Zukunft? Eine Diskussion über langfristige Strategien, Berlin, Basel, Boston 1995.

9 Vgl. Minderheitsvotum S. 441 ff. in: Enquête-Kommission »Schutz der Erdatmosphäre« des 12. Deutschen Bundestages, Mehr Zukunft für die Erde - Nachhaltige Energiepolitik für dauerhaften Klimaschutz, Bundestagsdrucksache 12/8600, Bonn, 1994.

10 Ebd.

Kapitel 2

Der Wandel zum Energiedienstleistungsunternehmen

Der Zwang zum Wandel: Wettbewerb auf schrumpfenden Märkten

Der Sprung von den Szenarien in die Welt der Hauptakteure der leitungsgebundenen Energiewirtschaft, zu den EVU, ist auf den ersten Blick ernüchternd: Bei aktuellen Investitionsentscheidungen, aber auch bei der mittel- und langfristigen Kapazitäts- und Ausbauplanung handeln viele EVU noch immer nach der Devise »Business as usual«. Die staatliche Klimaschutzpolitik wird zwar verbal von der Mehrheit der EVU und ihren Verbänden (z.B. vom VKU und der ASEW) unterstützt. Aber so mancher EVU-Manager scheint zu denken: Klimaschutz betrifft die große Politik, aber nicht die zukünftigen Geschäftsfelder meines Unternehmens! Wer so denkt und handelt, könnte allerdings ein geschäftliches Desaster erleben. Denn vom Staat ernst genommener Klimaschutz bedeutet für jedes EVU, ob das Management will oder nicht, einen Zwang zum Handeln. Hinzu kommt, daß in der leitungsgebundenen Energieversorgung nationale und internationale Formen des direkten Wettbewerbs zwischen Energieanbietern zunehmen werden. Mehr Wettbewerb auf schrumpfenden Märkten wird daher den Anpassungsdruck für die EVU verschärfen. Zentrale Fragen für den Vorstand eines EVU sind daher: Welche Chancen und Risiken bestehen für mein Unternehmen,

- den Strukturwandel aufzuhalten,
- im »main stream« der Entwicklung mitzuschwimmen oder
- als Vorreiter den eigenen Markt mitzugestalten?

Es kann zur Beantwortung dieser Fragen hilfreich sein, zunächst aus den Szenarienanalysen (Abb. 12) vereinfacht das zukünftige Marktvolumen für Energieversorgungsunternehmen abzuschätzen. Aus den Leitzielen »Zukunftsfähigkeit«, »Klimaschutz« und »Risikominimierung« können nämlich die folgenden quantifizierten Eckpunkte einer Solarenergie- und Einsparwirtschaft in der Bundesrepublik abgeleitet werden:

- Bis zur Jahrhundertmitte könnte der Primärenergieverbrauch bei steigenden Dienstleistungen fast halbiert werden.
- Etwa zwei Drittel dieses Restenergiebedarfs können in technischer Hinsicht mit regenerativen Energiequellen (REG) bereitgestellt werden.
- Etwa ein Drittel der Restenergiebedarfsdeckung verbleibt für fossile Energieträger, deren Reichweite – würden alle Länder dieser Politik folgen – über Jahrhunderte gestreckt werden könnte.

Vielen Bürgern und Managern in der »Versorgungs«-Wirtschaft ist diese Zukunftsperspektive bewußt. Aber die Alltagsentscheidungen

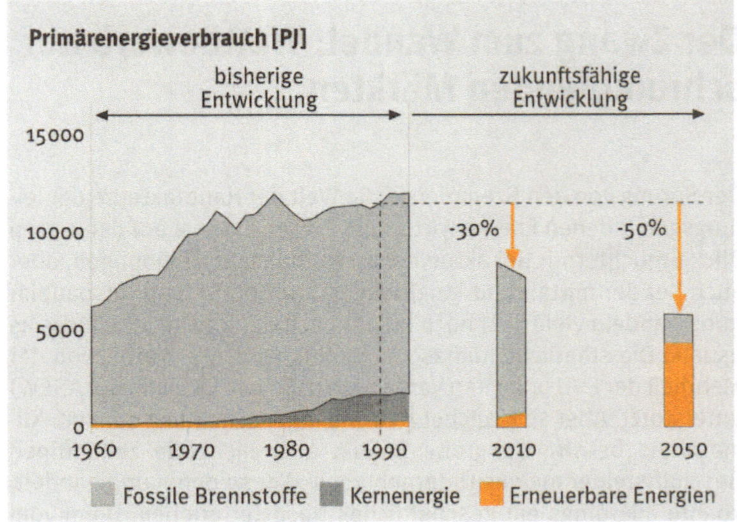

Abb. 12:
Eine zukunftsfähige Entwicklung des Energiesystems in der Bundesrepublik ist technisch machbar. (Quelle: BMWi, eigene Berechnungen)

Klimaschutz, Risikominimierung und Zukunftsfähigkeit als Leitziele ernst zu nehmen bedeutet: Die gesamte Energiebranche steht vor der größten Herausforderung in ihrer Geschichte. In wenigen Jahrzehnten werden die Ordnung und die Struktur der Energiewirtschaft sowie die Geschäftspolitik bisheriger Energieversorger grundlegend verändert und an neue Rahmenbedingungen angepaßt werden müssen. Reine Energie-»Versorgungs«-Unternehmen wird es schon bald nicht mehr geben.

werden hiervon noch wenig tangiert. Beim individuellen Kauf eines Kühlschranks mag diese kollektive Verdrängung nicht so folgenreich sein. Investitionsentscheidungen für neues Energieangebot, der Aufschluß eines neuen Öl- oder Kohlefeldes oder der Bau eines Kraftwerks haben jedoch in der Regel langfristige ökologische und volkswirtschaftliche Folgen – häufig über viele Jahrzehnte. Zukunftsperspektiven für kommende Generationen werden eröffnet oder verbaut.

Der Widerspruch zwischen abstrakter ökologischer Einsicht und noch weitgehend unveränderter Unternehmenspolitik ist in der Energiewirtschaft mit ihren langen Planungs- und Kapitalbindungszeiten ebenso evident wie schwerwiegend. Es ist hohe Zeit, hieraus Konsequenzen für die Geschäftspolitik eines »Energieunternehmens der Zukunft« zu ziehen. Denn im Durchschnitt bedeuten die genannten Leitziele für ein typisches Unternehmen:

- Sein Energieabsatz wird in den nächsten Jahrzehnten drastisch reduziert, und seine Angebotspalette muß überwiegend auf Solarenergie umgestellt werden.
- Das im Kerngeschäft »Energie« investierte Kapital wird relativ und absolut sinken; zur Vermeidung von Substanzverlusten ist eine Diversifizierung in neue Geschäftsbereiche unabdingbar.

Das Zeitalter der Energie-»versorgung« geht damit zu Ende. Gewinn allein durch Energieverkauf zu machen ist zwar noch legal, aber nicht mehr legitim. Angesichts der Risiken des wachsenden Energieverbrauchs muß sich das bequeme, aber antiquierte Rollenverständnis von »Energieunternehmen, die versorgen« und »Verbrauchern, die einsparen« radikal verändern.

Trends oder der Zwang zum Wandel

- Aktiver Klima- und Ressourcenschutz sowie steigende Preise für Öl und Gas werden das Energiegeschäft in 2-3 Jahrzehnten revolutionieren.
- Riskante Energieabsatzmärkte (fossile; nukleare) werden bereits durch Trendsparen oder mangelnde Akzeptanz schrumpfen.
- Die direkte Konkurrenz zwischen Energieanbietern wird sich auf einem engeren Markt verschärfen.
- Neue NEGAWatt-Akteure (z. B. Energieagenturen; private Consultants) werden zusätzliche Einsparpotentiale erschließen

Nur die »Ware Energie« zukünftig zu verkaufen wird auch in betriebswirtschaftlicher Hinsicht immer riskanter. Die Kunden und die breite Öffentlichkeit erwarten vom »Energiedienstleister« mehr, als nur Strom anzubieten. Produktveredelung, Qualitätswettbewerb, Kundenorientierung und Energiedienstleistungs-Marketing sind Stichworte für »Stadtwerke der Zukunft«.

Folgt man dem Leitziel »Zukunftsfähigkeit« (»Sustainability«), dann muß der Wandel vom Energieversorgungsunternehmen (EVU) zum Energiedienstleistungsunternehmen (EDU) beschleunigt in die Praxis umgesetzt werden. Nur noch Energiedienstleistungen (EDL), also Pakete aus Energieeinspartechniken und Restenergiezuführung, sollten auf den neu zu entwickelnden EDL-Märkten gehandelt werden. Nicht dem *direkten Wettbewerb zwischen Energieträgern und Energieanbietern*, sondern dem *Substitutionswettbewerb zwischen Energie und Kapital*, dem Ersatz jeder Form von nicht erneuerbarer Energie durch effizientere Nutzungsformen, kommt damit in Zukunft die größte Bedeutung zu.

Ernst genommene Kundenorientierung bedeutet für ein EDU auch, die Verantwortung für die Nutzung des Produkts nach dessen Verkauf (mit) zu übernehmen. Denn ökologisch orientierte Unternehmen der Zukunft berücksichtigen die Umwelteinwirkungen ihrer Produkte über den gesamten Lebenszyklus – von »der Wiege«, z.B. vom Kohle- und Uranbergbau, bis hin »zur Bahre«, z.B. bis zur Deponierung von CO_2 in der Atmosphäre oder von Atommüll in einem Endlager.

Es ist bezeichnend, daß im neuen Kreislaufwirtschafts- und Abfallgesetz der Begriff *»Produktverantwortung«* zwar generell für das produzierende Gewerbe eingeführt wurde, daß aber an die offensichtlich bedrohlichen »Abfälle« (zum Beispiel die CO_2-Emissionen) der »Versorgungs«-Branche nicht gedacht wurde. Dabei wäre der Grundgedanke des § 22 KrW-/AbfG sinnvoll auch auf die Energieanbieter anwendbar: »Wer Erzeugnisse entwickelt, herstellt, be- und

---

Der im Energiewirtschaftsgesetz von 1935 verankerte Auftrag, Energie »so sicher und billig wie möglich« bereitzustellen, reicht in Zukunft als Legitimation für öffentliche Energie-»versorgung« nicht mehr aus.

Das EDU der Zukunft verfolgt das Ziel, den Einsatz nicht erneuerbarer Energiequellen zu minimieren und die Energienutzung bei den Kunden zu optimieren, anstatt – wie früher – nur den Verkauf von Strom, Gas und Fernwärme zu betreiben.

Wir schlagen nicht vor, ein EDU quasi durch Gesetz einzuführen. Der unternehmerische Gestaltungsspielraum und – so weit wie möglich – marktwirtschaftliche Spielregeln für EDU sollen erhalten bleiben, besser noch ausgeweitet werden. Allerdings müssen die »ökologischen Leitplanken«, innerhalb deren sich privatwirtschaftliche Initiativen entwickeln können, aus Gründen der Zukunftsvorsorge eindeutiger vorgegeben werden als bisher. Dies schafft auch die dringend notwendige *Planungssicherheit für Investitionen* in die Zukunftsenergien.

verarbeitet oder vertreibt, trägt zu Erfüllung der Ziele der Kreislaufwirtschaft die Produktverantwortung. Zur Erfüllung der Produktverantwortung sind die Erzeugnisse möglichst so zu gestalten, daß bei deren Herstellung und Gebrauch das Entstehen von Abfällen vermindert wird und die umweltverträgliche Verwertung und Beseitigung der nach deren Gebrauch entstandenen Abfälle sichergestellt ist.« In § 4 heißt es: »Abfälle sind in erster Linie zu vermeiden, insbesondere durch die Verringerung ihrer Menge und Schädlichkeit.«

Sinngemäß auf die Energiewirtschaft angewandt, läßt sich aus diesen Zielsetzungen der oben postulierte Vorrang für rationelle Energienutzung (»in erster Linie Energieeinsatz vermeiden«) wie auch ein Auftrag zur maximalen Produktveredelung (»minimaler Energieeinsatz pro Energiedienstleistung«) ableiten.

Diese nach ökologischen Kriterien abgeleitete Zielsetzung steht im schroffen Gegensatz zu einer Wettbewerbskonzeption, die allein auf verschärften Preiswettbewerb zwischen vertikal integrierten Energieanbietern hinausläuft. Mit dieser vulgären Wettbewerbskonzeption werden wir uns unter dem Stichwort »Deregulierung« im Kapitel 5 noch ausführlich auseinandersetzen. Eines steht jedoch schon heute fest: Mehr Wettbewerb, in welcher Form auch immer, wird den Zwang zum Handeln für alle EVU verschärfen. Wenn das gesamte Marktvolumen aus ökologischen Gründen für alle EVU schrumpft und zusätzlich noch reiner Preiswettbewerb eingeführt wird, potenziert sich der Handlungsdruck vor allem für die kleineren und mittleren EVU. Die Verbund-EVU könnten der Versuchung unterliegen, aus abgeschriebenen Altkraftwerken mit Billigstangeboten die unliebsame kommunale Erzeugungskonkurrenz ganz aus dem Markt herauszudrängen. Im Trend, so scheint es, haben dann nur noch wenige Supermonopole der Branche eine Überlebenschance. Die meisten Energieversorgungsunternehmen in der Bundesrepublik, wenn auch keinesfalls die mächtigsten, sind jedoch Stadtwerke. Wie sind sie auf die kommenden Herausforderungen vorbereitet?

Vom »Werk« zum »Unternehmen«: Zur Entwicklung von Stadtwerken

In der Bundesrepublik gibt es heute rund 800 Stadtwerke, 60 Regionalunternehmen und 9 Verbundunternehmen. Die Stadtwerke gehören zumeist (noch) den Kommunen (sogenannte Eigengesellschaften) und arbeiten im »Querverbund«. Dies bedeutet, daß mehrere Energiesparten (Strom, Erdgas und Fernwärme) und häufig auch der Öffentliche Personennahverkehr (ÖPNV) sowie weitere Geschäftszweige wie z.B. Bäder, Häfen, Messen und Flughäfen unter dem Dach einer Gesellschaft zusammengeschlossen sind.

Bei Stadtwerken handelt es sich um weitgehend privatwirtschaftlich operierende Unternehmen, die sich zunehmend »am Markt« orientieren müssen – trotz ihrer kommunalen Eigentümer und trotz der besonderen kommunalpolitischen Rahmenbedingungen. Aus der Ambivalenz zwischen kommunalpolitischen Zielen und privatwirtschaftlicher Unternehmenspolitik resultieren Unternehmen ganz besonderen Typs: Stadtwerke sind energiepolitische Hauptakteure vor Ort, einflußreiche Monopolisten beim Energie- und Wasserverkauf sowie bei der Abwicklung des Öffentlichen Personennahverkehrs (ÖPNV). Sie bilden eine wichtige Finanzquelle für den Kommunalhaushalt, und ihre Unternehmensaktivitäten haben sich zu einem wesentlichen, lokalen Wirtschafts- und Standortfaktor entwickelt. Häufig sind Stadtwerke der Stolz der Kämmerer, weil sie zu den kapital- und beschäftigungsstärksten Unternehmen vor Ort zählen und den Gemeindehaushalt mit Gewinnen, Konzessionsabgaben (Abgaben an die Gemeinde für das Recht der ausschließlichen Wegenutzung zur Leitungsverlegung) und Steuern alimentieren sowie erheblich zur Verlustabdeckung beim Öffentlichen Personennahverkehr (ÖPNV) beitragen.

Nirgendwo kann man die Chancen, aber auch die Blockaden der Kommunalpolitik besser studieren als am Beispiel der Stadtwerke und der kommunalen Energiepolitik.

Da ist zunächst die *kommunale Führungscrew* – die leitenden Repräsentanten der Stadtwerke gehören immer mit dazu: Gegen den Willen der Vorstände der größeren Unternehmen vor Ort, des Oberbürgermeisters, des Chefredakteurs der örtlichen Monopolpresse (soweit noch vorhanden), des Kämmerers, der Fraktionsvorsitzenden der großen Parteien, der Stadtwerkevorstände und (manchmal) des örtlichen Gewerkschaftsvorsitzenden läuft nichts in einer durchschnittlichen deutschen Stadt. Das demokratische Leben in solchen Städten kann daher mitunter recht bleiern werden. Ausnahmen bestätigen die Regel. Mancherorts arbeiten die Mitglieder der Führungscrew auch in wechselnden Fraktionen gegeneinander – dann bewegt sich erst recht nichts mehr.

Persönliche Blockaden und Kommunikationsprobleme zwischen den politischen Parteien, der Verwaltung und den Stadtwerken sind häufig. Auch bei der Erstellung und Umsetzung der LCP-Fallstudie Hannover haben sie eine kontraproduktive Rolle gespielt. Der externe Beobachter des örtlichen Getümmels wünscht sich zur effektiveren Umsetzung einer innovativen Energiepolitik vor Ort einen Mediationsprozeß oder einen Runden Tisch, um unnötige Selbstblockaden aus dem Weg zu räumen und zur Konsensbildung beizutragen.

Alle großen und fast alle mittleren Städte in Deutschland besitzen »Stadtwerke«, die – auf den ersten Blick – eigenständig für die kommunale Energieversorgung verantwortlich sind. Bei näherer Analyse stellt sich allerdings heraus, daß kommunale Stadtwerke in ein ganz besonderes Geflecht von Abhängigkeiten eingebunden sind, wobei häufig auch eines der mächtigen Verbundunternehmen als Vorlieferant für Strom oder Erdgas eine einflußreiche Rolle spielt.

Die Politikstudentin, die wissen will, wie Politik vor Ort konkret funktioniert, sollte lieber auf ein Seminar verzichten und statt dessen ein Praktikum bei Stadtwerken absolvieren und deren Einbindung in das hochinteressante kommunalpolitische Interessengeflecht vor Ort studieren.

Verdiente Kommunalpolitiker sehen ihre Zukunftsperspektive gern als Vorstand oder zumindest als Aufsichtsrat städtischer Unternehmen. Auch der langjährige Betriebsratsvorsitzende der Stadtwerke schätzt es, wenn er seine Karriere als gut verdienender Arbeitsdirektor im mitbestimmten Stadtwerkevorstand krönen kann.

Zwar verdienen Stadtwerke ihr Geld aus Energieverkauf, de jure durch ein Gebietsmonopol geschützt, ebenso wie die Großen der Branche. Aber sowohl in der Unternehmens- und Preispolitik als auch bei der Verwendung der erwirtschafteten Gewinne unterscheiden sich Stadtwerke immer schon wesentlich von überregionalen Stromkonzernen.

Grundlegend ändert sich in der Kommunalpolitik nur etwas, wenn die Bürger einen »Aufstand« machen und sich unüberhörbar in die Kommunalpolitik einmischen; die parlamentarischen Mittel hierzu sind begrenzt, da den Bürgern dazu nur selten (z.B. in Bayern, in NRW) ein Volksbegehren oder Volksentscheid zur Verfügung steht. Im Regelfall bleibt zur institutionalisierten politischen Einmischung des Bürgers nur alle vier oder fünf Jahre die Wahl der Kommunalvertreter. Die Behauptung, dies reiche zur Wahrnehmung der örtlichen Demokratie – der Volksherrschaft – aus, steht in vielen Gemeinschaftskundebüchern. Aber die Praxis der Kommunalpolitik sieht anders aus. Kommunen und Städte waren daher oft – als Protest gegen die Erstarrung des politischen Lebens vor Ort – der Ausgangspunkt neuer sozialer Bewegungen, die versuchen, in Bürgerinitiativen, Komitees, »Runden Tischen«, Vereinen und auch in politischen Parteien einen direkteren Einfluß auf die Kommunalpolitik zu nehmen. Nach Tschernobyl entwickelten sich z.B. auf Initiative des Öko-Instituts in mehr als 400 deutschen Städten »Energiewende-Komitees«, bis heute sind hiervon 280 Gruppen und Einzelpersonen in über 200 Städten und Gemeinden aktiv geblieben. Diese Komitees haben, häufig mit Unterstützung von professionellem Sachverstand, in manchen Städten einen erheblichen Einfluß auf die kommunale Energiepolitik genommen.

Stadtwerkechef in einer netten, ruhigen Kleinstadt zu werden, am besten mit einem wartungsarmen Wasserkraftwerk, ist erstrebenswertes Vorruhestandsziel für gestreßte Ingenieure aus der »freien« Wirtschaft; denn die kommunale Versorgungswirtschaft galt – nicht zu Unrecht – fast ein Jahrhundert lang als ein relativ krisenfreies, attraktives und ruhiges Geschäft.

Keine Frage: Das Image von typischen Stadtwerken war – je nach Standpunkt – entweder das eines durch und durch gediegenen Unternehmens oder das eines ziemlich unbeweglichen »Tankers«. Wenn »Unternehmung« davon kommt, daß mit ihm und in ihm etwas »unternommen« wird, dann waren viele Stadtwerke lange Zeit schlicht »Werke«: Sie funktionierten sicher und brav – zum Wohle ruhiger und gut versorgter Bürger.

Aber wir haben bisher nur die eine Seite der Entwicklung von Stadtwerken dargestellt. Ihre andere Seite hängt mit ihrer Bürgernähe zusammen: Wo die Bürger *ihre* Stadtwerke unterstützten und sich die Stadtwerke als Unternehmen mit anspruchsvollem »öffentlichen Auftrag« verstanden, haben sie wesentlich zur Finanzierung kommunaler Aufgaben beigetragen, erfolgreiche Kämpfe um ihre Unabhängigkeit (z.B. gegen die Umarmungsversuche der Verbund-Goliathe) geführt und in jüngerer Zeit eine erstaunliche Innovationsfähigkeit entwickelt.

Während die Großen der Branche ihre Gewinne in die Verstärkung ihrer marktbeherrschenden Stellung, in die Energieexpansion und neue privatwirtschaftliche Geschäftsfelder investieren konnten, haben Stadtwerke stets einen wesentlichen Teil notwendiger kommunaler Infrastruktur mitfinanziert. Die Konzessionsabgabe, ein formell seit 1941 (Verabschiedung der Konzessionsabgaben-Anordnung) bis heute erhobener Aufschlag auf die Strom- und Gaspreise, betrug im Jahr 1995 z.B. 6 Milliarden DM und ist – mangels ausreichender kommunaler Finanzautonomie – als ungebundene Finanzierungsquelle für den Kommunalhaushalt unverzichtbar.

Wegen der fehlenden bundesstaatlichen Finanzierungsregelung hat darüber hinaus der Ausgleich der Verluste des ÖPNV durch die Energiegewinne in kommunalen Holdingunternehmen den Erhalt und teilweise auch den Ausbau von Straßenbahnen und Bussen erst ermöglicht. Zukünftig erscheint allerdings aus ökologischen Gründen eine Entkoppelung der Kommunalfinanzen vom Energieverkauf und eine selbständige Finanzierung des ÖPNV aus Energiespargründen dringend notwendig.

Nach den Ölpreiskrisen der siebziger Jahre waren Stadtwerke in der Bundesrepublik die ersten, die die Zeichen der Zeit verstanden und von denen entscheidende Impulse für eine neue Energiepolitik ausgegangen sind. Stadtwerke wie zum Beispiel Saarbrücken, Flensburg, Heidenheim, Rottweil, Mannheim, Tübingen, Lemgo, Herten, Soest, Bremen, Hannover, Kassel und Freiburg haben der Nah- und Fernwärme, der Kraft-Wärme-Kopplung und dem Wandel zum Energiedienstleistungsunternehmen den Weg bereitet.

Viele Stadtwerke haben eine lange bürgerschaftliche Tradition. Sie bestehen schon seit vielen Jahrzehnten und länger als viele private Unternehmen vor Ort. Diese Stadtwerke haben daher eine bewegte Geschichte. Sie haben politischen Stürmen getrotzt, zum Beispiel dem Versuch der »Entkommunalisierung« und »Flurbereinigung« zugunsten einer reinen Großraumverbundwirtschaft im Faschismus. In der ehemaligen DDR waren Stadtwerke abgeschafft worden, haben sich aber nach der Vereinigung gegen teilweise rüde Behinderung durch die großen Verbundkonzerne erneut gegründet. 110 Stadtwerke sind inzwischen in den neuen Bundesländern seit 1990 im Strombereich wieder entstanden. Die Neugründungen erfolgten gegen den handstreichartigen Versuch, per Stromvertrag das Staatsmonopol der DDR durch das Privatmonopol von RWE, PreußenElektra und Bayernwerk zu ersetzen. Bei den erfolgreichen Neugründungen gegen dieses Privatmonopol spielte auch die Unterstützung durch westdeutsche Stadtwerke (z.B. Mannheim, Kassel, Hannover) und des Verbandes kommunaler Unternehmen (VKU) bzw. der ASEW (Arbeitsgemeinschaft kommunaler Versorgungsunternehmen zur Förderung rationeller, sparsamer und umweltschonender Energieverwendung und rationeller Wasserverwendung im VKU) eine wesentliche Rolle. Schon deshalb wäre es unangebracht, nur die andere Seite mancher Stadtwerke, ihre relative unternehmerische Unbeweglichkeit, zu betonen.

Es ist wichtig, einerseits dem Schlagwort EDU einen konkreten Inhalt zu geben und andererseits zu verstehen, daß dieser Wandel im Grunde erst jetzt richtig eingesetzt hat und noch lange Zeit nicht abgeschlossen sein wird. Im Gegenteil: Derzeit droht die Gefahr, daß das von der Bundesregierung favorisierte scheinbare Wettbewerbs-, aber de facto Konzentrationskonzept diesen Wandel zum EDU stark behindern könnte.

Die Diskussion über Deregulierung hat einen gefährlichen Mangel: Sie wird als reine Expertendiskussion geführt, und ihre Konsequenzen werden von der kritischen Öffentlichkeit sowie selbst von den zuständigen Energiepolitikern kaum noch durchschaut. Im Ergebnis wird sie jedoch die Erreichbarkeit der notwendigen Klimaschutzziele entscheidend mitprägen.

Vor allem muß der Wandel gewürdigt werden, der bei den Stadtwerken etwa seit den Energiepreiskrisen der siebziger Jahre eingesetzt hat. Dieser Prozeß ist oft als Wandel vom Energieversorgungsunternehmen (EVU) zum Energiedienstleistungsunternehmen (EDU) bezeichnet worden.

Unstrittig ist jedoch, daß alle Energieunternehmen auf der Kommunal-, Regional- und Verbundebene in den nächsten Jahrzehnten einem dramatischen Wandel unterworfen sein werden. Auf der kommunalen und regionalen Ebene der Stadtwerke wird sich jedoch entscheiden, ob die notwendige Wende zu einer mehr dezentralisierten Energiespar- und Solarenergiewirtschaft tatsächlich gelingt. Insbesondere kann heute noch nicht sicher prognostiziert werden, ob die Stadtwerke aus dem sich entwickelnden Wettbewerb im Energiesektor als Gewinner hervorgehen oder zumindest ihren Besitzstand wahren können oder ob sie als die Verlierer eines von einer fahrlässigen Energiepolitik forcierten Konzentrationsprozesses zurückgedrängt werden. Dies hängt ab von dem vom Staat verfolgten ordnungspolitischen Konzept und seiner Unterordnung unter öffentliche Leitziele wie z.B. Klima- und Ressourcenschutz. Daher kann dieses Buch über das »Einsparkraftwerk« auch auf die kritische Darstellung der Neuordnungskonzepte zur leitungsgebundenen Energiewirtschaft nicht verzichten (vgl. Kapitel 5).

Sicher ist: Das »Stadtwerk der Zukunft« wird mit den behördenähnlichen Versorgungsbetrieben der Vergangenheit nichts mehr gemeinsam haben. Wer noch in den siebziger Jahren ein Stadtwerk betreten oder in ihm gearbeitet hat, wurde das eigentümliche Gefühl nicht los, daß hier zwar zuverlässig Wasser und Energie an »Zähler« und »Verbraucher« geliefert und abgerechnet wurden. Aber Kundenbedürfnisse kamen bei dieser vorwiegend technischen Versorgungstätigkeit nicht vor, sie wurden eher als störend empfunden.

Dies hat sich grundlegend geändert. Begriffe und Konzepte wie Energiedienstleistungsunternehmen und Kundenorientierung sind geradezu zu Leitideen einer neuen Geschäftspolitik geworden. Aber der Bruch mit dem alten Denken und den unflexiblen Organisationsstrukturen von Versorgungsbetrieben ist keineswegs konfliktfrei verlaufen und noch lange nicht abgeschlossen. Symptomatisch hierfür ist die Gründung und Entwicklung der ASEW.

Sie wurde im Jahr 1989 nahezu konspirativ von einem Dutzend ökologisch aufgeschlossener Stadtwerkemanager gegründet. Die etablierten Verbände, vor allem die Vereinigung Deutscher Elektrizitätswerke (VDEW), haben keine Mühe gescheut, die Gründung zu verhindern. Der Geschäftsführer der VDEW hat sich dabei persönlich gegen Gründungsmitglieder der ASEW engagiert.

Dr. Erich Deppe, der kaufmännische Direktor der Stadtwerke Hannover war von 1989 bis 1995 der ASEW-Leitausschuß-Vorsitzende. Heute ist die ASEW mit 210 Mitgliedern ein honoriger Verband unter dem Dach des VKU. Beide Verbände haben sich gerade auch auf dem Feld der Energie- und Wassereinsparung und der LCP-Aktivitäten viele Verdienste erworben. Aber der Elan der ersten Stunde droht auch hier in Verbandsroutine und an den fehlenden Rahmenbedingungen zu ersticken.

Neue Leitbilder für »Stadtwerke der Zukunft« tun daher not, und noch wichtiger ist, sie umzusetzen. Neue ökologische Leitbilder bleiben folgenlose Postulate, wenn sie ökonomisch nicht realisierbar sind. In den folgenden Kapiteln wird daher skizziert, unter welchen Rahmenbedingungen anspruchsvolle ökologische Ziele auch betriebswirtschaftlich realisierbar werden. Im Mittelpunkt steht dabei die »Integrierte Ressourcenplanung (IRP)« bzw. das »Least-Cost Planning (LCP)«.

»Least-Cost Planning« (LCP): Eine Strategie, bei der alle gewinnen können

Fragt man Mann oder Frau auf der Straße nach der Bedeutung von LCP, wird möglicherweise eine empörte Gegenfrage gestellt: »Sie meinen wohl LSD? Ich nehme keine Drogen!« Aber LCP ist kein Zauberwort und keine Droge, sondern es steht für »Least-Cost Planning« und ist angewandte Ökonomie des Vermeidens (vgl. auch Kapitel 6). Einfach ausgedrückt heißt dies: Solange das Sparen von Energie billiger ist als das Herstellen, sollte kein Pfennig mehr in zusätzliches Energieangebot, sondern nur noch in die rationellere Energienutzung investiert werden, denn davon würden alle profitieren: die Kunden, das EVU und nicht zuletzt die Umwelt. Selbst eine Broschüre der Elektrizitätswirtschaft charakterisiert LCP zutreffend mit einem Satz: »LCP ist eine Strategie, bei der Kunden und EVU gewinnen können« (Strombasiswissen, Nr. 117, Frankfurt/M. 1995).

Also ein kompliziertes Wort für eine einfache und unstrittige Sache? Ja und nein. Anspruchsvoll wird LCP dann, wenn LCP-Aktivitäten das Stadium der Öffentlichkeitsarbeit und von Pilotprogrammen verlassen und die »NEGAWatts« gleichberechtigt mit den »MEGAWatts« bei der strategischen Unternehmensplanung berücksichtigt werden: Denn erstens haben EVU bisher am Mehrverkauf von Energie verdient und sind – aus betriebswirtschaftlicher Sicht – nicht daran interessiert, sich »den eigenen Ast abzusägen«. Daß Gewinne auch mit NEGAWatts möglich sind, glaubt anfangs kein altgedienter »Stadtwerker«, diese mentale Revolution erfordert viel Zeit und vollständiges Umdenken. Zweitens bedeutet eine strategische NEGAWatt-

Akquisition gerade für versierte Energieverkäufer im Grunde vollständiges Neuland. Außer den Daten aus Rechnungen und Verträgen war bisher über die Determinanten des Energieverbrauchs des Kunden (z.B. Stand der Techniken, Verbrauchsstrukturen, Organisation, Verhalten) beim EVU fast nichts bekannt. Drittens bedeuteten die Hemmnisse auf dem Markt für Energiedienstleistungen bisher für traditionelle EVU – stillschweigend hochgeschätzte – Randbedingungen für ungestörten Energieverkauf. Ein EDU betätigt sich aber gerade in die entgegengesetzte Richtung: Es versucht strategisch Energiesparhemmnisse abzubauen, um hieraus einen geschäftlichen Vorteil durch Produktveredelung und NEGAWatt-Verkauf (siehe weiter unten) abzuleiten. Denn würden die Energieverbraucher von sich aus – im marktwirtschaftlichen Selbstlauf – in die für sie zumeist vorteilhaften Effizienztechnologien investieren, bräuchte man keine staatliche oder unternehmensbezogene Energiesparpolitik. Aber die Energieverbraucher tun es nicht, der Markt funktioniert nicht wie im Lehrbuch, und deshalb wird eine »volkswirtschaftliche Sparbüchse« von jährlich fast 100 Mrd. DM nicht »geknackt«. Um 100 Mrd. DM könnte nämlich theoretisch – nach Überwindung aller Markthemmnisse – die volkswirtschaftliche Energiekostenrechnung durch die Umsetzung des vorhandenen Energiesparpotentials in allen Sektoren gesenkt werden. Nach Abzug der abgebauten Arbeitsplätze im Energiesektor könnten dadurch etwa 500 000 zusätzliche Arbeitsplätze geschaffen werden (siehe Abb. 13).

Da also »der Markt« die volkswirtschaftlich vorteilhaften Einsparpotentiale nicht automatisch erschließt, wird LCP als Teil einer Strategie zur Förderung der rationelleren Energienutzung in allen Sektoren gebraucht. Also schauen wir uns diese »Droge« etwas genauer an.

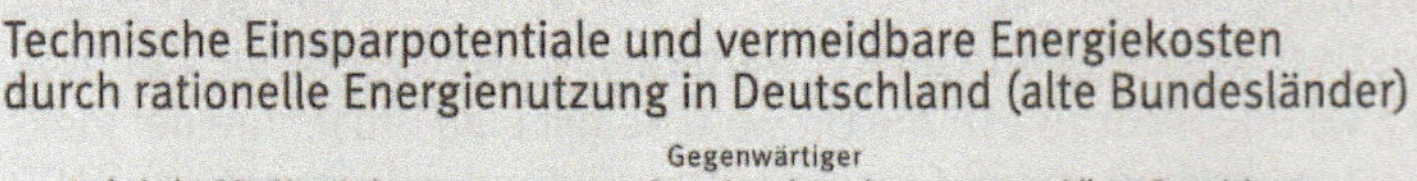

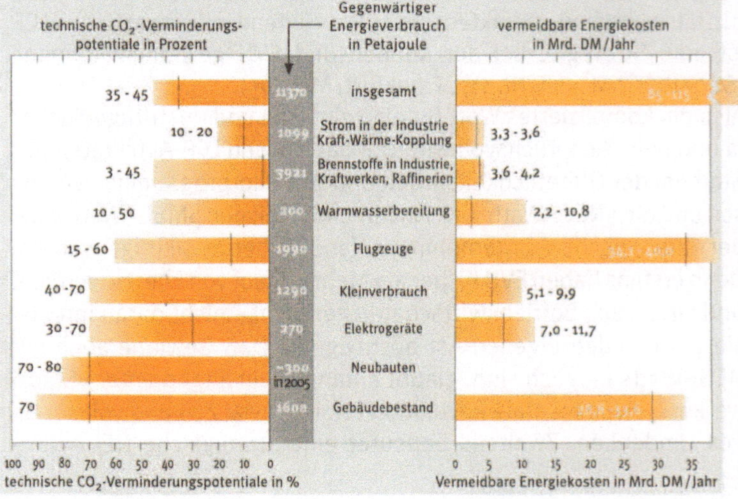

Abb. 13:
Technisches Energiesparpotential in Deutschland:
• 45 % Primärenergie = 100 Mrd. DM Energiekosteneinsparung
Theoretisch wirtschaftliches Potential bei derzeitigen Preisen:
• Rund 30 % bei Strom und Wärme
Potentieller (Netto-) Arbeitsplatzeffekt:
• 3 000 Dauerarbeitsplätze pro eingesparte 1 Mio t SKE
• 500 000 Arbeitsplätze bei Realisierung des technischen Potentials. (Quelle: Enquete-Kommission 1990; eigene Berechnungen)

Preiswürdige Energiedienstleistungen statt billige Energie

Der englische Begriff »Least-Cost Planning« (LCP) hat sich auch in der deutschen Fachliteratur weitgehend durchgesetzt, weil mögliche Übersetzungen wie »Minimalkostenplanung« oder »Energiedienstleistungsplanung« die Bedeutung des Konzepts nur unzureichend wiedergeben. Unter »Demand Side Management« (DSM) wird zumeist eine mehr auf die Anwendung in Unternehmen bezogene Version von LCP verstanden, bei der auch konventionelle (z.B. Lastverlagerung) oder ökologisch zweifelhafte Strategien (z.B. »Auffüllen von Lasttälern« durch elektrische Heizung) eine Rolle spielen können.

Im folgenden wird LCP gleichbedeutend mit »Integrierter Ressourcenplanung« (IRP: »Integrated Resource Planning«) benutzt, weil hierin der Grundgedanke am deutlichsten zum Ausdruck kommt: Neben Angebotsressourcen wie z.B. neuen Kraftwerken sollen von einem Energieversorgungsunternehmen auch Einsparpotentiale auf der Nachfrageseite in einem integrierten Planungsprozeß systematisch und gleichberechtigt einbezogen werden. Ziel dieses umfassenderen Abwägungsprozesses ist, die volkswirtschaftlich und aus Kundenperspektive kostengünstigste Mischung von Ressourcen (Angebots- und Einsparoptionen, siehe weiter unten) bei der Bereitstellung von Energiedienstleistungen zum Einsatz zu bringen.

In der EU und in der Bundesrepublik ist längst nicht mehr strittig, daß LCP auf die besonderen europäischen Verhältnisse und Versorgungsstrukturen übertragbar ist. Die Ende der achtziger Jahre noch heftig geführte Diskussion über die Übertragbarkeit von LCP/IRP auf die Bundesrepublik kann daher als abgeschlossen gelten. Durch das Deregulierungs-Roll-Back in den USA hat diese Diskussion eher eine pikante Umkehr erfahren: Diejenigen Verbandsfunktionäre, die schon immer gegen LCP waren, benutzen die USA heute mit Vorliebe »als Beweis« für die Ineffizienz und Unbrauchbarkeit von LCP, während sie in den Jahren des Aufschwungs von LCP einen Vergleich mit den USA entrüstet abgelehnt haben.
Über die wirtschaftstheoretische Fundierung von LCP besteht weitgehende Einigkeit, wenn auch über die Ursachen bestehender Effizienzmängel in der leitungsgebundenen Energiewirtschaft – mehr Staatsversagen oder mehr Marktversagen? – noch kontroverse Meinungen existieren; hieraus folgen auch unterschiedliche Bewertungen der Rolle des Staates bei der Anwendung und Umsetzung von LCP/IRP (vgl. Kapitel 4 und 5 und das Interview im Anhang).

Die folgende allgemeine Definition von LCP wird derzeit von den meisten Experten akzeptiert:

Least-Cost Planning ist in etwa der Hälfte der Bundesstaaten der USA und in Kanada eine seit Jahren bereits erfolgreich praktizierte Methode der Unternehmensplanung und der staatlichen Regulierung. Allerdings bleibt abzuwarten, was die Deregulierungswelle an dauerhaften Rückschlägen auslösen wird.

Wenn der Bau von Einsparkraftwerken zum selbstverständlichen und integralen Bestandteil der Kraftwerksplanung werden soll, müssen flankierende staatliche Rahmenbedingungen geschaffen werden, damit NEGAWatts auch betriebswirtschaftlich machbar und attraktiv werden, wenn sie im Kunden- und Umweltinteresse vorteilhaft sind. EDU sollten dadurch einen Anreiz bekommen, verstärkt in die NEGAWatt-Akquisition zu investieren. Andererseits sollten die Kosten von zu teuren Kraftwerken und von Überkapazitäten nicht mehr automatisch an die Kunden weitergegeben werden dürfen.

Definition von LCP
Unter LCP wird ein regulatorisches und planerisches Konzept für die leitungsgebundene Energiewirtschaft (insbesondere Elektrizitätswirtschaft) verstanden, das die EVU verpflichtet, vor einer Ausweitung ihres Angebots beim Energiekunden alle Maßnahmen der Energieeinsparung zu realisieren, deren Kosten unter den Kosten der Bereitstellung von Energie liegen. Das Konzept beabsichtigt nicht, die Kosten der Endenergiebereitstellung, sondern jene der eigentlich nachgefragten Energiedienstleistung zu minimieren. Hierbei sind auch die sogenannten »externen« Kosten zu berücksichtigen. Das EVU realisiert die Einsparpotentiale, indem es seinen Kunden Energiesparprogramme anbietet, insbesondere Zuschüsse zu energiesparenden Investitionen. Damit wandelt sich das EVU zum EDU.

Die Grundidee von LCP basiert also auf der konsequenten Anwendung des Begriffs »Energiedienstleistung« (EDL) und der damit verbundenen Ausweitung des Handlungsfeldes (»level playing field«) von EDU und staatlicher Aufsicht auch auf die rationelle Nutzung von Energie: Niemand konsumiert Energie um ihrer selbst willen. Energie ist nur Mittel zum Zweck. So gesehen ist Energie nur *Zwischenprodukt,* mit dessen Hilfe die jeweiligen Energiedienstleistungen – also die eigentlichen Endprodukte (Nutzeffekte) – »hergestellt« werden. Dieser auf den Nutzeffekt der Energieumwandlung und die simultane Optimierung des Energie- und Kapitaleinsatzes zielende Begriff von Energiedienstleistung unterscheidet sich von populären Konzepten, wo unter Energiedienstleistungen nur ein erweiterter Service oder zusätzliche Dienstleistungen von EVU (z.B. Beratung) verstanden werden.

Energiedienstleistungen ergeben sich nach der hier verwendeten Definition in der Regel aus einem »Paket«, d.h. aus der Zuführung von Energie (Arbeit und Leistung) und einer Umwandlungstechnologie (Wandlerleistung), durch deren simultane Nutzung und Optimierung erst der angestrebte Nutzeffekt entsteht.

Bei dieser Sichtweise ändert sich das wirtschaftliche Leitziel auf allen Ebenen des leitungsgebundenen Energiesystems grundsätzlich: Nicht Energie, sondern Energiedienstleistungen müssen »so billig wie möglich« (so die Formel aus der Präambel des EnWG) erstellt werden. Dieses Postulat bedeutet einen Paradigmenwechsel für die staatliche Energiepolitik und die betriebliche Unternehmensplanung mit erheblichen praktischen Konsequenzen auch für die Organisationsformen von Märkten und die zu vermarktenden neuen Produkte. Die Kernfrage lautet dabei: Wie können EDL trotz der heute noch vorherrschenden »Kilowatt-Märkte« effizient bereitgestellt werden?

Stufenweise Bereitstellung von Energiedienstleistungen (EDL)

Technische Umwandlung	Primärenergie (z.B. Kohle)	→ Endenergie (Strom)	→ Nutzenergie (Kälte)	**EDL** (gekühlter → Raum)
Wandlerleistung		Kraftwerk	Klimaanlage	Gebäudehülle
Märkte				
- Produkte	Energieträger	»Pakete«: Energie/Wandlerleistung		
- Optimierung	Preis pro kWh	Gesamtkosten pro EDL		
Anbieter				
- bisher	EVU	Handwerk	Baufirmen	
- zukünftig	EDU	EDU / Handwerk / Baufirmen / Energieagenturen (Geschäft hinter dem Zähler)		

Abb. 14:
»Vom Kilowatt-Markt« zum
Markt für Energiedienstleistungen

Welche Akteure können und sollen hieran beteiligt werden, und welche Rolle könnten die EVU/EDU dabei spielen? Die denkbare Bandbreite der EVU-Aktivitäten kann von der traditionellen Anbieterrolle bis hin zum Generalübernehmer reichen, also der simultanen Optimierung von Zuführung und Einsparung von Energie. Dazwischen liegt eine ganz Palette von Marketingstrategien, die ein EVU allein und/oder in Kooperation mit anderen zur Erschließung des »Geschäfts hinter dem Zähler« betreiben kann.

Die Abb. 14 zeigt in vereinfachter Form, wie ein EVU in Kooperation und/oder im Wettbewerb mit den bisherigen Anbietern (Handwerk, Bauindustrie, Ingenieurbüros etc.) in dieses zur Kostenoptimierung von EDL zweckmäßige »Geschäft hinter dem Zähler« einsteigen kann.

EDU werden in der Regel als »Marktöffner« für die neuen »Energiespar«-Märkte fungieren, im Rahmen ihrer Langfristplanung (auf der Grundlage von LCP) eine Koordinierungsfunktion einnehmen und/oder ihre neuen Aktivitäten »hinter dem Zähler« in Kooperation mit den betroffenen Branchen und teilweise auch im Wettbewerb mit ihnen aufbauen.

Exkurs: Etwas Wirtschaftstheorie und ihre energiepolitischen Konsequenzen

Die Bereitstellung von EDL kann im Rahmen der herrschenden neoklassischen Wirtschaftstheorie als *zweistufiger Prozeß* analysiert werden:

Auf der *ersten Stufe* (Endenergiestufe) bieten die EVU z.B. Strom an; erstaunlicherweise werden die wettbewerbstheoretischen Analysen noch in der Regel auf diese Stufe beschränkt. Dies ist jedoch eine begrenzte Perspektive, die in energie- und ordnungspolitischer Hinsicht darauf hinausläuft, nur die Endenergie pro Kilowattstunde »so billig wie möglich« bereitzustellen. Für ein marktwirtschaftliches Optimum – d.h. für eine effiziente Allokation von Endenergie *und* Kapital/Wandlerleistung – ist jedoch die Optimierung des Teilmarkts für Endenergie nur notwendige, aber keinesfalls hinreichende Bedingung.

Die Endenergie wird nämlich auf einer *zweiten Stufe* (Energienutzung) beim Endverbraucher unter dem Einsatz von Wandlerleistungen (Kapital, Know-how, Verhalten) in Energiedienstleistungen überführt. Offensichtlich existieren hier wechselseitig abhängige Märkte, weil die Nachfrage nach Endenergie maßgeblich auch von der Effektivität der Wandlerleistung und von deren Kosten wie auch umgekehrt der Kauf von Wandlergeräten vom Preis für Endenergie abhängt. Erst die simultane Optimierung über diese interdependenten Märkte und über beide Marktstufen führt zu einem marktwirtschaftlichen Optimum.

Hat ein idealtypischer Investor die Wahl zwischen dem Kauf von Energie oder der Einsparung durch Effizienztechniken, wird er für ein effizienteres Gerät höchstens Mehrkosten (Grenzkosten der Einsparung) in Höhe des Energiepreises aufwenden. Auch der Energieerzeuger kann auf dem Markt nur bestehen, wenn er Energie nicht mit mehr Zusatzkosten (Grenzkosten der Erzeugung) als dem herrschenden Energiepreis anbietet. Die allgemeine Bedingung für einen effizienten Kapitaleinsatz auf beiden Stufen der Energieumwandlung, für die Bereitstellung von Endenergie und von Energiedienstleistungen lautet daher:

> *Grenzkosten der Einsparung = Energiepreis = Grenzkosten der Erzeugung*

Diese elementare Grundgleichung für LCP besagt auch, daß ein volkswirtschaftliches Kostenoptimum erst dann besteht, wenn *die Gesamtkosten aus Energiebereitstellung und den Aufwendungen für das Energiesparen ein Minimum erreicht haben*. Hieraus ergeben sich einige wichtige energie- und unternehmenspolitische Konsequenzen:

1. Eine effiziente Form der Endenergiebereitstellung ist *nur notwendige, aber keineswegs hinreichende* Bedingung für eine effiziente Bereitstellung von EDL. Eine nur »möglichst billige« Stromerzeugung, wie sie durch die Präambel des Energiewirtschaftsgesetzes der staatlichen Energieaufsicht und auch der kartellrechtlichen Mißbrauchsaufsicht als Entscheidungskriterium vorgegeben wird, führt solange zu einer Fehlallokation von Kapital und zum Aufbau ineffizienter Überkapazitäten, solange es unerschlossene billigere Stromeinsparmöglichkeiten gibt.

2. Solange die Grenzkosten der Energieeinsparung geringer sind als die Grenzkosten der Energieerzeugung, senken Investitionen in Energiesparpotentiale die Gesamtkosten (aus Energieeinsparung und Energiezuführung) für den Verbraucher. In Hinblick auf die Minimierung der Energierechnung für den Verbraucher, für eine

Region oder für eine ganze Volkswirtschaft ist es demnach wirtschaftlicher, in rationellere Energietechniken zu investieren, solange deren Grenzkosten geringer sind als der Preis für Energie.

3. Aus betriebswirtschaftlicher Perspektive besteht jedoch unter den derzeitigen regulativen Rahmenbedingungen für EVU kein ökonomischer Anreiz, zur Erschließung kosteneffektiver Einsparpotentiale beizutragen. Im Gegenteil besteht ein inhärenter Anreiz für Mehrverkauf: Je mehr Strom ein EVU zu den von der staatlichen Preisaufsicht genehmigten Tarifen an seine Tarifkunden absetzt, um so mehr steigt sein Gewinn. Die Umsetzung von LCP-Programmen bedeutet für ein EVU andererseits zusätzliche Kosten und – gegenüber dem Trend – sinkende Erlöse, ohne daß dies im Regelfall durch entsprechende vermiedene Kosten auf der Strombeschaffungsseite kompensiert werden könnte. Hier besteht ein klima- und energiepolitisch verhängnisvoller Widerspruch zwischen der markt- und volkswirtschaftlich vorteilhaften Realisierung kosteneffektiver Einsparpotentiale und einem kontraproduktiven betriebswirtschaftlichen Substanzverzehr für ein LCP-praktizierendes EVU. Die Lösung liegt in neuen regulativen Rahmenbedingungen, die dem EVU – analog zur Umlagefinanzierung von Kraftwerksinvestitionen – die Weitergabe der Kosten von kosteneffektiven Einsparprogrammen sowie dadurch entstehender ungedeckter Fixkosten an die Kunden gestattet.

4. Für die staatliche Energieaufsicht folgt hieraus: Solange die Grenzkosten der Energieeinsparung geringer sind als die Grenzkosten der Energiebereitstellung, sollten EVU ökonomisch motiviert und ordnungsrechtlich dazu veranlaßt werden, diese Einsparpotentiale systematisch zu erschließen und die dadurch anfallenden Kosten an die Kunden weiterzugeben, statt neue und teuerere Kraftwerke zu bauen; hierdurch wird die Energierechnung für alle Kunden gesenkt und somit auch die Wettbewerbsposition gewerblicher Energieverbraucher verbessert. Dieser Grundsatz gilt auch dann, wenn die Preise steigen, denn wie oben gezeigt gilt: Nicht die Minimierung der Preise pro Kilowattstunde Endenergie, sondern die Minimierung der Gesamtkosten aus Energiezuführung und Energieeinsparung ist das entscheidende Effizienzkriterium für ein Gesamtoptimum zwischen Endenergie und rationellerer Energienutzung (Kapitaleinsatz für Wandlerleistung).

5. Solange *alle* EDU im Qualitätswettbewerb miteinander stehen, systematische Energieveredelung betreiben und LCP-Energiesparprogramme durchführen, werden keine Wettbewerbsverzerrungen auftreten. Die spezifischen Preise pro Kilowattstunde verlieren als Vergleichsparameter für die *Gesamtleistung* eines

Notwendig ist also eine Umkehr der Anreizstruktur: Das Einsparen von Energie (und damit die Vermeidung von Schadstoffen) muß sich für Kunden und Energieanbieter mindestens so lohnen wie ein zusätzliches Energieangebot (vgl. Kap. 3).

EDU – Energiebereitstellung und Beitrag zum Umweltschutz – an Aussagekraft. Für alle LCPpraktizierenden EDU wird vielmehr gelten, daß in ihren höheren Preisen besondere Einspar- und Umweltschutzaktivitäten zum Ausdruck kommen und dennoch die Kunden in diesem Versorgungsgebiet wegen der systematisch vom EDU geförderten Energieeinsparung geringere Rechnungen zu zahlen haben als bei Billiganbietern ohne Einsparaktivitäten (vgl. hierzu auch Kapitel 3).

Jede erzeugte und »verbrauchte« Kilowattstunde Strom und die damit verbundenen Emissionen verursachen nach Schätzungen von Olav Hohmeyer (1991) volkswirtschaftliche Schäden an Menschen, Natur und Sachwerten von mindestens 4,6 Pfennig/Kilowattstunde, die in die betriebliche Kostenrechnung bisher nicht einbezogen sind.

Das wirtschaftstheoretische Prinzip des LCP läßt sich graphisch dadurch veranschaulichen, daß die Kostenkurven der Energieerzeugung bzw. von Einsparinvestitionen (bezogen auf ein bestimmtes Niveau an EDL) in ein Schaubild eingetragen werden und aus beiden die Summenkurve (die Gesamtkostenkurve) gebildet wird (Abb. 15). Zielpunkt eines LCP-Prozesses muß es sein, denjenigen Energieeinsatz anzustreben, bei dem die Gesamtkostenkurve ihr Minimum (»die Minimalkostenkombination« aus Energiezuführung und -einsparung) erreicht. Dies ist dort der Fall, wo die Grenzkosten der Erzeugung und Einsparung (also die Steigungen der beiden Funktionen dem Betrag nach) gleich sind.

Die Abbildung zeigt weiterhin, daß dieses Minimum bei einem geringeren Energieverbrauch liegt, wenn in die Kostenkurve der Erzeugung ein Teil der sogenannten externen Kosten einkalkuliert wird. Wenngleich solche Schätzungen mit großen Unsicherheiten verbunden und in der Größe umstritten sind, ist klar: Die Strom-Preise liefern – auch bei sehr vorsichtiger – Einbeziehung der sogenannten externen Kosten in die betriebliche Kostenrechnung in jedem Fall bessere Entscheidungsgrundlagen als ohne.

Abb. 15:
Das Prinzip des Least-Cost Planning. (Quelle: Stadtwerke Hannover 1995)

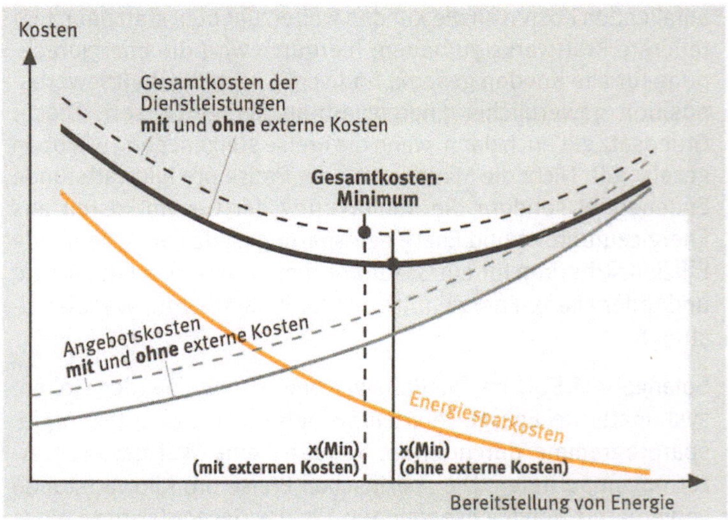

Die wirtschaftstheoretische Logik des LCP-Konzepts kann mit den folgenden zwei Leitgedanken zusammengefaßt werden:

»Direkte Internalisierung der Schadensvermeidungskosten«
Jede eingesparte Kilowattstunde trägt dazu bei, Emissionen aus der Verbrennung fossiler Energieträger und dadurch bedingte Schäden oder Risiken atomarer Stromerzeugung zu vermeiden. Es ist daher verursachungsgerecht und verstärkt die Wirkung einer Energiesteuer, wenn im Elektrizitätssektor und bei den Hauptakteuren (EVU) die Schadensvermeidung von Anfang an dadurch praktiziert wird, daß die strategische Erschließung von kosteneffektiven Einsparpotentialen durch LCP-Programme Vorrang vor dem Neu- oder Ersatzbau von Kraftwerken erhält. Ziel ist dabei, daß das EVU durch LCP-Programme gegenüber dem Trendsparen zusätzliche, aber »gehemmte wirtschaftliche« (E. Jochem) Stromsparpotentiale erschließt. Werden die Umsetzungskosten für den Bau kosteneffektiver »Einsparkraftwerke« in die Strompreise einkalkuliert, ohne das Niveau der erwünschten Energiedienstleistungen zu senken, findet eine sektorspezifische Internalisierung der Schadensvermeidungskosten statt. Pro eingesparter Kilowattstunde können die Emissionen und die auf die Volkswirtschaft abgewälzten sogenannten »externen« Schäden der sonst notwendigen Stromerzeugung vermieden werden. In volks- und marktwirtschaftlicher Hinsicht ist es sinnvoll, die »externen« Kosten der Stromerzeugung im Rahmen von strategischen Einsparprogrammen direkt durch den Sektor/die Verbrauchergruppen vermeiden und finanzieren zu lassen, die sie verursachen.

»Den Wettbewerb planen«
Wenn der *Substitutionswettbewerb zwischen Energie und Kapital* (effizienterer Wandlerleistung) nicht funktionsfähig ist, muß durch einen innovativen energiepolitischen Rahmen die Funktionsfähigkeit hergestellt und intensiviert werden. Das LCP-Instrumentarium kann flexibel zum Abbau technologie- und zielgruppenspezifischer Hemmnisse von Einsparpotentialen (z.B. unterschiedliche subjektive Verzinsungsansprüche; besondere Know-how- und Liquiditätsdefizite bei kleinen und mittleren Unternehmen; Finanzierungsprobleme im öffentlichen Bereich wegen der Trennung von Vermögens- und Verwaltungshaushalt) eingesetzt werden. Die »Integrierte Ressourcenplanung« dient dabei als ein *marktförmigen Prozessen vergleichbares Entdeckungsverfahren,* in dem kosteneffektive Einsparpotentiale gleichberechtigt als Ressource neben der Ausweitung des Energieangebots berücksichtigt werden. Entschließt sich ein EVU statt neuer Kraftwerke (oder statt mehr Bezug) durch die strategische Förderung von Stromsparaktivitäten bei seinen Kunden »Einsparkraftwerke« zu bauen, kommt es entscheidend darauf an, daß diese »NEGAWatt« nach Arbeit und Leistung mit vergleichbarer Verläßlichkeit verfügbar

Eine LCP-förmige *Umlage- und Anreizfinanzierung* im Strombereich ist demnach eine zielgruppenspezifische und verursachungsorientierte Ergänzung und Verstärkung für eine allgemeine Energiesteuer. Die Schadensvermeidungskosten werden in dem Umfang internalisiert, wie die Gesamtkosten des EVU zur Umsetzung von LCP-Programmen in die Strompreise einkalkuliert und – analog zu den Kosten von neuen Kraftwerken – an alle Verbraucher weitergegeben werden.

Gelingt eine zumindest partielle Umkehr der Anreizstruktur nicht (»Stromsparen muß sich auch für EVU/EDU mindestens so lohnen wie Stromverkauf«) und verstehen sich EVU/EDU nicht auch als Protagonisten von Energiesparkonzepten, dann können die autonomen Einsparaktivitäten der Verbraucher durch kontraproduktives Marketing und Verkaufsförderung der EVU negativ beeinflußt werden.

Daß Märkte erst durch gezielten Abbau von Hemmnissen funktionsfähig gemacht werden müssen (im Sinne von »Den Wettbewerb planen«), grenzt für tief Marktgläubige an Ketzerei. Beschäftigen wir uns also kurz mit der Ketzerei und der noch provozierenderen Frage, warum die marktwirtschaftlichen, über den Preis steuernden Instrumente ohne den Abbau von Hemmnissen sogar wirtschaftsunverträglich werden können.

gemacht werden können wie neue Kraftwerkskapazitäten. Erfahrungen aus den USA und aus den Pilotprogrammen in der Bundesrepublik zeigen, daß hierbei neben Prämienprogrammen auch Contracting (im Großkundenbereich) eine wesentliche Rolle spielen kann.

Den EVU/EDU wird zur beschleunigten Erschließung von Stromsparpotentialen und zur Intensivierung des Substitutionswettbewerbs vor allem aus drei Gründen eine *vorwärtstreibende Rolle* zugeordnet:

- EVU verfügen in hohem Maße über die Kapital- und Personalausstattung, über die Liquidität, die Kundennähe und könnten sich die technische Kompetenz zur strategischen Erschließung von Stromsparpotentialen aneignen;
- die Umlagefinanzierung durch ein Tarifsystem kann zur beschleunigten und flächendeckenden Markteinführung von Stromspartechniken genutzt werden;
- die Implementierung solcher Programme kann vergleichsweise effizient und mit akzeptablen Mitnehmereffekten erfolgen.

Hemmnisse:
Der Markt muß erst funktionsfähig gemacht werden

Würde der Markt wie im Lehrbuch funktionieren, wäre LCP unnötig – wie übrigens auch die meisten anderen Instrumente der Umwelt- und Energiepolitik. Auch das Energieangebot von EVU/EDU wäre mengenmäßg erheblich kleiner und würde durch vielfältige neue Geschäftsaktivitäten und Dienstleistungen ergänzt.

Die Liste der Hemmnisse und möglichen Ursachen für Marktversagen (wie auch für Staatsversagen) wird jedoch täglich länger und ist gut erforscht – nur Konsequenzen werden nicht daraus gezogen. Ein ideologischer Grund für diese Untätigkeit begegnet uns immer wieder. Er lautet schlicht: »Weil nicht sein kann, was nicht sein darf.« Märkte und Wettbewerb funktionieren im Regelfall, so die Behauptung der herrschenden Wirtschaftstheorie, es sei denn, der Staat interveniere zuviel. Sollte ausnahmsweise der Markt versagen (zum Beispiel beim Auftreten von sogenannten »externen Kosten«; vgl. Kapitel 5) könne dieses Problem über eine Steuer oder andere über den Preis steuernde Maßnahmen und durch »Internalisierung« der »externen Kosten« in die betriebliche Kostenrechnung bereinigt werden. Pech für die Realität, daß sie anders funktioniert als im Lehrbuch, könnte man sarkastisch formulieren.

Wirtschaftliche, aber gehemmte Potentiale
Ein entscheidender Grund, warum LCP gerade bei vielen wirtschaftsliberalen Energiepolitikern auf Zurückhaltung stößt, liegt darin, daß

die Existenz »gehemmter, eigentlich wirtschaftlicher« Energiesparpotentiale für unmöglich gehalten wird. Die durch konkrete ingenieur-
und wirtschaftswissenschaftliche Studien über Potentiale und Kosten
von Effizienztechniken immer wieder bestätigte Erkenntnis, daß
große wirtschaftliche Einsparpotentiale gegenwärtig brachliegen,
stößt schlicht auf Unglauben. Diese Skepsis hat ihre mentale Ursache
vor allem darin, daß »gehemmte, eigentlich wirtschaftliche« Potentiale als Widerspruch oder grundsätzliche Infragestellung von marktwirtschaftlichen Steuerungsmechanismen (miß-) verstanden werden.
Zwar wird die Existenz umfassender *technischer* Einsparpotentiale
heute – im Unterschied zu noch vor einigen Jahren – nicht mehr
bestritten. Was der Markt an Energiesparpotentialen nicht realisiert,
kann jedoch – so ein weit verbreitetes Vorurteil von orthodoxen
Marktprotagonisten – nicht wirtschaftlich sein. Wenn also gegenwärtig vor allem Energiesparpotentiale existieren, die unwirtschaftlich
sind, so ein typischer Fehlschluß, bestehe auch kein Bedarf für das
LCP-Instrumentarium.

Ganz im Gegensatz hierzu begründen jedoch zahlreiche Hemmnis-
analysen schlüssig, warum »eigentlich wirtschaftliche, aber
gehemmte Potentiale« in großem Umfange auftreten und wie durch
einen kombinierten Einsatz verschiedener ökonomischer und politischer Instrumente und insbesondere durch LCP/IRP der bisher erheblich eingeschränkte Substitutionswettbewerb zwischen Energie und
Kapital (Techniken rationellerer Energienutzung) erst funktionsfähig
gemacht werden kann. Im Mittelpunkt steht die Erklärung der unterschiedlichen subjektiven Verzinsungsansprüche (»Pay-back gap«;
siehe unten) sowie von marktstrukturellen Hemmnissen (z.B.
»Gespaltener Markt«, »Asymmetrische Marktmacht«, »Investor/Nut-
zer-Dilemma«; siehe nächsten Abschnitt), die – ohne staatliche
Gegensteuerung – zur systematischen Benachteiligung von Energiesparinvestitionen führen. Hieraus ergibt sich auch die entscheidende
Begründung dafür, warum LCP im Kontext eines umfassenden Policy-
und Instrumentenmix für eine entschiedene Energiesparpolitik unverzichtbar ist und eine Energiesteuer allein nicht ausreicht.
Beginnen wir also mit der sogenannten »Pay-back gap«:
Wesentlich für das Verständnis vieler energiepolitischer Grundsatz-
kontroversen ist eine empirisch gut belegte, aber in der energiepolitischen Diskussion immer wieder vernachlässigte Tatsache: Im
Gegensatz zu einer Basisannahme der Wirtschaftstheorie kommt es
gerade im Energiesystem in der Regel nicht zu einem Ausgleich von
Profitraten bei Investitionen auf der Angebots- bzw. Nutzerseite. Die
Erwartungen der anbietenden Unternehmen im Energiesektor an die
Höhe der Ertragsrate sind weitaus geringer und die Amortisationszeiten, mit denen sie kalkulieren, weitaus länger als die eines Nutzers,
der in Einsparungen investiert. Diese Tatsache wird als »subjektive
Disparität von Ertragserwartungen« oder auch als Unterschied der

»impliziten Diskontraten« bezeichnet. In der englischen Literatur hat sich der prägnante Begriff »pay-back gap« durchgesetzt.

Kraftwerksbetreiber operieren zum Beispiel mit langen Planungs- und Bauzeiten und mit Amortisationserwartungen von 15 bis 25 Jahren. Aus vielen empirischen Untersuchungen ergibt sich dagegen, daß die Industrie aufgrund der Risiken und Wettbewerbsbedingungen in ihrem Kerngeschäft auch Einsparinvestitionen mit den in der Industrie üblichen Amortisationszeiten zwischen 3 und 5 Jahren kalkuliert. Das Investitionsverhalten von Haushalten entspricht bei Haushaltsgeräten einer Amortisationszeit von einem Jahr oder weniger. Haushalte sowie Handwerks- und Kleinbetriebe sind ohne Anleitung häufig überhaupt nicht in der Lage, »Gestehungskosten« bzw. Amortisationszeiten von Maßnahmen rationellerer Energienutzung zu kalkulieren. Denn hierfür müßte ein *Gesamtkostenvergleich* (Anschaffungspreis plus Betriebs- und Wartungskosten plus Entsorgungskosten) vorgenommen werden, für den einem Durchschnittsinvestor sowohl die Methodik als auch die Daten in der Regel nicht zur Verfügung stehen. Bei Investitionen im öffentlichen Sektor ergeben sich schließlich aus haushaltsrechtlichen Gründen (Jährlichkeitsprinzip, Zuordnung zu unterschiedlichen Ressort- und Haushaltstiteln ohne gegenseitige Deckungsfähigkeit; bei Kommunen Trennung von Verwaltungs- und Vermögenshaushalt) zusätzliche Hemmnisse bei der Finanzierung auch sehr wirtschaftlicher Energiesparmaßnahmen.

Rechnet man die unterschiedlichen subjektiv erwarteten Amortisationszeiten (bei einer angenommenen technischen Lebensdauer von 15 Jahren) in die damit implizit geforderten Ertragserwartungen (»implizite Diskontraten«) um (vgl. Abb. 16), dann ergeben sich die folgenden Renditen:

- beim Kraftwerksbetreiber von etwa 9 Prozent
- bei der Industrie von 24–33 Prozent
- bei privaten und öffentlichen Haushalten von über 50 Prozent.

Abb. 16:
Wirkung unterschiedlicher Ertragserwartungen auf Investitionsentscheidungen.
Das Schaubild zeigt, daß bei einer geforderten Amortisationszeit von 4 Jahren und einer Nutzungsdauer von 7–15 Jahren sehr rentable Investitionen (interne Verzinsung zwischen 9 und 18,5 %) abgeschnitten werden.

Interne Verzinsung als Funktion von geforderter Amortisationszeit und Anlagennutzungsdauer

| geforderte Amortisationszeiten (Jahre) | Interne Verzinsung in % pro Jahr[1] | | | | | | | |
| | Anlagennutzungsdauer (Jahre) | | | | | | | |
	3	4	5	6	7	10	12	15
2	24 %	35 %	41 &	45 %	47 %	49 %	49,5 %	50 %
3	0 %	13 %	20 %	25 %	27 %	31 %	32 %	33 %
4		0 %	8 %	13 %	17 %	22 %	23 %	24 %
5			0 %	6 %	10 %	16 %	17 %	18,5 %
6				0 %	4 %	10,5 %	12,5 %	14,5 %
8						4,5 %	7 %	9 %

[1] unterstellt wird eine kontinuierliche Energieeinsparung über die gesamte Anlagennutzungsdauer

abgeschnittene rentable Investitionsmöglichkeiten

Abb. 17 verdeutlicht diesen Zusammenhang in einer etwas anderen Darstellung. Sie zeigt, daß bei einer subjektiven Amortisationserwartung eines Industrieunternehmens von drei Jahren und einer hierbei implizit erwarteten Verzinsung von 30 % beim herrschenden Energie-Leitpreis von P_0 nur etwas mehr als 3 % des bestehenden Energiesparpotentials ausgeschöpft wird. Würde dagegen mit einer üblicheren Verzinsung von 10 % (entsprechend einer Amortisationszeit von 6 Jahren) kalkuliert, dann könnten – ohne eine Erhöhung des Energie-Leitpreises P_0 – etwas mehr als 18 % des Einsparpotentials realisiert werden. Umgekehrt müßte der Leitpreis P_0 – z.B. durch eine Energiesteuer – mehr als verdoppelt werden, damit der Industrieinvestor bei 3 Jahren Amortisationserwartung das gleiche Einsparpotential realisieren würde. Das Schaubild verdeutlicht also, daß mehr Energieeinsparung entweder durch Erhöhung des Energiepreises oder durch Senkung der impliziten Diskontrate erreicht werden kann. Die Wirkung des letzteren Instruments ist, wie am Schaubild ablesbar, wesentlich größer als die einer Preiserhöhung.
Daraus ergeben sich einige fundamentale Schlußfolgerungen dafür, mit welchen Mitteln der Substitutionswettbewerb zwischen Energie und Kapital flächendeckend am effektivsten intensiviert werden kann. Grundsätzlich wird bereits hieraus erkennbar, daß ein LCP-Programm z.B. in der Industrie eine um so höhere Effizienz und Synergiewirkung entfalten kann, je mehr es dadurch gelingt, die implizite Diskontrate zu senken (Krause 1995).
Gelingt es, bei bisher »risikoscheuen« Investoren die »interne Diskontrate« auf eine marktübliche Verzinsung zu senken, dann braucht

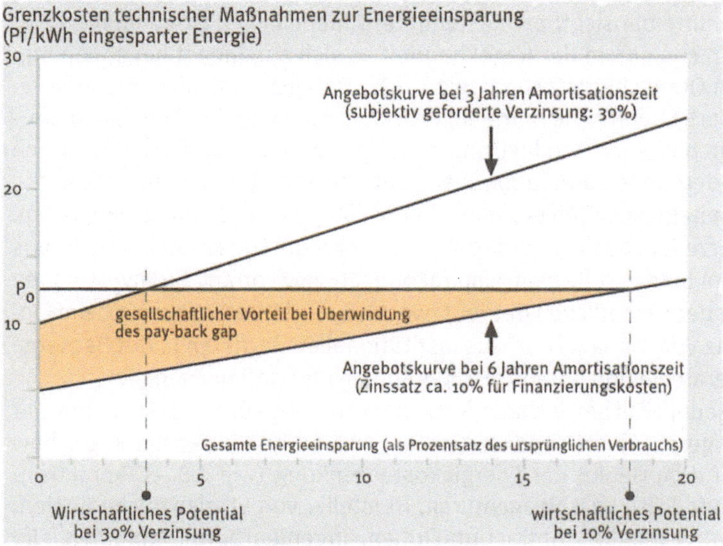

Anmerkung: Die technische Nutzungsdauer wurde mit 10 Jahren angesetzt.

Abb. 17:
Der Effekt des pay-back gap auf die Angebotskurve wirtschaftlicher Energiesparmaßnahmen. (Quelle: Stadtwerke Hannover 1995)

Bleibt es bei der heute vorherrschenden Disparität der Amortisationserwartungen von Investoren auf der Angebots- bzw. der Nachfrageseite des Energiemarkts so ergibt sich volkswirtschaftlich weiterhin eine systematische Fehlleitung von Kapital in zuviel Energieangebot und zu wenig effiziente Nutzungstechnologien.

Vor allem übertragen Industrieinvestoren offenbar ihre Risikoeinschätzung und ihre kurzen Pay-back-Erwartungen aus dem Kerngeschäft auch auf Energiesparinvestitionen, deren Risiken zum Beispiel bei Hilfs- und Nebenaggregaten sowie bei Querschnittstechnologien nur dem weit geringeren Konkursrisiko des Gesamtunternehmens ausgesetzt sind.

über den Preis (z.B. durch eine Energiesteuer) kein starker zusätzlicher Anreiz gegeben werden, damit ein bisher »gehemmtes, eigentlich wirtschaftliches« Potential erschlossen wird. Dies ist ein Grund dafür, warum sich LCP und eine Energiesteuer hervorragend ergänzen und in ihrer Wirkung gegenseitig verstärken.

Ein Verbraucher entschließt sich z. B. zum Kauf eines stromsparenden Haushaltsgeräts, das etwas teurer ist als das konventionelle Konkurrenzprodukt. Da er aber mit diesem Gerät Stromkosten spart, kann er sich ausrechnen, daß die niedrigeren Stromkosten innerhalb von neun Jahren den höheren Anschaffungspreis aufwiegen, gerechnet mit einem Strompreis von 25 Pfennig pro Kilowattstunde. Da das Gerät eine technische Lebensdauer von 15 Jahren hat, hat sich die Investition also gelohnt – sechs Jahre lang spart das teurere Gerät bares Geld. Geht der Privathaushalt allerdings – entsprechend den Ergebnissen empirischer Studien – von einer subjektiv erwünschten Kapitalrückflußzeit von nur einem Jahr aus, müßte der Strompreis rd. 2,25 DM betragen, damit sich die gleiche Investition lohnt.

Ein energiepolitischer Kernpunkt des LCP-Konzepts ist also die Erwartung, daß »gehemmte wirtschaftliche Potentiale« durch geeignete zielgruppenspezifische Anreiz- und Informationsprogramme von den jeweiligen Investorengruppen selbst oder durch Dritte (LCP-praktizierende EDU, Contracting-Unternehmen; Betreibergesellschaften etc.) mit betriebs- und volkswirtschaftlichem Nutzen (effizientere Reallokation von Ressourcen) realisiert werden können.

Wir gehen davon aus, daß hinter den empirisch ermittelten »subjektiven« Disparitäten der Amortisationserwartungen bei den jeweiligen Akteuren nur zum geringeren Teil unveränderliche reale, aber nicht unmittelbar sichtbare Kostenunterschiede liegen (sogenannte »hidden costs«). In der Regel handelt es sich zumindest bei sogenannten Querschnittstechnologien (z.B.: Beleuchtung, nicht prozeßintegrierte elektrische Antriebe, Druckluft, Klima- und Kältetechnik) um – durch integrierten Instrumenteneinsatz – veränderbare oder durch andere Investoren abbaubare Unterschiede bei den Informations-, Kapitalbeschaffungs-, Transaktions-, Anpassungs- und Risikokosten. Kurze Pay-back-Anforderungen in der Industrie resultieren z.B. aus dem betriebsinternen »capital budgeting« (Vorrang für Investitionen für den eigentlichen Betriebszweck), der Prioritätensetzung beim Einsatz von Managerzeit, aus institutionellen Barrieren in der Betriebshierarchie und daraus resultierenden Informationsmängeln.

In jedem Fall hat es daher Sinn, innovative Akteure und Newcomer mit längeren Amortisationserwartungen und qualifiziertem Know-how auf dem Gebiet der Energiekostensenkung (wie z.B. LCP-praktizierende EDU, Energieagenturen, Hersteller von Effizienztechnologien, professionelle Contracting-Firmen, Ingenieurbüros, kommerzielle Generalübernehmer und Betreibergesellschaften) zur Öffnung des

NEGAWatt-Markts zu ermutigen und die finanziellen Risiken auf dem neu zu erschließenden Einsparmarkt mit – im Erfolgsfalle rückzahlbaren – öffentlichen Mitteln abzufedern.

Hieraus ergeben sich für die Begründung einer LCP-orientierten Energie- und Unternehmenspolitik entscheidende Konsequenzen: Es kommt offenbar darauf an, die regulativen Rahmenbedingungen und die LCP-Programme vor allem im Gewerbe und in der Industrie so zu strukturieren, daß sie maßgeblich zur Angleichung der unterschiedlichen Amortisationserwartungen von Investoren auf der Anbieter- bzw. auf der Nutzerseite des Energiemarkts beitragen. Ein Ziel von standardisierten LCP-Programmen muß also sein, durch Anreizzahlungen (Prämien) und Know-how-Transfer zur Kostenentlastung von Investoren darauf hinzuwirken, daß sich zum Beispiel in der Industrie Energiesparinvestitionen innerhalb der erwünschten drei bis fünf Jahre Amortisationszeit bezahlt machen. EVU könnten als Kontraktoren auftreten und ihr technisches Know-how, ihre Kundennähe, ihre Marktübersicht sowie – nicht zuletzt – ihre längerfristigen Amortisationserwartungen dazu nutzen, »risikoscheuen« privaten oder öffentlichen Investoren maßgeschneiderte Angebote für Einspar-Contracting zu machen.

Ohne Abbau von Hemmnissen können über den Preis steuernde Instrumente wirtschaftsunverträglich werden

Das Verhältnis von neoliberalen Energiepolitikern und Deregulierungspropheten zu globalen, über den Preis steuernden Instrumenten (z.B. Energiesteuern, Abgaben, Zertifikate) ist widersprüchlich. Einerseits wird an den freien Wettbewerb auch die (auf äußerst schwankendem Fundament stehende) Hoffnung geknüpft, daß der Umweltschutz dadurch mehr Finanzierungsspielräume erhält. Wenn zugleich jedoch die Preise für Energieressourcen im freien Wettbewerb zurückgehen, verlieren sie an Lenkungswirkung. Deshalb werden andererseits in solcherart deregulierten Systemen wieder Energiesteuern oder Zertifikate als ausgleichender deus ex machina zur sogenannten »Internalisierung externer Effekte« eingeführt. Falls also wider Erwarten Hemmnisse für den Umweltschutz und die rationellere Energienutzung auftreten, so die neoliberale Logik, soll jedenfalls nicht mit dem angeblich »regulatorischen« Instrument LCP, sondern mit dem »marktwirtschaftlichen« Instrument einer Energiesteuer (bzw. mit Zertifikaten) interveniert werden. Leider funktioniert diese Logik nur gut im Lehrbuch, aber schlecht in der Realität.

Daher muß im folgenden auf weitere Hemmnisse eingegangen werden, mit denen allein über den Preis steuernde Instrumente konfrontiert sind. Denn die bereits intensiv behandelte »Pay-back gap« ist nur das Kernstück innerhalb einer ganzen Gruppe von strukturellen Hemmnissen, die mit über den Preis steuernden Maßnahmen allein nicht abgebaut werden können.

Da die Energiepolitik seit den siebziger Jahren dem Auf und Ab der Energiepreisschwankungen immer nur gefolgt ist, statt ein hohes Energiepreisniveau zu stabilisieren, läßt sich die Frage nicht eindeutig beantworten, inwieweit die realisierte Steigerung der Energieeffizienz ein Ergebnis der »marktwirtschaftlichen« Energiepolitik (energiepolitisch induziertes Sparen) ist oder inwieweit sie ein Resultat der sich unabhängig von politischen Maßnahmen vollziehenden autonomen Anpassungen (Trendsparen) an das sprunghaft gestiegene Energiepreisniveau darstellt.

Alle Studien zeigen, daß bei derzeitigen oder zukünftig nur gering steigenden Energiepreisen eine auf unkorrigierte Marktprozesse setzende Klimastabilisierungspolitik zum Scheitern verurteilt wäre.

Einen Beleg dafür lieferte der globale empirische Test, den die Energiepreiskrisen der siebziger Jahre möglich machten. Von 1973 bis 1985 stieg der Ölpreis nominell auf gut das Siebenfache, nämlich von 82 auf 622 DM pro Tonne. Berücksichtigt man den Geldwertverlust, entspricht dies einer realen Preissteigerung um das Fünffache. In dieser Zeit drastischer Preissteigerungen und einer prozyklischen Energiepolitik blieb der Energieverbrauch bei rund 380 Millionen Tonnen Steinkohleeinheiten in etwa konstant, und die Kohlendioxidemissionen gingen von 784 Millionen Tonnen auf 716 Millionen Tonnen (1987) um nur etwa 9 Prozent zurück. Mit anderen Worten: Die globale Explosion der Energiepreise brachte den Anstieg von Verbrauch und Emissionen gerade mal zum Stillstand. Wie soll dann in dem sogar etwas kürzeren Zeitraum bis 2005 das Ziel erreicht werden, den Kohlendioxidausstoß um 30 Prozent zu senken?

Aus diesem globalen Preis-Verbrauchs-Reaktionsmuster der siebziger und achtziger Jahre läßt sich also ableiten, daß der Energieverbrauchszuwachs zwar durch Preiserhöhungen gedämpft wird (Entkoppelung vom Wirtschaftswachstum), aber selbst auf extreme Preissprünge nur relativ unelastisch reagiert. Intuitiv läßt sich daher besser verstehen, warum eine extreme und damit wirtschafts- und sozialunverträgliche Energiesteuerbelastung notwendig wäre, wenn allein mit dem Instrument einer Energiesteuer der notwendige Klimaschutz erreicht werden sollte.

Der gleiche Effekt wird auch von makroökonomischen Modellrechnungen (»Top-down«-Analysen) bestätigt, in denen die im Energiesystem offenbar wirksamen Trägheiten und Reaktionsverzögerungen durch entsprechend geringe Preis- und Einkommenselastizität abgebildet werden: Neoklassisch orientierte Simulationsmodelle, in denen versucht wird, die notwendige CO_2-Reduktion allein über Energiepreiserhöhungen und eine Energiesteuer zu realisieren, errechnen übereinstimmend sehr hohe und politisch niemals durchsetzbare Steuersätze. Infolge der sehr hohen Steuersätze ergeben sich nach diesen Top-down-Rechnungen auch entsprechende Wachstumsverluste. Dieses Ergebnis wird zwar modifiziert, wenn die Steuer durch

Senkung anderer Steuern ausgeglichen, also aufkommensneutral gestaltet wird. Aber es bleibt die Tatsache, daß mit relativ hohen Steuern und entsprechenden Nebenwirkungen (Wachstumsverluste, regressive Belastung der Verbraucher, erhebliche Veränderungen der relativen Wettbewerbspositionen zwischen Industriezweigen und zum Ausland) nur vergleichsweise geringer Klimaschutz erreicht wird. Die neoklassisch ausgerichtete »Top-down«-Methodik steckt damit in der energiepolitischen Sackgasse: Den Politikern kann sie nur empfehlen, die Wirtschaft über exorbitante Steuersätze in die Knie zu zwingen oder auf einen effektiven Klimaschutz zu verzichten.

Die Ursache dieses Dilemmas liegt darin, daß Vertreter dieser Denkschule spezifische strukturelle, institutionelle und rechtliche Hemmnisse nicht untersuchen, die historisch die Elastizität der Reaktionen des Energiesystems auf Preis- und Einkommensänderungen geprägt haben. Diese mangelnde Elastizität läßt sich allein mit politischen Instrumenten, die nur über den Preis wirken, nicht verändern, sondern nur dann, *wenn ein ganzes Bündel von Instrumenten dazu eingesetzt wird, auf verschiedenen gesellschaftlichen Ebenen in die gleiche Richtung zu steuern.* So wichtig und notwendig richtig ausgestaltete Energiesteuern als Mittel einer globalen ökologischen Strukturpolitik auch sind, ohne flankierenden Hemmnisabbau können sie allein einen ausreichenden Klimaschutz nicht erreichen (Krause 1994; 1995). Bildhaft gesprochen versuchten neoklassische »Top-down«-Strategien die Pferde mit Peitschenhieben über zu hohe Hürden und zu breite Gräben zu treiben, statt den Parcours pferdegerecht anzupassen.

Bei einer »Bottom-up«-Strategie werden dagegen die sektor- und zielgruppenspezifischen Hemmnisse identifiziert und mit speziellen Instrumenten abgebaut, zum Beispiel über Least-Cost Planning und/oder andere Formen der zweckgebundenen Förderung von Einsparprogrammen. Durch diesen kombinierten Einsatz verschiedener Instrumente kann dann mit wesentlich geringeren Steuersätzen das erwünschte Klimaschutzziel tendenziell mit positiven volkswirtschaftlichen Effekten erreicht werden (vgl. Enquete 1995; Österreichisches Institut für Wirtschaftsforschung 1995). Als besonders wirksam erweist sich dabei die Umlagefinanzierung von Energiesparinvestitionen (Energiesparfonds) entweder durch eine allgemeine Energiesteuer oder in den einzelnen Verbrauchssektoren durch Least-Cost Planning (LCP) oder eine Kombination aus beiden. Das heißt, die durch eine Energiesteuer – beziehungsweise durch die Stromtarife bei LCP – abgeschöpften Einnahmen werden zweckgebunden und maßgeschneidert zur Überwindung der sektor- und zielgruppenspezifischen Hemmnisse eingesetzt; dies entspricht also dem Umbau des Parcours, der es den Pferden erlaubt, auch ohne Peitscheneinsatz das Ziel zu erreichen.

Im folgenden werden einige Schlaglichter auf strukturell-institutionelle Markthemmnisse geworfen, wobei die »Pay-back gap«, die hiermit in engem Zusammenhang steht, schon weiter oben ausführlich abgehandelt worden ist. Das Marktversagen kann hier durch keine noch so ausgeklügelte globale Steuerung über den Preis vollständig und schnell genug korrigiert werden:

»Gespaltener Markt«
Ein funktionsfähiger Substitutionswettbewerb zwischen Energie und Kapital (Effizienztechnologien) würde zum Beispiel voraussetzen, daß *einerseits* die Anbieter von Einspartechnologien eine vergleichbare Stellung am Markt haben wie die Anbieter von Elektrizität sowie vergleichbar liquide und mit Kapital ausgestattet sind. Hiervon kann keine Rede sein.
Andererseits werden die Entscheidungen von Millionen von Verbrauchern, die – außer den großen Industriebetrieben – keine Marktmacht haben, und ihr Bild von den Marktverhältnissen systematisch dadurch verzerrt, daß ihnen durch nicht kostengerechte Energiepreisstrukturen und Marketing der Mehreinsatz von Energie und nicht die unter Umständen wesentlich billigere Einspartechnologie als Mittel zur Bereitstellung von Energiedienstleistungen nahegelegt wird.

»Asymmetrische Marktmacht«
»David-Goliath«-Konstellationen: Die Marktposition von Energieanbietern ist de facto schon durch den Besitz von Naturressourcen (zum Beispiel bei der Braun- und Steinkohle sowie bei der Wasserkraft), durch die Konzentration der technischen Produktionsmittel (Kraftwerke, Netze), durch ihre enorme Finanzkraft, Liquidität, Marktübersicht und Planungskompetenz in der Regel ungleich gewichtiger als die der Nutzer. Eine Ausnahme bilden industrielle Großabnehmer.

»Staatliche Kostenüberwälzungsgarantie«
Die Investitionspolitik der Anbieter der öffentlichen Elektrizitätsversorgung ist darüber hinaus, auch de jure, nahezu risikolos abgesi-

chert; in der Bundesrepublik zum Beispiel durch ein rechtliches Regelgeflecht (Ausnahmebereiche nach §103 GWB), das die marktbeherrschende Stellung verstärkt (Gebietskartelle), sowie durch privilegierte Aktionsparameter (zum Beispiel bei der Preis-, Tarif- und [Einspeise-] Vergütungspolitik). Dadurch können in der öffentlichen Elektrizitätsversorgung der Bundesrepublik Fehlplanungen und Überkapazitäten über Jahrzehnte ohne ökonomische Folgen praktiziert werden.

»Stromwirtschaftliche Disparität«

Auch die forcierte Markteinführung von Heizkraftwerken (HKW) und von Nah- und Fernwärmesystemen kann gegen die bestehenden strukturell-rechtlichen Hemmnisse nicht allein mit einer Steuerung über den Preis durchgesetzt werden. Der Grund liegt unter anderem darin, daß Kommunen und Industriebetriebe, die als Neulinge den Markt der Heizkraftwerke betreten, ihre Vollkosten – die langfristigen Grenzkosten – über den Preis wieder hereinholen müssen. Damit können sie aber gegen die bisherigen Lieferanten, häufig überregionale Verbundunternehmen, nicht konkurrieren, denn diese können Mischpreise bilden oder sogar einen teilweise abgeschriebenen Kraftwerkspark nur mit den wesentlich niedrigeren kurzfristigen Grenzkosten veranschlagen. Das Verbundunternehmen investiert also in Großkraftwerke, die nur der Stromerzeugung dienen und deshalb unter Kostengesichtspunkten ineffektiv arbeiten, und verhindert gleichzeitig die unerwünschte Konkurrenz des billigeren HKW bei Newcomern durch ein entsprechendes Lockvogel-Lieferangebot (»stromwirtschaftliche Disparität«; vgl. Stumpf/Windorfer 1984; Traube 1992). Ohne flankierende Energiepolitik (zum Beispiel gesetzliche Einspeisebedingungen, Verpflichtung zu Least-Cost Planning) wird sich daher die theoretisch zumeist wirtschaftlichere, dezentrale Stromerzeugung in HKW nur schwer gegen die großen, zentral produzierenden Stromkonzerne durchsetzen können.

»Investor/Nutzer-Dilemma«

Wenn ein privat oder gewerblich vermietetes Gebäude energetisch saniert wird, hat der Vermieter zunächst nur das Risiko und den Ärger mit den Investitionskosten, der Mieter aber den Nutzen niedrigerer Energiekosten. Hohe und steigende Energiepreise verbessern zwar die Wirtschaftlichkeit von Wärmedämminvestitionen, aber dies allein reicht nach aller Erfahrung nicht aus, um den Interessengegensatz zwischen Nutzer und Investor auszugleichen. Vor allem kommt es generell darauf an, Einsparinvestitionen an Gebäuden durch Beratung und Förderung dann anzuregen, wenn sie im Zuge ohnehin anstehender Erneuerung oder Sanierung am billigsten sind; sonst entstehen »lost opportunities« (entgangene Gelegenheiten), die auch mit hohen Energiesteuern während der langen technischen

Insbesondere die »Pay-back gap« führt dazu, daß ohne eine Korrektur der Marktprozesse einerseits ständig zuviel Kapital in den Ausbau des Energieangebots statt in die rationelle Energienutzung fließt und andererseits Newcomer (z.B. industrielle und kommunale Betreiber von Kraft-Wärme-Kopplungs- oder Solarenergieanlagen) auch auf der Angebotsseite systematisch gegenüber den traditionellen Kraftwerksbetreibern »benachteiligt« werden.

Lebensdauer von Gebäuden und Heizanlagen nicht mehr korrigierbar sind, weil isoliert durchgeführte Energiesparmaßnahmen (z.B. Wärmedämmung) in der Regel nicht wirtschaftlich sind.

Aus alledem folgt: Eine Anhebung der Energiepreise zum Beispiel durch eine Energiesteuer oder durch Zertifikate schafft zwar einen wirtschaftlichen Anreiz, bestehende Hemmnisse für die Markteinführung von Technologien effizienterer Nutzung oder Erzeugung von Energie »zu überspringen«, beseitigt aber nicht die Hemmnisse selbst.

Staatliche Energiepolitik muß daher insbesondere auch auf der Anbieterseite, bei den EVU, durch die gesetzliche Verankerung von LCP/IRP dafür sorgen, daß deren Investitionstätigkeit *von vorneherein* und unter systematischer Berücksichtigung von Einsparpotentialen in die volkswirtschaftlich effizienteste Kapitalanlage gesteuert wird. Hierdurch wird der Substitutionswettbewerb zwischen Energie (Angebot) und rationellerer Energienutzung (Energienachfrage) erst funktionsfähig gemacht.

Wann rechnen sich LCP-Maßnahmen und für wen?

Ein Dreh- und Angelpunkt des theoretischen Konzepts sowie eine Quelle vieler Mißverständnisse über LCP liegt in der Beantwortung der Frage: *Wann rechnen sich LCP-Maßnahmen und für wen?* Populärer wird auch gefragt: Warum soll ein EVU sich durch die Förderung von Einsparprogrammen den Ast absägen, auf dem es sitzt?

Ansatzpunkt ist dabei das in Kapitel 3 konkretisierte, auf den ersten Blick überraschende Ergebnis, daß sich LCP-Programme, die für die Kunden, die Volkswirtschaft und die Gesellschaft hochrentabel sind, für EVU ohne (gewinneutrale) Preiserhöhung »nicht rechnen«. Die Akzeptanz von LCP hängt u.E. wesentlich davon ab, daß einerseits dieser reale Widerspruch zwischen betriebswirtschaftlicher und volkswirtschaftlicher Rationalität erklärt und verstanden wird. Andererseits sind energiepolitische Rahmenbedingungen notwendig, die die derzeitige, für das Energiesparen kontraproduktive Anreizstruktur für EVU umkehren: Energiesparen muß sich auch für EVU (mindestens) so lohnen wie zusätzlicher Energieverkauf.

Ein wirtschaftstheoretischer Dissens kann allenfalls darin bestehen, durch welche Instrumente diese Rahmenbedingungen hergestellt werden können und wie bzw. durch welche Akteure der volkswirtschaftlichen Rationalität am effektivsten zum Durchbruch verholfen werden kann. Idealtypisch gibt es zwei energiepolitische Strategien (in der Realität ist ein »Policy mix« notwendig), diesen Widerspruch abzubauen: *Entweder* durch EVU-externe Instrumente wie z.B. durch eine Energiesteuer bzw. durch Energieverbrauchsvorschriften. Unsere These ist: Wird diese Strategie allein verfolgt, dauert der Weg zur Energiesparwirtschaft zu lange, ist mit unnötigen gesellschaftlichen Friktionen verbunden und schwächt die Unternehmenssubstanz der Branche. *Oder* die EVU wirken an der Erschließung von Einsparpotentialen planmäßig mit und erhalten eine Chance, den Umbau mitzugestalten und an ihm zu verdienen, so daß ihre Umsatzrendite durch Diversifizierung zumindest nicht sinkt. Die Abbildung 18 verdeutlicht eine typische derzeitige Kostenkonstellation für ein LCP-praktizierendes EVU:

Ein EDU verliert z.B. in einem LCP-Industrieprogramm durch Einsparprogramme gegenüber der Trendentwicklung pro Kilowattstunde einen Grenzerlös von etwa 21 Pf, kann aber nur Energiebeschaffungskosten von kurzfristig etwa 10 Pf und langfristig von 15 Pf vermeiden. Einschließlich der zusätzlichen Umsetzungskosten von etwa 4 Pf/kWh ergibt sich also gegenüber dem Referenzfall stets ein Defizit. Obwohl die Investition in die Einspartechnik z.B. nur 8 Pf/kWh kostet und einschließlich der Programm- (Transaktions-)kosten billiger als das Angebot ist, besteht für das EVU kein Anreiz, diese vorzunehmen. Wenn auch beim Kunden Informationen, Marktüberblick, Kapital und Liquidität oder nur einfach die Motivation fehlen, unterbleibt das billigere Einsparen generell. So entstehen die wirtschaftlichen, aber »gehemmten« Energiesparpotentiale.
Welchen Beitrag kann LCP zum Abbau dieses Widerspruchs zwischen betriebs- und volkswirtschaftlicher Rationalität leisten?

1. Ein Gedankenexperiment: Würde der Substitutionswettbewerb zwischen Energie und Kapital (rationellere Energienutzung) durch einen deus ex machina ab heute so zum Funktionieren gebracht wie im Lehrbuch, würde die derzeitige volkswirtschaftliche Fehlleitung von Kapital in zuviel teures Energieangebot und zu wenig billiges Einsparen rasch beendet. Die nachgewiesenen theoretisch (nach Abbau der Hemmnisse) wirtschaftlichen Potentiale wären bald erschlossen, »gehemmte« wirtschaftliche Potentiale kann es dann nicht mehr geben. Der beschriebene Widerspruch zwischen betriebswirtschaftlicher und volkswirtschaftlicher Rationalität ist also Ausdruck von Marktversagen und Hemmnissen für einen funktionsfähigen Substitutionswettbewerb von Energie und Kapital. Die Hemmnisanalyse und die Erfahrung zeigen, daß zumindest kurz- und mittelfristig diese strukturellen Hemmnisse nicht allein durch eine Steuerung über den Preis überwunden werden können. Nur sehr langfristig wird der Selbststeuerungsmechanismus des Marktes auch unter Trendbedingungen hierzu einen Beitrag leisten.
    Im Ergebnis wäre der in unserem Gedankenexperiment skizzierte Weg autonomer und umfassender Einsparaktivitäten der Kunden

Abb. 18:
Auswirkungen einer Einsparmaßnahme ohne spezielle Lastwirkung (z.B. Kühlschrank) auf den Gewinn der Stadtwerke. (Quelle: Stadtwerke Hannover 1995)

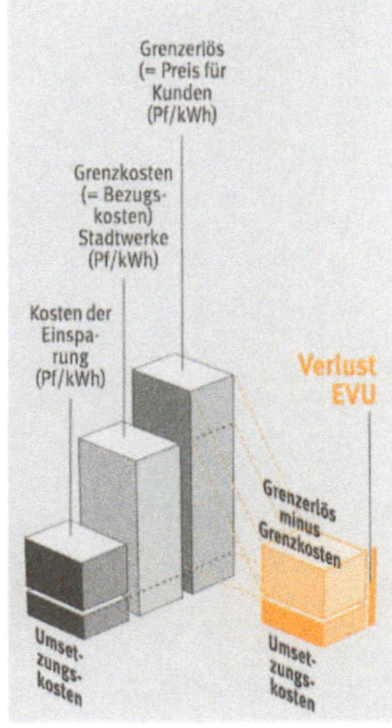

LCP als Regulierungsinstrument kann wirtschaftstheoretisch und marktwirtschaftlich also insofern legitimiert werden, als hierdurch eine dynamische Anpassung an sich wandelnde Marktoptima zwischen Zubauen und Einsparen erst ermöglicht bzw. beschleunigt und die volkswirtschaftlich erwünschte Minimierung der Gesamtkosten zur Bereitstellung von EDL erreichbar wird.

für die EVU in betriebswirtschaftlicher Hinsicht zweifellos folgenreich: Würden die Kunden *eines EVU* oder Dritte (Energieagenturen) die bestehenden umfangreichen kosteneffektiven Einsparpotentiale innerhalb eines Versorgungsgebietes plötzlich im marktwirtschaftlichen Selbstlauf selbst realisieren, dann entstünden aus EVU-Sicht ungeplant entgangene Erlöse, ohne daß von diesem EVU geplant Kosten vermieden oder durch Erschließung von Einsparpotentialen Deckungsbeiträge erwirtschaftet werden könnten. Offensichtlich wird dieses für das betreffende EVU unerfreuliche Marktergebnis von denjenigen ignoriert, die LCP auf Demand Side Management (DSM) – ohne eine unterstützende Regulierung (»Anreizregulierung«) – beschränken wollen. Implizit wird jedoch dabei unterstellt, daß es gehemmte wirtschaftliche Potentiale nicht gibt, oder es wird darauf gesetzt, daß sie vom Kunden ohnehin nicht allein oder wenn, dann nur sehr langsam und gleichmäßig in allen Versorgungsgebieten erschlossen werden können. Wären nämlich alle EVU gleichmäßig von diesem Einspareffekt betroffen, würden überall die Preise tendenziell gleichmäßig steigen, weil die nicht vermeidbaren Fixkosten auf weniger verkaufte Kilowattstunden umgelegt werden müssen. Warum also, so mögen EVU-Manager denken, sich beunruhigen? Unsere Anwort ist: Dann auch konsequent bleiben! Aktiv praktizierte LCP-Aktivitäten erzeugen genau diesen – in unserem Gedankenexperiment abgeleiteten – *einsparinduzierten Preiserhöhungseffekt in der Praxis;* wenn er bei allen EVU/EDU auftritt, ist er in der Tat nicht wettbewerbsrelevant.

2. Die Minimierung der Gesamtkosten zur Bereitstellung einer EDL ist offensichtlich eine umfassendere Unternehmensleistung als nur das Angebot von möglichst billiger Endenergie – die Umwelt wird entlastet, die Energierechnung der Kunden sinkt, das Risiko zukünftiger Energiepreisschwankungen wird begrenzt. Auch ein Öko-Bauer fordert und erhält für seine veredelten Öko-Produkte einen erheblich höheren Preis als ein konventioneller Landwirt, weil er gleichzeitig mit einem umweltverträglich produzierten Nahrungsmittel (z.B. Kartoffeln aus ökologischem Landbau) auch mehr Geschmacksqualität und Gesundheit verkauft.
In Analogie hierzu besteht das Geschäft eines EDU in der Veredelung von Energie durch Einsparleistungen. Insofern ist unumgänglich, daß ein LCP-praktizierendes EDU höhere Strompreise verlangen muß als ein traditionelles EVU, weil ihm in diesem Preis pro Kilowattstunde gleichzeitig die umfassenderen Unternehmensleistungen für den veredelten Strom vergütet werden müssen. Zum Problem wird dies nur dann, wenn sich LCP-Aktivitäten auf wenige Vorreiter-EDU beschränken, wenn die Qualität der LCP-Zusatzleistung nicht erkannt wird (Marketing-Mängel) oder wenn

sie zu hohe Kosten verursacht (Effizienzmängel). Hier sind staatliche Rahmensetzungen (eine EU-Richtlinie, LCP integriert in eine neues Energiegesetz) und standardisierte Tests und Leistungsvergleiche für LCP-praktizierende EDU notwendig (vgl. Kapitel 5).

3. Dennoch bleibt die Frage, warum ein EDU unter den heutigen restriktiven Rahmenbedingungen eine Vorreiterrolle einnehmen sollte. Ist es nicht viel bequemer, den Ast, auf dem man sitzt, zu pflegen oder notfalls zu stützen (durch verkaufsförderndes Marketing), auch wenn er morsch zu werden beginnt? Die Anwort lautet nur vordergründig: Ja! Wenn die Stadtwerke Hannover (SWH) das in Kapitel 3 konzipierte Einsparkraftwerk von etwa 40 MW bauen, müßten die Strompreise durchschnittlich etwa um 0,5 –1,8 Pf/kWh erhöht werden, damit die gleichen Gewinne erzielt werden wie ohne das Einsparkraftwerk. Die Gesamtheit der SWH-Stromkunden würde um Millionenbeträge entlastet. Notorische Nichtteilnehmer würden jedoch durch die Strompreiserhöhung belastet. Angesichts dieser Verteilungseffekte und eines stärkeren nationalen wie internationalen direkten Wettbewerbs (EU-Binnenmarkt) ist also der Bau eines Einsparkraftwerks nicht ohne Risiken. Kunden, Konkurrenten, Politik und Öffentlichkeit werden zunächst unverändert, wenn auch unzutreffend, die spezifischen Strompreise für einen Leistungsvergleich heranziehen, denn ein Markt für EDL und die neue Zielorientierung von EDU – volkswirtschaftlich möglichst preiswürdige Bereitstellung von EDL statt nur von billiger Endenergie – sind noch nicht etabliert.
Doch der Markt verändert sich. Ein Indikator, in welchem Umfang der Wandel der Endenergie- zu den EDL-Märkten bereits stattfindet, ist die Ausbreitung von Contracting-Geschäften (vgl. Abb. 19), die von diesem Wandel leben.
Wegen des nicht funktionsfähigen Substitutionswettbewerbs zwischen Energie und Kapital ist es möglich, daß EVU/EDU an der

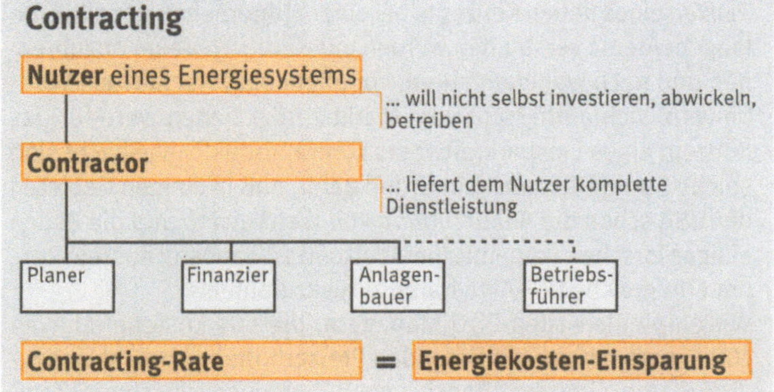

Abb. 19:
Das Grundprinzip des Contracting

Bildet ein EVU eine selbständige und eigenwirtschaftlich operierende Abteilung oder gründet es ein Tochterunternehmen, das in der Form eines »Energiespar-Profit-Centers« geführt wird, müssen die unterschiedlichen Formen des Wirtschaftens und der Finanzierung bei Contracting oder bei LCP-Aktivitäten durch entsprechende interne Verrechnungspreise mit der Muttergesellschaft und dem Stammgeschäft (dem Verkauf von Energie) berücksichtigt werden.

Energieeinsparung eines Dritten mitverdienen, die dieser, wenn er das Know-how und das Kapital hierfür hätte, selbst kostengünstiger vornehmen könnte. Bei Contracting finanziert, baut und betreibt ein Dritter effizientere Energieanlagen für einen Auftraggeber (zum Beispiel einen Betrieb oder einen Gebäudeeigentümer) und refinanziert seine Investitionen plus Gewinn aus den eingesparten Energiekosten (»Contracting-Rate«). Contracting macht also keine Investition wirtschaftlicher, trägt aber dazu bei, Investitionshemmnisse und Risikoaversion abzubauen. Deshalb sind Contracting-Geschäfte ohne Preiserhöhungen eher profitabel, da sie direkt über die Contracting-Rate zusätzliche Erlöse für den Contractor erbringen. Dies gilt insbesondere dann, wenn Dritte ohnehin diese Einsparpotentiale in absehbarer Zeit erschließen würden.

LCP-Programme können quasi als eine Art Gruppen-Contracting betrachtet werden. Eine derartige Umlagefinanzierung ist für die breite Anwendung im Sektor Haushalte und Kleinverbrauch sinnvoll und notwendig, weil hier die spezifischen Transaktionskosten für individuelles Contracting zu hoch sind. Nicht zuletzt aus Gründen der Verwaltungs- und Abrechnungsvereinfachung sowie wegen der Kosteneinsparung beim Inkasso müssen die Zusatzleistungen von LCP-Aktivitäten daher in der Regel in die Energiepreise einkalkuliert und an die jeweils angesprochene Kundengruppe weitergegeben werden.

4. In allen unseren nachfolgenden Nutzen-Kosten-Rechnungen über die Wirkung von LCP-Programmen weisen wir im Unterschied zu LCP-Studien in den USA mit Akribie darauf hin, daß die Umlagefinanzierung von Einsparkraftwerken – *zunächst ganz analog zur Finanzierung von Kraftwerken, Netzen und Umspannwerken* – im Regelfall (bei steigenden langfristigen Grenzkosten) zu spezifischen Preiserhöhungen (in Pfennig/Kilowattstunde) führt. Den Hinweis auf diesen möglichen Preiserhöhungseffekt halten wir schon deshalb für unabdingbar, weil die *Chancen, aber auch die Risiken* eines neuen Konzepts bei einer »Unternehmenspolitik mit langem Atem« verstanden werden müssen. Strohfeuer abzubrennen und nach wenigen Jahren, vor allem bei verschärftem Wettbewerb, sich enttäuscht vom Markt zurückziehen wäre für das Konzept eines Einsparkraftwerks kontraproduktiv. Vielleicht sind solche Strohfeuer auch ein Grund dafür, daß in einigen Gebieten der USA schon die *Ankündigung von Wettbewerb* und die Reden einiger forscher akademischer Wettbewerbsapostel ausreichten, um erfolgreiche LCP-Aktivitäten zurückzufahren.

Wir empfehlen allen EDU-Managern, die aus kosteneffektiven LCP-Programmen resultierenden Preiserhöhungen nicht wegzudiskutieren, sondern offensiv gegenüber einer kritischen Öffentlichkeit und gegenüber den Kunden zu vertreten. *Denn auf die Rechnungen kommt es an, nicht auf die Preise.* Leider erhalten EVU für diese im Kunden- und Umweltinteresse vollständig sinnvolle Produktveredelung zu wenig Rückendeckung von der Energiepolitik und mitunter sogar noch ideologische Prügel aus einer scheinbar »marktwirtschaftlichen Ecke«. Selbst der Vorstand der SW Hannover agiert in dieser sensiblen Frage noch sehr vorsichtig. Wir haben immer wieder betont: Bei kosteneffektiven LCP-Programmen sinkt wegen der erzielten Energieeinsparung stets die Gesamtkostenbelastung (aus Energiekäufen und Finanzierungskosten für Effizienztechniken) für die Verbraucher. Und dies unterscheidet die Umlagefinanzierung von Einsparkraftwerken erheblich von der von Kraftwerken, wo die Rechnungen bei steigenden Erzeugungskosten kontinuierlich mitsteigen. Von den zusätzlichen externen Kosten der Stromerzeugung ganz zu schweigen, die durch jede eingesparte Kilowattstunde automatisch mit vermieden werden.

Es gibt aber noch einen anderen wesentlichen Unterschied: *Energiesparkraftwerke bedeuten langfristig einen Beitrag zur Kosten- und Preisstabilisierung.* Da wir diesen Effekt im folgenden nicht in quantifizierter Form darstellen, soll er kurz qualitativ erläutert werden: Der kurzfristige Preiserhöhungseffekt durch LCP-Programme hängt einerseits mit den LCP-Programmkosten und andererseits mit dem Erfolg des Programms, mit der Umlage der zunächst nicht vermeidbaren Fixkosten des EVUs auf eine reduzierte Absatzmenge, zusammen. Dadurch können aber langfristig anfallende Erzeugungskosten quasi durch die Vorfinanzierung von NEGAWatts heute vermieden werden. Dies dämpft den zukünftigen Kostenanstieg. Noch wichtiger ist aber, daß sehr langfristig und bei erheblichen Einsparungen auch ein größerer Teil der Transport-, Verteilungs-, Verlust- und Reservekosten zusätzlich zu den Erzeugungskosten vermieden werden kann; sehr langfristig können nämlich die kurzfristig relativ starren und (nach oben) sprungfixen Verteilungs- und Transportkosten deutlicher reduziert werden, als es zum Beispiel in der Fallstudie Hannover angenommen wurde. Hier wurde dafür nur 1 Pf/Kilowattstunde angesetzt. Netze und Umspannwerke können erst nach beträchtlichen Einsparerfolgen wieder in Sprüngen (zum Beispiel Verzicht auf eine gesamte Spannungsebene) zurückgebaut werden.

Ein letzter Punkt muß im Zusammenhang mit umlagefinanzierten REG-Programmen von EDU angesprochen werden. In NRW hat die Preisaufsicht einer kostengerechten Vergütung von erneuerbarer Stromerzeugung zugestimmt, wenn der an die Kunden weitergegebene Mehraufwand nicht 1% der Stromerlöse übersteigt. Die Begründung hierfür ist, daß durch die flächendeckende Förde-

LCP-Programme können als eine Art »Gruppen-Contracting« verstanden werden. Die betriebswirtschaftlichen Auswirkungen für das EVU sind nämlich dann vergleichbar, wenn die »entgangenen Erlöse« in beiden Fällen vernachlässigt würden. Dieser Verzicht auf die Anrechnung entgangener Erlöse kann damit begründet werden, daß Dritte (z.B. Energieagenturen) oder die Kunden selbst die »gehemmten, aber eigentlich wirtschaftlichen« Potentiale langfristig ohnehin erschließen würden. Der Unterschied liegt nur darin, daß LCP-Programme wegen der Umlagefinanzierung auf Akzeptanzprobleme stoßen können, wenn der finanzielle Vorteil – die sinkendenen Rechnungen – für die große Mehrheit der Gruppenmitglieder nicht gewährleistet würde. Im übrigen ergänzen sich LCP-Programme für die Massenpotentiale (mit pro Kunde relativ kleinen Einsparungen) sehr gut mit bilateral abgewickelten Contracting-Geschäften für einzelne Großkunden.

rung solcher Aktivitäten rascher die erwartete Kostendegression z.B. bei Photovoltaik, aber auch bei Windkraftanlagen, durch Massenfertigung und zunehmende Rationalisierungsvorteile eintritt. Dieses Förder- und Markteinführungskonzept macht also industriepolitisch Sinn, erhöht aber nicht nur die Preise, sondern wie jedes überdurchschnittlich teure Kraftwerk auch die Rechnungen. Um umlagefinanzierte REG- und REN-Techniken daher nicht in Widerspruch geraten zu lassen, plädieren wir dafür, Programme zur kostendeckenden Vergütung mit *rechnungserhöhendem Effekt* mit Einsparprogrammen zu koppeln, die die *Rechnungen senken;* dies ist zum Beispiel im »Meister Lampe«-Konzept der Stadtwerke Freiburg vorbildlich geschehen (vgl. hierzu Kapitel 3).

5. Trotz dieser finanziellen Komplikationen und Risiken gegenüber dem traditionellen Energiegeschäft empfehlen wir, mit dem Bau eines Einsparkraftwerks heute zu beginnen, weil die folgenden Argumente dafür sprechen, daß hierfür nicht nur die Akzeptanz in der Öffentlichkeit wächst, sondern auch mittel- und langfristige wirtschaftliche Vorteile für ein EDU, die Beschäftigten und die Bürger im Versorgungsgebiet entstehen (vgl. auch Kapitel 4):

   - Energieeinsparung, Klima- und Ressourcenschutz, Risikominimierung und »dauerhafte Entwicklung« sind gesellschaftlich bereits weitgehend akzeptierte Leitziele, die auf lange Sicht auch zu neuen energiepolitischen Rahmenbedingungen führen werden. Noch sind viele angekündigten Klimaschutzmaßnahmen nur symbolische Politik, aber auch in symbolischer Politik wird die Notwendigkeit zum Handeln bereits implizit anerkannt. Wettbewerbsvorteile entstehen für die Unternehmen, die die zukünftigen gesellschaftlichen Trends rechtzeitig antizipieren.

   - Das Image traditioneller EVU ist nicht gut und wird sich ohne Wandel der Unternehmensziele weiter verschlechtern; Politik und umweltbewußtere Öffentlichkeit erzwingen auf lange Sicht einen Wandel zum EDU.

   - Amerikanische Unternehmen nutzen ihre LCP-Aktivitäten gerade auch im Industriebereich erfolgreich als Marketing-Argument, um die Kundenbindung zu stärken und die Abwanderung zur Eigenerzeugung (»By-Passing«) oder zu konkurrierenden Lieferanten zu verhindern. Die LCP-orientierten neuen Qualitäten der Stromveredelung und zusätzliche Einsparleistungen werden zukünftig zu einem wichtigen Wettbewerbsparameter werden.

   - Wer Know-how bei der NEGAWatt-Akquisition im eigenen Versorgungsgebiet gewonnen hat, wird dies gegenüber nicht leitungsgebundenen Energieträgern und in Nachbargebieten oder anderswo auch erfolgreicher einsetzen können; dies gilt vor allem für große Stadtwerke oder Arbeitsgemeinschaften zwischen kleinen Stadtwerken, die ihr Know-how z.B. in den neuen Bundesländern und in Osteuropa profitabel vermarkten können (vgl. z.B. die Aktivitäten der Mannheimer Versorgungs- und Verkehrsgesellschaft).

- Einsparaktivitäten schaffen in der Regel regionalwirtschaftliche Nettovorteile (Substitution von Energieimport durch regionale Produktion und Kaufkrafteffekte; mehr Beschäftigung) insbesondere dann, wenn die raschere Markteinführung von Effizienztechnologien an die marktüblichen Investitionszyklen gebunden wird, hierdurch nur geringe Zusatzkosten für die effizienteren Techniken entstehen und »entgangene Gelegenheiten« zur Energiekostensenkung vermieden werden.

- Entscheidend ist, die in diesem Buch näher beschriebenen neuen Formen der Kundenorientierung und die EDU-Zielsetzung »Minimierung der Gesamtkosten zur Bereitstellung von EDL« langfristig, kontinuierlich, mit geduldiger Überzeugungs- und Marketingarbeit sowie vor allem transparent und glaubwürdig zu betreiben. Schnellschüsse und LCP-Eintagsfliegen, hier mal ein Bonus-Programm, dort mal eine Einsparlampe, schaffen keine Akzeptanz für einen grundlegenden Richtungswechsel.

Nach dieser theoretischen Einführung von LCP/IRP sind wir nun gerüstet, uns seiner Umsetzung in die Praxis zuzuwenden. Der Bau von Einsparkraftwerken kann also erst mal beginnen. Einige zentrale Diskussions- und Streitpunkte zu LCP/IRP werden wir danach wieder aufgreifen.

Nicht der reine Stromverkäufer, sondern der optimale »Stromveredler« (durch KWK, Einspar-Consulting/Contracting/LCP) wird unter den Bedingungen des Klimaschutzes das erfolgreichere Unternehmen sein, auch wenn seine Preise pro Kilowattstunde deshalb etwas höher sind.

Der Bau eines Einsparkraftwerks: Vom Bauplan bis zum Richtfest

Einleitung

Die Idee

Das modernste Kraftwerk der Welt hat keine Schornsteine, keine Kühltürme und keinen gefährlichen Reaktor für die Kernspaltung. Es benötigt auch keine Infrastruktur für den Antransport der Brennstoffe. Der Strom, den dieses Kraftwerk produziert, muß nicht über Hunderte von Kilometern zu den Kunden transportiert werden. Umspannstationen braucht das Kraftwerk nicht, und Netzverluste werden durch das Kraftwerk ebenso vermieden wie der Ausstoß von Schadstoffen.

Die Bauzeiten sind kurz: Bereits nach wenigen Wochen oder Monaten kann die Stromproduktion beginnen. Und was noch besser ist: Das Kraftwerk kann in Etappen gebaut werden und bereits Strom produzieren, bevor es zu seiner vollen Größe ausgebaut ist.

Das Sahnehäubchen zum Schluß: Das Kraftwerk steht bei den Stromkunden und gehört ihnen auch. Es stört niemanden, da es keinen Lärm und keinen Dreck macht und auch sonst fast nicht zu bemerken ist. Nur bei der Stromrechnung macht sich das kleine Kraftwerk in der Küche, im Flur, in der Schule oder in der Werkhalle bemerkbar – indem es die Stromrechnung für die Kraftwerksbesitzer senkt.

Das modernste Kraftwerk der Welt besteht aus vielen kleinen und großen Stromsparmöglichkeiten. Diese finden sich in den Haushalten ebenso wie in den Handwerksbetrieben, in den Ingenieurbüros wie in den Anwaltskanzleien, in den Kuhställen der Bauern wie bei den Lüftungsanlagen der Industriebetriebe. Überall läßt sich durch den gezielten Einsatz effizientester Technik ein kleines Stück des großen Einsparkraftwerkes hinzubauen. Die Beleuchtung der Turnhalle läßt sich ebenso verbessern wie die Druckluftanlage in der Autowerkstatt. Eine effiziente Umwälzpumpe für die Heizungsanlage erfüllt ihren Zweck genauso gut wie die herkömmliche, jedoch mit dem halben Stromverbrauch. Alleine durch den Einbau von optimierten Kleinumwälzpumpen ließen sich jährlich in der Bundesrepublik rund 1000 Millionen kWh Strom oder etwa ein Prozent des Haushaltstrombedarfs einsparen.

Was hat das alles mit einem Kraftwerk zu tun? Amory Lovins, ein Vordenker in Sachen Einsparkraftwerk, gibt die Antwort: »Wir sollten uns zunächst an den Gedanken gewöhnen, daß wir durch den Kauf eines stromsparenden Geräts dasselbe tun wie mit dem Bau eines winzigen Kraftwerks im eigenen Haus oder in der eigenen Fabrik. Wenn ich also eine neue Birne installiere, die 15 Watt braucht, aber genauso viel Licht abgibt wie eine normale 75 Watt-Birne, habe ich gerade so

An die marktbeste Einspartechnik dann denken, wenn ohnehin Umstellungen und Neuanschaffungen anstehen – das ist das Fundament für das modernste Kraftwerk der Welt, das Einsparkraftwerk.

Kraftwerke können heute Strom hocheffizient bereitstellen, doch hinter dem Stromzähler beim Stromkunden wird noch viel Energie unnütz vergeudet.

Ein Einsparkraftwerk entsteht nicht nur durch intelligente Planung von Ingenieuren und Architekten. Das Einsparkraftwerk arbeitet beim Stromkunden und durch seine Bereitschaft, es zu bauen und zu nutzen.

ein kleines Kraftwerk gebaut. Es produziert 60 Negawatt, also ungenutzte Watt. Dieser eingesparte Strom wird praktisch an das EVU zurückgesandt und kann an einen anderen Kunden verkauft werden, ohne neu erzeugt werden zu müssen.«

Der Bau eines solchen NegaWatt-Kraftwerkes ist in vielen Punkten mit dem Bau eines »richtigen« Kraftwerks vergleichbar.

Zehntausende von Ingenieuren haben sich über Jahrzehnte hinweg mit dem Bau von Kraftwerken beschäftigt. Sie haben all ihre Intelligenz eingesetzt, um den Wirkungsgrad der Kraftwerke zu erhöhen und die Kosten zu senken – mit Erfolg. Doch die Möglichkeiten, durch technische Verbesserungen auf der Erzeugungsseite noch effizienter zu arbeiten, sind heute weitgehend ausgereizt. Nicht so auf der Nachfrageseite: Hinter dem Stromzähler, also bei den Kunden, bestehen noch enorme Einsparmöglichkeiten. Die Zukunft gehört den Ingenieuren, Planern und Marketingspezialisten, denen es gelingt, diese Potentiale zu geringen Kosten zu erschließen.

Wenngleich die Technologien zur Stromeinsparung bekannt sind, so ist doch der Bau eines Einsparkraftwerks kein Kinderspiel, sondern im Gegenteil eine große Herausforderung: Wie kann das Interesse der Kunden für den Bau des Einsparkraftwerks geweckt werden? Wie können die Handwerker, Bauern, Industriemanager, Bürgermeister und Haushaltsvorstände davon überzeugt werden, daß ein Einsparkraftwerk sinnvoll ist? Wie erhalten die Kunden die »Bauanleitung« für das Einsparkraftwerk? Wie kann der Bau bei den Kunden finanziert werden? Woher bekommt das Energieversorgungsunternehmen, das die »Ingenieure für das Einsparkraftwerk« beschäftigt, das Geld für seine Entwicklungsmannschaft? Wie können die Bedenken der »richtigen« Kraftwerksbauer, die ihre Existenzberechtigung im Unternehmen gefährdet sehen, zerstreut werden? Das sind zunächst nur einige der Fragen, die beantwortet werden müssen.

Die Umsetzung

Der Unterschied zwischen dem Bau eines Einsparkraftwerks und dem eines »richtigen« Kraftwerks besteht darin, daß beim Einsparkraftwerk alle Stromkunden bewußt handeln müssen. Die Kunden entscheiden auf zwei Arten über ihren Stromverbrauch: beim Kauf eines Elektrogerätes sowie bei seiner Anwendung. Kauft ein Kunde z.B. eine neue Waschmaschine ohne Warmwasseranschluß, so hat er häufig bereits einen Teil der möglichen Stromeinsparung verschenkt. Die Energie, die zum Aufheizen des Wassers benötigt wird, könnte kostengünstiger und umweltfreundlicher aus der zentralen Heizungsanlage kommen, denn hier könnte der Stromverbrauch durch einen anderen Energieträger effizienter und umweltschonend ersetzt werden. Dennoch besteht für den Kunden noch die Möglichkeit, sich an dem Einsparkraftwerk zu beteiligen, indem er die Waschmaschine bewußt nutzt:

- Indem die Maschine nur mit voller Trommel in Betrieb gesetzt wird, reduziert sich der Strom- und Wasserverbrauch pro Kilogramm Wäsche.
- Indem die Waschtemperatur so niedrig wie nötig gehalten wird, kann gleichfalls Strom gespart werden.
- Wenn die Maschine während der frühen Morgen- oder Abendstunden oder am Wochenende benutzt wird, kann die Stromnachfrage zu Spitzenlastzeiten reduziert werden. Kosteneinsparungen sind die Folge, weil ein Spitzenlastkraftwerk weniger in Anspruch genommen werden muß.

Ähnliche Möglichkeiten haben alle Kunden. Das verdeutlicht ein Beispiel: Ein Industriebetrieb läßt die Beleuchtungsanlage für die Werkshalle sanieren. Soll das Einsparkraftwerk eine beträchtliche Leistung erbringen, so müssen für die Sanierung effiziente Leuchtkörper, elektronische Vorschaltgeräte und effiziente Lampen eingesetzt werden. Darüber hinaus besteht auch bei der Nutzung der Beleuchtung ein gewisser Spielraum. Durch Sensortechnik kann gewährleistet werden, daß die Lampen nur dann leuchten, wenn das Tageslicht nicht ausreicht und/oder die Werkhalle »bevölkert« ist.

Der Bau eines Einsparkraftwerks besteht in der Kunst, den Kunden zum richtigen Zeitpunkt die notwendigen Impulse für die richtige Investition und das richtige Verhalten zu geben. Die Stadtwerke Saarbrücken behaupten daher in einer Image-Kampagne für das Stromsparen nicht ohne Grund, daß auch die Kunden über den Bau eines Kraftwerkes entscheiden (siehe Abb. 20).

Diese Haltung hat jedoch nichts gemein mit der herkömmlichen Versorgungsphilosophie, die auch heute noch von einigen Versorgern gepredigt wird: »Die EVU sind für die Bereitstellung von Energieträgern zuständig, die Kunden für's Energiesparen.«

Zwei Aspekte sind jedoch von großer Bedeutung: Erstens wird die Entscheidung über die Kapazität des (Einspar-) Kraftwerks beim Kauf der Anlagen (z.B. Leuchte und Lampe) getroffen. Und zweitens sind die Energieversorgungsunternehmen bei der Entscheidung keineswegs unbeteiligt. Sie können nämlich entweder über Werbekampagnen für die elektrische Warmwasserbereitung, für elektrische Herde oder für Stromheizungen werben und ihre Mittel in den Bau eines Kraftwerks investieren, oder sie können über gezielte Programme ein Einsparkraftwerk »bauen«, beziehungsweise anregen.

Die Versorgungsunternehmen haben heute die Wahl: Sie können neue Kraftwerke bauen und die Transport- und Verteilungsnetze verstärken, oder sie können in den Bau eines Einsparkraftwerkes investieren. Tun sie letzteres, tragen die Stromkunden einen Teil der Investitionen. Diese Investitionen in verbesserte Nutzungstechniken

Abb. 20:
Anzeige der Stadtwerke Saarbrücken: »Ideen gegen den Strom«

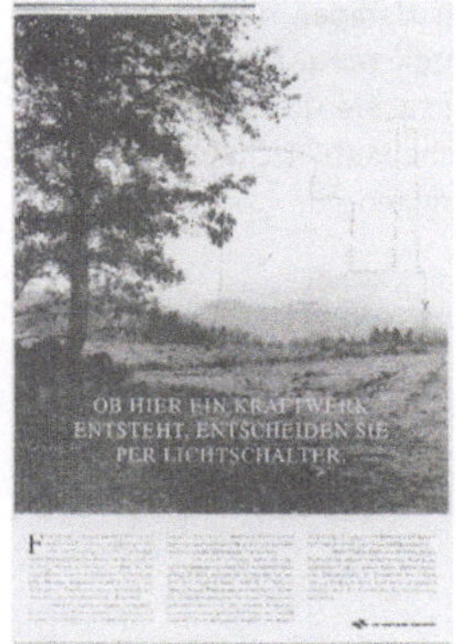

Das alte Mißverständnis, Energiesparen hieße notwendigerweise Askese und Verzicht, ist eine hohe Hürde, die die Idee des Einsparkraftwerks überwinden muß. Natürlich wäre es für die Umwelt ein Gewinn, wenn die Menschen in den Überflußgesellschaften dieser Erde ihren Umgang mit den Ressourcen überdenken würden. Doch ergänzend dazu läßt sich noch vieles ohne Verzicht auf Energiedienstleistungen tun: Die Helligkeit in einem Büroraum kann die gleiche sein, ob nun energieverzehrende Glühbirnen, Energiesparlampen oder sogar eine intelligente Nutzung des Tageslichts durch architektonische Mittel Licht in den Raum bringen.

werden auch als »Negawatt«-Investitionen bezeichnet. Da sie durch die Bereitstellung der gleichen Energiedienstleistung eine vergleichbare Wirkung wie der Zubau von Kraftwerken haben, sind »Negawatt«-Investitionen genauso wirkungsvolle Energiequellen wie Kraftwerke, allerdings mit einer Reihe von Vorteilen wie z.B. die Entlastung der Umwelt und geringere Kosten. Die von den Kunden erwartete Dienstleistung (z.B. angenehme Beleuchtung) bleibt dabei unverändert, sie wird nur mit einem geringeren Energieeinsatz und durch eine modernere Umwandlungstechnik bereitgestellt.

Daß die zweite Alternative die ökologisch bessere ist, daran gibt es keine Zweifel. Daß sie häufig auch die wirtschaftlichere Alternative ist, werden wir zeigen.

Die Ökonomie des Einsparkraftwerks: Die Bilanz für die Volkswirtschaft

Im folgenden wollen wir der Frage nachgehen, was ein Einsparkraftwerk kostet und wie man dessen Kosten und Nutzen messen kann. Um Mißverständnisse zu vermeiden: Ein Einsparkraftwerk hat nichts gemeinsam mit einem Verzicht auf Energiedienstleistungen. Das Kraftwerk gewinnt seine Energie nicht, indem wir kalt duschen oder bei Kerzenlicht lesen. Ein Einsparkraftwerk entsteht durch den gezielten Einsatz effizienterer Anwendungstechnik. Diese Technik gibt es in einigen Fällen zum »Nulltarif«, in anderen Fällen verursacht sie zusätzliche Anschaffungskosten, die in der Regel jedoch mit niedrigeren Betriebskosten einhergehen. Eine stromsparende, effiziente Tiefkühltruhe muß jedoch keineswegs teurer sein als ein vergleichbares Modell mit durchschnittlichem oder hohem Stromverbrauch. Die Kosten eines Durchflußmengenbegrenzers für den Wasserhahn fallen mit etwa 5 Mark nicht ins Gewicht, und die Anschaffung eines Brausekopfs mit Durchflußmengenbegrenzer ist in vielen Fällen billiger als die eines vergleichbaren Modells ohne Mengenbegrenzung. Mit diesen Produkten spart man gleichzeitig Energie und Wasser.

In vielen Fällen sind mit der Anwendung der effizienteren Technik jedoch höhere Anschaffungskosten verbunden. So kostet z.B. eine Stromsparlampe im Einzelhandel häufig noch rund 30 Mark, während für eine Glühbirne nur etwa 1,50 Mark bezahlt werden muß. Die effizientere Technik verursacht also höhere Investitionskosten. Da eine gute Stromsparlampe rund 10 000 Stunden benutzt werden kann und eine Glühlampe im Durchschnitt bereits nach 1000 Stunden schlapp macht, sind die Investitionskosten pro Betriebsstunde für eine Stromsparlampe nicht so hoch. Die Mehrkosten betragen »nur« etwa das Doppelte, also 15 Mark. Diese Mehrkosten für die effizientere Technologie müssen den Kosten eines Einsparkraftwerks zugeschlagen werden. Sie entsprechen den Technikkosten, die dem kleinen

Einsparkraftwerk, bestehend aus dem Ersatz einer Glühlampe durch eine Stromsparlampe, zugerechnet werden können. Diesen Mehrkosten für die Technik stehen Stromeinsparungen gegenüber, die sich im Laufe der Nutzungsdauer einer Stromsparlampe auf rund 500 Kilowattstunden summieren (bei Ersatz einer 60-Watt-Glühlampe durch eine 11-Watt-Stromsparlampe). Bezogen auf eine eingesparte Kilowattstunde betragen die Technikkosten also rund drei Pfennig. »Aber ohne Berücksichtigung der Zinsen für das eingesetzte Kapital kann man doch nicht rechnen!«, werden die Ökonomen sagen. Stimmt! Deshalb werden bei allen Berechnungen zu dem Einsparkraftwerk die Kosten der Kapitalbeschaffung sowie die Abschreibung der Mehrinvestition, die die Einspartechnologie gegenüber der Standardtechnologie aufweist, berücksichtigt. Bei der Berechnung der Kapitalkosten wird kein Unterschied zwischen Investitionen in Einsparkraftwerke und Investitionen in echte Kraftwerke gemacht. Das heißt, in beiden Fällen wird mit einem Zinssatz von 4 Prozent pro Jahr gerechnet.

Neben den Technikkosten fallen für den Bau eines Einsparkraftwerks zusätzlich die sogenannten Programmkosten an. Ein umfangreiches Einsparkraftwerk wird nämlich bei den Kunden erst systematisch gebaut, wenn die Energiedienstleistungsunternehmen (EDU) es durch strategische Einsparprogramme unterstützen. Das könnte beispielsweise geschehen, indem das Unternehmen Informationen über Einspartechniken aufbereitet und sie kostenlos an die Kunden weitergibt oder indem es seinen Kunden Beratungen anbietet oder ihnen in bestimmten Fällen die Einspartechnologie kostenlos zur Verfügung stellt (siehe Programm »Meister Lampe«). Die Kosten für ein Einsparkraftwerk errechnen sich demnach als Summe aus Technik- und Programmkosten (auch Umsetzungskosten genannt).

Energiespartechnik lohnt sich oft auch dann, wenn sie am Anfang höhere Investitionen verlangt – eine Rechnung, die allzu viele Stromkunden nicht aufstellen.

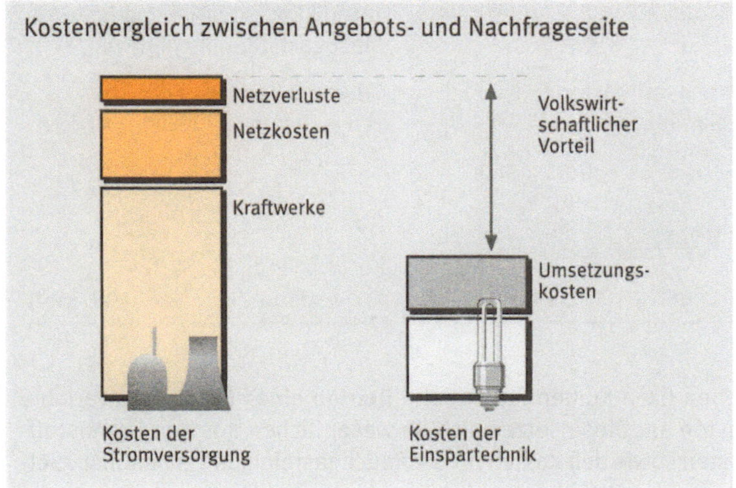

Abb. 21:
Kostenvergleich zwischen Angebots- und Nachfrageseite. (Quelle: Greenpeace 1992)

108

Energiesparen kostet zunächst einmal Geld – für neue Geräte und Anlagen, für Werbung, Beratung und andere Kosten des Energiesparprogramms. Die Tabelle zeigt, daß diese Kosten aber durchaus niedriger liegen können als die Kosten der Stromerzeugung.

Wie kann man nun die Kosten eines Einsparkraftwerks mit den Kosten eines »richtigen« Kraftwerks vergleichen? Zunächst wollen wir diesen Vergleich aus volkswirtschaftlicher Perspektive angehen. Dabei werden die Kosten verglichen, die bei einer Energiedienstleistung entstehen. Steuern, Subventionen oder Prämien werden bei dieser Betrachtung nicht berücksichtigt, weil sie aus volkswirtschaftlicher Sicht keine Kosten, sondern lediglich Zahlungsströme darstellen, denen jedoch keine produktiven Leistungen gegenüber stehen.

In beiden Fällen werden die Investitionen, die für den Bau des Kraftwerks notwendig sind, über die technische Nutzungsdauer der Anlage verzinst und abgeschrieben. Bei einem Kohlekraftwerk werden z.B. 20 Jahre Abschreibungsdauer angesetzt, bei einem effizienten Kühlgerät hingegen 12 Jahre, bei einer Stromsparlampe 8 oder 10 Jahre.

Außer den Kapitalkosten fallen bei einem Kraftwerk die sonstigen fixen Kosten an. Neben den Kosten für den Bauplatz sind dies Versicherungs- und Personalkosten sowie die Wartungskosten und die Kapitalzinsen, die während des Baus des Kraftwerks entstehen. Legt man die Kapitalkosten gleichmäßig auf die gesamte Nutzungsdauer um, so erhält man die annuitätische Kapitalkostenbelastung. Diese beträgt beispielsweise bei einem Kohlekraftwerk rund 260 Mark pro Kilowatt Leistung. Bei einer Benutzungsdauer von 6000 Stunden pro Jahr errechnen sich somit Fixkosten in Höhe von rund 4,5 Pfennig pro Kilowattstunde (vgl. Tabelle 2).

Tabelle 2:

Stromerzeugungskosten Kohlekraftwerk		Kosten der Stromeinsparung (z.B. Glühlampe)	
Fixkosten	4,5 Pf/kWh	Technikkosten Stromsparlampe (abzüglich Glühlampen)	1 Pf/kWh
Brennstoffkosten und Rauchgasreinigung	5 Pf/kWh	Programmumsetzungskosten	4 Pf/kWh
Netzverluste, Netzkosten und Reservehaltungskosten	3 Pf/kWh		
Summe	**12,5 Pf/kWh**	Kosten der eingesparten Kilowattstunde	**5 Pf/kWh**

Neben fixen Kosten fallen beim Betrieb eines Kraftwerks variable Kosten an. Diese setzen sich im wesentlichen aus den Brennstoffkosten sowie den Kosten für die Rauchgasreinigung zusammen. Setzen wir den Preis kostengünstiger Importkohle an, so betragen die

Brennstoffkosten rund vier Pfennig pro Kilowattstunde, während die Kosten für die Rauchgaswäsche mit rund einem Pfennig pro Kilowattstunde angegeben werden können. Insgesamt kostet die erzeugte Kilowattstunde zunächst also – ohne Netzkosten, ohne Kosten der Reservehaltung und ohne Netzverluste – rund neun Pfennig. Bei einer Nutzungsdauer von zwanzig Jahren ist allerdings damit zu rechnen, daß die Brennstoffkosten aufgrund zunehmender Nachfrage steigen werden. Sehr wahrscheinlich ist auch, daß aufgrund der deutlich sichtbar werdenden Klimaveränderungen Steuern auf die Verbrennung von fossilen Energieträgern erhoben werden. Eine Energiesteuer wurde jedoch in den Rechnungen nicht berücksichtigt.

Nachdem wir nun das Prinzip dargestellt haben, werden die Energiewirtschaftler ihre Bedenken gegen die Rechnung erheben. Man könne doch, so der vorhersehbare Einwand, eine eingesparte Kilowattstunde, die während der Spitzenlastnachfrage im Stromnetz auftritt und die mit teuren Spitzenlastkraftwerken erzeugt wird, nicht mit einer eingesparten Kilowattstunde in der Schwachlastzeit vergleichen! Dieser Einwand ist gerechtfertigt. Strom zu Spitzenlastzeiten ist bis zu zehnmal teurer als Schwachlaststrom. Deshalb muß sowohl bei einer volkswirtschaftlichen als auch bei einer betriebswirtschaftlichen Betrachtung berücksichtigt werden, wie sich eine Maßnahme auf die Lastkurve auswirkt. Dazu zwei Beispiele: Wird ein effizienteres Kühlgerät eingesetzt, wird gleichmäßig über das ganze Jahr hinweg Strom gespart. Die vermiedenen Kosten entsprechen also denen eines Kraftwerkes, das über das ganze Jahr hinweg gut ausgelastet ist – eines sogenannten Grundlastkraftwerks. Wird hingegen in einem Bürogebäude die Beleuchtungsanlage saniert, so wird anschließend immer nur dann Strom gespart, wenn das Licht in den Büroräumen eingeschaltet ist. Die Menge des gesparten Stroms ändert sich also im Lauf des Tages mit dem Lastverlauf der Lichtnutzung.
Die Abb. 22 zeigt, daß die Stromnachfrage vor und nach der Sanierung denselben Verlauf aufweist – mit dem Unterschied, daß der Stromverbrauch mit der Sanierung um rund 60 bis 70 Prozent des ursprünglichen Wertes zurückgegangen ist. Es wird vor allem dann gespart, wenn die Stromnachfrage in den meisten Stromversorgungsgebieten am höchsten ist: an den Werktagen in der Zeit, wenn die Betriebe produzieren und ihre Nachfrage mit der des Handels und der Haushalte zusammenfällt. Stromnachfrage für Beleuchtung im Gewerbe ist somit überwiegend Spitzenlastnachfrage. Dementsprechend muß eine Einsparung in diesem Bereich auch anders bewertet werden. Bei der Planung für das Einsparkraftwerk Hannover haben Öko-Institut und Wuppertal Institut ein Computermodell entwickelt, das die unterschiedliche Wertigkeit der eingesparten Kilowattstunde systematisch ermittelt. Mit Hilfe dieses Computermodells »ADEL« (Analyse von Dienstleistungsprogrammen zur Ener-

Große Kern- und Kohlekraftwerke liefern den Grundbedarf an Strom, der rund um die Uhr gebraucht wird. Solche Kraftwerke kann man nicht ohne weiteres nach Bedarf ein- und ausschalten. Steigt der Strombedarf im Laufe des Tages und der Jahreszeiten, müssen deshalb Spitzenlastkraftwerke wie Wasserkraftwerke an großen Stauseen kurzfristig zugeschaltet werden. Das ist teuer, und diese Spitzen durch Sparen zu kappen, ist ökonomisch lohnender.

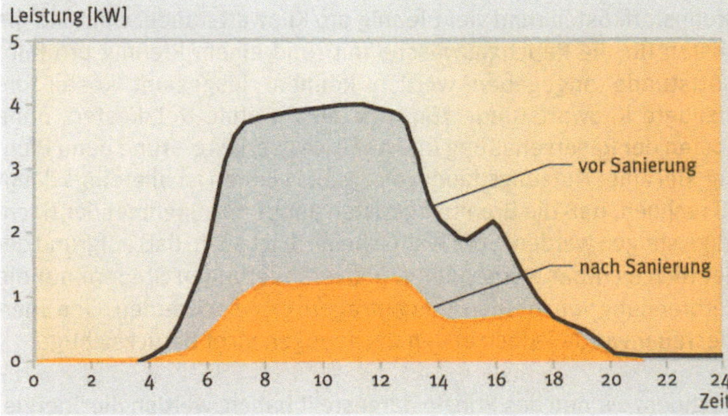

Abb. 22:
Lastwirkung einer Beleuchtungsanlage vor und nach Sanierung (Quelle: Floyd, S. 85, Energy Efficient Lighting, 1995)

gieeinsparung unter Berücksichtigung von Lastwirkungen) können die vermiedenen Kosten der Stromerzeugung ausgewiesen werden. In Kooperation mit den Stadtwerken Hannover wurden für die reinen Erzeugungs- oder Beschaffungskosten der Stadtwerke Hannover die in der Abb. 23 ausgewiesenen Werte ermittelt.

Um den Wert des eingesparten Stroms jedoch wirklich zu erfassen, müssen einige weitere Aspekte berücksichtigt werden:

- Eingesparter Strom, der nicht transportiert werden muß, verursacht keine Transport- und Umspannverluste.
- Kann die Stromnachfrage durch Stromsparprogramme konstant gehalten oder gesenkt werden, so kann sich ein Ausbau oder eine Verstärkung des Stromnetzes und der Umspannstationen erübrigen. Hierdurch können nochmals Kosten eingespart werden.
- Jedes Kraftwerk, das eingespart wird, verringert auch den Bedarf an Reserveleistung für den Fall eines Kraftwerkausfalls. Geht man von einer Reserveleistung von etwa zwölf Prozent der Kraftwerkskapazität aus, so kann durch die dauerhafte Einsparung von einem Kilowatt die gesamte installierte Kraftwerksleistung um 1,12 Kilowatt reduziert werden.

Rechnet man die gesamten Effekte zusammen, so läßt sich der Wert einer langfristig eingesparten Kilowattstunde angeben: Je nach dem Zeitpunkt der Einsparung liegt der Wert einer Kilowattstunde Strom, die das Einsparkraftwerk vermeiden hilft, zwischen 12,5 und rund 43 Pfennig. Bei dieser Rechnung wurde angenommen, daß die Last dauerhaft reduziert und der Zubau von entsprechenden Kraftwerks- und Netzkapazitäten somit vermieden wird.

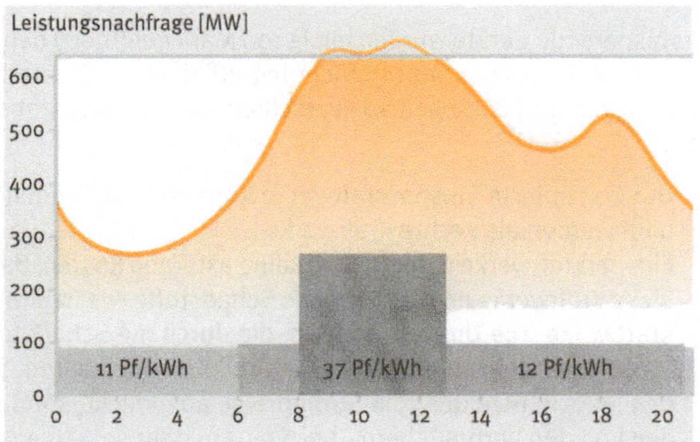

Tabelle 3:
Die langfristig vermiedenen Grenzkosten der Strombeschaffung

Zeitzone	Anzahl Stunden pro Jahr	vermiedene Kosten
Spitzenlastzeit Winter	625	42,9 Pf/kWh
Spitzenlastzeit Sommer	625	24,7 Pf/kWh
Mittellastzeit (Sommer und Winter)	2500	14,4 Pf/kWh
Grundlastzeit	5010	12,5 Pf/kWh

Abb. 23:
Zusammenhang zwischen Stromnachfrage und Kosten der Strombeschaffung am Beispiel Hannover (ohne Netzverluste, Netz- und Reservehaltungskosten). (Quelle: Eigene Berechnung)

Das beste Einsparprogramm ist eines, das in der Öffentlichkeit gar nicht sonderlich auffällt – weil es zur Selbstverständlichkeit im Alltag von Stromanbietern und Stromnutzern geworden ist.

In einigen Fällen ist der Wert der Einsparung noch deutlich höher. So wird z.B. durch eine effiziente Beleuchtung in Büros weniger Abwärme produziert. Sind die Büroräume klimatisiert, so kann die Leistung der Klimaanlage entsprechend heruntergefahren werden. Wird in Neubauten effiziente Beleuchtungstechnik eingesetzt, so kann die Leistung der Klimaanlage niedriger ausgelegt werden. Dies erspart Investitionskosten und ermöglicht einen besseren Wirkungsgrad im Normalbetrieb.

Ein wichtiger Aspekt, der jedoch häufig übersehen wird, ist der Wandel des Marktes: Gute Einsparprogramme können den Markt verändern. Durch Information, Kundenaufklärung und Prämien kann die Nachfrage nach effizienter Technik gesteigert werden. Dies führt dazu, daß sich das Angebot verändert: Die Effizienztechniken liegen dann nicht mehr unsichtbar hinter der Theke, sondern an exponierten Stellen im Laden. Ein breiteres Angebot und eine höhere Nachfrage tragen dann dazu bei, den Markt längerfristig zu verändern und die Entwicklung besserer Technik voranzutreiben. So hat z.B. das KesS-Programm des RWE (vgl. S. 160) wegen seines Umfangs (eine Million stromsparende Geräte wurden mit je 100 Mark gefördert) den gesamten Haushaltsgerätemarkt in Richtung effizientere Geräte bewegt. Einsparkraftwerke können aus verschiedenen Motiven gebaut werden:

- Gut konzipierte Einsparkraftwerke können kostengünstiger gebaut werden als »echte Kraftwerke«.
- Einsparkraftwerke verursachen keine externen Kosten, das heißt, diese Kraftwerke emittieren keine Schadstoffe wie herkömmliche Kraftwerke. Die Umweltschäden, die durch die Schadstoffe verursacht werden, sind der Stromproduktion anzulasten. Sie werden jedoch nicht über die Strompreise abgedeckt, sondern werden von den Verbrauchern über Steuern oder sonstige Abgaben erhoben oder reduzieren die Lebensqualität.
- Der Bau von Einsparkraftwerken schafft zusätzliche Arbeitsplätze. In der Versorgungswirtschaft entfallen hingegen Arbeitsplätze beim Betrieb von Kraftwerken oder im Kohlebergbau. Die Nettobilanz ist jedoch positiv; es werden mehr Arbeitsplätze geschaffen als abgebaut.

Das erste Motiv wollen wir im folgenden unter dem Stichwort »Least-Cost Planning« (LCP) behandeln.

Mehr zum Thema »Least-Cost Planning«

Wie bereits im Kapitel 2 gezeigt wurde (vgl. S. 77 ff.), hat Least-Cost Planning das Ziel, die volkswirtschaftlichen Kosten zu minimieren und dabei angemessene Unternehmensgewinne möglich zu machen. Es wird also systematisch untersucht, ob es unter volkswirtschaftlichen bzw. unter gesellschaftlichen Aspekten (unter Berücksichtigung der externen Kosten) kostengünstiger ist, ein Einsparkraftwerk oder ein »richtiges« Kraftwerk zu bauen.

Bei der Abwägung zwischen dem Bau eines Kraftwerks und einer alternativen Bereitstellung von Kraftwerkskapazitäten werden alle Möglichkeiten der rationellen Stromnutzung einbezogen. Kann das EVU über ein Dienstleistungsprogramm den Stromverbrauch senken, so werden die Kosten für jede eingesparte Kilowattstunde ermittelt und mit der weiter oben beschriebenen Methode mit den Kosten einer zusätzlichen Erzeugung (pro Kilowattstunde) verglichen.

In der Abbildung 15 ist dargelegt, daß der Bau neuer Kraftwerke immer teurer wird, je weiter der Stromverbrauch steigt. Der Grund ist, daß Kraftwerke an immer schlechteren Standorten gebaut werden müssen – und diese erfordern einen immer höheren Umwelt- und Sicherheitsstandard. Kostendämpfend wirkt diesem Trend entgegen, daß der Wirkungsgrad neuer Kraftwerke gesteigert werden konnte und aufgrund der besseren Ausnutzung der Brennstoffe die variablen Erzeugungskosten etwas gesunken sind.

Ausgehend von der heutigen Situation zeigt Abbildung 15, daß die Kraftwerkskapazitäten durch rationelle Energienutzung gesenkt werden können. Die Kosten für diese »Negawatts« sind dabei zunächst deutlich niedriger als die Kosten für »Megawatts«. Beim LCP-Ansatz werden diese Einsparpotentiale so lange vorrangig genutzt, bis ihre Kosten ebenso hoch liegen wie die der Erzeugung der Megawatts. Der Schnittpunkt der beiden Kostenkurven in Abbildung 15 stellt den Zielpunkt des LCP-Prozesses dar: minimale volkswirtschaftliche Kosten durch eine optimale Kombination von Energiezuführung und -einsparung. Werden die externen Kosten der Stromerzeugung in die Betrachtung einbezogen, so verschiebt sich der Schnittpunkt für die Minimalkostenkombination in Richtung Nullpunkt.

Beim Aufstellen eines LCP-Konzeptes müssen für einen bestimmten Planungszeitraum die spezifischen Kosten der Energiedienstleistungen errechnet werden. Es wird also beispielsweise analysiert, welche Kosten pro eingesparter Kilowattstunde ein Programm zur direkten Installation von Stromsparlampen in den Haushalten erzeugt oder welche Kosten ein Dienstleistungsprogramm zur Effizienzsteigerung bei der Drucklufterzeugung pro eingesparter Kilowattstunde verursacht. Alle Dienstleistungsprogramme, auch Ressourcen genannt, die ein bestimmtes Kostenniveau nicht überschreiten, werden in die nähere Betrachtung einbezogen (sogenanntes Ressourcenportfolio). Die Reihenfolge, in der diese Ressourcen angewendet werden, richtet sich nach der Höhe der spezifischen Durchschnittskosten. Ordnet man diese Ressourcen nach ihren Erschließungskosten (Kosten der rationellen Energienutzung zuzüglich Programmkosten), so läßt sich für ein bestimmtes Versorgungsgebiet eine »Gesamtangebotsfunktion« zusammenstellen. Aufgabe des Energiedienstleistungsunternehmens ist es, diese Ressourcen über Dienstleistungspakete zu erschließen. Wir werden jedoch zeigen, daß die kostengünstigsten Einsparressourcen nicht immer auch die interessantesten sind. Zusätzlich zu den Technikkosten sind nämlich noch die Umsetzungskosten zu berücksichtigen, und letztlich müssen die Kosten des gesamten Einsparprogrammes mit den vermiedenen Kosten der Stromerzeugung verglichen werden. Diese sind ihrerseits davon abhängig, ob in der Spitzenlastzeit oder in der Schwachlastzeit gespart wird.

Im Gegensatz zur bisherigen Praxis wird die Stromnachfrage beim Least-Cost Planning nicht mehr als eine unkontrollierbare Größe aufgefaßt. Sie wird vielmehr durch den Bau von Einsparkraftwerken – in gewissen Grenzen – planbar und steuerbar. Sie kann, genauso wie der Ausbau von Kraftwerken, vom Versorgungsunternehmen gezielt beeinflußt werden.

Stromnachfrage wird beim Least-Cost Planning nicht mehr als unbeeinflußbare Größe betrachtet. Das Verringern dieser Nachfrage wird gezielt in die Planung von Dienstleistungsangeboten für die Kunden einbezogen.

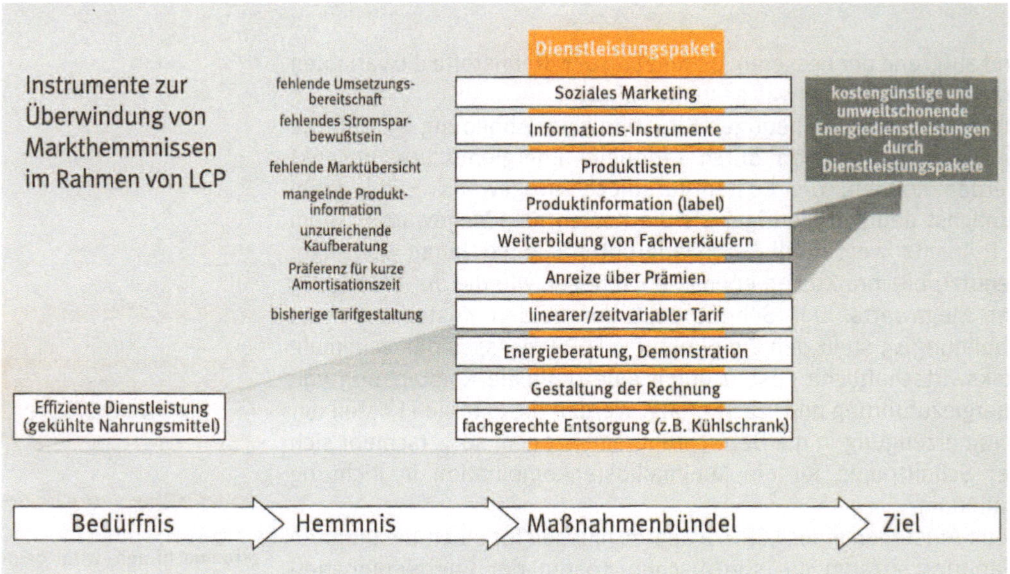

Abb. 24:
Das Instrumentenbündel zur Erschließung von NEGA-Watts. Die Abbildung zeigt, daß zur Bereitstellung der Dienstleistung »gekühlte Nahrungsmittel« im Rahmen von LCP ein umfangreiches Maßnahmenbündel eingesetzt wird. (Quelle: Greenpeace 1992)

Geringere Kosten, zusätzliche Einnahmen durch neue Dienstleistungen und moderat erhöhte Preise (bei sinkender Rechnung für die Verbraucher) erlauben es den Versorgungsunternehmen, das Energiesparen als Geschäft zu betreiben.

So kann zum Beispiel der Strombedarf, der von den Haushalten für die Energiedienstleistung »Kühlen« benötigt wird, von den Energiedienstleistungsunternehmen beeinflußt werden, indem sie durch gezielte Dienstleistungsprogramme dafür sorgen, daß die Kunden in ihrem Versorgungsgebiet beim Neukauf effiziente Kühlgeräte anschaffen. Gegenüber dem Stromverbrauch eines durchschnittlichen oder gar ineffizienten Gerätes lassen sich so erhebliche Strommengen über die Nutzungsdauer der Haushaltsgeräte einsparen. In Abbildung 24 ist das Instrumentenbündel dargestellt, mit dem ein Energiedienstleistungsunternehmen dazu beitragen kann, die in diesem Bereich vorhandenen »gehemmten« Einsparpotentiale zu erschließen.

Wie die Quadratur des Kreises mag es anmuten, wenn wir behaupten, daß ein Stromversorger mit dieser neuen Planungsvariante nicht nur weniger Energie verkauft (was nachvollziehbar ist!), damit die Umwelt schont (was ökologisch notwendig und wünschenswert ist!) und seinen Kunden eine niedrigere Stromrechnung präsentiert (was auch noch nachvollziehbar ist!), sondern gleichzeitig bei geschicktem Vorgehen und verbesserten rechtlichen Rahmenbedingungen höhere Profite durch neue Energie(spar)-Dienste machen kann.

Genau diese erstaunlichen Erfahrungen machen in den USA seit Anfang der achtziger Jahre schon zahlreiche Energieversorger, denn in mittlerweile 24 Bundesstaaten sind die Stromunternehmen gesetzlich zu IRP-Planungen verpflichtet. Etwa alle zwei Jahre und vor jedem beabsichtigten Kraftwerksbau muß geprüft werden, ob Investitionen in Energiesparprojekte nicht die billigere Lösung sind. Allerdings sind auch in den USA erfolgreiche LCP-Programme und Vorreiter-EVU dadurch unter Druck geraten, daß ein isolierter Preiswettbewerb zugunsten energieintensiver Industriezweige initiiert wurde. Ob diese sogenannte »Deregulierungsoffensive« (vgl. Kapitel 5) auf Dauer erfolgreich sein wird, ist unserer Ansicht nach sehr zweifelhaft.

Die Bilanz für die Versorgungsunternehmen

Weniger vom eigenen Produkt verkaufen und dennoch mehr Geld verdienen? Diese Vorstellung läßt jedem Ökonomen die Haare zu Berge stehen! Und dennoch: Es funktioniert! Es funktioniert deshalb, weil die Energieversorgungsunternehmen zwar weniger Strom absetzen, dafür aber dieselbe Energiedienstleistung mit geringeren Kosten erbringen und sich die Bereitstellung der Energiedienstleistung auch bezahlen lassen. Kommen wir auf die Stromsparlampen zurück. Das Energiedienstleistungsunternehmen verschenkt im Rahmen eines Programmes je eine Stromsparlampe an alle Haushalte seines Versorgungsgebietes. Da das Unternehmen die Stromsparlampen zum Großhandelspreis von rund 11 Mark einkaufen kann, kostet die eingesparte Kilowattstunde nur etwa 3 bis 4 Pfennig. Die Haushalte sparen durch die Stromsparlampe rund 50 Kilowattstunden pro Jahr sowie zusätzlich den Preis einer Glühlampe, die lediglich eine Lebensdauer von 1 000 Stunden hat und somit nur ein Achtel bis ein Zehntel der Nutzungsdauer einer Stromsparlampe aufweist. Bei einem Strompreis von 30 Pfennig pro Kilowattstunde führt dies zu einer Kostenersparnis von jährlich rund 15 Mark. Über die gesamte Nutzungsdauer der Lampe beträgt die Ersparnis für den Kunden rund 120 bis 150 Mark. Einen Teil dieser Ersparnis können sich die Versorgungsunternehmen durch eine moderate Preiserhöhung auf die verbliebenen Kilowattstunden zurückholen. Auf diese Weise können sich Versorgungsunternehmen und Kunden die gesparten Kosten teilen. Daß sich dies sowohl für das Unternehmen als auch für die Kunden rechnet, zeigt das Meister-Lampe-Programm der Freiburger Stadtwerke. Auch die Preisaufsichtsbehörde hat dies im Vorfeld anerkannt und den Freiburger Stadtwerken eine entsprechende Preiserhöhung zugestanden (siehe Abschnitt »Meister Lampe«, S. 164ff.).
In einigen Ausnahmefällen kann sich der Bau eines Einsparkraftwerks auch ohne Preiserhöhung für das Versorgungsunternehmen lohnen. Bei vielen Energieversorgungsunternehmen tritt die Spitze der Stromnachfrage morgens zwischen 11 und 12 Uhr auf. Diese Nachfragespitze wird zu einem beträchtlichen Teil durch Elektroherde verursacht. Die kommunalen Versorgungsunternehmen, die in der Regel ihren Strom von einem Verbundunternehmen beziehen, müssen diesen Strom teuer bezahlen. Häufig liegen die Bezugskosten über den

Damit uns ein Licht aufgeht …
Bilanz einer Energiesparlampe

	60-W-Glühbirne	11-W-Sparlampe
Lebensdauer	10 x 1000 Std.	10 000 Std.
Kaufpreis	15 DM	30 DM
Stromkosten (10 000 Std.; 30 Pf/kWh)	180 DM	33 DM
Stromeinsparung		490 kWh
CO_2-Einsparung		490 kg
Gewinn		147 DM

Abb. 25:
Eine 11-W-Sparlampe erspart der Umwelt im Vergleich zu einer 60-W-Glühbirne eine halbe Tonne CO_2 und dem Verbraucher 147 DM.
(Quelle: Eigene Berechnung)

Tarifen, die die Versorgungsunternehmen von ihren Kunden verlangen. Jede zusätzliche Kilowattstunde, die die Kunden zur Spitzenlastzeit beziehen, reduziert also die Gewinne des Versorgungsunternehmens. Umgekehrt bedeutet dies, daß es für das Unternehmen günstig ist, den Stromabsatz während dieser Zeit durch gezielte Einspar- bzw. Substitutionsprogramme zu unterbinden. Werden die Elektroherde durch Gasherde ersetzt, so hat dies für das Versorgungsunternehmen einen doppelten Vorteil: Zum einen werden beim Stromabsatz während der Spitzenlastzeit keine Verluste mehr gemacht, und zum anderen kann mit dem zusätzlichen Gasabsatz ein zusätzlicher Gewinn erwirtschaftet werden.
Bei großen Kunden gibt es für die Stromversorger eine andere Methode, sich beim Bau eines Einsparkraftwerkes schadlos zu halten: Das Versorgungsunternehmen bietet seinem Kunden einen Contracting-Vertrag an. Bei einem solchen Vertrag plant und investiert das Versorgungsunternehmen beim Kunden und erhält dafür einen Teil der beim Kunden eingesparten Energiekosten.

Die Bilanz für die Kunden

Häufig wird die Meinung geäußert, daß Stromsparen bzw. andere Klimaschutzprojekte teuer sind. Das stimmt aber nicht. Es kann gezeigt werden, daß es ein großes wirtschaftliches Einsparpotential gibt, das aus verschiedenen Gründen brachliegt. Dieses Potential ist gesell-

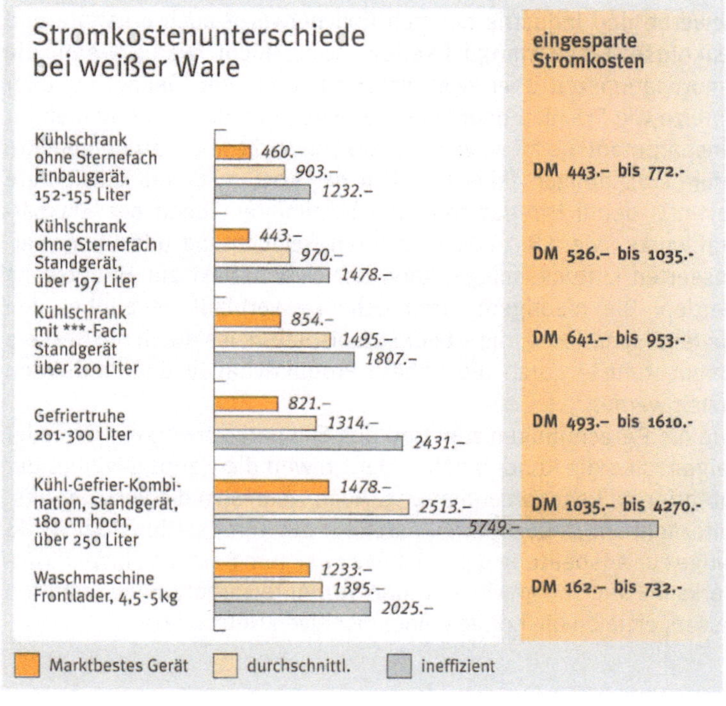

Abb. 26 :
Stromkostenunterschiede
bei weißer Ware. In der Abbildung sind die Strom- und
Wasserkostenunterschiede
über eine Nutzungsdauer von
15 Jahren dargestellt. Strompreis: 30 Pf/kWh, Wasser-
preis: 6 DM/m³. (Quelle:
Michael 1995)

schaftlich betrachtet eine Goldader, die es auszubeuten gilt. Die Energiedienstleistungsunternehmen haben dabei die Aufgabe, mit den entsprechenden Programmen die Kunden auf die »Nuggets« aufmerksam zu machen und das Werkzeug anzubieten, mit dessen Hilfe die Goldader ausgebeutet werden kann.

Eine im Laden eingekaufte Stromsparlampe wirft je nach Leistungsstärke und jährlicher Nutzungsdauer für einen Haushaltskunden eine Rendite von etwa 20 bis 60 Prozent bezogen auf das eingesetzte Kapital ab – dies in einer Zeit, in der es auf dem Sparbuch gerade zwei Prozent Zinsen gibt. In Abbildung 25 wird die Rechnung für einen Haushalt aufgemacht.

Aber auch beim Kauf eines Kühlschranks oder einer Gefriertruhe können Haushalte und Firmen leicht mehrere hundert Mark sparen. Der Stromverbrauch der Geräte unterscheidet sich erheblich, und über die Nutzungsdauer der Geräte können die Stromrechnungen um über 1000 Mark auseinanderliegen. Dabei muß das effizientere Gerät im Anschaffungspreis keineswegs teurer sein als das ineffiziente Gerät. In Abb. 26 sind die Stromverbrauchsunterschiede verschiedener Haushaltsgeräte sowie die möglichen Kosteneinsparungen dargestellt, wenn statt eines schlechten Gerätes das marktbeste Gerät gewählt wird.

Was darf es kosten, Umwelt und menschliche Gesundheit zu schonen? Sicher ist: Das Einsparkraftwerk hilft, das übermäßige Benutzen von Umweltressourcen zu vermeiden, und senkt damit eine Belastung, die entweder wir oder nachfolgende Generationen teuer bezahlen müssen – in Geld, oder auch in gesunkener Lebensqualität.

Gewerbe und Industrie nehmen üblicherweise auch erkannte und risikolose Einsparmöglichkeiten dann nicht wahr, wenn die Amortisationszeit über zwei bis drei Jahren liegt. Gelingt es, über Anreize wie Prämien oder Finanzierungshilfen die Unternehmen für Einsparpotentiale zu gewinnen, so können diese Unternehmen ihre Energierechnungen (einschließlich der Kosten für die effizientere Technik) deutlich reduzieren. Bei bestimmten Teilen des Einsparkraftwerks, wie z.B. einer effizienten Beleuchtung oder einer verbesserten Lüftungsanlage, kann der Nebeneffekt zur Hauptsache werden: Die niedrigere Stromrechnung verblaßt gegenüber den Kostenersparnissen, die – bedingt beispielsweise durch die bessere Beleuchtung – durch die höhere Produktivität in der Produktion erzielt werden.

Wie die Berechnungen zum Bau des Einsparkraftwerkes Hannover zeigen, sind die Kunden neben der Umwelt die Hauptgewinner der Integrierten Ressourcenplanung. Auch wenn sich die Versorgungsunternehmen zu Recht ihre Kosten für die Bereitstellung der Werkzeuge zur Ausbeutung des »claims« oder zum Bau des Einsparkraftwerks in Form von gewinneutralen Strompreiserhöhungen erstatten lassen, erzielen die Kunden einen positiven Nettoeffekt.

Die Bilanz aus Sicht der Umwelt

Jede nicht produzierte Kilowattstunde entlastet die Umwelt durch die vermiedenen Verbrennungsabgase aus Braunkohle-, Steinkohle- oder Gaskraftwerken, oder sie trägt dazu bei, daß weniger Atommüll entsteht und das Risiko eines katastrophalen Unfalls in einem Atomkraftwerk reduziert wird. Wenn die heute bekannten Schäden, die die Verbrennung fossiler Brennstoffe an der Umwelt verursacht (siehe Kapitel 5), in Geldwerten ausgedrückt werden, so ist dies ein Versuch, der »Kostenwahrheit« ein Stück näher zu kommen. Dabei ist uns bewußt, daß bestimmte Kosten wie z.B. der Verlust von Menschenleben oder die Ausrottung von Tier- oder Pflanzenarten genausowenig in Geldwerten ausgedrückt werden können wie das verminderte Risiko weltweiter Machtkämpfe um knappe Energieressourcen. Bei der Planung des Einsparkraftwerkes Hannover wurde errechnet, daß mit jeder eingesparten Kilowattstunde Strom Umweltkosten (»externe Kosten«) in Höhe von rund vier Pfennig vermieden werden. Mit einem Einsparkraftwerk lassen sich also einerseits die Kosten einer Energiedienstleistung für Kunden und Versorgungsunternehmen reduzieren und andererseits die Umweltbelastungen verringern.

Das Einsparkraftwerk Hannover

Einführung

Anfang 1992 entschloß sich der Vorstand der Stadtwerke Hannover, prüfen zu lassen, ob das Konzept der Integrierten Ressourcenplanung (IRP beziehungsweise LCP) die Erschließung von Energiesparpotentialen zuläßt. Die Stadtwerke griffen damit einen für die bundesdeutsche Elektrizitätswirtschaft richtungsweisenden Vorschlag der Energiesparexperten des Öko-Instituts in Freiburg auf. In Zusammenarbeit mit den Partnern vom Freiburger Öko-Institut und dem Wuppertal Institut für Klima, Umwelt, Energie sollte die europaweit bislang umfassendste IRP-Fallstudie Aufschluß darüber bringen, inwieweit das IRP-Konzept hierzulande anwendbar ist, welche Schwierigkeiten bei der Umsetzung auftreten und wie sie gelöst werden können. Hierbei war vor allem von Interesse, die bestehenden gesetzlichen Rahmenbedingungen zu prüfen und Vorschläge zu deren Fortentwicklung zu machen.

Mit finanzieller Unterstützung der Europäischen Union, des Umweltbundesamtes und der Landesregierung Niedersachsen (insgesamt 1,3 Millionen Mark bei einem Gesamtbudget von rund 5 Millionen Mark) war es das Ziel der Energiewissenschaftler sowie der Fachleute der Stadtwerke Hannover, mit mehreren Pilotprojekten und Meßprogrammen bereits während der zweieinhalbjährigen Laufzeit

- möglichst viele praktische Erfahrungen zu sammeln,
- die technischen Potentiale und wirtschaftlichen Konsequenzen der angestrebten Einsparprogramme im Stromsektor umfassend zu analysieren sowie
- daraus einen Aktionsplan für die Stadtwerke Hannover zu entwickeln.

Fünf Gründe gab es für die Stadtwerke Hannover, die LCP-Fallstudie anzupacken:

1. Als kommunaler Energieversorger mit einer besonderen gesellschaftlichen Verantwortung wollten die Stadtwerke Hannover prüfen, wie weitreichende Umweltziele und hohe Ertragserwartungen kombiniert werden können.
2. Da der bestehende Strombezugsvertrag ausläuft, sollte das neue Konzept sowohl ökonomischen als auch ökologischen Ansprüchen gerecht werden. Zukünftige Entwicklungen sollten transparenter und Prognosen belastbarer werden. Die Investitionsrisiken sollten somit verringert werden.
3. Die Entwicklung der Stadtwerke Hannover zum Energiedienstleistungsunternehmen sollte vorangetrieben werden. Die Mitarbeiter sollten verstärkt kundenorientiertes Arbeiten lernen.

Die Stadtwerke Hannover haben sich als Pioniere betätigt. Ihr gemeinsames Projekt mit Öko-Institut und Wuppertal Institut fand Unterstützung auch auf den verschiedenen politischen Ebenen.

4. Die zahlreichen Energiespar- und Umweltschutzaktivitäten der
   Stadtwerke Hannover sollten systematisiert und effizienter
   gestaltet werden.
5. Die kommunalen, nationalen und internationalen Umwelt- und
   Klimaschutzaktivitäten sollten unterstützt und die energiepolitische Diskussion über den Nutzen der Integrierten Ressourcenplanung versachlicht werden.

Das eigentliche Kernprojekt wurde dabei durch umfangreiche Praxis-
studien ergänzt. Die Planung des Einsparkraftwerks erfolgte in einer
zwar nicht immer spannungsfreien, aber im Ganzen sehr partner-
schaftlichen und vertrauensvollen Zusammenarbeit zwischen den
Stadtwerken Hannover und den Gutachtern.

Das Fundament: wirtschaftliche Einsparpotentiale

Legt man das klassische Modell einer perfekten Marktwirtschaft
zugrunde, so dürfte es unausgeschöpfte, wirtschaftliche Einsparpotentiale auf der Nachfrageseite, also bei den Kunden, gar nicht
geben. »Verbraucher würden sich stets wirtschaftlich rational verhalten und von sich aus bis zur Kosteneffektivitätsgrenze in effiziente
Nutzungsanlagen investieren. Sie würden alternative Kapitalanlagen
wie Sparbücher, Aktien, Pfandbriefe, Immobilien und dergleichen
miteinander vergleichen und alle Energieeffizienzinvestitionen verfolgen, die bessere Renditen versprechen als diese anderen Möglichkeiten. Das Resultat wären Investitionen in energiesparende
Techniken, die sich einigermaßen im Gleichgewicht befinden mit der
durchschnittlichen Kapitalrendite in der Volkswirtschaft als ganzes.«
(Krause 1991, S. 21)
Die Wirklichkeit sieht jedoch anders aus. Es ist offensichtlich, daß ein
systematischer Vergleich der Kosten höherer Stromnachfrage einerseits und der Kosten effizienter Einspartechnologien andererseits
nicht stattfindet. Hierfür sind eine Vielzahl von »Marktbehinderun-
gen« verantwortlich. Der heutige Energiemarkt führt also keineswegs
zu einer möglichst kostengünstigen Versorgung der Kunden mit Energiedienstleistungen. Für die Kunden und die Energieversorgungsunternehmen lassen sich große Vorteile erzielen, aber diese Vorteile
werden durch den naiven Glauben der etablierten Wirtschaftswis-
senschaft an die Selbstregulierungsfähigkeit des Marktes nicht
erschlossen.
Welche Einsparmöglichkeiten haben nun die Untersuchungen in Hannover aufgezeigt? Das wichtigste Ergebnis vorweg: Rund eine Milli-
arde Kilowattstunden oder ein Drittel des heutigen Stromverbrauchs
könnten die verschiedenen Verbrauchergruppen im Versorgungsgebiet der Stadtwerke Hannover jährlich kosteneffektiv einsparen oder

Nach der klassischen ökonomischen Theorie des vollkommenen Wettbewerbs ist es un-
erklärlich, warum die Stromkunden nicht von sich aus jede
Möglichkeit nutzen, Stromkosten zu sparen. Doch in der
Praxis bleiben viele Möglichkeiten ungenutzt, weil der
Weg zu ihnen über zu viele
und zu hohe Hürden führt.

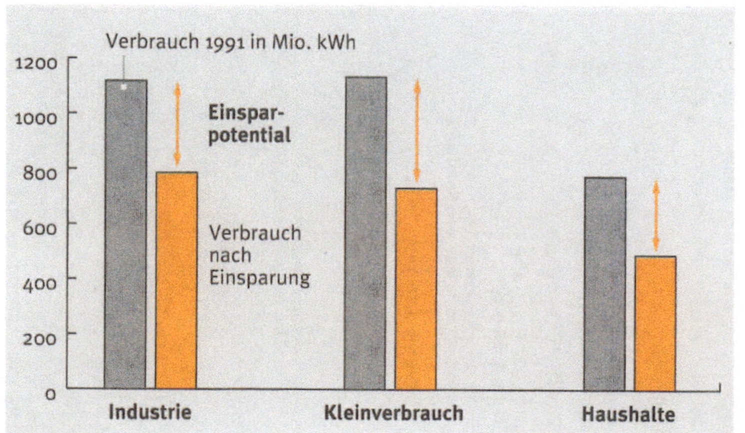

durch Gas bzw. Fernwärme ersetzen. Die Kosten für den technischen Mehraufwand liegen zwischen 4 und 12 Pfennig pro Kilowattstunde und damit zum Teil deutlich unter den langfristigen Grenzkosten der Strombereitstellung, denn die Stadtwerke müßten langfristig 13 bis 16 Pfennige pro Kilowattstunde für die Ausweitung der Stromerzeugung ausgeben – externe Kosten noch nicht eingerechnet (Abb. 27).

Grundlage für diese Berechnungen war eine Analyse der Verbrauchsstrukturen im Jahr 1991. Dafür untersuchten die Gutachter, wozu in Haushalten, Industrie und bei Kleinverbrauchern Strom eingesetzt wird. Zusätzliche Daten lieferten die Untersuchungen von Ingenieuren der Stadtwerke bei 14 Gewerbekunden, wo jeweils eine Liste aller relevanten stromverbrauchenden Geräte und Einrichtungen erstellt und der Lastgang über eine Woche hinweg gemessen wurde. Weitere Detailinformationen lieferten elf der dreißig größten Sondervertragskunden der Stadtwerke, die einen Fragebogen beantworteten. Stromsparpotentiale fanden sich

- bei den Industriekunden vor allem bei den elektrischen Antriebssystemen sowie bei Lüftung, Beleuchtung, Kühlung und Druckluft;
- im Sektor Kleinverbrauch insbesondere bei der Beleuchtung, aber auch bei Lüftung und Kühlung sowie bei den Umwälzpumpen;
- in den privaten Haushalten bei Kühl- und Gefriergeräten, bei der gesamten Beleuchtung und nicht zuletzt beim Ersatz von Elektroheizungen.

Die in Abbildung 28 gezeigte Angebotskurve beschreibt jenes Einsparpotential, das volkswirtschaftlich gewinnbringend genutzt werden kann. Dazu müssen allerdings alle die Markteinführung und die Umsetzung hemmenden Faktoren abgebaut werden. Aus der Angebotskurve läßt sich ablesen, daß im Versorgungsgebiet der Stadtwerke Hannover beispielsweise durch effizientere Motoren in der

Abb. 27:
Die technisch-wirtschaftlichen Potentiale der Stromeinsparung und -substitution bei den Kunden der Stadtwerke Hannover. (Quelle: Stadtwerke Hannover 1995)

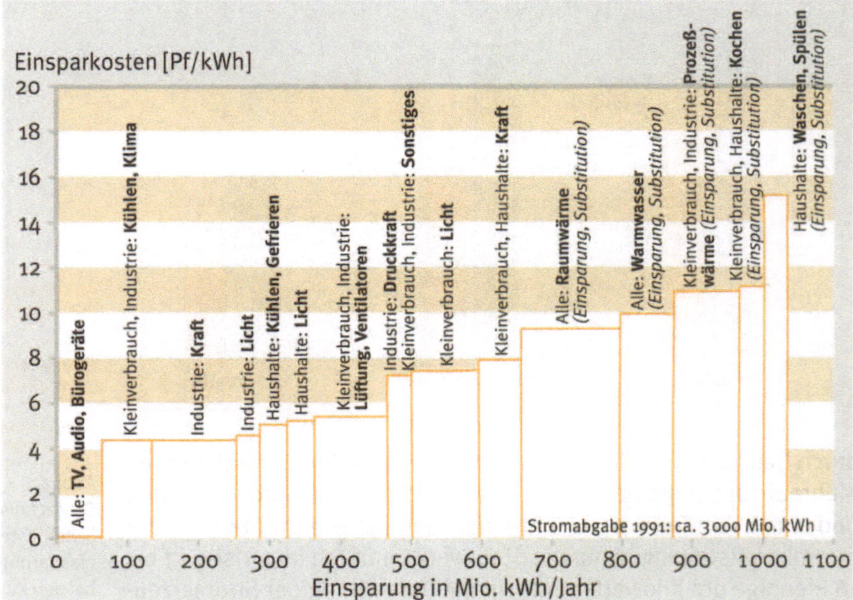

Abb. 28: Angebotskurve der Stromeinsparung und substitution bei den Stadtwerken Hannover. (Quelle: Stadtwerke Hannover 1995)

Industrie (Kraft) rund 110 Millionen Kilowattstunden pro Jahr zu Kosten von 4,2 Pfennig pro Kilowattstunde eingespart werden könnten. Die Kosten für eine effizientere Lichttechnik bei den sogenannten Kleinverbrauchskunden betragen rund 7 Pfennig pro Kilowattstunde. Das Einsparpotential, das sich auf der x-Achse an der Breite des Rechtecks ablesen läßt, beträgt rund 100 Millionen Kilowattstunden. Um die Einsparpotentiale zu ermitteln, wurde als Vergleichsmaßstab die marktübliche Technik herangezogen, also die Technik, die ohne gezielte Informations- und Prämienprogramme angewandt worden wäre. In Relation zur durchschnittlichen marktüblichen Technik sind die Mehrkosten der besonders effizienten Technik als zusätzliche Investitions- und Betriebskosten zu werten. Sie müssen während der Nutzungsdauer der effizienten Technik auf die eingesparten Kilowattstunden verteilt werden.

Diese Angebotskurven liefern also noch keine Informationen darüber, wieviel Prozent der Einsparpotentiale durch einzelne IRP-Programme in welchem Zeitraum und zu welchen Programmkosten umgesetzt werden können. Die gesamten Erschließungskosten lassen sich erst mit konkreten Projekten bestimmen. Genau diesen Schritt tat die LCP-Fallstudie mit der Konzeption der neun Bausteine für das »Einsparkraftwerk« sowie den sechs Pilotprojekten zum Einspar-Contracting.

Unsicherheiten gab es insbesondere über die Kosten, die dem Kunden entstehen. Daher wurden nicht nur die durchschnittlichen Zusatzkosten effizienterer Technik abgeschätzt, sondern zusätzlich auch eine Ober- und Untergrenze.

Behandlung der Stromsubstitution

Zusätzlich zu den Möglichkeiten zum Stromsparen wurden die technisch-wirtschaftlichen Potentiale der Substitution von Strom durch andere Energieträger bei den Wärmeanwendungen analysiert:

- Raumwärme
- Warmwasser
- Prozeßwärme (nur für Industrie und Kleinverbrauch)
- Kochen (nur für Kleinverbrauch und Haushalte)
- Waschen (nur für Haushalte)
- Spülen (nur für Haushalte)

Im Unterschied zur Stromeinsparung enthalten die Gesamtkosten der Stromsubstitution zusätzlich zur Mehrinvestition für effizientere Anlagen die zusätzlichen Kosten für die Wärmeenergieträger.

Der Bauplan: Aufteilung nach Marktsegmenten

Um für Energiedienstleistungen interessante Ansatzpunkte zu ermitteln und die volks- und betriebswirtschaftlichen Konsequenzen möglichst genau abschätzen zu können, wurde der Stromabsatz der Stadtwerke Hannover nach Kundengruppen und Anwendungstechnologien aufgeschlüsselt (z.B. Licht, Kühlung, Lüftung/Klimatisierung).

Anhand der Angebotskurven konnte festgestellt werden, bei welchen Anwendungstechnologien und bei welcher Kundengruppe sich Dienstleistungsprogramme besonders lohnen. Dabei kommt es darauf an, das Dienstleistungsprogramm so zu gestalten, daß die vorhandenen wirtschaftlichen Einsparpotentiale

- zum richtigen Zeitpunkt,
- zielgruppenorientiert,
- mit den richtigen Instrumenten bzw. mit dem richtigen Instrumenten-Mix,
- möglichst umfassend und
- effizient (d.h. mit möglichst geringen Umsetzungkosten, mit möglichst geringen volkswirtschaftlichen Kosten und geringer betriebswirtschaftlicher Belastung der Stadtwerke)

erschlossen werden können.

Der Bau von Einsparkraftwerken ist eine komplexe, anspruchsvolle Aufgabe, die dem Bau von Kraftwerken nicht nachsteht. Strategisches Einsparen erfordert bei den Stadtwerken neben einem Überblick über die vorhandenen Einsparpotentiale einen guten Einblick in die Verhaltensweisen der Kunden. Es erfordert Kenntnisse darüber, wie das

Ein Einsparkraftwerk zu bauen bedeutet für ein Energieversorgungsunternehmen, Schwerpunkte neu zu setzen und Unternehmensziele neu zu formulieren. Neue Qualifikationen werden von den Mitarbeitern erwartet, Umstrukturierungen im Inneren werden notwendig. Bei den ersten Projekten müssen dafür im Verfahren »Learning by doing« Erfahrungen gesammelt werden.

Kauf- und Investitionsverhalten der Kunden beeinflußt werden kann (z.B. beim Gerätekauf, beim Bau neuer Heizungsanlagen oder bei der Renovierung von Gebäuden), Verhandlungsgeschick beim Abschluß von Contracting-Verträgen sowie Überzeugungskraft bei der Kooperation mit Handwerk, Handel, Ingenieuren, Architekten und Produzenten. Es erfordert eine Übersicht, welche energie- und betriebswirtschaftlichen Auswirkungen die Verhaltensänderungen auf das Unternehmen haben werden. Darüber hinaus erfordert strategisches Einsparen eine entsprechende Umorientierung sowohl bei den Unternehmenszielen als auch bei der Unternehmensorganisation.

Die Aufgabe ist auch deshalb sehr anspruchsvoll, weil es in der Bundesrepublik bisher kaum Ergebnisse solcher Programme gibt. Insofern ist der Bauplan weder perfekt noch endgültig: Während der Bauphase und während der ersten Betriebsjahre werden mit Sicherheit Änderungen an den Bauplänen vorgenommen werden müssen. Bedenkt man jedoch, daß die Kraftwerksingenieure mehr als hundert Jahre benötigt haben, um ein mit fossilen Brennstoffen befeuertes Kraftwerk mit einem Wirkungsgrad von über 50 Prozent zu bauen, so erscheint auch eine Phase des »Learning by doing« beim Bau von Einsparkraftwerken unvermeidlich.

Die Bausteine: Dienstleistungsprogramme

Auf der bereits erwähnten Datenbasis – vergleichbare Zahlen lagen bundesweit bisher nicht vor – konzipierten die Energiefachleute beider Gutachter-Institute neun Stromsparprogramme (Negawatt-Programme). Sie sind allesamt technisch realisierbar und für die verschiedenen Verbrauchergruppen wirtschaftlich interessant – es sind neun Bausteine des Einsparkraftwerkes. Mit diesen Negawatt-Programmen sollte, so die Vorgabe, das gesamte Kundenspektrum der Stadtwerke abgedeckt werden. Zugleich sollten die unterschiedlichen Typen von Sparprogrammen umgesetzt werden. Der Schwerpunkt lag bei der Beleuchtung als typischer Querschnittstechnologie; vier der neun Programme befassen sich damit. Hier werden Einsparmöglichkeiten und -erfolge für alle Verbraucher sichtbar und somit nachvollziehbar. Immerhin haben die Verbrauchsanalysen für das Versorgungsgebiet der Stadtwerke Hannover gerade bei der Beleuchtung ein erhebliches wirtschaftlich nutzbares Einsparpotential entdeckt: 166 Millionen Kilowattstunden jährlich oder etwa 5,5 Prozent des gesamten Strombedarfes. Um dieses Stromsparpotential im Beleuchtungsbereich zu erschließen, wurden sowohl spezielle Programme für die einzelnen Kundengruppen als auch begleitende Maßnahmen vorgeschlagen (siehe Abb. 29). Die neun Aktionsprogramme teilten sich wie folgt auf (siehe Abb. 30):

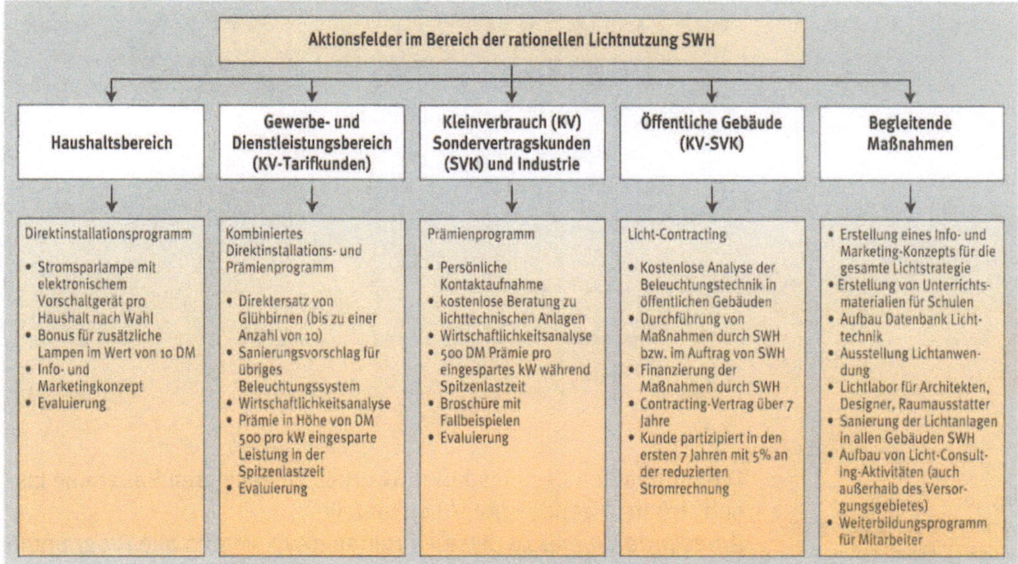

- Direktinstallation und Prämien für Haushaltskunden,
- Direktinstallation mit Beratung und Prämien bei den Gewerbekunden im Tarifbereich,
- intensive Beratungen mit Prämien für Beleuchtung, Lüftung und Kühlung bei den Sondervertragskunden sowie
- umfassende Beratungen mit Prämien bei den Industriebetrieben mit dem größten Stromverbrauch.

Begleitend zu allen Programmtypen ist eine allgemeine Informations- und Beratungskampagne notwendig. Sie ist die Grundvoraussetzung, daß Einsparprogramme erfolgreich umgesetzt werden können. Die Spannweite der eingesetzten Instrumente ist enorm: Informationsbroschüren, Videos, Anzeigen, Informationsveranstaltungen, Produktinformationslisten, Labels (übersichtliche Produktinformation, die am Gerät angebracht ist und den Stromverbrauch bzw. die zu erwartenden Stromkosten dokumentiert), Zertifikate, Schulungen für den Handel und Vor-Ort-Beratungen bei den Kunden. Im März 1996 starteten die Stadtwerke Hannover parallel zu ihren neuen Dienstleistungsangeboten mit einer Image-Kampagne. »Mit EnerCity auf neuem Kurs: Wir gestalten unsere Zukunft mit Energie!« Mit dieser Kampagne wollen sich die Stadtwerke als

- serviceorientierter Energiedienstleister
- Partner in allen Fragen der Energieeinsparung
- Garant für die wirkungsvolle Umsetzung von Klima- und Umweltschutzzielen

bei ihren Kunden ins Bewußtsein bringen.

Abb. 29:
Aktionsfelder im Bereich der rationellen Lichtnutzung.
(Quelle: Stadtwerke Hannover 1995)

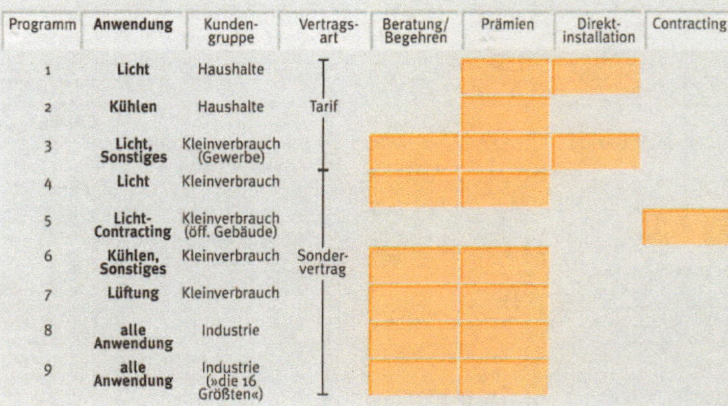

Abb. 30:
Die neun Stromsparprogramme des »Einsparkraftwerks Hannover« im Überblick. (Quelle: Stadtwerke Hannover 1995)

Die für den Bau des Einsparkraftwerkes eingesetzten Bausteine lassen sich in folgende Kategorien einteilen:

Anreizprogramme: Zu diesem Programmtyp werden alle Programme gezählt, bei denen die Energiedienstleistungsunternehmen den Käufern oder auch den Verkäufern bzw. Händlern finanzielle Anreize gewähren. Diese Anreize können dabei aus einem Geldbetrag, aus einer Sachleistung oder auch aus vergünstigten Krediten bestehen.

Direktinstallationsprogramme: Bei diesen Dienstleistungsprogrammen werden einfache Einspartechnologien wie z.B. Stromsparlampen oder Wärmemäntel für Warmwasserboiler kostenlos bei den Kunden installiert.

Contracting-Programme: Bei Contracting-Programmen werden Maßnahmen der rationellen Stromnutzung beim Kunden von den Energiedienstleistungsunternehmen vorfinanziert. Die Rückzahlung erfolgt über einen bestimmten Zeitraum über monatliche Gebühren (»energy service charges«). Diese Gebühren sind so festgelegt, daß sie etwa der Summe entsprechen, die der Kunde durch die Maßnahme einspart.

Bei der Planung für das Einsparkraftwerk wurden die verschiedenen möglichen Programmvarianten und die zu erwartenden Ergebnisse einander gegenübergestellt und bewertet. Ausgewählt wurden schließlich jene Programmvarianten, die erstens einen möglichst großen Teil des vorhandenen Einsparpotentials erschließen und zweitens am kostengünstigsten umzusetzen sind (vgl. Abb. 30).

Die ersten Bausteine wurden bereits umgesetzt

Bereits während der Planung des Einsparkraftwerks wurde mit der Umsetzung des Prämienprogramms bei Kühlgeräten begonnen. Beim Kauf besonders stromsparender Kühl- und Gefriergeräte gewährten die Stadtwerke Hannover eine Prämie von 50 Mark. Das Programm lief jedoch langsamer an als angenommen und hatte auch unerwar-

tete Hürden zu überwinden.[1] So stoppte z.B. ein Elektrogeräte-Händler den Beratungsstand der Stadtwerke in Hannovers umsatzstärkstem Technik-Kaufmarkt, wo der Zuschuß von 50 Mark direkt ausgezahlt wurde. Während der Startphase des Prämienprogrammes konnten wöchentlich nur 40 Prämien ausgezahlt werden. Zum Schluß stieg die Zahl der Prämien auf über 100 an. Insgesamt wurden schließlich 1830 Kühl- und Gefriergeräte gefördert – eine Zahl, die hinter den Erwartungen der Gutachter zurückblieb. Dagegen verzehnfachte sich mit über 7000 zusätzlichen telefonischen und persönlichen Beratungen die Zahl der Haushaltskunden, die sich im gleichen Zeitraum bei den Energieberatern der Stadtwerke speziell über energieeffiziente Kühlschränke und Gefriergeräte informierten.
Über die Nutzungsdauer der geförderten Geräte gerechnet, lassen sich mit diesem achtmonatigen Prämienprogramm vermutlich mehr als drei Millionen Kilowattstunden Strom einsparen. Das wichtige Nutzen-Kosten-Verhältnis (das unter anderem die gesamten Programmkosten, die langfristig vermiedenen Grenzkosten für die Strombeschaffung und die Stromeinsparungen durch die neuen Geräte berücksichtigt) lag bei diesem Pilotprojekt aus volks- und betriebswirtschaftlicher Perspektive mit einem Quotienten von etwa 0,8 lediglich an der Schwelle zur Kosteneffektivität. Bei einem verbesserten Langzeit-Vollprogramm, so das Fazit, ist jedoch ein wirtschaftliches Ergebnis zu erwarten. Um den Erfolg und die Akzeptanz der von immer mehr Versorgungsunternehmen angebotenen Prämienprojekte auszubauen, schlagen die Stadtwerke Hannover bundesweite oder regionale Prämienprogramme vor, abgestimmt mit Geräteherstellern, Handel und Stromunternehmen, denn mit gezielter Werbung in Funk und Fernsehen (und der sicherlich erhöhten Aufmerksamkeit der Medien) könnte der Bekanntheitsgrad solcher Aktionen entscheidend verbessert werden.
Analysen bei ausgewählten gewerblichen Kunden in Hannover zeigten, daß mit Einspar-Contracting zwischen 6 und 24 Prozent des Stroms wirtschaftlich eingespart werden können. In zwei der untersuchten Betriebe kommen noch erhebliche Wärmeeinsparungen hinzu. Unberücksichtigt blieben bei dieser Berechnung übrigens alle Einsparmöglichkeiten, die die Kunden außerhalb des Contracting-Verfahrens durch einfache Sofortmaßnahmen und Verhaltensänderungen erzielen können. Mit durchschnittlich 5 bis 15 Contracting-Maßnahmen könnte bei diesen Kunden die Stromrechnung jährlich um insgesamt 260 000 Mark gesenkt werden – der dafür nötige Kapitalaufwand liegt bei nur etwa 110 000 Mark jährlich. Je nach Investition läge die Amortisationsdauer zwischen zwei und acht Jahren. Den Stadtwerken würden allerdings dauerhafte Absatzverluste verbleiben, die auch durch die Gewinne beim Contracting nicht ganz ausgeglichen werden könnten. Andererseits hätten die Stadtwerke nur Verluste und keine Gewinne zu erwarten, wenn die Kunden die

Das A und O eines Einsparkraftwerks ist, daß die Stromkunden über die Möglichkeiten des Energiesparens und über entsprechende Programme des Energiedienstleistungsunternehmens informiert sind. Information und Werbung haben deshalb tragende Funktionen im Gebäude des Einsparkraftwerks.

Die Erfahrungen in Hannover zeigen: Das Interesse bei den Kunden ist groß, doch es gibt auch Skepsis, und vor allem fehlen Informationen. Die Energieversorger müssen sich auf Konkurrenz in diesem Geschäftsfeld einstellen.

Einsparmaßnahme allein oder mit einem anderen Contractor realisieren würden.

Auch diese rechnerischen Feinanalysen bestätigten wieder einmal, daß auch in eigentlich sehr kostenbewußten Wirtschaftsunternehmen noch viel Strom gespart werden kann.

Etwas aus dem Rahmen fiel bei den Untersuchungen eine Gesamtschule, die mit ihren großen Mängeln in der Bau- und Anlagentechnik zu den »Bausünden« der siebziger Jahre zählt. Mit wenigen Maßnahmen (vor allem mit einer bedarfsgerechten Regelung von Lüftung und Beleuchtung) könnte der Stromverbrauch um 67 Prozent gesenkt werden. In Verbindung mit den ohnehin anstehenden Sanierungsarbeiten würden sich in dieser Schule die Investitionen in eine effizientere Energietechnik schon innerhalb eines Jahres rentieren.

Mit der konkreten Umsetzung der Contracting-Projekte konnte entgegen den ursprünglichen Planungen nicht bis zum Abschluß der LCP-Fallstudie begonnen werden. Trotzdem haben sowohl die Praktiker der Stadtwerke als auch die Wissenschaftler beider Gutachterinstitute bereits während der Vorbereitung der Contracting-Vorhaben weitere für die gesamte Versorgungswirtschaft sicherlich interessante Erfahrungen gemacht:

- Bei den Kunden besteht ein grundsätzliches Interesse, Energiesparen per Contracting finanzieren zu lassen.
- Nicht nur für die Mitarbeiter der Versorgungsunternehmen sind die Details des Contractings neu, sondern auch für ihre Kunden. Bisher verfügen auch nur wenige Ingenieurbüros über ein Knowhow, das die ganze Breite der Einspartechnologien abdeckt. In der Anfangsphase müssen alle Beteiligten gemeinsam Erfahrungen mit der für sie neuen Methode sammeln.
- Damit die Einsparmöglichkeiten besser abgeschätzt werden können, empfiehlt sich vor allem bei komplexeren Projekten, sowohl mit einer Grob- als auch einer Feinanalyse vorzugehen.
- Alle Kundengespräche und Vor-Ort-Termine der Projektingenieure haben einen Beratungseffekt, der den Kunden zur Umsetzung von Ad-hoc-Maßnahmen veranlassen kann. Dieser »Mitnahmeeffekt« ist aus ökologischer und volkswirtschaftlicher Perspektive sicherlich zu begrüßen. Jedoch vermindert dieses »Rosinenpicken« die Attraktivität des Contracting-Angebots für die Stadtwerke.
- Die Stadtwerke Hannover werden beim Contracting auf eine wachsende Zahl von Mitbewerbern treffen. Gegenüber den bisherigen Aufgaben eines Stromversorgers wird das Neuland sein und damit neue Ansätze beim Vertrieb und Marketing erfordern.
- Noch werden Einsparaktivitäten der Stromversorger von manchen Kunden skeptisch beurteilt (»Ich kann's nicht glauben, daß die sich ihren eigenen Ast absägen wollen!«). Diese Skepsis kann nur überwunden werden, wenn die einzelnen Projekte nachvollzieh-

bar und glaubwürdig präsentiert werden. Kurzatmige PR-Aktionen wären dabei kontraproduktiv. Die neuen Geschäftsfelder müssen langfristig angelegt und strategisch erschlossen werden.

Mit den Pilotprojekten war ein erheblicher Aufwand verbunden: Messung der Energieverbräuche, Analyse der Einsparpotentiale, Beratungsleistungen, Planung der Maßnahmen. Mehrere Gründe sprechen jedoch dafür, daß sich der mit Pilotprojekten verbundene hohe Aufwand künftig erheblich verringert:

- Erfahrung und Routine vereinfachen die Such-, Projektierungs- und Entscheidungsprozesse.
- Das Projektmanagement wird sich kontinuierlich mit den gewonnenen Erfahrungen verbessern.
- Je bekannter das Contracting-Verfahren wird, um so weniger »Überzeugungsarbeit« ist beim einzelnen Kunden notwendig.
- Bei kontinuierlicher Zusammenarbeit mit Ingenieurbüros vor Ort wird weiteres wichtiges Know-how gesammelt.
- Mit konkreten Projekten und einer gezielten Marktforschung können künftig jene Maßnahmen und Kundengruppen schneller herausgefiltert werden, bei denen mit wenig Aufwand viel zu erreichen ist.

Die Baugenehmigung

Brauchen die Stadtwerke für Stromsparprogramme eine Erlaubnis von den staatlichen Energie- und Preisaufsichtsbehörden? Ein klares »Jein« ist die Antwort. Natürlich können Energiedienstleistungsunternehmen jederzeit Programme zur rationellen Energienutzung bei ihren Kunden durchführen, ohne hierzu eine Erlaubnis bei der Aufsichtsbehörde zu benötigen. Doch ist der Bau eines Einsparkraftwerkes bei den Stadtwerken Hannover mit erheblichen Investitionen verbunden, denen in der Regel keine zusätzlichen Erlöse gegenüber stehen. Denn der Nutzen der Einspartechniken kommt größtenteils den Kunden zugute. Wie wir zeigen werden, sind deshalb (gewinnneutrale) Preiserhöhungen bei den jeweiligen Kundengruppen notwendig. Die Rechnungen der Kunden werden hingegen wegen der Energieeinsparung sinken. Ohne entsprechende Preiserhöhungen würde das Einsparkraftwerk zu ruinösen Defiziten bei den Stadtwerken führen. So müßten z.B. die Stadtwerke Hannover bis zum Jahr 2010 einen Ertragsausfall von rund 240 Millionen Mark verkraften, wenn sie die Kosten nicht umlegen könnten. Das ist eine Summe, die kein Wirtschaftsunternehmen freiwillig abschreibt.
Umfassende IRP-Anstrengungen sind daher nur möglich, wenn sie Unterstützung von den Preis- und Kartellaufsichtsbehörden bekommen. Wenn die Energiepolitik der Europäischen Union, der Bundes-

Wenn die Aufsichtsbehörden den Bau eines Einsparkraftwerks mit der Erlaubnis zu moderaten Preiserhöhungen verknüpfen, profitieren die Kunden dank sinkender Rechnungen dennoch, und das Energiedienstleistungsunternehmen wird nicht gezwungen, an dem Ast zu sägen, auf dem es ökonomisch sitzt.

regierung und der Bundesländer die Versorgungsunternehmen zum strategischen Energiesparen – über die heute üblichen PR-Aktivitäten hinaus – motivieren will, sind veränderte Rahmenbedingungen notwendig. Sie müssen so gestaltet werden, daß das, was ökologisch notwendig und gesamtwirtschaftlich vorteilhaft ist (was die LCP-Studie Hannover explizit bestätigt), auch für die Stromversorger betriebswirtschaftlich machbar wird. Um der Integrierten Ressourcenplanung in der Bundesrepublik zum Durchbruch zu verhelfen, ist es unabdingbar, daß die rechtlichen Rahmenbedingungen für die Energiewirtschaft geändert werden.

Manches ist allerdings auch schon heute möglich. Das unterstrich der Staatssekretär im niedersächsischen Ministerium für Wirtschaft, Technologie und Verkehr, Dr. Alfred Tacke, mit seiner Erklärung im März 1993: »Die Landesregierung begrüßt das LCP-Projekt der Stadtwerke Hannover ausdrücklich und hofft darüber hinaus, daß LCP bei den Stadtwerken, aber auch bei anderen Unternehmen zu einem durchgängigen Konzept der Unternehmenssteuerung wird. Auch die niedersächsische Strompreisaufsicht wird sich im Rahmen des geltenden Rechts an den Grundsätzen des LCP orientieren.«

Wie die Preis- und Kartellaufsicht den Bau von Einsparkraftwerken begünstigen kann, wird auf S. 141 ff. dargelegt. Vorbild könnte die in den Vereinigten Staaten gängige Praxis der »Anreizregulierung« sein. Um den jahrelangen Widerstand der Stromversorger gegen den IRP-Ansatz zu überwinden, entschlossen sich amerikanische Aufsichtsbehörden Ende der achtziger Jahre, die IRP-Programme z.B. mit einem Bonus auf eingesparte Kilowattstunden oder mit einer höheren Rendite auf die Einsparinvestitionen für die Unternehmen attraktiver zu machen als die Ausweitung des Stromabsatzes.

Das Kraftwerk

Wie bereits dargestellt, kommt systematisches Einsparen dem Bau eines Kraftwerkes gleich. Was dieses Einsparkraftwerk zu leisten vermag, was es kostet und wie es sich auf die Rechnungen der Kunden auswirkt, soll in den folgenden Abschnitten erläutert werden.

Die Einsparung

Die gesamte Strommenge, die das Hannoveraner Einsparkraftwerk innerhalb von knapp zwanzig Jahren zu leisten bzw. zu vermeiden vermag, liegt bei rund 2,4 Milliarden Kilowattstunden Strom. Diese (eingesparte) Strommenge fällt jedoch nicht gleichmäßig an. In den Anfangsjahren kommt das Einsparkraftwerk erst allmählich auf Touren, aber in dem Maße, wie die einzelnen Dienstleistungsprogramme umgesetzt werden, steigt die »Stromproduktion« an. In Abb. 31 wird die Arbeitseinsparung nach Zeit- (bzw. Last-)Zonen dargestellt.

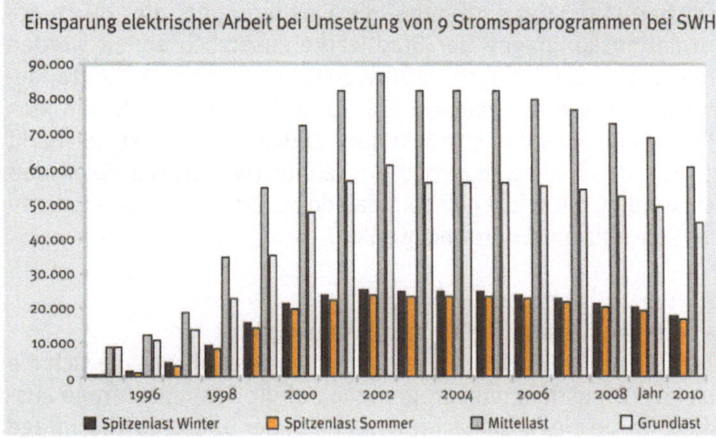

Daß rund die Hälfte der Einsparung im Bereich »Kleinverbrauch« erzielt wird (siehe Abb. 32), hat folgenden Grund: Unter Kleinverbraucher fallen alle Kunden, die nicht zu der Kategorie Industriekunden oder Tarifkunden (Haushalte, kleine Gewerbekunden mit einer Leistung von unter 25 kW, Landwirtschaftskunden) zählen. Es handelt sich um Krankenhäuser, Schulen, Universitäten, Hallenbäder, öffentliche Gebäude, Sporthallen, Verwaltungsgebäude, Altenheime, etc.

Wenn alle neun Sparprogramme greifen, lassen sich jährlich bis zu 200 Millionen Kilowattstunden »produzieren«, die sich, wie Abb. 32 zeigt, auf die einzelnen Verbrauchsgruppen bzw. Anwendungen wie folgt verteilen:

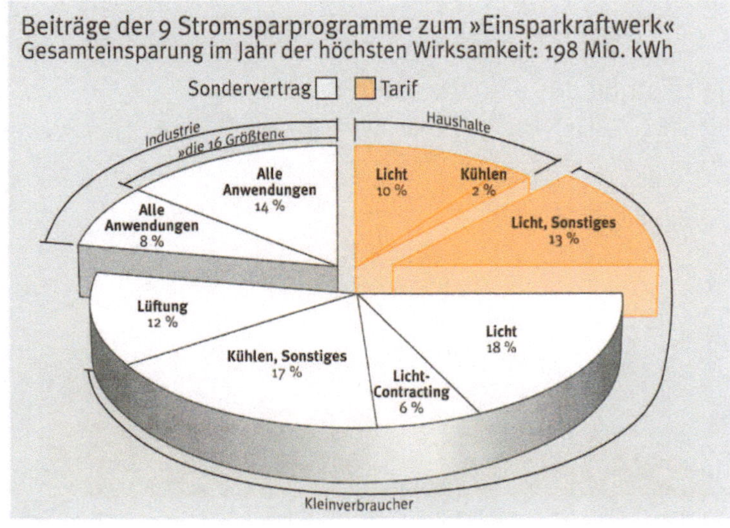

Nicht berücksichtigt sind dabei die Einsparungen, die durch die Informationskampagne der Stadtwerke zusätzlich erzielt werden können, etwa durch einen bewußteren Umgang mit Strom und anderen Energieträgern. Ebensowenig wurde berücksichtigt, daß sich aufgrund der Investitionen der Kunden und der Stadtwerke der Markt für Effizienztechnologien verbessern könnte. Das hätte zur Folge, daß auch Kunden, die selbst nicht am Bau des Einsparkraftwerks teilnehmen, eine effizientere Technik wählen.

Während bei einem echten Kraftwerk nur ein Teil (rund 95 Prozent) des erzeugten Stroms beim Kunden ankommt, ist bei einem Einsparkraftwerk die »Nettoproduktion« gleich der »Bruttoproduktion«. Netz- und Umspannverluste entfallen beim Einsparkraftwerk in der Regel, ebenso wie der Eigenverbrauch.

Die Turbinenleistung (Leistungseinsparung)

Bei der Planung des Einsparkraftwerks wurde ermittelt, wie sich die einzelnen Dienstleistungsprogramme auf die Stromnachfrage auswirken, ob sie die Stromnachfrage zur Zeit der Spitzenlastnachfrage oder vor allem in der Schwachlastzeit reduzieren.

Das Ergebnis war, daß eine Leistung von rund 12 000 Kilowatt über das ganze Jahr hinweg eingespart wird. Ein Kraftwerk, das jenen Strombedarf deckt, der das ganze Jahr über auftritt, wird Grundlastkraftwerk genannt. Daneben können 23 000 kW im Mittellastbereich und nochmals 5000 kW im Spitzenlastbereich eingespart werden.

Insgesamt wird durch den Bau des Einsparkraftwerks eine Leistung von rund 40 000 Kilowatt erzielt. Die Summe dieses Einsparerfolgs verändert sich im Laufe der Jahre, da er von der Laufzeit und dem Zusammenwirken der einzelnen Dienstleistungsprogramme abhängig ist. So hängt der Leistungsabfall nach dem Jahr 2002 (siehe Abb. 33) damit zusammen, daß die »Sparwirkung« des ersten Aktionsprogrammes (Direktinstallation von Stromsparlampen) nach etwa acht Jahren nachläßt. Dieser »Leistungsabfall« läßt sich jedoch durch die Umsetzung neuer Stromsparprogramme ausgleichen.

Abb. 33:
Die Leistung des Einsparkraftwerks: Etwa 5–6 Prozent der Spitzenlast können nach dem Jahr 2000 eingespart werden. (Quelle: Stadtwerke Hannover 1995)

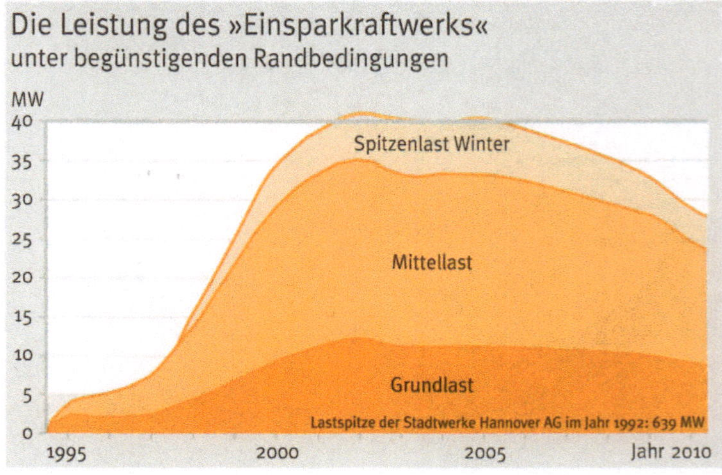

Bauzeit und Lebensdauer des Kraftwerks

Einsparkraftwerke benötigen ebenso wie »echte« Kraftwerke eine bestimmte Bauzeit. Diese kann je nach Programmtyp, Stromanwendung und Kundengruppe unterschiedlich lang sein. Während beispielsweise ein Direktinstallationsprogramm für Stromsparlampen im Haushalt innerhalb eines Vierteljahres durchgeführt werden kann, benötigt ein Direktinstallationsprogramm bei Kleinverbrauchs-Tarifkunden, verbunden mit einem Beratungsprogramm, etwa zwei bis drei Jahre. Dabei sind die Programmentwicklungszeiten und der Zeitbedarf für die Pilotprogramme sowie für Einstellung und Fortbildung von Mitarbeitern noch nicht berücksichtigt. Zumindest bei den ersten Einsparkraftwerken führt all dies zu einer Verlängerung der Bauzeit. Ein Prämienprogramm im Haushalt, das darauf abzielt, die Käufer von Kühlgeräten zum Kauf von sparsamen statt ineffizienten Geräten zu bewegen, hat eine Bauzeit, die der Nutzungsdauer der Kühlgeräte entspricht. Bei dem geplanten Einsparkraftwerk wurde unterstellt, daß das Prämienangebot zunächst auf fünf Jahre beschränkt sein soll.

In Abbildung 34 sind Baubeginn, Fertigstellung und Nutzungsdauer der einzelnen Dienstleistungspakete dargestellt. So wird z.B. das Lichtprogramm bei den Sondervertragskunden Kleinverbrauch (Programm Nr. 4) 1997 begonnen und im Jahr 2000 abgeschlossen. Zwischen 1997 und dem Jahr 2000 wird jedes Jahr ein Anteil des Einsparpotentials erschlossen. Da die Nutzungsdauer der Beleuchtungsanlagen auf zwölf Jahre veranschlagt wird, reicht die volle jährliche Einsparung im Rahmen dieses Programms bis zum Jahr 2008. Nach diesem Jahr sinkt die jährliche Einsparung entsprechend des Abgangs der technischen Anlagen ab.[2]
Die unterschiedliche Schattierung zeigt den Umsetzungsgrad eines Programmes an. Die dunkleren Flächen markieren den Zeitraum, in dem das Stromsparprogramm die volle Wirkung erzielt. Im Rahmen

Abb. 34:
Einführungszeitpunkt und Wirkungsdauer des Einsparkraftwerks. (Quelle: Stadtwerke Hannover 1995)

Nr.	Programm	'95	'96	'97	'98	'99	'00	'01	'02	'03	'04	'05	'06	'07	'08	'09	'10
1	Effiziente Beleuchtung, Haushalte																
2	Kühlen, Haushalte																
3	Effiziente Beleuchtung und sonstiges im Gewerbe																
4	Effiziente Beleuchtung bei Kleinverbrauch SVK																
5	Nutzlichtangebot																
6	Kühlen u. sonstiges im Bereich Kleinverbr. SVK																
7	Effiziente Lüftung im Bereich Kleinverbr. SVK																
8	Alle Effizienztechnologien Industriekunden																
9	Alle Effizienztechnologien bei den »16 Großen«																

des Gutachtens wurden Stromsparprogramme für die kommenden acht Jahre entwickelt. Die Wirkung einiger dieser Stromsparprogramme reicht somit nicht so weit in die Zukunft wie der Bau eines Kraftwerkes. Dieser Mangel kann aber durch die Auflage neuer Energiedienstleistungsprogramme behoben werden.

Die Baukosten

Unter Baukosten des Einsparkraftwerkes werden hier diejenigen Kosten zusammengefaßt, die von den Kunden oder den Stadtwerken Hannover für Technik und Umsetzung aufgebracht werden müssen. Der größte Teil der Investitionen wird von den Kunden getragen: Rund 95 Millionen Mark investieren sie im Laufe der Bauzeit des Einsparkraftwerks. Von den Stadtwerken erhalten sie hierzu rund 31 Millionen Mark Zuschüsse.

Die Stadtwerke müssen im Rahmen von drei Programmen (Direktinstallationsprogramm Haushalte, Direktinstallations- und Beratungsprogramm für Kleinverbraucher-Tarifkunden, Licht-Contracting-Programm) rund 14 Millionen Mark direkt in Einspartechnik investieren[3]. Neben den Investitionen in Technik fallen bei den Stadtwerken rund 41 Millionen Mark an Umsetzungskosten an, z.B. Beratungskosten, Information oder Marketing, denn die Hemmnisse gegenüber der rationellen Energienutzung beim Kunden (z.B. Informationsmängel, Kapitalknappheit) müssen überwunden werden. Transferleistungen (Prämien) an die Kunden sind in diesen Zahlen nicht berücksichtigt. Bezieht man die Baukosten für die einzelnen Programme des Einsparkraftwerks auf die jeweils eingesparten Kilowattstunden, so lassen sich die spezifischen Kosten je Kilowattstunde errechnen. In der Abb. 35 sind die Programme zunächst nach den anfallenden Kosten für die Effizienztechnik aufsteigend geordnet. Demnach können bei Technikkosten von 3,7 Pfennig pro Kilowattstunde rund 150 Gigawattstunden eingespart werden, bei Technikkosten von 8 Pfennig pro Kilowattstunde rund 2400 GWh.

Neben den Technikkosten werden in einem zweiten Schritt die Kosten für die Umsetzung der Programme berücksichtigt. Es zeigt sich, daß die Erschließung der Einsparpotentiale bezogen auf die eingesparte Kilowattstunde unterschiedlich teuer sein kann. In Abb. 36 wurden die Umsetzungskosten den Technikkosten zugefügt, die Sortierung wurde aber beibehalten. Aus den beiden Abbildungen wird ersichtlich, daß zum Beispiel das Programm »Effiziente Kühlung im Haushaltsbereich«, das bei den Technikkosten an dritter Stelle liegt, aufgrund der höheren Umsetzungskosten auf den vorletzten Rang abrutscht. Die Rangordnung unter den Programmen kann sich also unter Berücksichtigung der Umsetzungskosten deutlich verändern. Die Kosten der eingesparten Kilowattstunde sind jedoch nur eines von mehreren Auswahlkriterien. Ein weiteres wichtiges Kriterium sind

Information, Werbung, Weiterbildung und anderes: Die Umsetzung eines Energiesparprogramms kann erhebliche Kosten verursachen und die Rangordnung der ökonomisch besonders lohnenden Projekte entscheidend verändern.

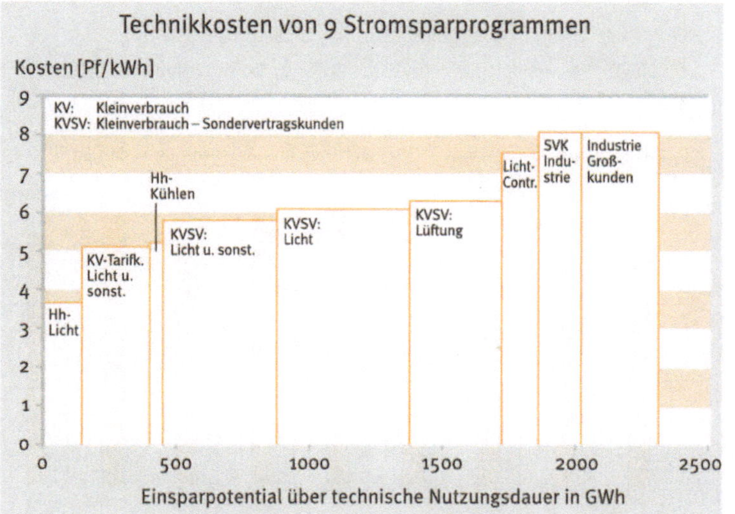

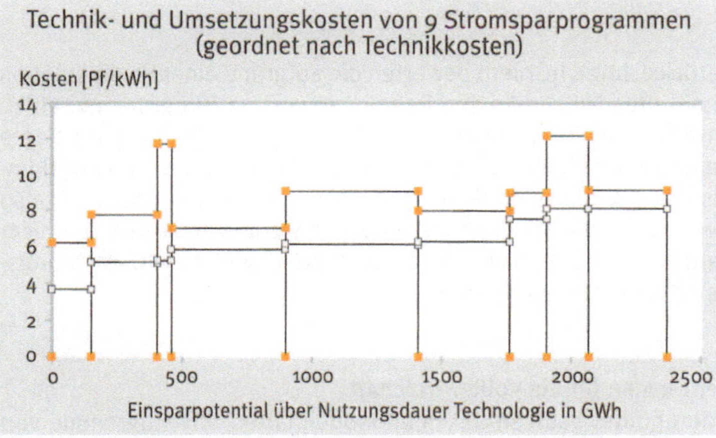

Abb. 35:
Technikkosten von neun ausgewählten Stromsparprogrammen. (Quelle: Stadtwerke Hannover 1995)

Abb. 36:
Technik- und Umsetzungskosten von neun Stromsparprogrammen, geordnet nach Technikkosten. (Quelle: Stadtwerke Hannover 1995)

die vermiedenen Kosten der Stromerzeugung. Deshalb wurden in Abb. 37 für jedes Einsparprogramm die Programmkosten den vermiedenen Kosten gegenübergestellt. Aus der Differenz zwischen den langfristig vermiedenen Grenzkosten der Strombeschaffung und der Summe aus Technik- und Programmkosten läßt sich der volkswirtschaftliche Vorteil der neun Stromsparprogramme ablesen.

Darüber hinaus wurde für jedes der Programme ein Nutzen-Kosten-Test[4] vorgenommen. Im Rahmen des volkswirtschaftlichen Nutzen-Kosten-Tests (Total Resource Cost Test, TRCT) werden die volkswirtschaftlichen Kosten der Einsparung (Technik- und Umsetzungskosten) dem Nutzen in Form langfristig vermiedener Kosten der Stromerzeugung und -verteilung gegenübergestellt. Die externen Kosten der Stromerzeugung werden bei diesem Test aber nicht

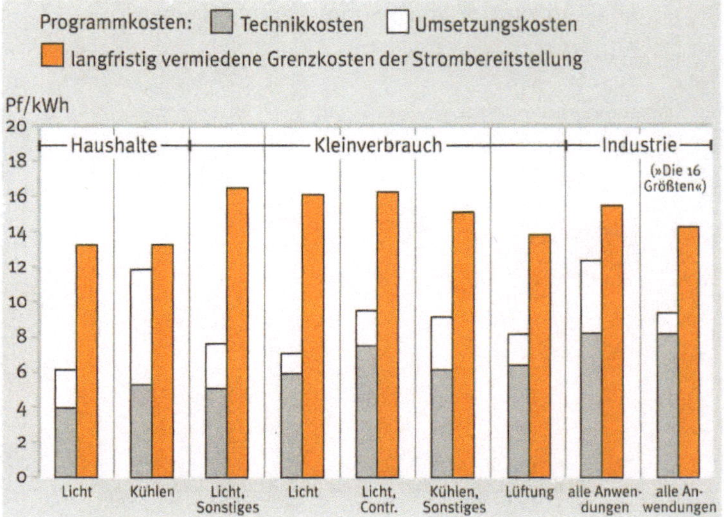

berücksichtigt. Insofern bewerten die aufgrund einer Vorkalkulation ermittelten Nutzen-Kosten-Relationen von 1,2 (Programm 2, effiziente Kühlung im Haushaltsbereich) bis 2,2 (Programm 4, effiziente Beleuchtung im Marktsegment Kleinverbrauch Sondervertragskunden) den gesellschaftlichen Nutzen der Einsparmaßnahmen also tendenziell zu niedrig. Anreizzahlungen werden in diesem Test nicht berücksichtigt, da sie bei einer volkswirtschaftlichen Betrachtungsweise keine Kosten darstellen.

Der Gewinn für die Volkswirtschaft

Während der Laufzeit der neun modellhaften IRP-Programme von 1995 bis 2010 ergibt sich auf der Basis der vermiedenen langfristigen Grenzkosten ein volkswirtschaftliches Plus von 154 Millionen Mark. Dieselben Energiedienstleistungen, die heute mit ineffizienter Technik bereitgestellt werden, würden bei einem Einsatz effizienterer Technik bis zum Jahr 2010 insgesamt rund 150 Millionen Mark weniger Kosten verursachen. Ein Teil dieses volkswirtschaftlichen Vorteils würde sich in niedrigeren Energierechnungen für die Betriebe und somit in einer verbesserten Wettbewerbsfähigkeit ausdrücken. Ein anderer Teil könnte die Energierechnungen der Haushalte entlasten und somit indirekt – eine konstante Sparquote vorausgesetzt – zu einer zusätzlichen Nachfrage in anderen Sektoren der Wirtschaft führen. Ein dritter Anteil könnte die Gewinne der Stadtwerke Hannover erhöhen und somit den Bau weiterer Einsparkraftwerke für die Stadtwerke attraktiv machen.

Die Finanzierung

Wenngleich offensichtlich ist, daß das Einsparkraftwerk gegenüber dem Kraftwerkbau Kostenvorteile bringt, so ist doch die Bilanz für die Stadtwerke bei unveränderten Preisen äußerst ungünstig.

Bei Umsetzung der neun Dienstleistungsprogramme für das Einsparkraftwerk bis zum Jahr 2010 müßten die Stadtwerke Hannover bei konstantem Preisniveau mit einem Defizit von 242 Millionen Mark rechnen (siehe Variante »ohne Strompreiserhöhung« in Abb. 38). Setzt man bei dieser Berechnung nur die kurzfristig vermeidbaren Grenzkosten an, erhöht sich das Minus der Stadtwerke bei einer kurzfristigen, kaufmännisch-bilanziellen Rechnung auf 332 Millionen Mark. Dieses hohe Defizit, das um so höher ausfällt, je mehr Strom gespart wird, ist für einsparwillige Energieversorger das zentrale Problem. Durch den verringerten Stromabsatz vermindern sich die Erlöse weit stärker, als (Betriebs-)Kosten eingespart werden können.

Da einem Versorgungsunternehmen bei allem Engagement für den Umweltschutz derartig hohe Defizite nicht zuzumuten sind, sieht der IRP-Ansatz vor, daß solche Verluste durch die Erhöhung der spezifischen Strompreise kompensiert werden. Der volkswirtschaftliche Vorteil bleibt damit im vollen Umfang erhalten, nur ist der finanzielle Vorteil der Kunden, die an den IRP-Projekten teilgenommen haben, nicht mehr ganz so hoch. Auch wenn sich der Preis pro Kilowattstunde etwas erhöht, sinkt die Stromrechnung der Teilnehmer, da sie weniger verbrauchen. Die Minderheit der Kunden, die an den Stromeinsparprogrammen nicht teilnimmt, wird jedoch mit den Preiserhöhungen belastet.

Wie kann man nun den Energieversorgern einen Anreiz geben, sich für kosteneffizientes Energiesparen zu engagieren? Ein Vorschlag wäre, den volkswirtschaftschaftlichen Vorteil der Sparprogramme

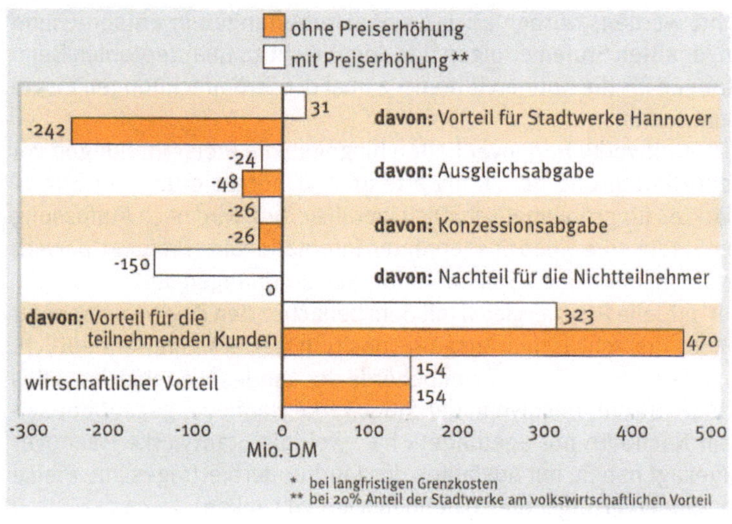

Abb. 38: Volkswirtschaftlicher Vorteil der neun Stromsparprogramme sowie die finanziellen Auswirkungen auf die beteiligten Gruppen. (Quelle: Stadtwerke Hannover 1995)

zwischen Versorgungsunternehmen und Kunden in einem bestimmten Verhältnis aufzuteilen. In einigen US-Bundesstaaten hat man sich z.B. auf eine Relation von 20 zu 80 Prozent geeinigt. Auf dieser Basis könnten die Stadtwerke über die gesamte Laufzeit der Sparprogramme mit einem Plus von 31 Millionen Mark rechnen.

Die Rechnung der Eigentümer

Die eindeutigen finanziellen Gewinner des Einsparkraftwerkes sind all jene Kunden, die sich an seinem Aufbau beteiligen. Diese Verbraucher müßten zwar für die neun Sparprogramme 104 Millionen Mark in effizientere Technik investieren, würden aber bei einem konstanten Preisniveau im Saldo mit 470 Millionen Mark profitieren! Würde der Vorteil aber tatsächlich so aufgeteilt, triebe das die Stadtwerke in den Ruin. Deshalb ist zugleich eine Preiserhöhung für einzelne Kundengruppen sinnvoll. Die Gutachter errechneten vor diesem Hintergrund Strompreiserhöhungen für die privaten Haushalte von 0,5 Pfennig pro Kilowattstunde, für die Gewerbe-Tarifkunden um ca. 2 Pfennig pro Kilowattstunde sowie für die Sondervertragskunden um 0,9 Pfennig pro Kilowattstunde. Diese Beträge sollen den Ertragsausfall der Stadtwerke Hannover kompensieren und darüber hinaus den Stadtwerken einen finanziellen Anreiz von insgesamt 31 Millionen Mark geben.

Bei der erwähnten Aufteilung des volkswirtschaftlichen Gewinns bliebe all den Kunden, die sich an den Stromsparprogrammen beteiligt haben, ein Kostenvorteil von zusammen 323 Millionen Mark. Dagegen würden alle jene Kunden, die an den Energiesparprojekten nicht teilgenommen haben, mit 150 Millionen Mark belastet.

Die genannten Preiserhöhungen beziehen sich auf den Zeitraum bis zum Jahr 2010. Da die Programme über mehrere Jahre hinweg eingeführt werden, würden auch die Preiserhöhungen in entsprechend angepaßten Stufen erfolgen und somit nicht zu unakzeptablen Belastungen für die Kunden führen – zumal die Stromrechnungen insgesamt sinken.

Die Stadtwerke Hannover halten hingegen die Preiserhöhungen vor dem Hintergrund der zu erwartenden »Liberalisierung der Strommärkte« für problematisch. Die Liberalisierung wird nach Auffassung der Stadtwerke einen ausgeprägten internationalen Preiswettbewerb eröffnen, der keinen Spielraum für Preiserhöhungen läßt.

Der aktuelle Preisvergleich mit dem benachbarten Regionalversorger macht die schwierige Ausgangsposition der Stadtwerke deutlich. Hinzu kommt, daß die Kartellbehörde des Landes Niedersachsen das höhere Strompreisniveau der Stadtwerke Hannover gegenüber seinem Nachbarn nur »geduldet« hat, weil die Stadtwerke Hannover zugesagt haben, mit Auslaufen des Jahrhundertvertrages ihre Preise im Sondervertragsbereich nennenswert zu senken.

Obwohl der Strompreis durch ein Energiesparprogramm steigen kann, bleibt den Kunden, die sich beteiligen, ein wirtschaftlicher Vorteil, da ihre Energierechnung insgesamt sinkt. Doch was ist mit den Kunden, die sich nicht beteiligen? Sie werden mit höheren Kosten belastet. Aber diese Art der Umlagefinanzierung gilt auch für Kraftwerke und Netze. Dennoch: Wenn nicht möglichst viele Kunden an Einsparprogrammen teilnehmen, kann dies Konflikte nach sich ziehen, die bei der Konzipierung des Einsparkraftwerks berücksichtigt werden müssen.

Dieses Beispiel zeigt, wie wichtig es ist, den LCP-Ansatz und dessen Vorteil für alle Beteiligten in der Öffentlichkeit und bei den Aufsichtsbehörden bekannt zu machen. Schließlich läßt sich belegen, daß die Kunden trotz der höheren Preise die gewünschten Energiedienstleistungen kostengünstiger und mit weniger Umweltbelastung erhalten. Es verdeutlicht auch, wie wichtig es ist, zumindest bundesweit, am besten aber in ganz Europa, die Rahmenbedingungen für die Veredelung von Energie durch Einsparprogramme zu harmonisieren (siehe Kapitel 5 zur IRP-Richtlinie).

Arbeitsplätze und sonstige Effekte

Neben den Arbeitsplätzen, die der Bau eines Einsparkraftwerkes im eigenen Unternehmen schafft, sind auch weitere Arbeitsplätze in der Region zu erwarten. Die Gutachter konnten zwar keine detaillierte Regionalanalyse erarbeiten, die über die zahlreichen mikro- und makroökonomischen Anpassungsreaktionen Aufschluß gibt und die wirtschaftlichen Folgen einer IRP-Strategie en détail nachweist. Dennoch geben die fünf untersuchten Szenarien[5] zur Energieversorgung Hannovers in den nächsten 15 Jahren genügend Anhaltspunkte für positive Auswirkungen einer Stromsparpolitik auf den Arbeitsmarkt – ein Aspekt, der bei der Diskussion um IRP bisher kaum beachtet wurde. In einer Abschätzung der regionalwirtschaftlichen Auswirkungen, die auf der Umsetzung der neun für das Einsparkraftwerk entwickelten Stromsparprogramme basiert, halten die Gutachter 160 zusätzliche dauerhafte Arbeitsplätze in der Region für wahrscheinlich.

Für die Organisation und den Bau des Einsparkraftwerkes wurde ein Bedarf nach etwa 24 zusätzlichen Stellen im Bereich »Neue Dienstleistungen« errechnet. Für alle Programme sind, mit gewissen Einschränkungen beim Direktinstallationsprogramm in den Haushalten, hochqualifizierte Energieberater notwendig, die über eine entsprechende Berufserfahrung und/oder eine entsprechende Weiterbildung verfügen.

Während die positiven Einflüsse auf den regionalen Arbeitsmarkt tendenziell eine Entlastung der städtischen Kassen zur Folge hätten, muß der Stadtkämmerer Hannovers mit geringeren Einnahmen rechnen. Wegen geringerer Konzessionsabgaben gingen der Stadtkasse bei konstanten Preisen jährlich 1,7 Millionen Mark verloren – über den Zeitraum von 15 Jahren sind das insgesamt rund 26 Millionen Mark. Dem gegenüber steht wieder ein positiver Effekt: Dank ihrer niedrigeren Stromrechnungen verfügen die Stromkunden über mehr Kaufkraft, was sich auf die Steuereinnahmen der niedersächsischen Landeshauptstadt auswirken kann.

Der Schornstein (Die Emissionen)

Einen Schornstein braucht das Einsparkraftwerk nicht. Mit jeder gesparten Kilowattstunde fallen Emissionen bei den bisherigen Kraftwerken weg. Schreibt man dem Einsparkraftwerk für die vermiedenen Emissionen und die dadurch entfallenden externen Kosten der Umweltbelastung vier Pfennig pro Kilowattstunde gut, so ergibt sich neben dem genannten Gewinn für die Volkswirtschaft von rund 140 Millionen Mark ein weiterer Vorteil von rund 96 Millionen Mark.

Nach dem Bau eines Kraftwerks kann man Einweihung und Tag der Offenen Tür feiern und es der Öffentlichkeit vorstellen. Der Erfolg eines Einsparkraftwerks muß durch permanente und sorgfältige Messungen und Bewertungen sichtbar gemacht werden, sowohl der Öffentlichkeit gegenüber, wie auch für die Aufsichtsbehörde und zur Motivation der eigenen Mitarbeiter.

Die Besichtigung

Ein Einsparkraftwerk kann schwerlich besichtigt werden. Die einzelnen Teile des Einsparkraftwerks, die Effizienztechnologien, sind meist nicht sehr spektakulär und kaum sichtbar. Eine elektronische Steuerung eines Elektromotors zum Beispiel oder die Verbesserungen an einer Lüftungsanlage sind nur für Eingeweihte erkenn- und nachvollziehbar. Dennoch sind sie meßbar.

Gerade weil der Leistungsnachweis für ein Einsparkraftwerk wesentlich schwerer zu erbringen ist als für ein »echtes Kraftwerk«, ist die systematische Bewertung von Energiedienstleistungsprogrammen außerordentlich wichtig. Zur Verdeutlichung sollen einige Aspekte genannt werden:

- Die dargestellten Stromsparprogramme verursachen dem Energiedienstleistungsunternehmen erhebliche Kosten. Diese Kosten sind mittelfristig nur tragbar, wenn nachgewiesen werden kann, daß diesen Kosten ein entsprechender Nutzen gegenübersteht. Daher müssen alle Stromsparprogramme systematisch untersucht werden. Das ist auch notwendig, um die Existenzberechtigung der Dienstleistungsabteilung innerhalb des Unternehmens nachzuweisen. Diese Abteilung verursacht, sofern es sich um reine Einsparprogramme im eigenen Versorgungsbereich handelt, kurzfristig in betriebswirtschaftlicher Hinsicht zunächst Kosten und (gegenüber dem Trend) entgangene Erlöse, die in der Regel höher sind als die vermiedenen Energiebeschaffungskosten.

- Die auf der Evaluierung basierende Kosten-Nutzen-Rechnung ist auch aus anderer Sicht unumgänglich: Selbst gewinneutrale Preiserhöhungen für die Finanzierung von Energiedienstleistungsprogrammen werden auf die Dauer von der Preisaufsichtsbehörde nur dann akzeptiert werden, wenn der nachgewiesene Nutzen für die Kunden – hierzu zählen auch die vermiedenen Kosten der Umweltbelastung – höher ist als die Kosten, die sich aus dem Programm ergeben.

- Der professionelle »Bau von Einsparkraftwerken« steht in der Bundesrepublik erst am Anfang. Unsicher ist noch, wie die einzelnen Instrumente, wie z.B. Prämienzahlungen für einzelne Technologien oder Beratungsprogramme im Gewerbe, auf den Einsparerfolg wirken. Nur wenn die Erfahrungen systematisch ausgewertet werden, können die Instrumente weiterentwickelt und die Programme verbessert werden.

- Letztlich werden sich nur diejenigen Einsparprogramme längerfristig durchsetzen lassen, die nachweislich positive Umweltwirkungen haben. Um eine hohe Akzeptanz bei den Mitarbeitern, Kunden, Marktpartnern und in der Öffentlichkeit zu erzielen, ist eine Evaluierung aller Stromsparprogramme notwendig.

Die Anreize

Die Umkehr der Anreizstruktur: Staatliche Flankierung

Kann ein Unternehmen damit Geld verdienen, daß es weniger von seinen Produkten verkauft? Kann sich ein Unternehmer einen Namen machen, wenn seine Firma im Vergleich zur Konkurrenz an Absatz verliert? Kann ein Unternehmer bei seinen Kunden auf Verständnis stoßen, wenn er die Preise aufgrund der geringeren Absatzmenge erhöhen muß? Was bewegt ein Unternehmen dazu, den bequemen traditionellen Weg der Energieversorgung zu verlassen und neue Wege einzuschlagen? Es gibt viele Fragen, die bislang selten gestellt und noch seltener beantwortet wurden. Wir wollen in diesem Abschnitt darlegen, was bei der Preis- und Kartellaufsicht geschehen muß, damit der Bau von Einsparkraftwerken zügig vorangehen kann.

Energieversorger unterliegen als Monopolisten der Preis- und Kartellaufsicht. Diese Behörden sind also entscheidend am Bau eines Einsparkraftwerks beteiligt – durch Genehmigungen, Kontrollen und Schaffung von Anreizen.

Die derzeitige Praxis der Strompreisgenehmigung ist absatzfördernd und belastet die Umwelt

Ende 1995 traten 14 Energieexperten aus Forschungsinstituten, Umwelt- und Verbraucherschutzverbänden an die Wirtschaftsministerien aller Bundesländer heran. Ihre Forderung: Die Rahmenbedingungen für die Stromeinsparung durch Energieversorgungsunternehmen müssen verbessert werden. Anlaß für diese Aufforderung ist die derzeitige Praxis der Preiskontrolle. Wir haben bereits gezeigt, daß sich der Bau eines Einsparkraftwerks für einen Energieversorger heute noch nicht lohnt, obwohl manche Einsparpotentiale konkurrenzlos kostengünstig sind. Noch schlimmer: der Bau solcher Einsparkraftwerke kann das Betriebsergebnis eines Versorgungsunternehmens »in den Keller rutschen lassen«. Wie ist das möglich? Bevor wir diese Frage beantworten, wollen wir erläutern, warum die Strompreise einer Genehmigung bedürfen.

Die Versorgungsunternehmen sind gegenüber ihren Stromkunden Monopolisten; so sind zumindest die kleineren Kunden, die keine Möglichkeit haben, ihren Strom selbst zu produzieren, von den Versorgern abhängig. Deshalb ist eine Kontrollbehörde nötig, die das

Geschäftsgebaren und die Tarife der Versorgungsunternehmen kontrolliert. Der Staat versucht damit, einen Machtmißbrauch der Unternehmen gegenüber ihren Kunden zu verhindern.

Die Preisaufsicht hat darüber zu wachen, daß die Preise, die die Versorgungsunternehmen vorschlagen,

- sich in ihrer Struktur an der Bundestarifordnung Elektrizität (BTO-Elt) orientieren,
- sich an den Kosten der Elektrizitätsversorgung orientieren und ein ausgewogenes Tarifsystem bilden und
- nicht überhöht sind, sondern bei einer rationellen Betriebsführung des Energieversorgungsunternehmens notwendig sind, um die Kosten der Stromerzeugung und -verteilung zu decken sowie einen angemessenen Gewinn abzuwerfen.

Seit der Preisabgabeverordnung vom 1. Juni 1982 unterliegen nur noch die Strompreise für Kleinabnehmer wie Haushalte, Gewerbebetriebe oder Landwirtschaftsbetriebe, die weniger als 25 Kilowatt Leistung beziehen, der Preisaufsicht. Für die größeren Abnehmer, vor allem Industriekunden, gelten andere Preise, die nur der Mißbrauchsaufsicht nach Paragraph 104 des Gesetzes gegen Wettbewerbsbeschränkungen unterworfen sind. Mit anderen Worten: Einzelne Kunden dürfen bei gleichen Bezugsmengen und gleicher Bezugsstruktur gegenüber anderen Kunden nicht durch höhere Preise benachteiligt werden.

Wie werden nun die Strompreise festgelegt? Das Energieversorgungsunternehmen legt dem Wirtschaftsministerium des betreffenden Bundeslandes eine Absatz- und Kostenprognose für die neue Genehmigungsperiode vor. Die Aufsichtsbehörde hat die Aufgabe, die Prognose zu prüfen. Gehen wir von dem Fall aus, daß die Behörde den Preisantrag genehmigt, so sind folgende Entwicklungen möglich: Absatz und Kosten entwickeln sich wie geplant, und das Unternehmen erzielt den kalkulierten Gewinn in Höhe von rund sechs Prozent des eingesetzten Kapitals. Übertrifft der Absatz die Erwartungen und damit auch die vom Ministerium akzeptierte Absatzprognose, macht das Energieversorgungsunternehmen einen zusätzlichen Gewinn. Umgekehrt gilt: Je weiter das Versorgungsunternehmen hinter dem prognostizierten Absatz zurückbleibt, desto geringer fällt der Gewinn aus.

Wir wollen dies an einem realistischen Zahlenbeispiel bei einem kommunalen Weiterverteiler verdeutlichen. Der Strompreis, den der Kunde bei diesem Versorgungsunternehmen für eine Kilowattstunde bezahlt, setzt sich aus folgenden Kostenkomponenten zusammen:

- den Strombeschaffungskosten vom Vorlieferanten (ca. 11 Pf/kWh),
- dem Fixkostenanteil für den Unterhalt der Netze sowie für Verwaltung und Abrechnung,

- der Konzessionsabgabe, die das Versorgungsunternehmen an die Stadt als Konzessionsgeber abführen muß,
- dem von der Preisaufsicht zugestandenen Gewinnanteil sowie
- der Mehrwertsteuer.

Pro verkaufter Kilowattstunde erzielt das Unternehmen einen Erlös von 25 Pfennig (ohne Mehrwertsteuer). Darin enthalten ist auch der Gewinnanteil für das Unternehmen, der in unserem Beispiel ein Pfennig pro Kilowattstunde betragen soll. Dieser Gewinn wird jedoch nur dann in voller Höhe erzielt, wenn die prognostizierte Absatzmenge genau erreicht wird (Fall 1). Mit jeder zusätzlich abgesetzten Kilowattstunde erzielt das Unternehmen einen enormen Zusatzgewinn: Da die Fixkosten schon gedeckt sind, wenn die geplante Absatzmenge erreicht ist, fallen nun mit jeder zusätzlich verkauften Kilowattstunde mindestens elf Pfennig Gewinn an (Fall 2). Anders herum: Jede Kilowattstunde, die der Stromversorger durch ein Einsparprogramm weniger verkauft, verringert seinen Gewinn um etwa elf Pfennig.

In dieser heutigen Situation würden die Energieversorgungsunternehmen betriebswirtschaftlich unvernünftig handeln, wenn sie sich zum Ziel setzen würden, daß ihre Kunden weniger Strom verbrauchen. Wirksame Stromsparaktivitäten und gezielte Einsparprogramme würden die Gewinne aufzehren. So ist es kein Wunder, daß die meisten Energieversorgungsunternehmen sich auf Image-Programme beschränken. Diese zeichnen sich durch eine starke Außenwirkung, aber nur geringe Einsparungen aus. Vor diesem Hintergrund fordert die Expertenrunde, daß diese falschen Anreizstrukturen

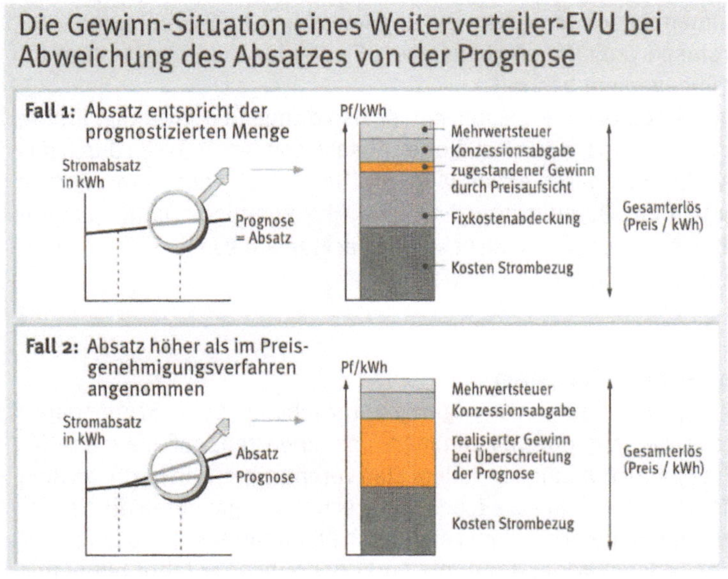

Abb. 39:
Die Kosten- und Erlösstruktur eines Weiterverteiler-EVU in Abhängigkeit der Absatzmenge. Deutlich wird, daß im Fall 2 der Gewinn des EVU pro Kilowattstunde sprunghaft ansteigt.

abgeschafft werden. Es darf nicht sein, daß eine Geschäftspolitik belohnt wird, die alleine das Absatzinteresse verfolgt, auf die kostengünstige Versorgung der Kunden und den Schutz der Natur aber keine Rücksicht nimmt. Heute werden Energieversorger, die das Stromsparen ernsthaft unterstützen, ökonomisch bestraft. Welche Bedeutung diese falschen Anreize haben, wird deutlich, wenn man bedenkt, daß die Stromerzeugung für rund ein Drittel aller bundesdeutschen CO_2-Emissionen verantwortlich ist.

Selbst in den Bundesländern, in denen die Aufsichtsbehörden LCP-Aktivitäten anerkennen, besteht noch ein massives Hindernis für die einsparwilligen Energiedienstleistungsunternehmen. So hat beispielsweise das baden-württembergische Wirtschaftsministerium erklärt, daß es Preiserhöhungen, die im Zusammenhang mit effizienten Einsparprogrammen nötig werden, genehmigen wird. Dennoch schrecken viele Energieversorger vor entsprechenden Programmen zurück. Verantwortlich dafür sind die unzulässig hohen Gewinne aus dem Stromgeschäft, die keiner echten Strompreiskontrolle standhalten würden. So fürchten die EVU, daß ein durch Einsparprogramme begründeter Antrag auf Preiserhöhung die Preisaufsichtsbehörden aktiv werden lassen könnte, mit der Folge, daß unter Umständen die komfortable Gewinnsituation in Frage gestellt würde.

Preiserhöhungsanträge werden vor allem dann als Politikum gewertet, wenn die Preise des beantragenden Unternehmens ohnehin schon höher liegen als die der angrenzenden Versorger. Da heute sowohl die Politik als auch die Aufsichtsbehörden die Wettbewerbsfähigkeit eines Unternehmens am spezifischen Strom- und Erdgaspreis messen und die Qualität der erbrachten Dienstleistung nicht ins Kalkül einbeziehen, tun sich umweltorientierte Versorgungsunternehmen besonders schwer, angemessene Preiserhöhungen für Stromsparprojekte durchzusetzen. So werden die Unternehmen für ihr Engagement bestraft.

Eine Wende in der Preisaufsicht ist also dringend notwendig: Profite dürfen nicht mehr durch zu hohen Absatz, sondern müssen durch das bewußte Einsparen erzielt werden. Die Leistung der Unternehmen muß an der Qualität ihrer Produkte (der Energiedienstleistungen) gemessen werden und nicht an den nackten Preisen für die verkaufte Kilowattstunde.

Abb. 40:
Morsche Äste muß man absägen. Wenn man dabei vom Baum fällt, kann das daran liegen, daß man auf einem morschen Ast saß.

Profite durch Einsparen

Solange die Energieversorgungsunternehmen beim Stromsparen ihren Gewinn mindern, kann man nicht erwarten, daß sie die rationelle Energienutzung mit vollem Elan vorantreiben und heftig an dem Ast sägen, auf dem sie sitzen. Entsprechend begegneten die Stromversorger in den USA dem Least-Cost-Planning-Ansatz so lange mit hinhaltendem Widerstand, bis Ende der achtziger Jahre ein neues

Regelwerk dafür sorgte, daß Einsparprogramme für die EVU wirtschaftlicher wurden als eine Steigerung des Stromabsatzes. »Die Ratte muß den Käse eben riechen«, beschreibt der Chef des amerikanischen EVU New England Electric System, John Rowe, die Bedeutung einer auf Gewinnanreize ausgerichteten Energie- und Preisaufsicht (DER SPIEGEL 23/1992). Und das Wall Street Journal konstatiert: »Die Nega-Watt-Investitionen sind vom Millionen- zum Milliarden-Dollar-Geschäft geworden.«

Wie könnte nun eine Regelung aussehen, die den Bau von Einsparkraftwerken begünstigt und Stromsparen zu einer unternehmerischen Aufgabe werden läßt?

1. Schritt: Bildung eines Ausgleichskontos. Bei der Genehmigung der Strompreise wird für jedes Versorgungsunternehmen ein Ausgleichskonto eingerichtet. Dieses Ausgleichskonto hat die Aufgabe, Mehrgewinne, die bei höherem Stromverkauf anfallen, abzuschöpfen. Der Mehrgewinn wird bei der nächsten Runde der Strompreisgenehmigung angerechnet oder kann über Stromsparprogramme an die Kunden zurückgegeben werden. Umgekehrt sollen auch Mindergewinne, die durch Stromsparprogramme entstehen, auf das Ausgleichskonto angerechnet und bei der nächsten Tarifrunde berücksichtigt werden. Der Vorteil des Ausgleichskontos liegt vor allem darin, daß durch eine einfache Ergänzung des Genehmigungsverfahrens die Gewinnhöhe vom Absatz entkoppelt wird und somit Anreize für einen Mehrabsatz vermieden werden.

Vorschlag: Drei Schritte auf dem Weg zu wirtschaftlichen Einsparkraftwerken

2. Schritt: Erstattung der Kosten für Einsparprogramme. Die Kosten für Einsparprogramme der EVU müssen von der Strompreisaufsicht anerkannt und bei der Preisfestsetzung berücksichtigt werden, sofern die Programme die folgenden Bedingungen erfüllen:

- Die Einsparprogramme müssen kosteneffektiv sein, das heißt, die Kosten der Einsparressource (technische Kosten plus Programmkosten) sollten nicht höher als die Kosten einer gleich sicheren und verfügbaren Erzeugungsalternative sein.
- Die Programme müssen in einer kosteneffektiven Weise durchgeführt werden.
- Die Erstattung der Einsparkosten setzt einen Nachweis der tatsächlichen Einsparungen und deren Kosten voraus.

Um gerade in der Anfangsphase von LCP-Programmen das Risiko für die Energieversorgungsunternehmen in Grenzen zu halten, sollte vorab geprüft werden, ob die Einsparmaßnahmen kosteneffektiv umgesetzt werden können. Ist diese Vorabprüfung positiv, so werden die entstandenen Kosten anerkannt, auch wenn das Einsparprogramm sich letztlich als nicht kosteneffektiv erweisen sollte.

3. Schritt: Positive Anreize für Einsparinvestitionen. Die ersten beiden genannten Schritte zielen darauf ab, die finanziellen Nachteile, die den Energieversorgern aus den Einsparprogrammen entstehen, auszugleichen. In den USA hat sich jedoch gezeigt, daß das noch nicht reicht. Erst durch positive finanzielle Anreize wurde der Bau von Einsparkraftwerken attraktiv, und der LCP-Ansatz konnte sich durchsetzen. Als positive Anreizprogramme sind folgende Verfahren anwendbar:

- Bonus: Das Unternehmen erhält nicht nur die Programmkosten und die entgangenen Deckungsbeiträge erstattet, sondern darüber hinaus einen zusätzlichen Bonus (eingerechnet in die genehmigten Strompreise) für jede eingesparte Kilowattstunde (z.B. 1 Pf/kWh).
- Höhere Rendite auf Einsparinvestitionen: Die Investitionen, die in Einsparprogramme gesteckt werden, werden von der Aufsichtsbehörde mit einem höheren Satz (z.B. zusätzlich 2 Prozent) verzinst als die Investitionen in Kraftwerke und Netze.
- Aufteilung des gesellschaftlichen Gewinns (»Shared Savings«): Nicht nur die Programmkosten und entgangenen Erlöse werden erstattet, sondern auch der volkswirtschaftliche Nettonutzen eines Einsparprogrammes wird in einem bestimmten Verhältnis aufgeteilt. Dadurch wird dem Unternehmen über eine entsprechende Preiserhöhung ein zusätzlicher Gewinn durch die Preisaufsicht zugestanden. In den USA, wo diese Methode bereits angewendet wird, lag der den EVU zugestandene Anteil am Nettonutzen Anfang der neunziger Jahre üblicherweise zwischen 10 und 25 Prozent. Dieser Anreiz darf nicht so mißverstanden und angewandt werden, daß das risikolose und profitable Geschäft der Stromversorgung mit weiteren Gewinnen belohnt wird. Vielmehr hat dieser Ansatz zum Ziel, daß Geschäftspolitik und Gewinne effektiver von der öffentlichen Aufsicht kontrolliert werden können. Einen über die normale Verzinsung des eingesetzten Kapitals hinausgehenden Gewinn können dann nur noch diejenigen Unternehmen erzielen, die mit ihren speziellen Einsparprogrammen zu einer überdurchschnittlichen Umweltentlastung beitragen.

Dieser Vorschlag entspricht nicht dem Zeitgeist der neunziger Jahre, der bekanntlich den Marktkräften huldigt und auch im Energiesektor auf eine Deregulierung abzielt. Dabei übersehen die Claqueure der reinen Marktwirtschaft, daß die Marktkräfte in der Stromwirtschaft nur begrenzt wirken können und jedes Wettbewerbsmodell eine Regulierung von Seiten des Staates benötigt. Die Kosten einer verschärften Energie- und Preisaufsicht sind im Vergleich zu den derzeitigen volkswirtschaftlichen Kosten der öffentlichen Versorgung, die durch Fehllenkungen von Kapital in teure und überflüssige Kraftwerke entstehen, vernachlässigbar klein.

Klare Linie entscheidend

LCP-Programme sind für die meisten EVU unternehmenspolitisches Neuland. Ohne gesetzliche Verpflichtung werden sich auch in Zukunft viele Unternehmen scheuen, dieses Neuland zu betreten. Es fehlen sowohl qualifiziertes Personal und eine belastbare Datengrundlage als auch Erfahrungen mit dem Bau von Einsparkraftwerken. Einer der wichtigsten Gründe für die Zurückhaltung der Versorgungsunternehmen dürfte jedoch darin liegen, daß sie das Verhalten der Preisaufsicht nicht einschätzen können. Solange nicht sichergestellt ist, daß die Unternehmen alle Kosten und Auswirkungen der LCP-Aktivitäten auf die Stromtarife abwälzen können, werden sie keine speziellen Anstrengungen zur Steigerung der Energieeffizienz hinter dem Zähler unternehmen. Werden hingegen die Rahmenbedingungen dafür geschaffen, daß sich gezielte Stromsparprojekte für das Unternehmen lohnen (daß also der Käse riecht!) und andererseits Untätigkeit in diesem Sektor durch eine gut funktionierende Preisaufsicht ökonomisch sanktioniert wird, so könnte der Bau von Einsparkraftwerken zum »Selbstläufer« werden.

Die Aktivitäten der Vorreiter

Von Amerika lernen: das Beispiel SMUD

Sacramento Municipal Utility District (SMUD) ist weltweit eines der fortschrittlichsten Stadtwerke. Sacramento ist die Hauptstadt von Kalifornien und besitzt ein eigenes kommunales Stromversorgungsunternehmen. Dieses Unternehmen wird von einem fünfköpfigen »Board of Directors« geleitet. Die Mitglieder des Boards werden im vierjährigen Turnus direkt von den Einwohnern Sacramentos gewählt. Das Unternehmen beliefert etwa 520 000 Kunden, davon rund 50 000 Gewerbekunden. Im Jahr 1993 beschäftigte das Unternehmen 2490 Mitarbeiter. Alleine in der Abteilung für Rationelle Energieanwendung (Energy Efficiency Department) waren Anfang 1994 insgesamt 235 Mitarbeiter beschäftigt. Die enormen Anstrengungen, die das Stadtwerk unternimmt, um Strom einzusparen beziehungsweise den Strom aus regenerativen Energiequellen zu gewinnen, haben folgenden Hintergrund:

Am 6. Juni 1989 beschlossen die Bewohner von Sacramento per Volksentscheid, das eigene Atomkraftwerk »Rancho Seco« mit einer elektrischen Leistung von 913 MW stillzulegen. Die hierdurch wegfallende Kraftwerkskapazität mußte durch andere Stromquellen

Beratung und Förderung ergänzen die Stadtwerke von Sacramento durch genaue Überwachung der unterstützten Programme. So sichern sie die Qualität der geleisteten Arbeit und bewahren sich das Vertrauen der Kunden.

ersetzt werden. Kurzfristig wurde daher Strom von anderen Stromerzeugern wie der Pacific Gas & Electric sowie von Southern California Edison bezogen. Da sich die Konditionen für den Strombezug in den folgenden Jahren deutlich verschlechterten, war SMUD bestrebt, den Fremdstrom durch eigene Kraftwerke oder eigene Einsparkraftwerke zu ersetzen. Im Januar 1990 verpflichtete der Präsident des Board of Directors SMUD darauf, in Zukunft der rationellen Energieverwendung die höchste Priorität einzuräumen. Bis zum Jahr 2000 sollte ein Einsparkraftwerk mit einer Leistung von 600 MW gebaut werden. Um dieses Ziel zu erreichen, wurde eine Vielzahl von Einsparprogrammen aufgelegt. Vier Beispiele sollen die Vorgehensweise des Unternehmens zeigen.

Beispiel 1: Gewerbeberatung
Um die Einsparmöglichkeiten bei den Gewerbekunden systematisch zu nutzen, bieten die Stadtwerke kostenlose Vor-Ort-Beratung an. Für diese Beratungsleistungen setzen die Stadtwerke 50 Energieberater ein, davon stehen 24 für große Gewerbe- und Industriekunden sowie für öffentliche Gebäude zur Verfügung, 18 Berater betreuen die kleinen Gewerbe- und Industriekunden, und 8 Berater sind für die Haushalte zuständig. Die Berater sind meist Spezialisten für bestimmte Technologien wie Licht oder Kühlung, besitzen aber auch Kenntnisse über andere Technologien. Die Beratungsprogramme sind meist eng verzahnt mit den bestehenden Prämien- und Finanzierungsprogrammen. Aufgrund der Prämienangebote und der guten Öffentlichkeitsarbeit der Stadtwerke gehen im Beratungszentrum täglich etwa 20 bis 25 Anfragen für Beratungsleistungen ein, so daß für dieses Programm nicht speziell geworben werden muß.
Zu Beginn jeder Beratung wird geprüft, ob der Kunde bereit ist, die wirtschaftlichen Einsparmöglichkeiten anschließend auch zu nutzen. Ist dies nicht der Fall, so beschränken sich die Berater auf einen kurzen Überblick über die Verbrauchssituation des Kunden. Nach der Analyse wird ein schriftlicher Bericht mit einer Investitionsempfehlung erstellt. Der Kunde bekommt einen Maßnahmenvorschlag, der sowohl eine Kostenschätzung als auch Angaben über die von SMUD insgesamt gewährte Prämienhöhe sowie die Darlehenskonditionen enthält. Innerhalb von 45 Tagen soll der Kunde den Stadtwerken mitteilen, ob er die Vorschläge zum Stromsparen umsetzen und das Prämien- und Finanzierungsangebot annehmen möchte. Als Nachweis, daß er tatsächlich aktiv werden will, gilt der Vertrag mit einem Unternehmen (Contractor). Den Contractor muß der Kunde aus einer Liste auswählen, die ihm von den Stadtwerken angeboten wird. Der Contractor oder der Kunde teilt SMUD die voraussichtliche Projektdauer sowie Projektbeginn und Abschluß mit.
Um in die Liste der »Einsparpartner« aufgenommen zu werden, müssen die Contractoren folgende Bedingungen erfüllen:

- Sie müssen eine Zulassung als Ingenieurbüro besitzen.
- Sie müssen einen Versicherungsnachweis führen.
- Sie müssen die Bereitschaft zu einer einvernehmlichen Zusammenarbeit mit SMUD bekunden.

Die Arbeiten der Ingenieurbüros werden von SMUD stichprobenhaft kontrolliert. Hat ein Unternehmen schlecht gearbeitet oder einen Kunden übervorteilt, so werden im folgenden die Arbeiten dieses Unternehmens vollständig kontrolliert. Im Wiederholungsfall wird der Betrieb aus der sogenannten »Master List« gestrichen.
Daß die Akzeptanz von SMUD als Vermittler von Sanierungsmaßnahmen wesentlich gestiegen ist, zeigt die »Master List« für den Bereich Heizung/Lüftung/Klimatisierung. Während die Liste 1990 erst 22 Contractoren aufwies, war sie bis zum Jahr 1993 bereits auf 85 Büros angewachsen. Die Arbeiten werden von SMUD stichprobenhaft kontrolliert. Werden alle Kriterien erfüllt, werden die Mittel zur Auszahlung freigegeben.
Energieberatungen gelten bei SMUD als Schlüssel für den Bau eines Einsparkraftwerkes. Durch den direkten Kundenkontakt können große Einsparpotentiale identifiziert und zahlreiche Hemmnisse bei der Umsetzung überwunden werden.

Beispiel 2: Warmwasserbereitung durch Sonnenenergie
Im April 1992 entschied sich die Geschäftsführung von SMUD für eine stärkere Förderung der Solarenergie. Kernstück des Engagements ist ein Programm, das auf die Ergänzung der elektrischen Warmwasserbereitung durch eine Solaranlage zielt. Hierdurch werden 60 bis 70 Prozent des bisher für die Warmwasserbereitung verbrauchten Stroms eingespart. Der Verkauf und Einbau der Solaranlagen wird lokalen Unternehmen übertragen. Diese werden über Ausschreibungsverfahren von SMUD ermittelt. Damit möglichst viele kleinere und mittelständische Betriebe zum Zuge kommen, begrenzt SMUD bei den Ausschreibungen die Anlagenzahl pro Unternehmen. Doch SMUD achtet auch auf die Qualität der Anlagen. Der Stromversorger legt Qualitätsstandards für die Anlagen fest und verlangt von den ausführenden Unternehmen eine dreijährige Vollgarantie und eine zehnjährige Garantie für die Solarkollektoren. SMUD-Angestellte führen umfangreiche Qualitätskontrollen bei den installierten Anlagen durch und setzen dadurch die Unternehmen unter Druck, Qualitätsarbeit abzuliefern. Im Gegenzug übernimmt SMUD sämtliche Marketing-Aktivitäten und bietet den Unternehmen zusätzliche Unterstützung bei der Abwicklung der Aufträge an. Den Verbrauchern macht SMUD den Kauf einer Solaranlage auf dreifache Weise schmackhaft:

- Durch die von SMUD praktizierten Ausschreibungsverfahren wird der Anlagenpreis gedrückt. Durch die Ausschreibung von 200

Geschickte Planung und Durchführung eines Einsparprogrammes sichert und schafft Arbeitsplätze im örtlichen Handwerk und verankert so das Programm in einem für das Einsparkraftwerk wichtigen Teil der Gesellschaft.

Anlagen im Jahr 1992 konnten die Anlagenpreise um rund 30 Prozent gesenkt werden.

- Die Zuschüsse zu einer Anlage betragen bis zu 800 Dollar. Dies entspricht rund 30 Prozent des derzeitigen Anlagenpreises.
- Für den Restbetrag der Anlage bietet SMUD die Finanzierung zu Konditionen an, die erheblich unter dem durchschnittlichen Marktzins liegen. Das Programm zur Verbreitung von Solaranlagen für die Warmwasserbereitung kann auch von Kunden mit Öl- oder Gasheizung in Anspruch genommen werden. Auch hier können sich die deutschen Energieversorgungsunternehmen »eine Scheibe abschneiden«. So finanzieren z.B. einige deutsche Stadtwerke Solaranlagen nur dann, wenn die Zusatzheizung elektrisch erfolgt. Dies ist jedoch aus ökologischer Sicht kontraproduktiv, da mit einer elektrischen Zusatzheizung wesentlich höhere Emissionen verbunden sind als mit einer konventionellen Zusatzheizung.

Beispiel 3: Bäume als Energiespender
Was hat das Pflanzen eines Baumes mit einem Einsparkraftwerk zu tun? Eine ganze Menge! Zumindest gilt dies für warme Klimazonen, in denen im Sommer Klimaanlagen eingeschaltet werden. Deshalb hat das Stromversorgungsunternehmen von Sacramento ein Förderprogramm für das Pflanzen von Bäumen aufgelegt. Schließlich kann der Strombedarf für die Kühlung von Wohnungen, Büros und Schulen um bis zu 40 Prozent gesenkt werden, wenn es gelingt, die wärmenden Sonnenstrahlen in den langen, trockenen Sommern von Sacramento durch »Schattenbäume« abzuschirmen. Darüber hinaus haben die Bäume einen kühlenden Effekt und tragen dazu bei, Hitzeinseln aus Beton und Asphalt zu verhindern. Im Winter hingegen lassen die Laubbäume die Sonnenstrahlen ungehindert passieren, so daß die passive Sonnenenergienutzung in den Räumen nicht behindert wird. Aus diesen Gründen stellt SMUD eine halbe Million Bäume zur Verfügung. Diese sollen nicht nur den Stromverbrauch und die Stromrechnungen der Kunden reduzieren, sondern auch die Stadt lebenswerter machen. Jeder Kunde kann so viele Bäume erhalten, wie er zur Abschattung seines Gebäudes benötigt. Eingepflanzt werden müssen die Bäume jedoch von den Kunden.
In Kooperation mit der Sacramento Tree Foundation berät SMUD die Kunden. Broschüren und Plakate helfen bei der Auswahl der richtigen Bäume. Dabei spielen insbesondere die gewünschte Höhe des ausgewachsenen Baumes sowie dessen Ansprüche an Bodenqualität und Feuchtigkeit eine Rolle. Auch bei der Auswahl des Standorts erhalten die Teilnehmer des Programms Hilfe. Es soll sichergestellt werden, daß beim Graben keine Versorgungsleitungen beschädigt werden und der Baum keine Solaranlage oder eine dafür geeignete Dachfläche abschattet. Weitere Hinweise werden fürs Einpflanzen und die Pflege des Baumes gegeben.

Dieses Programm wird erst längerfristig Früchte tragen. Aber es trägt dazu bei, die Energieeffizienz in Zukunft zu verbessern. In diesem Sinne lautet die Aufforderung von SMUD: »The best time to plant a tree was twenty years ago. The second best time is now.« (Die beste Zeit, einen Baum zu pflanzen, war vor zwanzig Jahre. Die zweitbeste ist jetzt.)

Beispiel 4: Ausschreibung eines Einsparkraftwerks
Bereits Anfang der neunziger Jahre ging SMUD neue Wege: Es schrieb den Bau eines Einsparkraftwerkes mit einer Leistung von zehn Megawatt aus. SMUD fragte also nach Angeboten von Privatfirmen, die diese Leistung durch gezielte und nachweisbare Maßnahmen bei den Kunden des Versorgungsgebietes erschließen. Die günstigsten eingegangenen Angebote sollten dann von den Stadtwerken ausgewählt werden. »Günstig« bezieht sich dabei nicht nur auf den Preis, sondern auch auf andere Kriterien, wie z.B.

- Zeitpunkt der Lastreduktion,
- Sicherheit der Lasteinsparung,
- Dauerhaftigkeit der Einsparung,
- Umweltauswirkungen,
- Kosten-/Nutzen-Verhältnis,
- Verläßlichkeit des Anbieters.

Insgesamt gingen auf die Ausschreibung 36 Vorschläge ein, von denen 8 nach intensiven Verhandlungen mit den Anbietern in die engere Wahl kamen. Schließlich schloß SMUD drei Verträge mit drei unterschiedlichen Firmen ab:

- Einsparungen in öffentlichen Gebäuden im Umfang von 2,7 bis 4 MW. Hierbei muß SMUD für die Leistungseinsparung 9,5 Dollar pro eingespartem Kilowatt während der Spitzenlastzeit sowie 2,1 Cents pro Kilowattstunde für die eingesparte Arbeit bezahlen.
- Einsparung bei großen Gewerbe- und Industriekunden im Umfang von 3 MW. Die Preise für die eingesparten Mengen unterscheiden sich nur unwesentlich.
- Einsparung bei kleinen Gewerbe- und Industriekunden im Umfang von 3 MW.

In allen Fällen mußten die ausführenden Unternehmen eine Erfolgsgarantie übernehmen. Aufbauend auf den positiven Erfahrungen plant SMUD in Zukunft weitere Ausschreibungen für den Bau von Einsparkraftwerken (Leprich 1995).

Umfang der Maßnahmen
SMUD stellt für 1994 Prämienzahlungen in Höhe von knapp zehn Millionen Dollar bereit, wobei der Schwerpunkt bei den Kühlgeräten liegt. Neben den gerätebezogenen Prämien sind weiterhin rund 13

Millionen Dollar als sogenannte »customized rebates« eingeplant. Diese Form der kundenbezogenen Prämien wird zumeist dann angewandt, wenn es sich um komplexere Effizienzinvestitionen in Gewerbe- und Industriebetrieben handelt. Darüber hinaus standen für 1994 34 Millionen Dollar zinsgünstige Darlehen sowie Rechnungsgutschriften in Höhe von 7 Millionen Dollar zur Verfügung. Das Gutschreiben von Rechnungsbeträgen war eine Gegenleistung an Kunden, die sich bereitfanden, von den Stadtwerken Teile ihrer stromverbrauchenden Anlagen steuern oder sogar abschalten zu lassen. Damit können die Stadtwerke den Spitzenbedarf der Versorgungsleistung senken. Neben diesen finanziellen Anreizen werden auch kostenlose Direktinstallationen angeboten. Hierunter fallen beispielsweise die Abdichtung von Dachstühlen in elektrisch beheizten Gebäuden, die Isolierung und Reparatur von Rohrleitungen in Gebäuden mit elektrischer Warmwasserbereitung, wassersparende Duschköpfe, Installation von Stromsparlampen oder der Ersatz von ineffizienten Kühlschränken bei sozial schwachen Kunden durch neue, besonders effiziente Geräte.

Nachdem SMUD 1994 das Einsparkraftwerk um 44 MW ausbauen konnte, wurden 1995 weitere 35 MW in Angriff genommen. Hierzu bietet SMUD zwanzig kundenorientierte Programme an, die auf eine Effizienzverbesserung oder auf eine Nachfrageverlagerung der Kunden abzielen. Rund acht Prozent des Umsatzes aus dem Energieverkauf werden 1995 in Effizienzprogramme investiert.

Ausblick

Der neueste Strategieplan, der von SMUD vor dem Hintergrund der Wettbewerbsdebatte in den USA ausgearbeitet wurde[6], sieht für den Zeitraum bis zum Jahr 2000 ein weiteres Engagement in Demand-Side-Management-Maßnahmen vor. SMUD will seine führende Position als Energiedienstleister beibehalten und mit den erfolgreichen Programmen zur Regionalentwicklung beitragen. Nachdem das Einsparkraftwerk Ende 1995 rund 370 MW Leistung aufweist, liegen über die Wirkung der Programme fundierte Erkenntnisse vor:

- Allein 1995 konnten durch den Bau des Einsparkraftwerks gegenüber einem entsprechenden Ausbau eines konventionellen Kraftwerks rund 17 Millionen Dollar gespart werden.
- Die Kunden sparten durch die aufgelegten Einsparprogramme 1994 rund 33 Millionen Dollar bei ihren Stromrechnungen.
- Die Effizienzmaßnahmen haben einen doppelten Arbeitsplatzeffekt: Einerseits werden durch die Einsparinvestitionen auf der lokalen Ebene direkt Arbeitsplätze geschaffen, und andererseits kann das bei den Energiekosten gesparte Geld für andere Produkte ausgegeben werden. Darüber hinaus stärken die geringeren Energiekosten die Wettbewerbsfähigkeit des Gewerbes. So

konnten 1995 im Versorgungsgebiet von SMUD rund 1000 zusätzliche Jobs geschaffen und das Einkommen in diesem Gebiet um über 200 Millionen Dollar erhöht werden.
- Der Kontakt zu den Kunden wird durch die DSM-Maßnahmen gestärkt, der Service gegenüber dem Kunden verbessert. In einer Energiewirtschaft, die sich auf eine stärkere Wettbewerbsorientierung einstellt, kommt diesem Aspekt besondere Bedeutung zu.

Deutsche EVU-Pioniere auf dem Einsparmarkt

Auf den Strommärkten der Bundesrepublik vollzieht sich ein grundlegender Wandel: Der Stromverbrauch stagniert oder wächst nur noch langsam, und die Kunden bekommen immer mehr Möglichkeiten, sich mit selbst produziertem Strom zu versorgen. Außerdem legen die Kunden zunehmend Wert auf eine umweltschonende Energieversorgung. Als Konsequenz bieten immer mehr Energieversorgungsunternehmen ihren Kunden Unterstützung bei der rationellen Energieverwendung (Demand Side Management) an. Waren es 1994 erst 53 Unternehmen, die bei einer VDEW-Umfrage entsprechende Einsparaktivitäten vorweisen konnten, meldeten 1996 (Stand: Juli) bereits über 85 Unternehmen 360 DSM-Programme. Diese Programme sind jedoch von sehr unterschiedlicher Qualität: Während man in einigen Unternehmen von der neuen Denkrichtung überzeugt ist und sich ernsthaft um Umsetzung bemüht, scheint es in anderen Unternehmen lediglich darauf anzukommen, öffentlichkeitswirksame Programme vorzeigen zu können. Wenngleich hier nicht die Geschichte der kommunalen Energiedienstleistungsprogramme geschrieben werden soll, wollen wir doch einige Unternehmen darstellen, die den Energiedienstleistungsgedanken vorangetrieben haben.

Mit Energiesparprogrammen verbessert ein Versorgungsunternehmen sein Ansehen in der Öffentlichkeit – diese Erkenntnis hat sich bereits bei vielen EVU durchgesetzt. Daß zu einem Einsparkraftwerk mehr gehört als nur die Öffentlichkeitswirksamkeit, zeigen vor allem die positiven Beispiele, von denen hier einige vorgestellt werden.

Stadtwerke Saarbrücken
Die Stadtwerke Saarbrücken (SWS) haben in den beiden zurückliegenden Jahrzehnten in der bundesdeutschen Energiewirtschaft eine Vorreiterrolle eingenommen. Bereits Mitte der sechziger Jahre wurde die Fernwärmeversorgung aufgebaut, und 1980 beschloß man das »Örtliche Versorgungskonzept Saarbrücken«, als dessen Ziel eine umweltschonende Versorgung festgelegt wurde. Neben den üblichen Versorgungsleistungen boten die Stadtwerke Saarbrücken bereits in den achtziger Jahren fünf spezielle Energiedienste an:

- die Energieberatung
- das Energieeinspardarlehen
- eine Analyse des Hausenergieverbrauchs mittels EDV-Programm
- die Energieberatung vor Ort mittels eines ausgedienten Linienbusses (»Linie E«)

- die sogenannten »Saarbrücker Energie-Spar-Schecks« (Heizungs-Scheck, Haus-Scheck, Selbermacher-Scheck, Kamera- und Computer-Scheck)

Das damalige Ziel »Wir wollen weg vom Öl« sollte durch vier Konzepte erreicht werden: durch den rationellen Einsatz der Nutzenergie, die Nutzung der industriellen Abwärme, die Erschließung regenerativer Energiequellen und den verstärkten Einsatz heimischer Kohle. Die drohenden Klimaveränderungen und die Reaktorkatastrophe in Tschernobyl zeigen, daß alle Energieträger mit Risiken belastet sind und somit dem effizienteren Energieeinsatz sowie den regenerativen Energiequellen die entscheidende Bedeutung zukommt.

Mitte des Jahres 1993 boten die Stadtwerke eine ganze Palette von Energiedienstleistungen an, die sich besonders auf Haushalte und Kleingewerbe konzentrierten. Mit dem »Mitmachprogramm« wurden einige Energiedienste zusammengefaßt. Das Mitmachprogramm umfaßt neben einer Beratung in acht Themenbereichen[7] eine Finanzierungshilfe für verschiedene Maßnahmen (siehe unten). Zusammen mit den Mitmach-Partnern (Sparkasse Saarbrücken und einigen anderen Banken) bieten die Stadtwerke zweckgebundene Kredite mit einem reduzierten Zinssatz an. Das Kreditlimit liegt bei 20 000 DM pro Haushalt. Nachdem 1992 das Finanzvolumen von 30 Millionen DM ausgeschöpft war, wurden weitere Darlehen in Höhe von 30 Millionen DM für Privatinvestitionen in rationelle Energienutzung zur Verfügung gestellt. Bis Mai 1993 wurden mit einem Kreditvolumen von rund 34 Millionen DM rund 1540 Gebäude auf Gasheizung umgestellt, 187 Anschlüsse an die Fernwärme geschaffen, in 653 Fällen der Fensteraustausch, und in 277 Fällen die Wärmedämmung von Häusern bezuschußt. Weiterhin wurden die Anschaffung stromsparender Haushaltsgeräte, der Bau von 35 Wintergärten, 98 Maßnahmen zur Wassereinsparung sowie 26 Solaranlagen gefördert. Seit 1984 bieten die Stadtwerke Saarbrücken den Wärme-DirektService an. Im Rahmen dieses Angebots, das für Kunden mit einer modernen Heizungsanlage (Gas oder Fernwärme) gilt, liefern die Stadtwerke nicht nur den Energieträger, sondern verkaufen dem Kunden die Wärme zu einem linearen Preis. Die Messung des Wärmeverbrauchs sowie die Heizungsabrechnung mit den einzelnen Mietern nehmen die SWS vor. Auch der Betrieb und die Wartung der Heizungsanlage gehören zu den Aufgaben der SWS, wobei die Wartung in Zusammenarbeit mit dem örtlichen Installationshandwerk erfolgt. Aufsehen erregte 1994/95 eine Werbekampagne für Stromsparlampen: »Wählt Dr. Hell und nicht die Birne« war einer der Slogans, mit denen die Stadtwerke die Vorteile einer effizienten Beleuchtung ins Gespräch brachten. Jeder Saarbrücker Haushalt konnte sich im Info-Center der Stadtwerke eine kostenlose Stromsparlampe abholen. Knapp 50000 Haushalte nahmen dieses Angebot in Anspruch (Abb. 41).

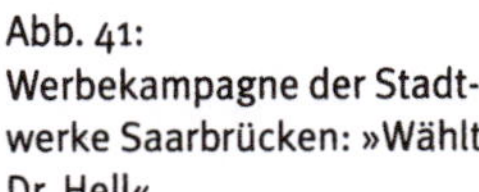

Abb. 41:
Werbekampagne der Stadtwerke Saarbrücken: »Wählt Dr. Hell«

Für die Industriekunden wurde im letzten Jahr in Zusammenarbeit mit dem Wuppertal Institut und dem Öko-Institut ein LCP-Konzept ausgearbeitet, dessen Umsetzung nun bevorsteht. Bei der Tarifgestaltung haben die Stadtwerke schon früh die Zeichen der Zeit erkannt. Bereits Mitte der achtziger Jahre setzten sie sich für eine Änderung der Bundestarifordnung Elektrizität und für lineare Tarife ein. Seit Mitte 1993 bieten die Stadtwerke den Stromtarifkunden wahlweise einen linearen Tarif mit progressiver Komponente oder einen zeitvariablen, linearen Stromtarif an. Allen Haushaltskunden, die viel Strom verbrauchen, wird ein Aufschlag in Rechnung gestellt: Für jede verbrauchte Kilowattstunde oberhalb von 6000 Kilowattstunden werden zum normalen Preis zusätzlich vier Pfennig erhoben.

Stadtwerke Rottweil

Schon seit mehr als zehn Jahren bieten die Stadtwerke Rottweil das sogenannte Nutzwärmekonzept an (vgl. auch Kapitel 6). Dessen Ziel ist es, den Energieeinsatz und die Umweltbelastung für die von den Verbrauchern benötigten Energiedienstleistungen möglichst gering zu halten. Dabei ist sowohl an Haushalte wie an Unternehmen gedacht. Die Stadtwerke bieten also ihren Kunden anstelle der Lieferung von Primärenergie (z.B. Gas) die Lieferung von Nutzwärme an. Diese wird am Steigrohr der Heizungsanlage gemessen. Wie diese Wärme am kostengünstigsten und saubersten erzeugt werden kann, ist Sache der Stadtwerke.

Was ist der Sinn dieses Konzeptes? Insbesondere wenn die Erneuerung einer Heizungsanlage ansteht, stellen sich für den Hausbesitzer eine ganze Reihe von Fragen. Soll er eine teurere, aber dafür energieeffizientere Anlage installieren? Soll er in seinem Haus einen Brennwertkessel einbauen? Welche Leistung und welches Produkt ist sinnvoll, welche Heizungssteuerung bietet sich an? Welchem Heizungsbauer soll er sein Vertrauen schenken? Wie kann er die erbrachten Leistungen kontrollieren? Wo gibt es den günstigsten Kredit für die Investition? Wo erhält man Zuschüsse? Soll er zuvor wärmedämmen? Ist das Heizungssystem für einen nachträglichen Einbau eines Solarkollektors geeignet?

All diese Fragen sind für einen Investor, der nicht vom Fach ist, nur sehr schwer zu beantworten. Zudem kann es sein, daß eine individuelle Lösung – ein reines Heizsystem nur für das eigene Haus oder die eigene Wohnung – nicht optimal ist. Andererseits kann ein Nahwärmekonzept mit einem Blockheizkraftwerk jedoch nicht von einzelnen Privatpersonen realisiert werden. Bei diesen ungelösten Fragen setzt das Angebot der Stadtwerke an: Der Stadtwerkedirektor Siegfried Rettich bot sich an, den Kunden die Entscheidung abzunehmen:

Die Stadtwerke Rottweil übernehmen Planungen, mit denen die Kunden fachlich überfordert wären, und sie koordinieren die Energieversorgung verschiedener Verbraucher so, wie das ein einzelner unter ihnen nicht tun könnte.

»Die Stadtwerke

- planen und bauen die Heizungsanlage und installieren sie in einem vom Kunden über die Vertragslaufzeit gestellten Heizraum,
- sie beschaffen die erforderliche Primärenergie (Erdgas, Heizöl, Rapsöl),
- sie betreiben und warten die Heizanlage,
- sie versorgen auf Wunsch des Hauseigentümers die einzelnen Wohneinheiten mit Raumwärme und Warmwasser und schließen zu diesem Zweck mit Mieter und Eigentümer Wärmelieferungsverträge ab,
- sie lesen den Wärmeverbrauch über Wärmezähler oder über Heizkostenverteiler ab, und
- sie besorgen die Abrechnung und das Inkasso.

Der Kunde muß nur für die von ihm bezogene Wärme bezahlen.«

Diese Dienstleistungen werden in enger Kooperation mit dem Heizungs- und Installationsgewerbe angeboten. Nach einer internen Planungsphase, in der unter allen wirtschaftlich realisierbaren Maßnahmen die effizienteste ermittelt wird, schreiben die Stadtwerke Rottweil die für die Sanierung der Heizungsanlagen notwendigen Arbeiten (inklusive Wartung) aus. Der günstigste Anbieter erhält den Zuschlag. Es ist offensichtlich, daß sich die Stadtwerke bei der Planung, der Ausschreibung, der Kontrolle und der Abnahme der Arbeiten wesentlich leichter tun als einzelne Eigenheim- oder Liegenschaftsbesitzer, zumal die Stadtwerke wie auch das Fachhandwerk bereits mehr als hundert Brennwertkessel und rund dreißig Blockheizkraftwerke für den Nutzwärmeeinsatz installiert haben und mit den neuen Techniken gut vertraut sind. Das Interessante an diesem Modell ist, daß die Rechnung für beide Seiten aufgeht. Die Kunden erhalten einen kompletten Service, der »rund um die Uhr« und übers ganze Jahr das gewünschte Produkt garantiert. Dabei ist dieses Produkt durchaus konkurrenzfähig zu einer Ölheizung. Für die Stadtwerke lohnt sich der Service, da die Nutzwärme mit einem sehr geringen Energieaufwand erzeugt wird, die Brennstoffkosten also relativ niedrig sind. Da Rottweil zunächst ein Einzelfall in der deutschen Energiewirtschaft war, bekam man von den großen Energieversorgern häufig zu hören, daß die Blockheizkraftwerke zur Erzeugung von Nutzwärme nicht wirtschaftlich seien; in Rottweil müßten diese Kunden von anderen durchgefüttert werden, hieß es. Der Nachfolger von Siegfried Rettich, Stadtwerkedirektor Peter Küppers, trug jedoch im Herbst 1995 vor der Werkleiterversammlung der kommunalen Werke eine detaillierte Bilanz des Nutzwärmekonzepts vor. Er konnte nachweisen, daß die Brennwertkessel und BHKW-Anlagen in Rottweil tatsächlich wirtschaftlich waren – ohne Ausnahme: Keine der realisierten Anlagen sei längerfristig unwirtschaftlich. Mit dem Nutzwärmekonzept wurden in Rottweil viele kleine dezentrale Stromerzeugungsanlagen geschaffen, die einen Wirkungsgrad von 85 bis 90 Prozent haben und somit wesentlich effizienter arbeiten als die herkömmliche zentrale Stromerzeugung mit ihrem Wirkungsgrad von rund 40 Prozent.

Stadtwerk Freiburg: linearer zeitabhängiger Tarif
Der Stromverbrauch der gewerblichen Kunden und der Haushalte wird in den meisten Fällen noch immer nach dem Grundpreistarif abgerechnet. Das reduziert die Wirtschaftlichkeit von rationeller Nutzungstechnik ganz wesentlich und begünstigt zugleich die ökologisch ungünstige Warmwasserbereitung mit Strom sowie das Kochen mit Elektroherden. Der Bau von Einsparkraftwerken wird also durch eine Preisgestaltung behindert, die auch unter dem ökonomischen Gesichtspunkt der Kostenorientierung nicht gerechtfertigt ist, daß die Preise sich an den Kosten orientieren sollten. Seit 1992 bieten die Stadtwerke Freiburg einen linearen, zeitvariablen Tarif an, der dem Aspekt der Kostenorientierung sowie der Zielsetzung der rationellen Energienutzung am ehesten gerecht wird. In der Spitzenlastzeit, also in den Wintermonaten zwischen 8.30 Uhr und 12.30 Uhr sowie zwischen 17.00 Uhr und 19.00 Uhr, beträgt der Strompreis 49,6 Pf pro Kilowattstunde. In der Normallastzeit müssen die Kunden 28,6 Pf/kWh bezahlen, und in der Schwachlastzeit (von 22 Uhr bis 6 Uhr) ist die Kilowattstunde für 12 Pfennig zu haben. Im Gegenzug erhalten die »Solar-Kraftwerker« für den von ihnen erzeugten Strom denselben Preis vergütet, zu dem die FEW den Strom abgibt (s. Abb. 42).

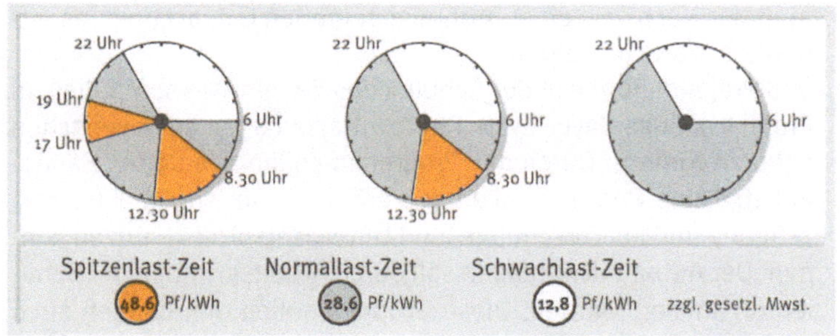

Abb. 42:
FEW-Strompreise

Weitere Beispiele für innovative Dienstleistungen
Die Zahl der Energieversorgungsunternehmen, die ihre Kunden durch gezielte Programme bei der rationellen Energienutzung unterstützen, hat in den letzten Jahren deutlich zugenommen. Hier eine Zusammenstellung von Beispielen für innovative Energiedienstleistungen von Energieversorgungsunternehmen:

• In vielen Städten der Bundesrepublik ist der Anteil der nicht deutsch sprechenden Haushalte erheblich. Diese Abnehmergruppe wird bei der bisherigen Werbung für die rationelle Ener-

Durchbruch durch Standardisierung: Auch wenn es sich beim Projekt »Sonne in der Schule« des Bayernwerks »nur« um ein Schulprojekt handelt, zeigt der Fall doch indirekt, wie sehr eine standardisierte, leicht handhabbare Technik zum Durchbruch einer Idee beitragen kann.

gienutzung einfach ignoriert. Nicht so bei den Stadtwerken Karlsruhe: Die Stadtwerke Karlsruhe bieten eine Broschüre mit Energiespartips an, die den Kunden helfen soll, ihre Haushaltskasse zu entlasten. Diese Broschüre gibt Tips in zehn Sprachen und wurde in Kooperation mit der »Arbeitsgemeinschaft der kommunalen Versorgungsunternehmen zur Förderung rationeller, sparsamer und umweltschonender Energieverwendung und rationeller Wasserverwendung im VKU« (ASEW) erstellt.

- Die Stadtwerke München haben es sich zum Ziel gemacht, den Verbrauch der eigenen Gebäude und der angemieteten Räume und Einrichtungen systematisch zu erfassen. Darauf aufbauend ist ein computergestütztes Energiemanagement geplant. Für kommunale Gebäude bieten die Stadtwerke München die Komplettsanierung von Heizungszentralen an. Die Leistung umfaßt die Planung, die Montage, die Inbetriebnahme und Finanzierung der neuen Heizzentrale, die Demontage des alten Wärmeerzeugers, den Aufkauf des Restöls, den Ausbau des Öltanks bei der Umstellung auf Erdgas sowie den Einkauf der Primärenergie und die Lieferung von Wärme.

- Die Stadtwerke Ratingen unterstützen den Kauf von effizienten Kühl- und Gefriergeräten. Die Kunden erhalten entweder eine Prämie in Höhe von 100 DM oder ein Darlehen in Höhe der Anschaffungskosten, maximal aber 1200 DM. Das Darlehen wird zusammen mit der Energierechnung in 24 Monatsraten zurückgezahlt. Der effektive Jahreszins beträgt 4 Prozent. Die besonders sparsamen Haushaltsgeräte müssen FCKW- und FKW-frei sein. Zudem muß der Nachweis einer ordnungsgemäßen Entsorgung des Altgerätes erbracht werden.

- Das Projekt »Sonne in der Schule« des Bayernwerks: Mit diesem Projekt will das Bayernwerk Photovoltaikanlagen an bayerischen Schulen fördern. Durch das Programm sollen Schulen in Bayern günstig eine Photovoltaikanlage erhalten, die sie zur Stromerzeugung und als Forschungs- und Unterrichtsprojekt nutzen können. Der Aufbau der Anlagen soll durch Arbeitsgruppen der Schulen organisiert werden. Diese Gruppen sollen die Anlagen auch betreuen und deren »Ernte« dokumentieren sowie anderen Interessenten und Mitschülern die Photovoltaik näherbringen. Durch begleitende wissenschaftliche Untersuchungen sollen die Praxiserfahrungen mit der Photovoltaik auf eine breitere Basis gestellt werden. Zu diesem Zweck wurde für das Bayernwerk ein spezieller Photovoltaik-Bausatz mit einer Leistung von 1 kW entwickelt. Der Bausatz besteht aus 20 Modulen mit Solarzellen aus monokristallinem Silizium, einem Gestell zur Montage und einem Wechselrichter, in dessen Gehäuse auch die Meßtechnik mit optischen Anzeigen integriert ist. Die Montage können Schüler und Lehrer dank einer ausführlichen Montage- und Betriebsanleitung selber

vornehmen. Von den Kosten des Bausatzes, der im Handel rund
18 000 DM kostet, müssen die Schulen 3000 DM tragen. Für die
Einbindung des Projektes in den Unterricht hat das Bayernwerk
entsprechendes Informations- und Lehrmaterial mit einer
Beschreibung der Technik und Bewertung der regenerativen Energiequellen erstellt. Die zentrale Auswertung der Meßdaten übernimmt das Bayernwerk für einen Zeitraum von zehn Jahren. Das
Projekt fand bei den Schulen eine große Resonanz. Im Sommer
1995 hatten bereits rund 500 Schulen Interesse gezeigt. Lehrer
und Schüler beteiligten sich mit viel Engagement und Freude an
diesem Projekt. Es stellte sich heraus, daß der weitaus größte Teil
der Planungs- und Montagearbeiten von den Schülern selbst so
weit erledigt werden konnte, daß der Anschluß an das Versor-
gungsnetz von einem Fachmann ohne weitere Arbeiten möglich
war. Insgesamt wurden im Rahmen dieses Projektes 600 kW an
Photovoltaikleistung installiert.

- Die Stadtwerke Herten bieten ihren Kunden ein breites Spektrum
  an Energieberatung und Prämien. Neben Zuschüssen für die
  Umstellung der Heizungsanlagen auf Erdgas oder Fernwärme gibt
  es Zuschüsse für die Umstellung auf erdgasbetriebene Fahrzeuge
  sowie Prämien für den Bau thermischer Solaranlagen, Zuschüsse
  für Niedrigenergiehäuser sowie Prämien beim Ersatzkauf von
  besonders energieeffizienten Kühl- und Gefriergeräten.
- Die Stadtwerke Lemgo fördern insbesondere die regenerativen
  Energien sowie die Energieeinsparung. Neben einer kostenorien-
  tierten Vergütung von Solarstrom bieten die Stadtwerke Lemgo
  auch eine erhöhte Einspeisevergütung in Höhe von 20 Pfennig pro
  Kilowattstunde für Strom aus Windkraftanlagen. Das Energiever-
  sorgungskonzept der Stadt sieht vor, daß die Windenergie in
  Lemgo in den nächsten 20 Jahren einen Anteil von 5 bis 10 Prozent
  an der gesamten Stromerzeugung erhält. Die Finanzierung der
  bisher erbauten Windenergieanlagen erfolgte durch die Betreibergesellschaft Stadtwerke Lemgo Windkraftanlagen GmbH + Co.
  Diese Betreibergesellschaft verkaufte 165 Anteile zu je 5000 DM
  an interessierte Bürger. Das Energie- und Umweltzentrum Lemgo
  hat in Zusammenarbeit mit den Stadtwerken und anderen Orga-
  nisationen einen Lehrpfad mit interessanten Energieprojekten
  angelegt. Der Lehrpfad besteht aus neun Stationen, die über
  einen Radrundweg miteinander verbunden sind. An mehreren
  Stationen sind Schautafeln aufgestellt, die nähere Informationen
  über die Projekte geben. Für interessierte Gruppen können
  Führungen organisiert werden.
- Unter dem Motto »Global denken – lokal handeln!« haben die
  Stadtwerke Bremen einen Öko-Fond zur Förderung innovativer
  Energieprojekte aus Schulen und Hochschulen geschaffen. Die
  Stadtwerke stellen jährlich Fördermittel bis zu einer Höhe von

50 000 DM zur Verfügung. Alle Einzelpersonen und Gruppen aus Schulen und Hochschulen in der Bremer Region können sich an diesem Wettbewerb beteiligen. Das Höchstalter der Teilnehmerinnen und Teilnehmer beträgt 27 Jahre. Eine unabhängige Jury entscheidet jedes Jahr über die Förderwürdigkeit der eingereichten Projekte und über die Verteilung der bereitgestellten Mittel.

- Seit Januar 1996 bietet das Rheinisch-Westfälische Elektrizitätswerk, RWE, ein Einsparprogramm für Industrie, Handel und Gewerbe an. Der Kundenenergiespar-Service (Kess) bietet folgende Leistungen:
  - die Hälfte der Kosten zur Erarbeitung eines betrieblichen Energieanwendungskonzeptes wird von RWE übernommen. Der maximale Förderbetrag beträgt 20 000 DM pro Betrieb.
  - Investitionen zur rationellen Nutzung werden zur Hälfte bezuschußt, sofern der gelieferte Energieträger von RWE kommt. Der maximale Förderbetrag beträgt 50 000 DM je Vorhaben.
  - Durchführung eines Wettbewerbes für innovative Geräte, Anlagen und Verfahren in den Jahren 1996, 1997 und 1998. Für die besten Vorschläge gibt es einen Investitionskostenzuschuß in Höhe von 50 Prozent, maximal 100 000 DM je Anlage.

Im Laufe der nächsten Jahre will RWE für dieses Programm insgesamt 20 Millionen Mark zur Verfügung stellen. Daß dieses an sich sinnvolle Projekt zu kurz greift, ist dem RWE wohl bewußt: »Energiesparende und ressourcenschonende Maßnahmen, die eine nicht von uns gelieferte Energie begünstigen, können wir leider nicht fördern. Entsprechende Unterstützung im Sinne eines wohlverstandenen Least-Cost Planning müssen wir dem jeweiligen Energielieferanten überlassen.« So ist zu erwarten, daß durch dieses Projekt die Stromanwendung auch in Bereichen gefördert wird, die nicht zu einem Rückgang des Primärenergieverbrauchs und der CO_2-Emissionen führen werden. Sinnvolle Energiesparprogramme zeichnen sich jedoch dadurch aus, daß sie den für eine bestimmte Energiedienstleistung notwendigen Einsatz von Primärenergie sowie die Gesamtemissionen minimieren. Das Fazit dieser Projekte: Die Energieversorger bieten heute eine Vielzahl interessanter Dienstleistungen an. Leider streben viele Unternehmen damit aber keine Erhöhung der Effizienz an. Vielmehr haben sie erkannt, daß die öffentliche Meinung von entscheidender Bedeutung für den Erfolg ihres Unternehmens sein kann. Also brauchen sie Einsparbemühungen, die sie einer kritischen Öffentlichkeit vorzeigen können. Am deutlichsten zeigt sich das, wenn man danach fragt, welche Erfolge mit bestimmten Einsparprojekten erzielt wurden: Nur ein kleiner Bruchteil der Unternehmen kontrolliert den Erfolg der eigenen Maßnahmen. Solche Untersuchungen sind jedoch unverzichtbar, wenn man die Wirkung der Dienstleistungsprogramme erkennen und verbessern will.

Weitere innovative Akteure auf den Effizienzmärkten

Energieagenturen

1987 wurde im Saarland die erste Energieagentur gegründet. In den folgenden Jahren folgten weitere Energieagenturen in anderen Bundesländern. Heute gibt es mehr als zehn dieser Einrichtungen, vor allem in den SPD-regierten Ländern. Diese Agenturen sollen, indem sie bestehende Hemmnisse bei der rationellen Energienutzung überwinden, dazu beitragen, daß die Energie dort, wo es wirtschaftlich ist, rationeller genutzt wird. Die Stärke der Energieagenturen liegt darin, daß sie Lösungen aus einer Hand anbieten. Sie entwickeln das Einsparkonzept, kümmern sich bei Bedarf um die Finanzierung, schreiben die Arbeiten aus und überwachen den Projektablauf. Der Kunde bekommt also eine komplette Lösung aus kompetenter Hand präsentiert. Im sogenannten Contracting-Verfahren muß der Kunde kein eigenes Kapital aufwenden. Die Energieagentur, beziehungsweise der Contractor, schließt mit dem Kunden einen »Einsparvertrag« ab, bei dem die Investitionskosten aus den erzielten Einsparungen refinanziert werden. Ist die Investition dann über die eingesparten Energiekosten zurückbezahlt und die Anlage an den Kunden zurückgegeben, so hat der Kunde den vollen Kostenvorteil bei der Einsparmaßnahme (siehe Abb. 43).

Mit diesem Angebot sollen insbesondere auch mittlere Unternehmen gewonnen werden, da gerade in solchen Unternehmen ein großer Anteil des wirtschaftlichen Einsparpotentials nicht ausgeschöpft wird.

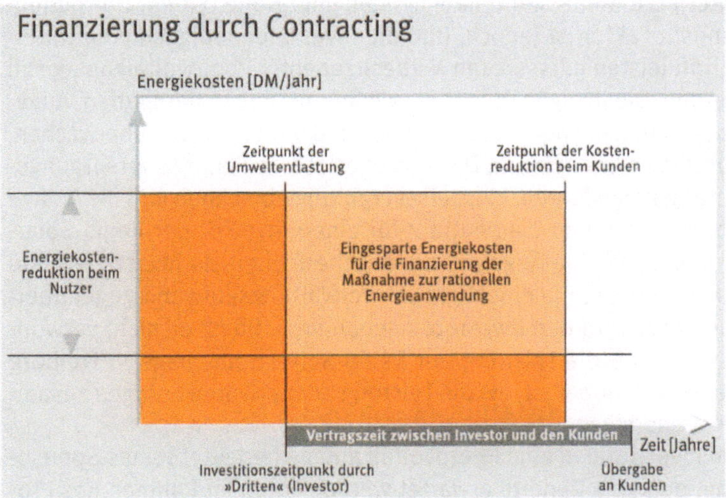

Finanzierung durch Contracting

Abb. 43:
Finanzierung durch Contracting. Contracting in diesem Zusammenhang heißt: Refinanzierung der Effizienztechniken aus den eingesparten Energiekosten.

Durch das Zeichnen auch kleiner Anteile kann jeder Bürger Mitbesitzer und Sponsor eines Solarkraftwerkes werden, auch wenn er selbst nicht den Platz und das Wissen hat, eine solche Anlage zu installieren. Der Freiburger Verein FESA hat damit ein Modell geschaffen, das moderne Energiespartechnik auch Nicht-Tüftlern zugänglich macht.

Private Energieagenturen und Beteiligungsgesellschaften

Neben den von den Ländern finanzierten Energieagenturen gibt es heute auch solche, die von Privaten getragen werden. So wollten z.B. einige Freiburger Bürger auf die Energiewende aus Bonn oder Berlin nicht warten. Deshalb gründeten sie den Förderverein »Energie- und Solaragentur Regio Freiburg e.V.« (FESA). Mit den Aktivitäten des Vereins wollten die Gründer innovative Projekte anstoßen und mit unkonventionellen Methoden für die Nutzung von Sonnenenergie werben. Das erste Projekt war gleich ein voller Erfolg: Mit dem Projekt »Regio-Solarstromanlage« konnte der Verein die Nutzung von Photovoltaik in der Region erheblich vorantreiben. Die Regio-Solarstromanlage ist eine Gemeinschaftsanlage, an der sich Private, aber auch Gewerbebetriebe beteiligen können. Die relativ großen Anlagen mit einer Leistung von z.T. über 50 kW werden in Form von Anteilsscheinen verkauft. Der Investor erwirbt einen oder mehrere Anteile am Gesamtprojekt zu einem festgesetzten Preis. Der von der Anlage erzeugte Strom wird direkt in das öffentliche Netz eingespeist. Im Gegenzug erhält der Verein die Einspeisevergütung, die er entsprechend den gezeichneten Anteilen weitergibt. Der Verein FESA hatte im Sommer 1996 in der Region Südbaden fünf größere Anlagen mit einer Leistung von insgesamt rund 170 kW installiert, nämlich in Freiburg, Gundelfingen und Wehr.

Warum sind solche Beteiligungsmodelle so erfolgreich?

An einer Gemeinschaftsanlage können sich Mieter beteiligen, die ansonsten keine Möglichkeit haben, eine Photovoltaikanlage zu betreiben. Auch Gebäudebesitzer, deren Gebäudedach ungünstig ausgerichtet ist, können über ein solches Beteiligungsmodell Solarstrom erzeugen. Ein weiterer Vorteil: Auch Bürger mit wenig verfügbarem Kapital können sich an einer Photovoltaikanlage beteiligen – sofern die Mindestanteile eine sinnvolle Höhe haben. Der bedeutendste Faktor ist jedoch, daß die Investoren lediglich eine Unterschrift leisten müssen, um Mitbesitzer einer Photovoltaikanlage zu werden. Die lästigen Aufgaben wie Informationen beschaffen, Angebote einholen, Angebote auswählen und bewerten, Bau überwachen, Zuschüsse beantragen, Diskussionen mit den Energieversorgungsunternehmen führen, Einspeisevergütung abrechnen und die Anlage überwachen – all dies entfällt für einen Investor der Regio-Solarstromanlage. Die Angst, in die falsche Technik zu investieren und ohne Hilfestellung einem großen Verwaltungsaufwand gegenüberzustehen, wird den Investoren genommen. So ist es nicht verwunderlich, daß die Leistung der Regio-Solarstromanlage in Freiburg wesentlich höher ist, als die Leistung aller privaten Anlagen zusammengenommen.

Die Investition in eine Photovoltaikanlage bedeutet reines Sponsoring, da keine Rendite erwartet werden kann. Im Rahmen des Pro-

jekts Regio-Solarstromanlage konnte eine Beteiligungsanlage mit
einer Größe von 170 kW dennoch relativ einfach realisiert werden. In
dieser Anlage ist mittlerweile ein privates Kapital in Höhe von mehr
als drei Millionen Mark gebunden. Doch die Energie- und Solaragentur fördert nicht nur die Beteiligung an der Regio-Solarstromanlage,
sondern bietet gemeinsam mit der Freiburger Energie- und Wasserversorgungs AG einen Beratungsservice für Solarenergienutzung an.
Die Fachberater der FESA sind beim Ausarbeiten eines Anlagenkon-
zeptes, beim Ausfüllen von Förderanträgen und auch bei der Ver-
mittlung von Handwerkern und Firmen kostenlos behilflich. Zu diesem Zweck hat die FESA ein Solartelefon eingerichtet, das einen
schnellen und unbürokratischen Weg zur eigenen Solaranlage möglich machen soll.

Die NEGAWatt Aktiengesellschaft

Das Öko-Institut hat den Ansatz des Beteiligungsmodells auf die Einsparung übertragen. Im Rahmen eines Projektes soll gezeigt werden,
daß sich diese interessante Finanzierungs- und Abwicklungsform
auch auf die Energie- und Stromeinsparung anwenden läßt – vor
allem deswegen, weil hier die höchste Rentabilität zu erwarten ist.
Somit wird neben der Beteiligung an Wind- und Solarkraftwerken
auch die Beteiligung an einem NEGAWatt-Kraftwerk, also an der
Energieeinsparung, möglich. Das Modell funktioniert folgendermaßen:

- Ein Stromeinsparpotential wird entdeckt, beispielsweise in einem
  Betrieb oder in öffentlichen Gebäuden, wie Schulen, Kranken-
  häusern oder Verwaltungsgebäuden. Möglich ist auch, einen ganz
  bestimmten Einsparbereich, wie beispielsweise die Umwälzpumpen von Heizungsanlagen oder die Beleuchtungstechnik,
  auszuwählen. Die erforderlichen Investitionskosten für die Einspartechnik und die zu erwartenden Erlöse aufgrund der Energiekosteneinsparung werden berechnet.
- Die NEGAWatt AG als Contractor investiert in die Energieeinsparung. Sie vereinbart mit dem Kunden vertraglich einen Betrag,
  der über einen bestimmten Zeitraum an den Contractor, also an
  die NEGAWatt AG, zurückfließt. In der Regel zahlt der Kunde, also
  der Betrieb oder die städtische Verwaltung, die ursprünglichen
  Energiekosten, die er bislang gegenüber dem Energielieferanten
  zu begleichen hatte, nun an den Contractor. Nach dem vereinbar-
  ten Zeitraum geht die Einspartechnik in das Eigentum des Kunden
  über.
- Das Kapital wird über den Verkauf von NEGAWatt-Aktien gesammelt. Da die Einsparinvestitionen rentabel sind, können die
  Aktionäre trotz der Programmkosten eine Rendite erwarten.

Abb. 44:
Werbeanzeige der Stadt-
werke Saarbrücken: »Werden
Sie Aktionär vom besten
schadstofffreien Kraftwerk
der Welt«.

Die Vorteile des Modells NEGAWatt AG sind vielfältig:

- Vorhandenes privates Kapital wird in volkswirtschaftlich sinnvolle und betriebswirtschaftlich attraktive Investitionen gelenkt.
- Eine an sich komplizierte Investitionssituation wird durch den Begriff der NEGAWatt-Aktien in einen leicht verständlichen und gut kommunizierbaren Rahmen gebracht. Das eher biedere Thema »Einsparung« bekommt durch die NEGAWatt-Aktien eine positive Bedeutung und spricht neue Interessenten an.
- Ausschöpfung des Einsparpotentials: Unter dem Dach NEGAWatt-Aktie lassen sich hochrentable mit weniger rentablen oder unrentablen Einsparinvestitionen zusammenfassen. Dadurch wird dem »Rosinenpicken«, bei dem nur die am leichtesten zu erschließenden Einsparmaßnahmen durchgeführt werden, vorgebeugt.
- Das Interesse an der Energieeinsparung kann über den finanziellen Anreiz geweckt und auch auf die eigene Situation übertragen werden. So ist z.B. zu erwarten, daß ein NEGAWatt-Projekt in einer Schule über die Schüler auch in den privaten Bereich hinein wirkt. Über den Demonstrationseffekt und die Kommunikation der Maßnahme über die NEGAWatt-Aktionäre wird von diesem Projekt eine starke Ausstrahlung erwartet.

Werden öffentliche Gebäude mit Hilfe der NEGAWatt AG saniert, so spart die Stadt Investitionskosten und wird langfristig von Energiekosten entlastet. Trotz aller Vorteile und interessanter Aspekte ist das Modell NEGAWatt-Aktie keine leichte Übung. Mit der Durchführung eines Pilot-Projektes sollen an einer Freiburger Schule die offenen Fragen geklärt werden.

Prototypen von Einsparkraftwerken

»Meister Lampe« hilft beim Stromsparen

Kurz nach der Tschernobyl-Katastrophe beschloß der Gemeinderat der »heimlichen Öko-Hauptstadt« Freiburg, das Stromsparen voranzutreiben. Die Freiburger Energie- und Wasserversorgungs AG (FEW), die zu 65 Prozent der Stadt gehört und an der die Thüringer-Gas mit 35 Prozent beteiligt ist, versorgt die Stadt Freiburg und einige Gemeinden im Umland mit Strom sowie Gas, Fernwärme und Wasser. Den Strom bezieht sie – wie die meisten kommunalen Energieversorgungsunternehmen – fast ausschließlich vom Vorlieferanten, der Badenwerk AG.

Die Anfänge der Stromsparpolitik waren bescheiden. Eine Werbeaktion hier, ein Meßgeräteverleih dort, eine Broschüre zum Energiesparen in den Haushalten (»Freiburger Energieberater«), eine computergestützte Beratung sowie ein kurzes Intermezzo mit einem Prämienprogramm für Haushaltsgeräte waren Teile eines zaghaften Versuches mit dem Stromsparen. Parallel dazu wurde jedoch noch für die Wärmegewinnung durch Strom geworben. Im Vergleich zu vielen anderen Versorgungsunternehmen, die zu diesem Zeitpunkt noch gar nichts unternahmen, konnten sich die Aktivitäten jedoch durchaus sehen lassen. Ernsthafter wurden die Anstrengungen mit der Einführung eines linearen zeitabhängigen Tarifs im Jahr 1992, der das Stromsparen für die Kunden attraktiver machte und die Kosten der Strombeschaffung gerechter auf die Kunden verteilte.

Das Freiburger Energiewende-Komitee und andere Umwelt- und Verkehrsinitiativen gaben sich mit dem Tempo, in dem das Stromsparen vonstatten ging, nicht zufrieden, zumal neben der atomaren Bedrohung die Gefahren einer Klimaveränderung immer deutlicher wurden. Immer wieder legte das Komitee Vorschläge zum Stromsparen vor, die jeweils auf bestimmte Marktsegmente ausgerichtet waren. Hatten doch die Least-Cost Planning-Studien des Öko-Institutes gezeigt, daß es viele Einspartechnologien gibt, deren Anwendung kostengünstiger ist als der Kauf des Stroms beim Badenwerk. Um die Zweifler zu überzeugen, übertrugen die Aktivisten des Energiewende-Komitees das Einsparkonzept, das im Rahmen des in diesem Buch vorgestellten Kooperationsprojektes zwischen Öko-Institut und Wuppertal Institut für die Stadtwerke Hannover entwickelt worden war, auf die Stadtwerke Freiburg. Mit der kostenlosen Abgabe von Stromsparlampen sollte gezeigt werden, daß solche Programme sowohl der Umwelt als auch den Kunden nutzen können. Immerhin spart eine Lampe während ihrer Nutzungsdauer rund 400 Kilogramm CO_2 ein. Für die teilnehmenden Kunden reduziert sich die Stromrechnung, und die Stadtwerke können sich mit einer genau kalkulierten Preiserhöhung schadlos halten. Insgesamt gibt es bei dem Programm also nur Gewinner: die Kunden, die Stadtwerke und die Umwelt.

Zunächst wurden alle Gruppen zusammengetrommelt, die sich für den Klimaschutz engagieren wollten. Gemeinsam wurde eine Veranstaltung zum Klimaschutz geplant und durchgeführt, zu der auch der Vorstand und die Mitarbeiter der FEW sowie die Gemeinderatsmitglieder eingeladen wurden. Nach der Erläuterung des Konzepts schmolz bei einigen der Anwesenden die anfängliche Skepsis dahin. Im Frühjahr 1995 beauftragte die FEW das Öko-Institut, die volks- und betriebswirtschaftlichen Aspekte des vorgeschlagenen Programms zu berechnen. Dafür wurde das Computermodell »ADEL« eingesetzt, das im Zusammenhang mit dem Einsparkraftwerk Hannover entwickelt worden war. Nachdem die Preisaufsicht des Landes Baden-Württemberg ihre Zustimmung zu der programmbedingten Preiserhöhung gegeben hatte, stand der Umsetzung nichts mehr im Wege.

Freiburg im »Lampenfieber«: Die großangelegte und professionell bekanntgemachte Aktion der Freiburger Stadtwerke brachte auch einen enormen Öffentlichkeitserfolg – wichtiges Element eines Programmes, das auf die Unterstützung und das Mitmachen der einzelnen Bürger angewiesen ist.

Durch ein gelungenes Marketing-Konzept der FEW wurde das Programm allen Zweifeln zum Trotz innerhalb kürzester Zeit zu einem Renner. Die beteiligten FEW-Mitarbeiter erhielten in Beratungsgesprächen, Presseberichten und von den Energiegruppen – für sie ganz ungewohnt – durchweg positive Rückmeldungen und waren hochmotiviert, die Aktion zum Erfolg zu führen.

Was wurde den Haushalten von Meister Lampe geboten?
Mit dem gezielten Einsparprogramm wollte die FEW zweierlei erreichen: Zum einen sollte ein möglichst großer Teil des in den Haushalten vorhandenen Einsparpotentials im Beleuchtungsbereich direkt erschlossen werden, und zum anderen sollte der Markt für Lichttechnologien verändert werden, indem die Händler in die Aktion mit einbezogen wurden. Deshalb boten die Stadtwerke folgende Leistungen an:

- An jeden Haushalt wurde eine elektronisch gesteuerte Energiesparlampe kostenlos abgegeben. Hierzu setzten die Stadtwerke einen umgerüsteten Lastwagen, das »FEW-Mobil«, ein, das jeweils einige Tage in den verschiedenen Stadtteilen an einem zentralen Platz geparkt wurde. In der Tageszeitung wurde regelmäßig auf den Standort des Mobils hingewiesen. Darüber hinaus konnte die Stromsparlampe im Energieberatungszentrum der FEW sowie in der Hauptverwaltung abgeholt werden.
- Bei der Abholung der Lampe erhielt jeder Kunde einen Gutschein in Höhe von zehn Mark, der zum verbilligten Kauf einer weiteren Lampe im Handel berechtigte.
- Mit der Energiesparlampe erhielten die Kunden eine kleine Broschüre, die ihnen erläuterte, wo die Lampe am besten eingesetzt wird, welche Lampen für einen bestimmten Zweck am besten geeignet sind und welche ökologischen und finanziellen Vorteile mit dem Gebrauch der Lampen verbunden sind.
- Zeitgleich mit der Verteilaktion wurde im Energieberatungszentrum eine Ausstellung »Lichttechnik« eingerichtet, die Beispiele für eine moderne und effiziente Beleuchtung präsentierte.

Die ganze Aktion wurde von einer gezielten Informations- und Marketingkampagne begleitet, in deren Mittelpunkt »Meister Lampe« stand. Da schon in den ersten Tagen die Nachfrage nach den Lampen außerordentlich groß war, berichtete die Presse ausführlich über das »Lampenfieber«, von dem die Freiburger Bevölkerung befallen war. Stromsparlampen, die bislang in Freiburg wie auch in anderen Städten wenig Attraktivität hatten, wurden von einem Tag auf den anderen zum Tagesgespräch in Freiburg. Auch im redaktionellen Teil der örtlichen Tageszeitung wurde über die verschiedenen Aspekte des Programms, die Lampentechnik, die Umweltwirkungen sowie auch über den LCP-Ansatz berichtet.

Die »Energieleistung« von Meister Lampe
Von Januar bis Ostern 1996 war »Meister Lampe« im Versorgungsgebiet der Stadtwerke Freiburg unterwegs. In dieser Zeit wurden von den Haushalten rund 72 000 Lampen direkt abgenommen. Zeitweise war die Nachfrage nach Lampen so hoch, daß dem FEW-Mobil ein »Ausverkauf« drohte. Doch wochenlange Planungsarbeit und ein gutes Projektmanagement machten sich bezahlt, und so konnte selbst eine Nachfragespitze von 6000 Lampen innerhalb von zehn Stunden erfolgreich bewältigt werden.

Der größte Anteil mit rund 40 000 abgeholten Lampen entfiel dabei auf das »FEW-Mobil«, die restlichen 32 000 auf die beiden anderen Ausgabestellen. Weitere 15 000 Haushalte lösten ihren Gutschein beim Fachhandel ein und kauften sich jeweils (zumindest) eine zusätzliche Lampe. Da die Einlösefrist für die Gutscheine bei Redaktionsschluß dieses Buches noch nicht abgelaufen war, wird sich die Teilnehmerzahl hier noch etwas erhöhen.

Darüber hinaus haben aufgrund der massiven Werbekampagne Haushalte zusätzliche Energiesparlampen gekauft. Wie viele Lampen dies waren, wird erst die wissenschaftliche Evaluierung des Haushalts-Programmes ergeben können, die im Herbst 1996 abgeschlossen sein wird.

Dennoch können aufgrund der Vorauskalkulation des Programmes und der erreichten Teilnahmequoten bereits heute einige grundlegende Aussagen gemacht werden:

Abb. 45:
Anzeige der Freiburger Elektrizitätswerke: »Meister Lampe«

- Mit etwa 90 000 abgesetzten Energiesparlampen war das Programm erfolgreicher als von den Gutachtern erwartet. Die Gutachter hatten in ihrer Programmkonzeption nur 81 000 zusätzliche Stromsparlampen erwartet. Da die FEW rund 100 000 Haushalte in Freiburg und Umgebung versorgt, kann aus diesen Zahlen auf eine sehr hohe Beteiligung der Freiburger Haushalte geschlossen werden.

- Da die vorläufigen Kostenangaben der FEW bei »gut 2 Millionen Mark« liegen und sich damit in den von den Gutachtern vorgegebenen Rahmen von 2 Millionen einfügen, kann bereits derzeit festgestellt werden, daß die ökologischen und ökonomischen Ziele des Programmes erreicht werden. Die Kosten pro eingesparte Kilowattstunde (Technik- und Programmkosten) werden sich im Bereich von 6 Pfennig pro Kilowattstunde bewegen, während die vermiedenen Kosten bei etwa 9 Pf bei einer kurzfristigen Betrachtung und bei 13 Pf bei einer längerfristigen Betrachtung liegen.

- Der ökologische Nutzen des Programmes ist beträchtlich: Jährlich können mit dieser Aktion vier bis fünf Millionen Kilowattstunden oder rund 3 000 Tonnen Kohlendioxid eingespart werden – und dies, ohne daß die Haushalte zusätzlich belastet werden müssen.

- Die teilnehmenden Kunden – also etwa 70 Prozent aller Haushalte – werden einen wirtschaftlichen Vorteil von rund 70 Mark pro Haushalt erzielen. Und dies, obwohl die Preise um 0,6 Pfennig pro Kilowattstunde angehoben wurden.[8] Der Stromverbrauch aller Haushalte wird durch diese Aktion um zwei Prozent reduziert.

Genauso interessant wie die ökonomischen Wirkungen sind jedoch einige weitere Erkenntnisse, die im Zusammenhang mit dem Programm gewonnen wurden:

- Die Fachhändler, die dem Programm zunächst skeptisch gegenüberstanden, änderten ihre Haltung, und so konnte die Liste der »Partner von Meister Lampe« noch während der Projektlaufzeit auf 30 Teilnehmer erweitert werden.
- Bei den Fachhändlern fand die Aktion unter anderem auch deshalb Zustimmung, weil sie ihnen zusätzliche Kunden in die stadtnahen Läden brachte und somit der Kaufkraftabwanderung in die Baumärkte auf der grünen Wiese etwas entgegengesetzt wurde.
- Die Aktion fand weit über Freiburgs Grenzen hinaus Aufmerksamkeit und Anerkennung, und die FEW erhielt während der Aktion zahlreiche Anfragen aus dem In- und Ausland. Bei konsequenter Weiterverfolgung des LCP-Ansatzes könnte sich aus den Umsetzungserfahrungen bei LCP-Projekten ein neues Geschäftsfeld für die FEW entwickeln: Know-how-Vermittlung bei der Umsetzung von Energiedienstleistungen. Die FEW könnte »Meister Lampe« dann in anderen Städten hoppeln lassen – und das nicht nur an Ostern.

Meister Lampe im Gewerbe

Anschließend an das Haushaltsprogramm wurde im März 1996 »Meister Lampe« in die Gewerbebetriebe geschickt. Dort soll er einen »Energie-Check« durchführen und gezielt nach Stromverschwendern fahnden. Die FEW bietet ihren rund 11 000 Gewerbekunden zu diesem Zweck Verbrauchsanalysen an, die dem Kunden einerseits einen Überblick über die Verbrauchssituation geben sollen, andererseits die Grundlage für die Entwicklung von Einsparvorschlägen sind. Die Kosten für diese Analyse werden zu 80 Prozent von der FEW und zu 20 Prozent von den Betrieben getragen. Diese Analysen sollen nicht nur den Lichtbereich umfassen, sondern auch in den Sektoren Kühlung, Belüftung und Geräteausstattung Klarheit schaffen.

Um die Kunden zum Handeln und Einsparen zu bewegen, geht die FEW noch einen Schritt weiter: Jede Kilowattstunde, die im Rahmen dieses Programmes über eine technische Maßnahme eingespart wird, wird mit einer Prämie von 30 Pf belohnt (bezogen auf ein Betriebsjahr).

Das Programm ist mit einer Laufzeit von bis zu drei Jahren angesetzt. In diesem Zeitraum sollen rund 4 000 Gewerbekunden beraten und rund 2 Millionen Kilowattstunden jährlich eingespart werden. Dies entspricht einer Verbrauchsreduktion von rund 3 Prozent in diesem Verbrauchssegment.

Meister Lampe aus Sicht der FEW
Im folgenden soll der technische Vorstand der FEW, Hans Fetter, über die Hintergründe und die Philosophie des »Meister Lampe Programms« zu Wort kommen. Hierzu drucken wir einen gekürzten Artikel aus der Zeitschrift TAM ab.

Meister Lampe – was er leistet, was er kostet

»Ein Lichtblick für die oft gescholtene deutsche Energiewirtschaft – im wahrsten Sinne des Wortes. Schon lange nicht mehr konnte sich ein Unternehmen über eine Anhäufung von Lob so freuen wie zuletzt die Freiburger Energie- und Wasserversorgungs-AG (FEW) für ihre Sparlampen-Aktion »Meister Lampe« ...
Freiburgs Strompreise für Haushalt, Landwirtschaft und Kleingewerbe, seit 1992 in einem für all diese Abnehmergruppen einheitlichen linearen Zeitzonentarif zusammengefaßt, haben seit dem 1. Januar 1996 ein neues Preiselement, was für die gesamte baden-württembergische Tarifstruktur ein Novum darstellt: 0,6 Pfennig pro Kilowattstunde sind als eigenständiger Preisbestandteil ausgewiesen. Dieser »Sonderpreis«, beim gegenwärtigen Stromabsatz der FEW im Tarifkundenbereich immerhin ein jährlicher Betrag von 1,2 Millionen Mark, darf nicht in die allgemeine Kostenrechnung des Unternehmens einfließen, sondern muß zweckgebunden verwendet werden – für Programme zur Energieeinsparung und zur Förderung regenerativer Energien. So lautete der Antrag der FEW bei der Stuttgarter Preisbehörde und so wurde er auch genehmigt.
Die konkrete Umsetzung für den größten Teil dieser »Sonderfinanzmasse« (0,4 Pfennig pro Kilowattstunde) ist ein Einsparprogramm nach Gesichtspunkten des Least-Cost Planning im Bereich Licht. »Meister Lampe«, wie wir unser Programm im Sinne einer auch emotionalen Kundenansprache genannt haben, soll 100 000 Glühbirnen in Freiburg durch moderne Energiesparlampen ersetzten. Ziel: Die Einsparung von 5 Millionen Kilowattstunden Strom jährlich, was der FEW neben den Anfangskosten für Programm und Umsetzung von 2 Millionen Mark jährliche Mindereinnahmen (acht Jahre lang) von 600 000 Mark durch den weniger verkauften Strom einbringt. Ausgleich: Die Mehreinnahmen über 0,4 Pfennig »Zuschlag« auf den gesamten Stromabsatz im Tarifkundenbereich ...
Das Programm ist im Kern ein »sanfter Zwang zum Energiesparen«. Die FEW geht diesen Weg, dessen Merkmale durch ein Gutachten des Freiburger Öko-Institutes untersucht worden sind, auch in Zeiten, da auf nationaler und noch mehr auf europäischer Ebene oft nur noch von

Emotionale Ansprache des Kunden auf der einen Seite, »Sanfter Zwang zum Energiesparen« auf der anderen Seite.

Eine FEW Energieberaterin: »Wir sind noch nie so viel gelobt worden.« Das Programm stärkte die Teamfähigkeit und das Gefühl für Corporate Identity der Mitarbeiter.

»Deregulierung« die Rede ist. Warum? Sind wir Ignoranten, die sich um gegenläufige Trends einen Teufel scheren?

Wir sind Realisten. Mit dem Energiesparprogramm »Meister Lampe«, das für das Gewerbe in abgewandelter Form eine Entsprechung erhalten wird, und mit einem neuen Solarförderprogramm, das ebenfalls in diesem Jahr noch anlaufen wird, betreiben wir dezidierte kommunale Freiburger Energiepolitik und schöpfen einen Handlungsspielraum aus, der einem regionalen Stadtwerke-Unternehmen zukommt zwischen den ökologischen Erwartungshaltungen eines immer aufgeklärteren Publikums und den betriebswirtschaftlichen Zwängen, respektive den enger werdenden kommunalen Finanzen ...

Die Kunden erwarten heute – jedenfalls in Freiburg – Aktivitäten zum Umweltschutz, am besten – wie bei dieser Aktion – zum Nulltarif für die Teilnehmer. Ein Unternehmen muß dies bieten, wenn es Dienstleister sein will.

Bleibt die richtige »Übersetzung« hin zum Kunden. Wir waren, ehrlich gesagt, selbst durchaus unsicher, ob dieses strompreisfinanzierte Sparprogramm nicht womöglich den lauten Protest einer qualifizierten Minderheit auslösen und uns für lange Zeit in Rechtfertigungsdebatten fesseln würde. Nichts von alledem nach vier Wochen »Meister Lampe« und einem förmlichen Ansturm auf das Angebot (rund 65 000 Energiesparlampen sind binnen kurzer Zeit abgesetzt!). Zwar hat der gleichzeitige Wegfall des Kohlepfennigs die Klarheit der Ansprache, daß das Programm über den Strompreis refinanziert wird, eingetrübt. Dennoch ist diese »ehrliche« Information zu den Grundlagen des Programmes nach unserer Erkenntnis bei den meisten Kunden durchgedrungen. An der hohen Akzeptanz unseres Vorgehens bei unseren Kunden hat dies nichts geändert.

Die große Zustimmung unserer Kunden zu »Meister Lampe« (eine FEW-Energieberaterin: »Wir sind noch nie so viel gelobt worden«) hat nach einer ersten Analyse zwei Hauptgründe:

• Es gibt Beifall dafür, daß gerade ein Energieversorger sich aktiv dem Thema Stromsparen zuwendet, einem Ziel, von dem wir aus Umfragen wissen, daß es bei den Kunden hoch positiv besetzt ist.

• Es wird dankbar akzeptiert, daß bei dem von vielen Menschen als kompliziert empfundenen Bereich Energiesparen (»Wo sollen wir anfangen, wo lohnt es sich?«) der Energieversorger konkrete Schritte, sozusagen eine »Portionierung« des Allgemeinzieles Energiesparen, definiert.

Fazit: Wir fühlen uns durch den bisherigen Verlauf des Programmes »Meister Lampe«, durch seine hohe Akzeptanz in der Freiburger Bevölkerung, ermutigt, das Thema Energiesparen weiter aktiv anzugehen. Außer dem originären Ziel Umweltschutz gewinnen wir Kundennähe, Dienstleistungskompetenz und Imagegewinn als umweltaktives und innovatives Unternehmen. Nicht zuletzt stärkt ein solches Programm die Teamfähigkeit und die »Corporate Identity« der Mitarbeiter nach innen, trotz des hohen Umsetzungs- und Vorbereitungsaufwandes, der erhebliche Personalkapazitäten bindet.«

Das Kess-Programm der RWE

Im Oktober 1992 begann RWE Energie das Pilotprogramm Kess (Kunden-Energie-Spar-Service) für seine Haushaltskundinnen und -kunden. Es beinhaltet eine Prämie von 100 DM für den Kauf energie-effizienter Kühl- und Gefriergeräte, Geschirrspüler und Waschmaschinen sowie eine begleitende Marketing-Kampagne. Mit einem Gesamtvolumen von 100 Millionen DM ist es das bisher größte Stromsparprogramm, das von einem deutschen EVU aufgelegt wurde. Dieses Programm wurde zunächst nicht ohne Hintergedanken gestartet: Das RWE bzw. seine Tochtergesellschaft, die Rheinbraun AG, wollen ein neues Braunkohletagebaugebiet, Garzweiler II, erschließen. Um dieses politisch umstrittene Projekt leichter durchsetzen zu können, war es sicher für das RWE von Vorteil, der Öffentlichkeit den Willen zur rationellen Energienutzung zu dokumentieren.

Was sind die Erkenntnisse aus diesem bislang größten Prämienprogramm in der Bundesrepublik? Das Wuppertal Institut für Klima, Umwelt, Energie wurde von RWE Energie beauftragt, die Auswirkungen zu untersuchen. Die Auswertung stützt sich auf

- eine schriftliche Befragung von ca. 5 000 Teilnehmern bis Januar 1994 (Rücklauf rund 2 500 Fragebögen);
- 7 Gruppendiskussionen mit ausgewählten Teilnehmern;
- 35 Fachgespräche mit Einzel- und Großhändlern;
- 3 Fachgespräche mit Herstellern;
- 11 Fachgespräche mit Mitarbeiterinnen und Mitarbeitern in den Beratungsstellen von RWE Energie.

Das Programm hat große Akzeptanz bei Kundinnen und Kunden gefunden: Bis zum Februar 1995, rund vier Monate früher als geplant, wurden rund 1 000 000 Prämien ausbezahlt und damit das gesamte Fördervolumen ausgeschöpft. Mit dem Programm werden über 400 GWh an Strom eingespart, was einer CO_2-Vermeidung von etwa 300 000 Tonnen entspricht. Darüber hinaus werden rund 3 Millionen Kubikmeter Wasser eingespart. Etwa zwei Drittel der Stromeinsparung wurden bei den Kühl- und Gefriergeräten erzielt. Den Rest teilen sich Geschirrspüler und Waschmaschinen, wobei die Waschmaschine mit rund 107 GWh mehr als doppelt so stark zur Einsparung beitrug wie die Geschirrspülmaschine.

Die Umsetzungskosten für das Programm (ohne Prämien) betrugen über die gesamte Laufzeit der Maßnahmen rund 41 Millionen DM. Hierbei entfallen rund 14 Millionen Mark für Marketing, etwa 26 Millionen Mark für Administration (Beratung, Prämienauszahlung) und etwa 1,2 Millionen Mark für Konzeption und Evaluierung.

Die Mehrkosten der sparsamen Geräte gegenüber den ungeförderten Geräten lagen durchschnittlich zwischen 70 Mark bei den Geschirrspülern und 144 Mark bei den Gefriertruhen.

Abb. 46:
Werbung mit dem »Power-Klauer«

Prämien allein reichen häufig nicht aus, daß die Kunden beim Neukauf energiesparende Geräte kaufen. Die Kunden betrachten Prämien oft als ein Gütesiegel, vergeben von ihrem Energieversorger. Sie schauen nach diesem Gütesiegel, wenn sie ohnehin ein neues Gerät kaufen wollen.

Als langfristig vermeidbare Grenzkosten des Stromsystems wurde bei der Nutzen-Kosten-Rechnung eine Bandbreite von 10 bis 16 Pf/kWh eingesetzt, die im Wuppertal Roundtable Least-Cost Planning für den Strombezug von Verteilerunternehmen diskutiert worden war. Eine unterschiedliche Lastwirksamkeit für die einzelnen Gerätegruppen wurde somit nicht berücksichtigt. Hinzuaddiert wurden vermeidbare Kosten der Verteilung und der Verteilungsverluste von 1 Pf/kWh. Für die gesellschaftliche Perspektive relevant sind die vermeidbaren externen Kosten. Da eine exakte Quantifizierung und Monetarisierung der externen Effekte große Probleme mit sich bringt, wurde ein pragmatisches Vorgehen gewählt. Ein Zuschlag von 2 bis 3 Pf/kWh soll bei den Berechnungen aus der gesellschaftlichen Perspektive die externen Kosten als »Erinnerungswert« ansatzweise widerspiegeln.

Die Ergebnisse der Nutzen-Kosten-Tests sind – wie bei einem Pilotprogramm nicht anders zu erwarten – noch nicht bei jeder Perspektive positiv. Jedoch konnte mit dem Kess-Programm der RWE Energie gezeigt werden, daß LCP-Stromsparprogramme schon in ihrer Erprobungs- und Demonstrationsphase aus volkswirtschaftlicher Sicht insgesamt (über alle Gerätegruppen) kosteneffektiv gestaltet werden können.

Insgesamt sollte jedoch bei der Bewertung der Nutzen-Kosten-Tests bedacht werden, daß

- es sich beim Kess-Programm um ein Pilotprogramm handelt, das nicht primär unter dem Gesichtspunkt der Kosteneffizienz konzipiert wurde;
- durch Variationen im Programmdesign die Programmwirkung noch optimiert werden kann;
- die Umsetzungskosten im Unternehmen und die Marketingkosten während der Programmlaufzeit spezifisch eine sinkende Tendenz aufweisen. Bei längerer Laufzeit eines Vollprogramms ist zu erwarten, daß sich allein aufgrund des gestiegenen Bekanntheitsgrades des Programms der Trend der sinkenden Marketingkosten je ausgezahlter Prämie fortsetzt. Auch bei den Umsetzungskosten im Unternehmen ist zu erwarten, daß Lerneffekte zu einer Kostendegression führen.

Um die Einsparungen kosteneffektiv für Volkswirtschaft und Gesellschaft zu erzielen, müssen im Programmdesign einige Modifizierungen vorgenommen werden. Damit der Verlagerungsanreiz für die nachfragenden Haushalte hin zu den effizientesten Geräten und damit auch die Stromeinsparung höher wird, sollte eine engere Auswahl der prämienfähigen Geräte getroffen werden. Auch hat es sich bei der Befragung der Kunden herausgestellt, daß die Prämie nicht zu einer erhöhten Informationsnachfrage nach Modellangeboten und genaueren Verbrauchswerten geführt hat. Vielmehr wirkt die Prämie

bei der Mehrzahl der Kunden wie ein »Gütesiegel«, auf das sich die
Verkäufer verlassen können. Diese Verhaltensweise könnte man sich
für die Stromeinsparung zunutze machen, indem man die Höhe der
Prämie nach der Effizienz der Geräte staffelt. Darüber hinaus könnte
ein Label, welches die jährlichen (Norm-)Betriebskosten eines Haushaltsgerätes zeigt, den Kunden eine wichtige Entscheidungshilfe
beim Kauf eines Haushaltsgerätes geben. Diese zusätzlichen Informationen über die jährlichen Stromverbrauchs*kosten* der Geräte
werden von den Verbraucherinnen und Verbrauchern ausdrücklich
gewünscht. Erst dann werden für die Käuferinnen und Käufer ver-
brauchsgebundene Kosten und Anschaffungskosten vergleichbar,
und eine informierte Entscheidung auf der Basis einer Gesamtko-
stenbetrachtung wird möglich. Ein weiteres Untersuchungsergebnis
unterstreicht die Notwendigkeit solcher Informationen: Für die Verbraucherinnen und Verbraucher ist der Stromverbrauch im Vergleich
zum Wasserverbrauch eine zu abstrakte Größe.
Vorbehalte gegenüber LCP-Stromsparprogrammen bei unterschiedlichen gesellschaftlichen Gruppen und Verbänden, angefangen von
Verbraucherschutzorganisationen über die Wissenschaft, die staatlichen Aufsichtsinstanzen bis hin zu den Umweltverbänden und nicht
zuletzt bei der Versorgungswirtschaft selbst, konnten abgebaut werden. Zu diesem positiven Ergebnis hat nicht zuletzt auch die Arbeit
des von der Preisaufsicht in Nordrhein-Westfalen initiierten LCP-
Roundtable beigetragen, der programmbegleitend als ein Forum für
Diskussionen und zur Konsensbildung fungierte. Diese Form der auf
Kooperation ausgerichteten Programmbegleitung kann als vorbildlich bezeichnet werden. Die breite Akzeptanz des Programms schlägt
sich auch in der Tatsache nieder, daß ca. zwanzig EVU diese Form des
Prämienprogramms unverändert oder in modifizierter Form übernommen haben.

Das Programm hat nachgewiesen, daß durch Aktivitäten eines
großen überregional tätigen EVU im Stromsparbereich Entwicklungen auf den Märkten für Stromanwendungstechnologien positiv
beeinflußt werden können. Das Sortiment an Haushaltsgeräten, die
der Handel führt, hat sich wesentlich geändert. Generell konnte
gezeigt werden, daß die Stromnachfrage keine exogene Größe ist,
die einem autonomen, nicht zu beeinflussenden Trend folgt. Sie ist
vielmehr eine teilweise gestaltbare Variable, die aktiv vom EVU
beeinflußt werden kann.
Doch nicht nur das Angebot auf dem Haushaltsgerätemarkt konnte
verändert werden: das Programm und die damit verbundene Information stießen viele Verbraucher an, ihre Haushaltsgeräte bewußter als früher zu nutzen. So gaben zum Beispiel 16 Prozent der befrag-
ten Teilnehmer an, daß sie ihr Gefriergerät an einen kühleren
Stellplatz umgestellt hätten.

Großangelegte Programme
des regionalen Energieversorgungsunternehmens machen
nicht nur die Energienachfrage
gezielt zu einer gestaltbaren
Größe, sie verändern auch
mindestens in der Region den
Markt der energieverbrau-
chenden Geräte und können
das praktische Verhalten der
Kunden in Richtung eines bewußteren Umgangs mit der
Energie beeinflussen.

Es konnte weiterhin gezeigt werden, daß Verbrauchskennzeichnung und Energieverbrauchs-Standards wichtige Instrumente zur Steigerung der Energieeffizienz sind. Durch Verbrauchskennzeichnungen allein wird jedoch kein ausreichender Anreiz gegeben, die ineffizientesten Geräte vom Markt zu nehmen. Diese gewährleisten zwar obligatorische Grenzwerte, wie sie von einer kürzlich verabschiedeten weiteren EU-Richtlinie gesetzt werden; sie bieten allerdings keinen ausreichenden Anreiz zu einer raschen technischen Weiterentwicklung in Richtung noch effizienterer Modelle. Hier bietet die mit den LCP-Programmen verbundene Förderung der jeweils marktbesten Geräte eine sinnvolle Ergänzung zur Dynamisierung der Standards.

Mit diesem Programm ist die Basis für weitergehende LCP-Aktivitäten gelegt worden. Insbesondere sind die Probleme deutlich geworden, die private Haushalte ohne zusätzliche Information damit haben, ihren Stromverbrauch und die damit verbundenen Kosten abzuschätzen. Es ist vor allem erkennbar geworden, daß Stromsparen im Gegensatz zum Wassersparen für die meisten privaten Verbraucher eine abstrakte und zu wenig nachvollziehbare Aktivität ist. Hier ist eine Verbesserung der Informationsarbeit und der Kommunikation mit den Stromanwendern notwendig.

Das Gewerbeprogramm Langenhagen

Um Erfahrungen beim Bau des Einsparkraftwerks zu sammeln, beschlossen die Stadtwerke Hannover, das von Öko- und Wuppertal-Institut geplante Einsparprogramm in einem Teil ihres Versorgungsgebietes (in Langenhagen) zu testen. Alle Gastronomen und Hoteliers sollten angesprochen werden. Den Betrieben sollte ein attraktives Angebot zum Ersatz von Glühlampen durch Stromsparlampen gemacht werden. Nach einer schriftlichen Vorabinformation besuchten zwei Kundenberater der Stadtwerke alle interessierten Betriebe vor Ort. Ausgestattet mit einem Musterkoffer informierten die Berater über effiziente Beleuchtungsmöglichkeiten, die verschiedenen Lampentypen und Lichtfarben der Stromsparlampen. Daneben boten die Berater eine individuelle Wirtschaftlichkeitsrechnung an. War der Kunde einverstanden, dann wurden die Lampen sofort ausgetauscht. Die Kunden bezahlten pro Lampe einen einheitlichen Preis von 15 DM. Begleitend zu dieser Direktinstallation wurde ein passender Informationsweg gewählt: Den Gastronomiebetrieben wurden 25 000 Bierdeckel zur Verfügung gestellt, die zur Teilnahme an einem Preisausschreiben auffordern. Die zu lösende Frage bezieht sich auf die Einsparung beim Austausch einer Glühlampe durch eine Stromsparlampe. Mit dieser Aktion sollen die Gäste auf die Aktion hingewiesen und der Nutzen der Stromsparlampen bekannter gemacht werden. Erfahrungen in Hannover, Freiburg und anderen Städten zeigen, daß viele Haushalte nur sehr unzureichend über energiesparende Beleuchtung informiert sind. Im Zusammenhang mit dieser Aktion schrieben die Berater der Stadtwerke 74 Betriebe an. In 12 Fällen konnte kein Kontakt zu den Entscheidungsträgern hergestellt werden. Von den 62 Betrieben, zu denen nach dem ersten Schreiben ein Telefonkontakt zustande kam, lehnten 12 das Beratungsangebot der Stadtwerke ab. Letztlich wurden 50 Vor-Ort-Beratungen durchgeführt. In einigen Betrieben scheiterte der Lampenaustausch an der vorhandenen Halogenbeleuchtung sowie an installierten Dimmern. In mehr als der Hälfte der Betriebe kamen die Berater jedoch zum Zuge: In 39 Betrieben ersetzten sie die Glühlampen durch Stromsparlampen. Dabei wurden pro Betrieb durchschnittlich 19 Lampen ausgetauscht. Durch den Austausch der Lampen lassen sich jährlich rund 70 000 Kilowattstunden Strom einsparen und somit etwa 50 Tonnen des Treibhausgases Kohlendioxid vermeiden. Die Investitionskosten betrugen für die Betriebe durchschnittlich 324 DM (incl. MWSt). Da die Lampen Stromkosten in Höhe von 444 DM pro Jahr sparen, amortisieren sich die Investitionen bereits nach neun Monaten. Gibt es eine profitablere Geldanlage für einen Investor?

Das Langenhagener Pilotprojekt wird in Hannover als ein erster Schritt auf einem langen Weg betrachtet. Mit intelligenten Ideen und Lösungsansätzen, mit innovativer Technik und professionellem Service wollen die Stadtwerke zu einer umweltgerechten Energieversorgung und einer lebenswerten Stadt beitragen. Mit dem Slogan »EnerCity« hat sich das Unternehmen große Ziele gesetzt. »Gemeinsam mit seinen Kunden will es die Energie-Zukunft gestalten. Leitmotiv ist die Vision einer lebenswerten Stadt, die ökologisch denkt und handelt, und das ohne steigende Energiekosten.« Vom Frühjahr 1996 an bieten die Stadtwerke ihren Kunden im Rahmen ihrer LCP-Test-Phase bis Ende 1997 acht Energiesparprogramme an, die sich thematisch in etwa mit den Vorschlägen für den Bau eines Einsparkraftwerkes decken, jedoch in ihrem Umfang beschränkt sind. Aufbauend auf den Erfahrungen sollen in einer zweiten Phase die Programmaktivitäten ausgedehnt und die Pilotprogramme in Vollprogramme umgewandelt werden.

Im Jahr 2000 findet in Hannover die Weltausstellung »Expo 2000« statt. Das Einsparkraftwerk Hannover soll bei dieser Ausstellung als ein Exponat vorgestellt werden.

Abb. 47:
Bierdeckel als Werbeträger

»Helles NRW«:
Der Durchbruch für LCP auf Landesebene

Unter dem Titel »Helles NRW« werden in Nordrhein-Westfalen Ende Oktober 1996 über 50 Energieversorgungsunternehmen auf Initiative des »Round-Table LCP« eine gemeinsame LCP-Aktion mit Unterstützung des Wirtschaftsministeriums Nordrhein-Westfalen (MWMTV) starten.

Im »Round-Table LCP«, der von der nordrhein-westfälischen Preisaufsicht eingerichtet wurde, ist jeweils ein Vertreter des Verbandes kommunaler Unternehmen (VKU), der Vereinigung Deutscher Elektrizitätswerke (VDEW), der ASEW, der Verbrauchzentrale NRW, der RWE Energie AG und des Wuppertal Instituts vertreten. Dabei hat sich gezeigt, daß sich die Form eines »Round-Table« und die sachbezogene Arbeit über Jahre hinweg hervorragend dazu eignen, wesentliche Kriterien über die Entwicklung, Durchführung und Evaluierung von LCP-Programmen – trotz unterschiedlicher Standpunkte und Interessen der Mitglieder – im Konsens zu verabschieden. Dabei waren die Diskussionen z.B. über die Kosteneffektivität und Sinnhaftigkeit des Kess-Programms der RWE Energie AG (vgl. S. 160), mit der der Round-Table seine Arbeit begonnen hatte, zunächst sehr kontrovers. Sowohl die Verbraucherzentrale als auch der VKU standen diesem Programm anfänglich skeptisch gegenüber. Erst die Evaluierung des Kess-Programms durch das Wuppertal Institut und das Beratungsbüro BEM sowie die dadurch ermöglichte sachbezogene Diskussion auf der Basis empirisch abgesicherter Daten hat zu einer weitgehend konsensualen Bewertung des Kess-Programms geführt. Ohne die fachlichen und »vertrauensbildenden« Vorarbeiten des »Round-Table LCP« wäre die nun beschlossene Aktion »Helles NRW« nicht möglich gewesen.

Durch diese gemeinsame Aktion sollen die vielfältigen LCP-Aktivitäten der nordrhein-westfälischen EVU mit Unterstützung durch das MWMTV weiterentwickelt und erheblich verstärkt werden. Mit einem *spektakulären Gesamtziel* der Energieeinsparung und CO_2-Reduktion soll die Vorreiterrolle Nordrhein-Westfalens und der nordrhein-westfälischen EVU im LCP-Bereich verdeutlicht und ausgebaut werden. Dies entspricht auch den Zielen der Koalitionsvereinbarung von SPD und Bündnis 90/Die Grünen, die seit Anfang 1995 eine rot-grüne Koalitionsregierung in NRW bilden. Die Koalitionsvereinbarung betont die Bedeutung von LCP zur Umsetzung der rationelleren Energienutzung.

Im Mittelpunkt der Gemeinschaftsaktion »Helles NRW« steht ein *gemeinsames Förderprogramm* für Energiesparlampen (ESL). Die Gemeinschaftsinitiative bildet dabei den landesweiten Rahmen, innerhalb dessen für die teilnehmenden EVU durch gemeinsame Elemente eine Arbeitserleichterung und Kostendämpfung (z.B. durch gemeinsamen Lampeneinkauf) ermöglicht wird. Dieser gemeinsame Rahmen soll auch Raum für verstärkte eigene Stromsparaktivitäten der teilnehmenden EVU zulassen und bereits laufende oder geplante Maßnahmen vor Ort unterstützen. Es wird angestrebt, daß sich möglichst viele EVU an dem gemeinsamen Förderprogramm für Energiesparlampen beteiligen. Es ist jedoch auch möglich, andere innovative und neu aufgelegte LCP-Aktivitäten durchzuführen.

Voraussetzung ist, daß die Aktivitäten mit einem anspruchsvollen programmspezifischen Ziel zu dem angestrebten spektakulären Gesamtziel der Energieeinsparung und CO_2-Reduktion beitragen. Darüber hinaus sollen alle LCP-Aktivitäten im Sinne des gesamtwirtschaftlichen Tests wirtschaftlich sein. Es wird angestrebt, im Rahmen des gemeinsamen ESL-Förderprogramms *jedem Haushaltskunden* in den Versorgungsgebieten der beteiligten EVU *eine Energiesparlampe kostenlos* anzubieten. Dabei gilt das erfolgreiche »Meister Lampe«-Konzept der FEW Freiburg als Vorbild.

Schließlich wird angestrebt, daß einige EVU auch die *Gewerbetarifkunden* (z.B. Gaststätten und Einzelhandel) in das Programm für effiziente Beleuchtung einbeziehen. Vorbilder hierfür können das Programm der Stadtwerke Soest oder die gemeinsame Aktion von Stadtwerken Hannover und Stadt Langenhagen sein, bei denen eine Vor-Ort-Beratung und ein finanzieller Anreiz gekoppelt wurden (vgl. S. 174).

Der *mögliche Programmeffekt* des gemeinsamen Förderprogramms für Energiesparlampen könnte bei konservativer Schätzung dazu führen, daß rund 1,8 Millionen Energiesparlampen zusätzlich eingesetzt werden. Bei einer durchschnittlichen Brenndauer im Haushalt von rund 1 000 Stunden pro Jahr und einer durchschnittlichen Reduktion der installierten Leistung von rund 50 W würden 50 kWh /Jahr eingespart. In ganz NRW würden damit rund 90 Mio. kWh pro Jahr Stromeinsparung für eine Dauer von ca. 8 Jahren erzielt. Beim Bundesdurchschnitt von 0,7 kg CO_2 pro kWh würden durch das Programm die CO_2-Emissionen um rund 63 000 Tonnen jährlich reduziert. Wenn die Programmkosten und Absatzeinbußen in den Stromtarifen berücksichtigt werden, verbleibt bei den Kundinnen und Kunden voraussichtlich immer noch ein Gewinn von rund 3 Mio DM. Der landesweite Rahmen der Initiative »Helles NRW« soll durch folgende gemeinsame Elemente hergestellt werden:

- Durchführung von Workshops zur Diskussion und Abstimmung des Projekts zwischen den EVU;
- ein gemeinsames Umsetzungs- und Förderkonzept;
- ein gemeinsames Logo und Marketing-Konzept, dessen Entwicklung und Umsetzung vom MWMTV gefördert wird; das gemeinsame Logo ergänzt dabei jeweils das örtliche Logo des durchführenden EVU;

Energiesparlampen für alle – die Aktion »Helles NRW« will den Bürgern im bevölkerungsreichsten Bundesland ein Energiesparlicht aufgehen lassen und dadurch erreichen, daß Zehntausende von Tonnen Kohlendioxid weniger in die Atmosphäre geblasen werden.

- die Erstellung von Info-Materialien zum Thema Energiesparlampe und Least-Cost Planning;
- Kooperation mit Herstellern und Handel;
- begleitende Aktivitäten, z.B. ein Design-Wettbewerb des Landes mit den beteiligten EVU für ansprechende und kostengünstige Leuchten für Wohnungen, die auf den Einsatz von Energiesparlampen optimiert sind;
- ein gemeinsames Evaluierungskonzept und eine Gesamtevaluation aller Einzelprogramme;
- politische Unterstützung durch den Wirschaftsminister und Förderung der LCP-Aktivitäten durch die Energiepreis- und Kartellaufsicht;
- die Vorbereitung weitergehender Aktivitäten mit dem Ziel, auf Landesebene eine freiwillige Vereinbarung zwischen EVU und MWMTV zu verstärkter Umsetzung von LCP-Stromsparprogrammen für alle Kundengruppen zu erreichen.

Ein Einsparkraftwerk für Deutschland

Eine konkrete Utopie

Das Einsparkraftwerk für die Stadt Hannover ist in seinen Grundzügen auf andere Städte und auf andere Energieversorger übertragbar. Die in Hannover vorgefundenen Einsparpotentiale gibt es überall, und sie liegen überall brach, sofern sich die Unternehmensziele der EVU nicht im Sinne des Energiedienstleistungsgedankens ändern. Im folgenden wollen wir die Auswirkungen beschreiben, die mit dem Bau eines Einsparkraftwerkes verbunden wären, das sich auf ganz Deutschland erstreckte. Sicherlich kann es sich hierbei aufgrund der unzureichenden Datenlage und der wenigen Erfahrungen beim »Bau« von Einsparkraftwerken zunächst nur um eine grobe Abschätzung handeln. Dennoch sind die Ergebnisse der Berechnungen von solcher Bedeutung, daß sich verstärkte Anstrengungen zum »Bau« des Einsparkraftwerks von selbst empfehlen. Da die Ergebnisse einer jeden Computerrechnung bekanntlich von den Annahmen und Eingabedaten abhängen, wollen wir diese zunächst darlegen.
Auf der Basis der VDEW-Statistik wurde die Stromabgabe nach Kundengruppen und Vertragsform für Ost- und Westdeutschland zusammengestellt. Die Verbrauchswerte sowie die Anzahl der Kunden dienten als Ausgangsparameter, aus denen das Einsparpotential und die sich daraus ergebenden ökonomischen Bilanzen für alle beteiligten Gruppen ermittelt wurden.

Auf der Basis der LCP-Fallstudie Hannover wurde das wirtschaftlich erschließbare technische Einsparpotential für die Kundengruppen Haushalte (ohne elektrische Nachtspeicherheizung), Tarifkunden Gewerbe/Landwirtschaft, Sondervertragskunden Kleinverbraucher sowie Sondervertragskunden Industrie ermittelt. Der Umfang der möglichen Einsparungen beträgt im Durchschnitt 29 Prozent der Stromabgabe des Jahres 1991 oder rund 123 Terawattstunden. Für die weiteren Berechnungen wurde unterstellt, daß durch umfangreiche Umsetzungsprogramme bei allen Kundengruppen 80 Prozent des wirtschaftlichen Einsparpotentials innerhalb von zwölf Jahren erschlossen werden. Substitutionsprozesse von Stromanwendungen durch andere Energieträger wurden in die Betrachtung nicht einbezogen, obwohl auch hier ein beachtliches wirtschaftliches Potential besteht.

Die Investitionsmittel, die für die Einspartechnik aufgebracht werden müssen, liegen zwischen rund 40 Pfennig pro jährlich eingesparter Kilowattstunde bei den Sondervertragskunden Industrie und 55 Pfennig pro Kilowattstunde im Haushalt. Unter Berücksichtigung der Nutzungsdauer der technischen Anlagen und des in allen Berechnungen unterstellten realen Zinssatzes von 4 Prozent lassen sich die Technikkosten für die eingesparte Kilowattstunde errechnen.

Die gesamten Programmkosten setzen sich aus den Technikkosten und den Umsetzungskosten zusammen. Die Umsetzungskosten wurden an die differenzierten Berechnungen für Hannover und in Anlehnung an die amerikanischen Erfahrungen mit zwei bis drei Pfennig pro eingesparter Kilowattstunde angesetzt.

In einem ersten Schritt wurden die Kosten der bisherigen Stromversorgung errechnet und für alle Kundengruppen den Kosten für die Einsparkraftwerke gegenübergestellt.

Die Ergebnisse

Durch systematisches Sparen könnte die Kraftwerksleistung innerhalb von zehn Jahren um rund 18 000 Megawatt reduziert werden. Zum Vergleich: In der Bundesrepublik betrug die Leistung der Atomkraftwerke 1996 rund 23 000 Megawatt. Durch den Bau von Einsparkraftwerken und den Zubau von Erzeugungsanlagen auf der Basis von Kraft-Wärme-Kopplungsanlagen sowie durch regenerative Energiequellen ließen sich Atomkraftwerke folglich völlig überflüssig machen. Daß Atomenergie noch nie gebraucht wurde und ein Ausstieg aus der Atomenergie aufgrund der Überkapazitäten in der Energiewirtschaft auch heute (1996) sofort möglich wäre, belegen Studien des Wuppertal Instituts sowie des Öko-Instituts, die zehn Jahre nach Tschernobyl unser Energiesystem analysieren und mögliche Szenarien einer zukünftigen Entwicklung darstellen (Abb. 48).

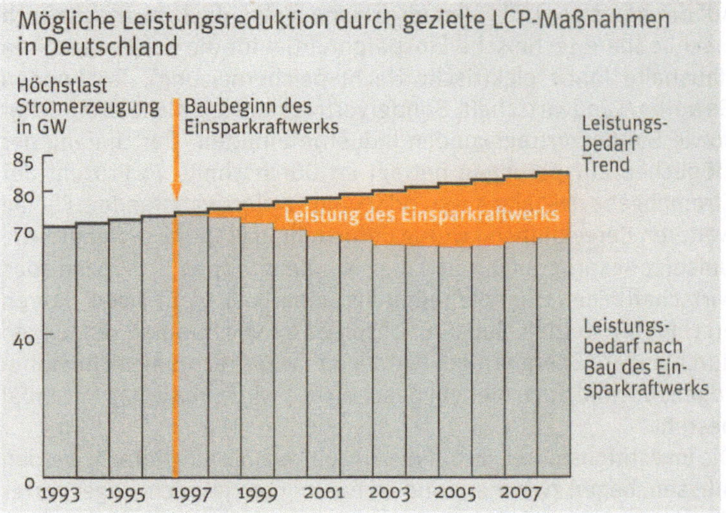

Abb. 48:
Mögliche Leistungsreduktion durch gezielte LCP-Maßnahmen in Deutschland. (Quelle: Eigene Berechnung)

Durch den Bau des Einsparkraftwerks auf Bundesebene würde sich gegenüber der Versorgungsvariante ein volkswirtschaftlicher Vorteil von rund 84 Milliarden Mark über die gesamte Nutzungsdauer (zwischen 10 und 15 Jahren) aller Dienstleistungspakete ergeben. In diesen Angaben sind die vermiedenen externen Kosten der Stromerzeugung noch nicht einmal enthalten. Werden diese mit berücksichtigt, so könnte alleine aus den Effizienzgewinnen in der Stromwirtschaft der Umbau in eine Sonnenenergiewirtschaft weitgehend finanziert werden (vgl. hierzu Altner et al. 1995). Mit anderen Worten: Eine sinnvolle Energiepolitik auf allen Ebenen vorausgesetzt, wäre ein völliger Umbau unseres Energiesystems in Richtung Nachhaltigkeit möglich, ohne daß es zu wesentlichen Mehrbelastungen der Wirtschaft und der privaten Kunden kommen würde. Im Gegenteil: Der Umbau wäre mit einem deutlichen Nettogewinn an Arbeitsplätzen, einer Entlastung der Sozialkassen sowie mit höheren Gewerbesteuereinnahmen der Städte und Gemeinden verbunden.

Least-Cost Planning und der damit mögliche Bau eines gesamtdeutschen Einsparkraftwerks bilden eine »Win-win«-Strategie: Eine Energiepolitik, von der die Umwelt, die Verbraucher, die Volkswirtschaft und nicht zuletzt auch die EVU profitieren können.

Anmerkungen

1 Da zum Start des Prämienprogramms (Laufzeit 1. August 1993 bis 31. März 1994) die führenden Kühlgerätehersteller begannen, statt des die Ozonschicht schädigenden FCKW bzw. der ebenfalls schädlichen Ersatzsubstanz FKW ein umweltfreundliches Kältemittel einzusetzen, war es bei dem nachhaltigen Modellwechsel für Käufer, Händler und Berater schwierig, den Überblick zu behalten.

2 Für alle Programme wurde unterstellt, daß der Stromverbrauch nach Ende der Nutzungsdauer nicht mehr auf das alte Niveau zurückfällt, sondern in 30 Prozent der Fälle die kostengünstigere und effizientere Technik auch ohne zusätzliche Programme beibehalten wird.

3 Dieser Betrag umfaßt nur die Mehrkosten der Einspartechnik gegenüber herkömmlicher Technologie.

4 Der Nutzen-Kosten-Test ist das wichtigste Kriterium für den Vergleich von Einspar- und Angebotsoptionen. Ist das Verhältnis von Nutzen zu Kosten größer als 1, können durch dieses IRP-Stromsparprogramm die Kosten der Volkswirtschaft für die Bereitstellung von Energiedienstleistungen sinken. Allerdings lassen sich mit dieser Vergleichsmethode noch keine Aussagen über die Auswirkungen auf die betriebswirtschaftliche Gewinn- und Verlustrechnung machen. Nähere Ausführungen zu den in den USA angewandten Testverfahren finden sich in Kapitel 11 der LCP-Studie für die Stadtwerke Hannover sowie in Leprich 1994, a.a.O.

5 Ein Szenario dient dazu, denkbare Zukunftsoptionen zu entwerfen und die entsprechenden Handlungsspielräume zu verdeutlichen. Eine Szenario kann und will aber keine Prognose mit dem Anspruch geben, daß sie eintrifft.

6 Demand-Side Management. Strategic Plan 1996-2000: Striking a Competitive Balance. Sacramento Municipal District, September 1995.

7 Wärmeeinsparung, Stromeinsparung, Wassereinsparung, ökologisches Haushalten, Beratung bezüglich »Grün- und Garten«, Abfall, Heizungsanlage, Finanzierung; Stadtwerke Saarbrücken 1992.

8 Einen Teil der zusätzlichen Einnahmen (0,2 Pf/kWh) verwendet die FEW für die Solarenergieförderung.

Kapitel 4

Von MEGAWatts hat jedermann eine bildhafte Vorstellung. Je nach Ausbildung und Wahrnehmung sehen die einen modernste Kraftwerkstechnik, imposante Turbinenhallen, eindrucksvolle Leitwarten, und die anderen rauchende Schornsteine, dampfende Kühltürme und Wälder voller Hochspannungsmasten; aber woran erkennt man NEGAWatts? Wir haben lange mit Freunden und Kollegen darüber diskutiert, wie das »Vermeiden von Energie« anschaulicher dargestellt werden kann. Vermiedene Energie ist nicht zu visualisieren, vielleicht noch am einfachsten die Effizienztechniken. Aber auch dabei mangelt es an »spektakulärer« Technik. Während das innovative Heizkraftwerk »Römerbrücke« der Stadtwerke Saarbrücken (vgl. Abb. 49) durch Form, Design und Farbgebung bereits heute ein Industriedenkmal darstellt, fehlt energieeffizienten Haushaltsgeräten, Beleuchtungssystemen, der Superwärmedämmung, der Isolierverglasung, dem energiesparenden Druckluftsystem und der Regelung von Elektromotoren das »High-Tech-Appeal«. Mehr noch: Das Zusammenwirken einer fast unüberschaubaren Vielfalt von Einzeltechniken ist nur notwendige »Hardware« eines Einsparkraftwerks, die Seite der technischen Innovationen. Mindestens so wichtig ist aber die »Software«, die Seite der sozialen Innovationen. Soziale Innovationen beginnen mit dem Wandel der Motivationen und Kompetenzen der EDU-Mitarbeiter und finden in allen Haushalten und Betrieben statt, wo ein neues Energiespar- und Umweltbewußtsein, innovatives Investitionsverhalten und ein haushälterischer Umgang mit Energiespartechniken gefordert sind.

Wir wollen im folgenden das Umfeld, die örtlichen Randbedingungen und die denkbare Entwicklung von Einsparkraftwerken noch etwas genauer ausführen. Vor allem die Einbindung eines Einsparkraftwerks in eine kommunale Energieeinsparpolitik ist von großer Bedeutung. Wir nennen dies eine »EDU-Strategie«, die wir in den folgenden Eckpunkten näher erläutern wollen.

»Das Einsparkraftwerk sind wir«, wurde das Zusammenwirken von technischer und sozialer Innovation in einem vorbereitenden Gespräch zu diesem Buch spontan formuliert. Das klingt einleuchtend, aber macht seinen Bau nicht einfacher.

Abb. 49:
Heizkraftwerk »Römerbrücke« der Stadtwerke Saarbrücken

Eckpunkte einer kommunalen EDU-Strategie

Unsere These: Wesentliche Fortschritte auf den Konferenzen der Unterzeichnerstaaten der Klimakonvention wird es nur geben, wenn einzelne Länder, Regionen, Städte und Unternehmen die ökonomische Machbarkeit umfassender Klimaschutzmaßnahmen durch mutige Vorreiteraktivitäten demonstriert haben.

Einige deutsche Pionierunternehmen haben schon vor Jahren mit der Umorientierung ihrer Geschäftspolitik nach der Leitidee eines Energiedienstleistungsunternehmens (EDU) begonnen. Diesen Weg gilt es jetzt beschleunigt, konsequenter und orientiert an klaren Zielvorgaben weiter zu verfolgen. Aus dem häufig nur angekündigten PR-Konzept eines EDU muß eine betriebswirtschaftlich realisierbare Umsetzungsstrategie für »Stadtwerke der Zukunft« werden.

Wir haben gezeigt: Kommunale Energiepolitik kann heute nicht mehr allein aus ihren örtlichen Bedingungen heraus entwickelt werden: »Global denken, lokal handeln« lautet ein viel zitiertes Leitmotiv für eine neue Energiepolitik vor Ort. Aber auch der umgekehrte Zusammenhang spielt eine immer bedeutsamere Rolle: »Lokal handeln, um global zu verändern«. Der Demonstrationseffekt konkreter Beispiele und erfolgreiche lokale Lösungsansätze ersetzen viele wissenschaftliche Abhandlungen und Konferenzen. Insbesondere für Stadtwerke als bürgernahe Unternehmen mit öffentlichem Auftrag und in vielen Städten wichtigster energiepolitischer Akteur ergibt sich daher eine besondere umweltpolitische Verantwortung. Nicht der quantitative Beitrag einzelner lokaler Maßnahmen zur Lösung eines globalen Problems ist dabei entscheidend, sondern die unschätzbare Qualität des guten Beispiels.

Im Rahmen eines einvernehmlich verabschiedeten Maßnahmenkataloges hat die erste Klima-Enquête-Kommission des Deutschen Bundestages gefordert: »Die Enquête-Kommission appelliert an alle Gemeinden, entsprechende Maßnahmen zur Reduktion des Energieverbrauchs und der Schadstoffemissionen, ganz besonders im Verkehrsbereich, im Rahmen ihrer Möglichkeiten vorzunehmen. Die Kommission empfiehlt zu diesem Zweck, Energie-und Verkehrskonzepte zu erstellen und am Leitindikator ›CO_2-Reduktion‹ zu orientieren«. Viele Städte haben sich inzwischen in nationalen und internationalen Klimaschutzbündnissen zusammengeschlossen. So sind zum Beispiel inzwischen 314 deutsche und insgesamt 560 europäische Städte Mitglied des Klimabündnisses zwischen den Völkern Amazoniens und europäischen Städten (Stand: Juni 1996); die Städte haben sich dabei selbstverpflichtet, ihre CO_2-Emissionen bis zum Jahr 2010 um 50 Prozent zu reduzieren. 227 Städte sind weltweit Mitglied des ICLEI (The International Council for Local Environmental Initiatives) und streben an, durch einen gezielten Informationsaustausch die Klimaschutzaktivitäten vor Ort beschleunigt voranzubringen.

Eine EDU-Strategie wird durch die Dialektik zwischen *dem Zwang* zum Wandel und zur Anpassung einerseits sowie *den Chancen* zu Mitgestaltung und Innovation andererseits geprägt. Langfristig, so unsere These, werden sich nur noch EDU am Markt halten können, die weit *weniger Energie als heute anbieten, dafür aber in optimal veredelter Form,* und die ihre Unternehmensaktivitäten auch nach ökologischen Kriterien diversifizieren. Kundenorientierung ernst genommen bedeutet für ein »Stadtwerk der Zukunft«, die ökologischen und ökonomischen Risiken von zuviel Energieverbrauch durch eine aktive

Energiesparpolitik zu begrenzen und *Energiedienstleistungen zu minimalen gesamtwirtschaftlichen Kosten bereitzustellen.*

Allerdings gilt es nüchtern festzustellen: Die bundes- und EU-weiten Rahmenbedingungen dafür, daß eine solche Zielsetzung auch betriebswirtschaftlich risikoloser realisierbar wird, müssen noch geschaffen werden. Hier herrscht eine äußerst widersprüchliche Situation. Vorreiterunternehmen können zwar den Nutzen rechtzeitig antizipierter Markttrends als erste realisieren, sie müssen aber noch besondere Risiken in Kauf nehmen. Diese Risiken werden insbesondere durch das derzeit (Stand Sommer 1996) vom Bonner Wirtschaftsministerium verfolgte Deregulierungskonzept verstärkt (vgl. Kap. 5). *Dieses Konzept zeichnet sich dadurch aus, daß es alle Voraussetzungen für einen sinnvollen und verstärkten Wettbewerb in der leitungsgebundenen Energiewirtschaft (z.B. Entflechtung der vertikalen Konzentration, vergleichbare Startbedingungen) konsequent vernachlässigt und dadurch alle problematischen Wirkungen eines reinen Preiswettbewerbs (mehr Konzentration, weniger Umweltschutz) verstärkt.* Vor allem die Größten der Branche, die Strom-Verbund-Unternehmen und die stromintensive Industrie, würden zu Lasten der kommunalen Stadtwerke und der übrigen Kundengruppen von diesem ordnungspolitischen Roll-back profitieren. Würde dieses Konzept gegen alle Vernunft und gegen den entschiedenen Widerstand der Umwelt- und Verbraucherschutzverbände und der kommunalen EVU sowie ihrer Spitzenverbände durchgesetzt, würden die Risiken für eine »EDU-Strategie« und den Wandel zum »Stadtwerk der Zukunft« vorübergehend erheblich zunehmen. Zum Teil ist diese Tendenz im »vorauseilenden Gehorsam« schon heute spürbar, so daß zum Bespiel die energiepolitische Entwicklung in den einzelnen Bundesländern und Kommunen von großer Unsicherheit geprägt ist.

Dennoch empfehlen wir allen EVU, das Bonner Deregulierungskonzept (Stand Sommer 1996) wie auch seine sich marktradikal gebärdenden Protagonisten für das zu halten, was sie sind: Irrlichter ohne Langzeitwirkung! Denn sowohl die technologischen Trends (mehr dezentrale Technik durch KWK und Solarenergie) als auch die ökologischen Langfristprobleme (Ressourcen- und Klimaschutz, Zukunftsfähigkeit) sprechen weltweit dagegen, daß sich eine deregulierte, billige Energieverschwendungswirtschaft auf noch konzentrierterer Stufenleiter als bisher auf Dauer durchsetzen wird.

Eine mit langem Atem betriebene »EDU-Strategie« vor Ort bietet daher längerfristig mehr Chancen als Risiken. Allerdings geraten in dem widersprüchlichen kommunalpolitischen Interessengeflecht strategische Gesichtspunkte der Energiepolitik immer wieder in Vergessenheit. Unter dem Druck desolater Kommunalfinanzen haben z.B. gerade größere Städte vorschnell Anteile an ihren Stadtwerken (»das Tafelsilber«) verkauft (so z.B. Hannover und Bremen). Zugunsten kurzfristiger Liquidität wurde damit eine wichtige langfristige Einnahmequelle für den Kommunalhaushalt begrenzt und vor allem der Handlungsspielraum für eine selbständige Energiepolitik vor Ort eingeengt.

Ehe wir daher im nächsten Kapitel die ordnungspolitischen Rahmenbedingungen für eine »EDU-Strategie« und den Bau eines »Einsparkraftwerks« detailliert beschreiben, wollen wir die konzeptionellen Eckpunkte einer kommunalen »EDU-Strategie« zuvor im Überblick zusammenfassen.

Für die Realisierung einer »EDU-Strategie« und für den Aufbau von »Stadtwerken der Zukunft« halten wir die folgenden neun konzeptionellen Eckpunkte für besonders bedeutsam:

1. Dezentralisierung und Demokratisierung der Energiepolitik
In technischer und energiewirtschaftlicher Hinsicht verlangt das Umsteuern in eine energieeffiziente Solarenergiewirtschaft eine Entscheidungs- und Investitionsverlagerung »nach unten«: Die Potentiale für rationellere Energienutzung, für regenerative Energiequellen und insbesondere für die Wärme/Kälte-Kraft-Kopplung (Abwärmenutzung) sind in der Regel vor Ort effizienter erschließbar. Sorgfältige örtliche Detailplanung ist überall dort unabdingbar, wo nicht auf der »grünen Wiese«, sondern in bestehende Strukturen hinein geplant werden muß; d.h., notwendig ist eine Integration der Energie- mit der Stadtentwicklungs-, Umwelt-, Technologieförderungs- und Arbeitsmarktpolitik.

Der derzeitige, relativ starre dreigliedrige Aufbau der leitungsgebundenen Energieversorgung in Verbund-, Regional- und Kommunalebene muß daher in flexiblere Formen der Kooperation und Arbeitsteilung sowie in neue Allianzen überführt werden.

Dies bedeutet nicht, daß zum Beispiel die Verbundebene überflüssig wird. Aber Verbund-Unternehmen müssen sich in einer ökologischen Energiewirtschaft mehr in Richtung »internationaler Technologiekonzern« entwickeln, ihre Geschäftsfelder weiter diversifizieren und auch neue Rollen als »Dienstleister der Dienstleister«, d.h. als Partner örtlicher »Stadtwerke der Zukunft« übernehmen. Das neue Verhältnis zwischen Unternehmen verschiedener Stufen der leitungsgebundenen Energiewirtschaft sollte der Devise genügen: »Kooperation statt Beherrschung«. Dies setzt allerdings selbstbewußt mit der Verbundebene verhandelnde »Stadtwerke« voraus, die nicht aus »Angst vor dem Tod Selbstmord begehen« – so ein Spiegel-Titel zu den panikartigen Anteilsverkäufen bei einigen Stadtwerken. Denn auch ohne die Beteiligung an Stadtwerken bleibt die kommunale Ebene für Verbund-EVU hochinteressant. Statt strategisch auf den Kauf von Aktienanteilen oder gar auf die Übernahme ganzer Stadtwerke hinzuarbeiten, könnten zum Beispiel die kapitalstarken Verbund-EVU in Partnerschaftsverträgen mit Kommunen zum beiderseitigen Nutzen die örtlichen KWK-, REG- und REN-Potentiale mit erschließen helfen.

Neue ökologisch ausgerichtete Kooperationsmodelle zwischen überregionalen und örtlichen EVU, wie sie etwa die Vereinigten Saar Elektrizitätswerke (VSE) mit saarländischen Gemeinden und EVU oder die PreußenElektra mit der Stadt Frankfurt praktizieren, können hierbei eine wichtige Wegbereiterrolle spielen.

Eine Erfahrungstatsache ist, daß neue Formen der örtlichen und regionalen Bürgermitbeteiligung, wie zum Beispiel »Energiebeiräte« (ehemals in Bremen, Lübeck oder Münster), »Runde Tische« (z.B. Round-Table »Least-Cost Planning« in NRW, »Energie-Tische« (z.B. Heidelberg) oder »Energiewende-Komitees« (z.B. in Freiburg), häufig entscheidende Triebkräfte für eine neue Energiepolitik darstellen.

Diese neuen Organisations-, Beteiligungs- und Unternehmensformen geraten jedoch immer wieder in Konflikt mit den derzeitigen konzentrierten und vertikal integrierten Energieangebotsstrukturen. Dezentralisiertere und bürgernahe Erzeugungsprozesse bedürfen daher des energie- und kommunalpolitischen Flankenschutzes, um sich im größeren Maßstab herausbilden zu können.

2. Rationellere Energienutzung als Ressource – Energiedienstleistungen als neue Geschäftsfelder

Auf ein Haupthemmnis werden wir immer wieder hinweisen: Auch die örtlichen Energiemärkte sind vorwiegend als »Kilowattmärkte« organisiert und werden von »Kilowattanbietern« bedient. Die vom Verbraucher eigentlich benötigten Energiedienstleistungen (Wärme, Licht, Kraft etc.) werden vor Ort nicht in für den Kunden transparenter und marktgerechter Form angeboten.

Die vom Verbraucher eigentlich gesuchten »Paket«-Lösungen aus Energiezuführung und effizienter Umwandlungstechnik sowie die Bereitstellung von EDL mit dem geringstmöglichen Einsatz an nicht erneuerbaren und umweltschädlichen Energiequellen sind bisher noch wenig entwickelte und noch nicht marktfähige Produkte (vgl. den Abschnitt über Nutzwärme). Eine wesentliche Aufgabe beim Bau eines Einsparkraftwerks ist daher, hierfür maßgeschneiderte Konzepte zu entwickeln, eine Marktsegmentierung einzuleiten und einen örtlichen »Markt für Energiedienstleistungen« aufzubauen. Hierbei bilden Kooperationen zwischen »Stadtwerken der Zukunft« mit dem örtlichen Handwerk, mit Ingenieurbüros, Hochschulen, Energieagenturen und Contracting-Firmen, Wohnungsbaugesellschaften, den Herstellern von Effizienztechniken sowie den Verbänden (IHK, Verband der Energieabnehmer, Bund der Energieverbraucher, Verbraucherzentrale, Umweltschutzverbände) die Grundlage.

Unstrittig ist: Trotz einer durch die Energiepreissprünge der siebziger Jahre ausgelösten deutlichen Effizienzsteigerung besteht in der Bundesrepublik beim Stand der Technik ein technisches Einsparpotential

Ohne neue demokratisierende Elemente der Energieplanung und der Klimaschutzpolitik vor Ort, wie z.B. »Runde Tische« oder »Energiebeiräte«, sind die für eine erfolgreiche Umsetzung unverzichtbare Bürgerbeteiligung, Konsensbildung und Motivation der Bevölkerung kaum herstellbar.

Allein durch eine aufwendige Heizung wird das schlecht gedämmte Mietshaus nicht warm, geringe Energiepreise nützen den Hausbewohnern wenig, wenn ihre Energierechnungen wegen unnötiger Wärmeverluste hoch sind. Die häufig beschworene »Konsumentensouveränität« bedeutet daher auf den realen Energiemärkten häufig nur eine inhaltsleere Lehrbuchformel. Viele Energieverbraucher sind in ihren Wahlmöglichkeiten erheblich eingeengt.

an Primärenergie von bis zu 45 Prozent im Vergleich zum Stand von 1987 (vgl. Abb. 13 auf S. 76), in den neuen Bundesländern dürfte das Einsparpotential noch erheblich höher liegen. Ein wesentlicher Teil (etwa zwei Drittel) dieses Einsparpotentials ist für den Nutzer – vergleichbare Wirtschaftlichkeitsrechnung wie für einen Energieanbieter vorausgesetzt – in dem Sinne kosteneffektiv, daß die Kilowattstunde »Einsparenergie« weniger kostet als der Kauf von mehr Endenergie.

Allerdings basieren diese Potentialangaben in der Regel auf bundesweit hochgerechneten Sektor- und Branchenanalysen, so daß ihr »Ortsbezug« häufig unklar ist. In kommunalen oder regionalen Energiekonzepten muß daher mehr als bisher untersucht werden, welche Akteure mit welchen Instrumenten und mit welchen Nutzen/Kosten-Effekten diese für den örtlichen Wirtschaftskreislauf vorteilhafte Ressource erschließen können.

Wir haben gezeigt: *Wenn die Empfehlungen der Klima-Enquête und die Beschlüsse der Bundesregierung umgesetzt werden,* bedeutet dies für die EVU in ihrer Gesamtheit, in den nächsten Jahrzehnten einen strategischen Rückzug aus schrumpfenden »Kilowatt-Märkten« antreten zu müssen. Hierzu würde die für die Eindämmung des Treibhauseffekts notwendige jährliche Reduzierung des Absatzvolumens an fossilen Energieträgern um durchschnittlich etwa 2 Prozent pro Jahr zwingen. Die hauptsächliche Unsicherheit liegt darin, ob diese oder eine andere Bundesregierung noch die Kraft hat, die weltweit vorbildlichen deutschen Ankündigungen zum Klimaschutz bis 2005 und die Empfehlungen der Enquete-Kommission darüber hinaus in die Praxis umzusetzen.

Wenn der zu erwartende Schrumpfungsprozeß fossiler und nuklearer Energiemärkte in der Bundesrepublik in den nächsten Jahrzehnten aktiv durch ein NEGAWatt-Marketing mitgestaltet wird, haben die meisten kommunalen »Versorgungs«-Unternehmen eine gute Chance, den Wandel zum kommunalen (Energie-) Dienstleitungsunternehmen ohne eine Gefährdung der betrieblichen Substanz durchführen zu können. Allerdings muß schon heute ein intensiver Diversifizierungs- und Suchprozeß nach neuen Geschäftsfeldern einsetzen (vgl. hierzu auch Oesterwind et al 1996). Das neue strategische Unternehmens- und Marketingziel besteht in der Schaffung von »Energiedienstleistungs-Märkten« durch Produktveredelung, Diversifizierung, Aufbau von NEGAWatt-Profit-Centers und von Contracting-Aktivitäten.

3. Strategisches Sparen statt Trendsparen

Bei unveränderter Energiepolitik findet ohne Zweifel ein gewisses Trendsparen statt. Viele EVU berufen sich daher auf »den Verbraucher« und seine Sparaktivitäten und begnügen sich mit einer passiven Energieberatung und unverbindlichen Appellen zum Energiespa-

Die Erschließung des NEGA-Watt-Markts und die damit verbundene Halbierung der volkswirtschaftlichen Energiekostenrechnung wären der derzeit kostengünstigste und zudem konsensfähige Beitrag zur Sicherung des »Standorts Deutschland«.

Allerdings werden die aus dem Kerngeschäft entwickelten neuen Geschäftsaktivitäten langfristig nicht ausreichen, um die zurückgehenden Erlöse im Energiegeschäft zu kompensieren. Neue Geschäftsfelder außerhalb des Energiesystems im engeren Sinne müssen also strategisch erschlossen werden.

ren. Die »Ressource Energiesparen« kann und muß aber durch aktive Programme auch der EVU strategisch erschlossen werden, wenn die vorhandenen Einsparpotentiale ausgeschöpft werden sollen.
Der sich selbst überlassene Verbraucher spart im Trend nur einen kleinen Bruchteil der »gehemmten wirtschaftlichen Potentiale« (E. Jochem). Kommunale EDU können und müssen dazu beitragen, daß diese »gehemmten wirtschaftlichen Potentiale« in vollem Umfang erschlossen werden. Hierbei ist vor allem auch der Zeitpunkt für die Vornahme von Energieeinsparmaßnahmen und die zielgruppenspezifische Verfügbarkeit von Informationen und Kapital von großer Bedeutung. Wird zum Zeitpunkt eines Neubaus, einer ohnehin anstehenden Gebäuderenovierung bzw. der Neuanschaffung eines Elektrogerätes oder einer Heizungsanlage nicht – mit häufig nur geringen Mehrkosten – die effizienteste Energieumwandlungs- und Nutzungstechnologie ausgewählt, sind solche Potentiale bis zum nächsten Erneuerungszyklus in der Regel nicht mehr wirtschaftlich erschließbar (»entgangene Gelegenheiten«). Überkapazitäten, ein scheinbarer Energieüberfluß, Konjunktur- und Haushaltskrisen und die konzeptionslose Bundesenergiepolitik verführen dazu, daß solche »entgangenen Gelegenheiten« zur Regel werden. Zielgruppenspezifische Programme vor Ort sind am besten in der Lage, die richtigen Akteure zum richtigen Zeitpunkt zu adressieren. Dies gilt insbesondere bei Gebäuden mit langfristigen Erneuerungs- und Modernisierungszyklen.

4. Least-Cost Planning
Dem Thema Least-Cost Planning und der Umsetzung von Einsparkraftwerken wurden die vorangegangenen Kapitel gewidmet. Hier wird das LCP-Konzept nur noch einmal der Vollständigkeit halber und wegen einer spezifischen Eigenart erwähnt: »Least-Cost Planning« ist nicht der Königsweg zum Klimaschutz. Aber hierdurch wird ein einzigartiges und erprobtes Instrumentarium angeboten, wie *vor dem Bau von neuen Kraftwerken* eine wirtschaftlich-ökologische Abwägung der Alternativen »Einsparen oder Zubauen« zum selbstverständlichen Bestandteil der Unternehmensphilosophie *aller* »Versorgungs«-Unternehmen gemacht werden kann. Hierfür bedarf es klarer Rahmenbedingungen (z.B. der IRP-Richtlinie der EU, vgl. Kap. 5), weil diese vorausschauende Koordinierungsleistung sonst nur nachträglich »am Markt« und dort – wegen der beschriebenen Hemmnisse – stets nur unvollständig erfolgen kann. Im Rahmen von LCP werden auch Maßnahmen rationellerer Energienutzung auf der Nachfrageseite vorausschauend als Ressourcen *betrachtet,* deren sich ein Energieanbieter bei der Bereitstellung von Energiedienstleistungen im Prinzip ebenso bedienen *kann* wie durch Errichtung neuer Erzeugungskapazitäten. Man spricht daher auch zu Recht von einer *Planung,* die die Angebots- und Nachfrageseite des Energiemarkts *kon-*

Die bequeme, aber heute überholte Arbeitsteilung »EVU versorgen, Verbraucher sparen« ist als Unternehmensphilosophie von EVU weder glaubwürdig noch angesichts der wachsenden Umweltprobleme weiter vertretbar.

Der integrierte Planungsprozeß im Rahmen von LCP/IRP dient der analytischen Vorwegnahme bzw. der systematischen Simulation von möglichen Marktergebnissen (deshalb »Entdeckungsplanung«), um über marktorientierte Umsetzungsinstrumente wie z.B. Prämien, Information, soziales Marketing die Entscheidungen der Investoren zielorientierter und effizienter zu machen.

zeptionell integriert und dabei versucht, eine dem vollkommenen Wettbewerbsmarkt entsprechende *Minimalkostenkombination* von Zubau- und Einsparmaßnahmen zu simulieren.

Denn ein volkswirtschaftlich effizienter Kapitaleinsatz verlangt: »Kein neues Kilowatt-Angebot, solange für gleiche EDL das Einsparen (durch effizientere Nutzung) billiger ist.« Was von den scheinbar »marktwirtschaftlichen« Kritikern an LCP immer wieder vernachlässigt wird, ist der folgende Punkt: Wie kein anderes Instrumentarium bietet LCP den unschätzbaren Vorteil, daß die beschriebene integrierte *Entdeckungsplanung* mit einer ganzen Palette von *marktförmigen Umsetzungsinstrumenten* und ökonomischen Anreizen verbunden werden kann und muß.

5. Solarenergie »von unten«

Die Stärke, aber auch die Schwäche der regenerativen Energiequellen (REG) ist ihre Ortsgebundenheit, ihre Dezentralität, ihre Vielfalt und ihre Verbrauchernähe. Der Wind weht an der Küsten und in besonderen Mittelgebirgslagen, Biomasse ist an Land- und Forstwirtschaft gebunden, und die Wasserkraftnutzung hängt von hierfür nutzbaren Fluß- und Bachläufen ab. Auch die technisch prinzipiell universell einsetzbare Photovoltaik und die thermische Solarenergienutzung wird hinsichtlich der Wirtschaftlichkeit von der unterschiedlichen Sonneneinstrahlung in Deutschland und von den Nutzungsmöglichkeiten von geeigneten Dachflächen beeinflußt.

Szenarien über die Zukunft der Solarenergie in Deutschland zeigen, daß eine forcierte Markteinführung nur über eine erste dezentrale Stufe stattfinden wird, ohne die einer Solarenergie-Strategie für ein langfristig dauerhaftes Energiessystem nicht der Weg bereit werden kann (vgl. Kapitel 1 sowie Nitsch/Luther 1990). Die weitgehende Dezentralität der ersten Stufe der Solarenergieeinführung stellt aber nicht nur für die Großinvestoren der Verbundseite, sondern auch für die Stadtwerke als »Ortsmonopolisten« einen Zwang zur Umorientierung dar.

Unsere Empfehlung ist: »Stadtwerke der Zukunft« sollten im eigenen Interesse die neuen Akteure eines ökologischen Umbaus vor Ort unterstützen. Denn eine ökologisch sinnvolle »Vergesellschaftung« der rationelleren Energienutzung ist zum Beispiel dadurch möglich, daß Industriebetriebe, Bauern, Wohnungsbauunternehmen, Contracting-Firmen und neue unabhängige Energieanbieter allein oder in genossenschaftsähnlichen Zusammenschlüssen ihre Energieerzeugung wieder verstärkt in die eigenen Hände nehmen, z.B. durch den Betrieb von BHKWs oder gemeinsam genutzte Solarenergie- oder Windkraftanlagen. »Stadtwerke der Zukunft« werden damit keinesfalls überflüssig, aber ihre Rolle als Alleinanbieter von Energie wird durch die eines Dienstleisters und Marktpartners auf einem wachsenden Markt für Energiedienstleistungen abgelöst.

Beim Übergang zu einem neuen, dezentraleren Energiesystem treten nicht nur Nutzungskonflikte zwischen REG-Anlagen auf, sondern auch andere Zielkonflikte, z.B. zwischen Naturschutz und Windkraftanlagen, werden zunehmen. Alle diese Anlagen erscheinen in der Übergangsphase als additiv zu den Großanlagen und stoßen wie diese zunehmend auf Akzeptanzprobleme. Hier sind klare Vorrangregelungen auf örtlicher Ebene notwendig (z.B. Ausweisung von Vogelschutzgebieten). Im übrigen würde der allmähliche Rückbau von Komponenten des Großverbundsystems die ökologische Glaubwürdigkeit bei der Planung eines Windkraftparks erhöhen.

Für die raschere Markterschließung sind – neben der Förderung nach dem bundesweiten Stromeinspeisegesetz – auch zeitlich befristete Markteinführungshilfen (z.B. für erneuerbare Energien durch kostengerechte Vergütung nach dem »Aachener Modell«) notwendig. Dadurch können innovative Solarenergieprojekte gegenüber den vielen strukturellen Hemmnissen »am Markt« durchsetzungsfähiger gemacht und die heute teilweise noch hohen Kosten von regenerativen Energietechnologien durch Serienproduktion rascher gesenkt werden.

Das »Green-Pricing«-Modell, wie es zum Beispiel von der RWE Energie AG eingeführt wurde, erscheint hierzu weniger geeignet. Beim RWE-Preismodell zahlt der Kunde 20 Pfennig pro Kilowattstunde mehr, die zusammen mit dem gleichen vom Unternehmen gezahlten Betrag zur Finanzierung von REG genutzt werden sollen. Der Nachteil dieses Modells ist, daß es nur scheinbar *die Zahlungsbereitschaft* für den ökologischen Umbau »testet«. Denn der Erfolg dieses Modells hängt von *der Zahlungsfähigkeit und Motivation* einer kleinen begüterten Minderheit von Verbrauchern ab, die 20 Pfennig pro Kilowattstunde mehr an ein Unternehmen zahlen können. Hinzu kommt das Akzeptanz- und Glaubwürdigkeitsproblem, wenn die RWE Energie AG – beispielsweise durch den geplanten Neuaufschluß von Garzweiler II – ansonsten keine Ökologisierung ihrer Geschäftspolitik betreibt. Schließlich wurde das »Green-Pricing«-Modell vom RWE auch als Alternative zur kostengerechten Vergütung eingeführt, obwohl eine Vergütung von bis zu einem Prozent der Stromerlöse beim Marktführer RWE quantitativ einen wesentlich umfassenderen Markteinführungseffekt haben würde.

6. Abbau von Zielkonflikten zwischen einzel(betriebs-)wirtschaftlichen und volkswirtschaftlichen (ökologischen) Zielen.
Betriebswirtschaftlich problemlos kann eine EDU-Strategie alle diejenigen Einsparbereiche erschließen, wo trotz finanzieller Förderung durch die Stadtwerke der Gesamtgewinn nicht sinkt. Beispiele sind Einsparinvestitionen, die im Rahmen von Contracting aus den eingesparten Energiekosten der Verbraucher refinanziert werden können; hinzu kommen Substitutions- und Einsparmaßnahmen bei *nicht lei-*

Vorstellbar ist, daß in einigen Jahrzehnten in einer typischen deutschen Stadt Tausende von Solarenergie- und KWK-Kleinproduzenten sich und das öffentliche Netz mit Strom beliefern und »Stadtwerke der Zukunft« als innovativer Energiedienstleister bei der Installation, bei der Wartung, bei der Abrechnung und bei der Netzplanung für diese dezentralen Anlagen eine wesentliche neue Koordinierungsaufgabe übernehmen werden.

Durch die Umsetzung einer EDU-Strategie können unnötig hohe zukünftige Energiekostenrechnungen für die Verbraucher vermieden, externe volkswirtschaftliche Schäden und Kosten begrenzt sowie das qualitative Wachstum in der Region mitbeeinflußt und neue ökologisch vertretbare Arbeitsplätze mitgestaltet werden. Importierte Energie wird durch Wertschöpfung vor Ort ersetzt. Nach außen abfließendes Geld für Energieeinkäufe bleibt dem regionalen Wirtschaftskreislauf erhalten.

Energiepreise und Gewinne aus unveredeltem Energieverkauf sind schon heute kein geeigneter Vergleichsmaßstab mehr für die *umweltrelevante* Leistung von »Versorgungs«-Unternehmen, eher im Gegenteil: Es ist zukünftig möglich, daß gerade die EVU mit den geringsten Energiepreisen ihrer Verantwortung gegenüber Umwelt und Verbrauchern am wenigsten nachkommen.

tungsgebundenen Energieträgern (Öl- und Kohleheizungen) oder im Versorgungsbereich anderer EVU/EDU, durch die der eigene Absatz nicht tangiert wird.

Aber eine konsequente CO_2-Reduktionspolitik kann nicht auf die unmittelbar rentablen Einsparinvestitionen begrenzt werden. Vorbeugender Umweltschutz durch rationellere Energienutzung lohnt sich langfristig in der Regel in volks- und regionalwirtschaftlicher Hinsicht, auch wenn er sich kurzfristig betriebswirtschaftlich nicht immer »rechnet«. Im öffentlichen Auftrag eines kommunalen EDU liegt nicht nur die Abwendung von einzelwirtschaftlichen Risiken für das Unternehmen, sondern auch von Zukunftsrisiken für die gesamte Region und für die Bürger.

7. Entkoppelung von Energieverkauf und Kommunalhaushalt.
Wachsende Überschüsse aus dem Energieverkauf (Gewinne, Konzessionsabgaben, Dividenden) gelten noch viel zu häufig als unverzichtbare Säulen der Gemeindefinanzen. Seit der Umstellung der Konzessionsabgaben-Anordnung auf eine reine Mengenbasis senkt jede erfolgreiche Einsparpolitik die Konzessionsabgaben, auch wenn die Preise gewinneutral erhöht werden und die Energiekostenrechnung für die Kunden sinkt. Die Kämmerer stehen daher in Zeiten knapper Kassen einer EDU-Strategie häufig skeptisch gegenüber. Dieser verengte Blickwinkel verstellt jedoch die Sicht auf den regionalwirtschaftlichen Nettonutzen einer örtlichen Effizienzstrategie: Der Wandel zum EDU kann als ein entscheidender Beitrag der Kommunen zur »ökologischen Modernisierung« und zur Sicherung eines nachhaltigen (»qualitativen«) Wachstums verstanden werden. Durch eine EDU-Geschäftspolitik wird die regionale »Handelsbilanz« durch geringere Energieimporte aktiviert und die Wirtschaftskraft sowie die Lebensqualität der Region (mehr Arbeitsplätze, zusätzliche Einkommmen und Steuern, Multiplikatoreffekte durch »Energieimportsubstitution«, geringere Emissionen und Immissionen etc.) gestärkt. Vereinfachte »Verlustrechungen« für den Kommunalhaushalt mit Hinweis auf die sinkenden Konzessionsabgaben und den geringeren direkten Gewinntransfer sollten daher stets durch komplexere regionalwirtschaftliche Nutzen/Kosten-Rechnungen ergänzt werden.

8. Ökologische Erfolgsrechnung.
Wir haben gezeigt: Aufgabe eines EDU muß es in Zukunft sein, nicht Energie, sondern Energiedienstleistungen volkswirtschaftlich »so billig wie möglich« und als kostenoptimale »Pakete« aus Energie, Kapital und technischem Know-how bereitzustellen. Notwendig sind daher sowohl neue Indikatoren für Energiedienstleistungen als integrierter Maßstab für die betriebswirtschaftliche, gesamtwirtschaftliche und umweltentlastende Leistung von Unternehmen als auch – neben dem üblichen betrieblichen Rechnungswesen – eine ökologi-

sche Erfolgsrechnung, die die Gesamtheit der umweltentlastenden Maßnahmen und Ergebnisse einer EDU-Strategie in geeigneter Weise bilanziert und vergleichbar macht. Höhere Preise (pro Kilowattstunde) eines EDU sind dann vertretbar und notwendig, wenn in diesen Preisen neben den Energiekosten auch die für den Klima- und Umweltschutz erforderlichen ökologische Dienstleistungen (z.B. Einsparberatung und -förderung) und zusätzliche Wertschöpfung enthalten sind. Es ist auch in sozialer und regionalwirtschaftlicher Hinsicht vernünftig, die Preise für EDL insoweit anzuheben, wie die hierdurch finanzierte und vom EDU geförderte Einspar- und CO_2-Reduktionsstrategie im Versorgungsgebiet die Energiekostenrechnung für alle Kunden senkt. Hierfür ist allerdings Voraussetzung, daß das EDU die kosteneffektive Bereitstellung von EDL und die hierfür erforderliche rationelle Betriebsführung seinen Kunden nachweist. EDU sollten daher *regelmäßige ökologische Erfolgsrechnungen* durchführen und – im Vergleich zu einer unbeeinflußten Trendentwicklung – zum Beispiel ihren Beitrag zur CO_2-Reduktion und zur Umweltentlastung gegenüber der Öffentlichkeit ausweisen. Nur so kann der Öffentlichkeit, der Aufsicht und den Kunden transparent und glaubwürdig nachgewiesen werden, daß zum Beispiel höhere Preise durch mehr Wertschöpfung (Produktveredelung) zugunsten der Kunden und nicht zur Abschöpfung von Monopolgewinnen dienen. Insofern plädieren wir auch für eine Integration von LCP und dem europäischen Öko-Audit-System. Gerade LCP-orientierte EDU könnten ihren Beitrag zur Umweltentlastung im Rahmen der von der EU beschlossenen »Verordnung über die freiwillige Beteiligung gewerblicher Unternehmen an einem Gemeinschaftssystem für das Umweltmanagement und die Umweltbetriebsprüfung« der Öffentlichkeit,

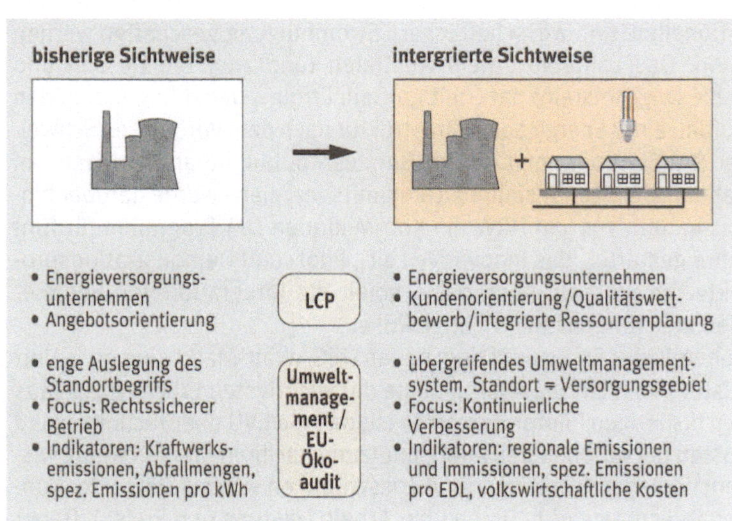

Abb. 50:
Integration von LCP und EU-Öko-Audit-Richtlinie in einem ganzheitlichen Umweltmanagement. Erst ein unternehmensübergreifendes Verständnis von Umweltmanagement in Anlehnung an den LCP-Gedanken führt zu nachhaltigem Umweltschutz.
(Quelle: Wüstenhagen 1996)

Das Programm »Rationelle Verwendung von Elektrizität« (RAVEL) ist eines der drei vom Bundesamt für Konjunkturfragen in der Schweiz gestarteten Impulsprogramme. RAVEL verbindet in bespielhafter Form Elemente der FuE, der Weiterbildung und der Markteinführung. Vor allem wurde auf eine Einbeziehung aller wichtigen einschlägigen Verbände, Gruppen und Multiplikatoren und auf eine umfassende Dokumentation praxisnaher Konzepte und Daten Wert gelegt. Aus der Fülle der verfügbaren Literatur sei hier besonders das RAVEL-Handbuch hervorgehoben: Strom rationell nutzen, Zürich 1992.

den Anteilseignern sowie der staatlichen Aufsicht exemplarisch darstellen (Wüstenhagen 1996). Allerdings bedarf es dazu eines erweiterten, auch auf die Förderung der rationelleren Energienutzung beim Kunden ausgedehnten Verständnisses von Umweltmanagement.

9. Aufbau eines professionellen Planungs- und Marketingapparats für die Mobilisierung von NEGAWatts

Die systematische Erschließung von Einsparpotentialen durch ein EDU (»der Bau von Einsparkraftwerken«) verlangt eine ebenso ausgeprägte Professionalität und vergleichbare Vorleistungen wie der Bau von Kraftwerken. Es gibt zwar seit einem Jahrhundert vielfältige Erfahrungen bei der Planung, dem Bau und dem Betrieb von Kraftwerken, aber es existieren in der Bundesrepublik noch keine vergleichbar differenzierte Datenbasis (technologie- und verbraucherspezifisch) über die Einsparpotentiale und deren Kosten, keine erprobten Planungsmethoden, keine zielgruppenspezifischen, offensiven Beratungserfahrungen, keine praxisnahen Finanzierungsmodelle und Anreizinstrumente für die systematische Erschließung von Einsparpotentialen. Die »Kundenorientierung« ist hierbei von zentraler Bedeutung. Ganz neue Aufgaben ergeben sich zum Beispiel hinsichtlich des (sozialen) Marketings, der Prognosemethoden und der Unsicherheiten beim Einspar-und Investitionsverhalten der Nutzer; hier existieren noch sehr wenig Erfahrungen in der Bundesrepublik, ganz im Gegensatz zu Teilen der USA. Kommunale EVU sollten daher in Kooperation und im Rahmen ihrer Verbände (ASEW, VKU) einen Erfahrungsaustausch organisieren, um die Kosten für die Schaffung einer »Energiespar-Infrastruktur« zu senken. Vom Schweizer RAVEL-Programm kann gelernt werden, wie durch ein integriertes Forschungs- und Entwicklungs-, Weiterbildungs- und Markteinführungsprogramm in wenigen Jahren die Infrastruktur für eine rationellere und wirtschaftlichere Stromnutzung geschaffen werden kann. Das Land Nordrhein-Westfalen (und zum Teil Hessen und Schleswig-Holstein) hat – mit großem Erfolg – damit begonnen, den Aufbau einer Energiespar-Infrastruktur nach dem Vorbild des Schweizer RAVEL-Programms in der Bundesrepublik voranzubringen. Im Rahmen der »Landesinitiative Zukunftsenergien« wurde darüber hinaus im Jahr 1996 in NRW ein 500-Millionen-DM-Programm für fünf Jahre gestartet, das innovative Leit-, Pilot- und Demonstrationsprojekte fördern soll. Auch dabei spielt die Integration von Energiedienstleistungen eine wichtige Rolle.

Generell gilt: Erfolge auf dem neuen NEGAWatt-Markt sind ohne Vorleistungen nicht realisierbar. Eine der wichtigsten Erkenntnisse aus den bisherigen Pilotprogrammen ist, daß die EVU über Techniken und Kosten der rationelleren Energienutzung bei ihren Kunden wenig wissen; vorliegende Informationen beschränken sich auf Daten der Kundenabrechnung (d.h. Daten über Arbeit, Leistung und Preise). Daher

kommt es darauf an, Datenerhebungs- und Evaluationsprogramme
zu intensivieren sowie Umfang, Effizienz und Wirtschaftlichkeit von
Stromsparanalysen zu verbessern.

Vom Pilotprojekt zur Unternehmensstrategie eines »Stadtwerks der Zukunft«

Nachfolgend soll skizziert werden, wie die Phase der bisherigen LCP-
Pilotprogramme weiterentwickelt, durch weitere EDU-Geschäftsaktivitäten ergänzt und zu einer umfassenden neuen Unternehmensstrategie eines »Stadtwerks der Zukunft« ausgeweitet werden kann.
Dabei können wir nur mit einigen Schlaglichtern die Bandbreite möglicher neuer Aktivitätsfelder eines EDU aufzeigen.
Interessant ist, daß die Notwendigkeit der Weiterentwicklung der
Geschäftstätigkeit kommunaler Energieversorger zum Energiedienstleister offenbar mit sehr unterschiedlichen ordnungspolitischen Leitbildern begründet werden kann. Dieter Oesterwind (Vorstandsmitglied des Stadtwerke Düsseldorf; vgl. Oesterwind et al.
1996) und seine Mitautoren halten die Weiterentwicklung zum Energiedienstleistungsunternehmen deshalb für erforderlich, weil sie von
der Vorteilhaftigkeit eines Wettbewerbsmarkts bis zum einzelnen
Kunden (»Einzelhandelsmarkt«; vgl. Kapitel 5) überzeugt sind. Darüber hinaus sind sie der Auffassung, daß sich Stadtwerke *gerade
durch das Aufbrechen geschlossener Versorgungsgebiete* und den
dadurch angeblich erst möglichen Wandel vom traditionellen Versorgungs- zum Energiedienstleistungsunternehmen mehr Chancen versprechen können. Diese wettbewerbsorientierte Begründung für den
Wandel zum EDU ist im Zusammenhang mit dem Thema »Stadtwerk
der Zukunft« besonders bedeutsam, weil sie von Experten formuliert
wird, die der kommunalen Energiewirtschaft nahestehen: Auf der
einen Seite wird von den Autoren *der Zwang und die Chancen des
Wandels zum EDU prägnant aufgezeigt* und ein klares Plädoyer für
»den Aufbruch in neue Märkte« und den »Wandel vom Versorger zum
Unternehmen« vorgetragen. Bei der Beurteilung der Rolle des Wettbewerbs stehen sie jedoch im Widerspruch zur vorherrschenden Meinung in der kommunalen Energieversorgung, wo Wettbewerb unter
den derzeitigen Rahmenbedingungen sehr skeptisch beurteilt wird
und insbesondere beim Wegfall von geschützten Versorgungsgebieten keine Basis mehr für die Weiterentwicklung zum EDU gesehen
wird (vgl. Positionspapier des VKU vom Mai 1996).
Unsere eigene Analyse von Wettbewerbsmärkten und der Deregulierung werden wir im nächsten Kapitel darlegen. Wir werden dort mit
der Formel »Den Wettbewerb planen« eine differenzierte Position
vortragen, die zwischen diesen beiden konträren Einschätzungen des
Wettbewerbs liegt. Wir teilen das Credo von Oesterwind et al., daß

zukünftig ein »lernendes Unternehmen«, unternehmerisches Denken, Kundenorientierung und Produktveredelung sowie die Positionierung und Unverwechselbarkeit eines EDU als Markenartikel-Hersteller Grundvoraussetzungen für eine erfolgreiche Geschäftspolitik eines kommunalen Dienstleisters auf den Zukunftsmärkten für EDL sind. Aber auf die entscheidende Frage, wie bisherige kommunale *Energieanbieter* sich ausgerechnet auf Wettbewerbsmärkten gegenüber einer übermächtigen Konkurrenz im Preiswettbewerb zu Dienstleistern wandeln können, bleiben Oesterwind et al. die Antwort schuldig; dem Kernproblem wird ausgewichen, indem definitorisch die *Nichtenergieanbieter* zum EDU gemacht werden:

»In einem voll entwickelten Elektrizitätsmarkt … können dezidierte EDU entstehen, die sich voll darauf konzentrieren können, effizient Energiedienstleistungen zu vermarkten. Im gegenwärtigen System hat das Konzept der Energiedienstleistung einen schweren Pferdefuß: Bieten EVU Dienstleistungen zur Verbesserung der Energieeffizienz an, so reduzieren sie mit Hilfe ihrer eigene Aktivität einen Teil ihres Absatzmarkts. In einem offenen Strommarkt müssen jedoch Energiedienstleistungsanbieter nicht gleichzeitig Erzeuger sein. Sie können ihren Kunden effiziente EDL anbieten, indem sie dafür notwendige Techniken einkaufen, das erforderliche Know-how bereitstellen und die notwendige Energie einkaufen. Es liegt in ihrem ureigensten marktwirtschaftlichen Interesse, die Bezugskosten für die von ihnen eingekaufte Energie möglichst niedrig zu halten, während auf der anderen Seite der mit ihren Dienstleistungen verbundene Rückgang der Nachfrage von seiten ihrer Kunden für sie keine Rolle spielt, da sie selbst ja keine Energie erzeugen. Anders als im gegenwärtigen geschlossenen System, haben Energiedienstleistungsunternehmen in einem offenen System also eine echte Marktchance« (ebd., S. 108).

Dies ist eine in zweierlei Hinsicht unbefriedigende Anwort: Erstens wird den derzeitigen reinen Energieanbietern, insbesondere den Stadtwerken, indirekt gesagt, daß sie heute und zukünftig *als EDU weitgehend chancenlos* sind. Zweitens zeigt die Entwicklung von Energieagenturen und neuen privaten NEGAWatt-Akteuren (Ingenieurbüros, Contracting-Firmen), daß schon jetzt – allerdings noch im bescheidenen Maße – Dienstleister ohne eigene Energieerzeugung »am Markt« auftreten. Die implizite Behauptung, daß derzeit noch kaum Innovation stattfindet, weil *zu wenig Wettbewerb* in der Energiewirtschaft herrscht, halten wir nicht für bewiesen. Noch weniger erscheint uns der vorschnelle Umkehrschluß – innovative EVU und Mitarbeiter nur durch vollständig unregulierte Strommärkte – weder durch die Theorie noch durch die Praxis deregulierter Systeme (z.B. in Großbritannien) belegt.

Die bei Oesterwind et al. vorherrschende Vorliebe für gänzlich unregulierte Märkte ist vor allem deshalb problematisch, weil ihre Vereinbarkeit mit den Leitzielen des Klima-, Umwelt- und Ressourcenschutzes höchst unwahrscheinlich ist. Dies wird von Oesterwind et al. auch konzediert, ohne allerdings hieraus Konsequenzen für ihr Wettbewerbskonzept zu ziehen. Stattdessen rufen sie zur Durchsetzung ökologischer Zielsetzungen unvermittelt nach dem Staat, ohne allerdings anzugeben, mit welchen Instrumenten die öffentlichen Leitziele »Klimaschutz« oder »Zukunftsfähigkeit« in einen unregulierten Marktmechanismus durchgesetzt werden könnten.

Unsere Auffassung ist: Hinsichtlich der *Vereinbarkeit von gesamt- und einzelwirtschaftlichen Zielen* gibt es zu dem in diesem Buch skizzierten LCP-Konzept und dem Bau von Einsparkraftwerken keine Alternative, wie sich bisherige reine Energieanbieter ohne Substanzverlust zum Dienstleister und »Stadtwerk der Zukunft« weiterentwickeln können. Im Gegenteil: Wer diesen Weg jetzt nicht einschlägt, wird es unter ungünstigeren Randbedingungen des Bonner Deregulierungskonzepts und des hierdurch verstärkten Verdrängungswettbewerbs durch die Großen der Branche sehr viel schwerer haben.

Wir wollen damit beginnen, Ihnen lieber Leser, den (fiktiven) Inhalt einer Marketing-Kampagne Ihres örtlichen »Stadtwerks der Zukunft« im Jahr 2000 vorzustellen. Das neue Denken und die neue Offenheit beim Bau von Einsparkraftwerken kommt darin ebenso zum Ausdruck wie das Werben um Akzeptanz und gemeinsames Handeln.

Das Marketing-Konzept 2000
Bauen Sie mit uns ein Einsparkraftwerk!

Kraftwerke bauen können wir allein, aber ein Einsparkraftwerk errichten können wir nur mit Ihnen.

Deshalb machen wir Ihnen heute einen Vorschlag: Statt in neue Kraftwerke zu investieren, geben wir das Geld lieber an Sie, damit Sie sich energiesparende Geräte kaufen.

Auf diese Weise wollen wir bis zum Jahr 2000 sonst notwendige und teure 50 MEGAWatt neue Kraftwerkskapazität vermeiden.

Eingesparte Kraftwerke nennen wir NEGAWatts, sie belasten nicht die Umwelt und sie entlasten Ihren Geldbeutel!

Natürlich kosten auch NEGAWatts Geld. Wir müssen die Kosten daher wie bei Kraftwerken in die Strompreise einkalkulieren. Allerdings mit einem wesentlichen Unterschied:

Wir garantieren: Ihre Stromrechnung wird sinken, wenn Sie sich am Bau eines Einsparkraftwerks beteiligen!

Wie das möglich ist?

Der Strompreis steigt für alle um 5 % (1 Pf/Kilowattstunde), der Stromverbrauch wird jedoch durch die rationellere Nutzung um mindestens 7 % abgesenkt. Dadurch kann auch die Stromrechnung sinken!

Wir führen genau Buch: Über jede Mark dieses von Ihnen finanzierten, zukunftsweisenden Projekts werden wir Ihnen öffentlich Rechenschaft ablegen. Zusätzlich werden der staatlichen Preisaufsicht und einem unabhängigen Forschungsinstitut alle Informationen zur Nachprüfung übergeben.

Kundenorientierung und Kundenbindung durch Energieveredelung

Wir haben bereits darauf hingewiesen: Die immer wieder in den Vordergrund gestellte Frage, ob sich EVU mit Energiesparprogrammen »den eigenen Ast absägen«, ist nur zum Teil richtig gestellt. *EVU, die abwarten, »lassen andere an ihrem Ast sägen«,* denn sie werden über kurz oder lang mit »entgangenen Erlösen« durch verstärkte Energiesparaktivitäten Dritter konfrontiert werden. Daher müssen auch die *Chancen einer richtigen Antizipation zukünftiger Trends* genauer diskutiert werden. Die in der Einleitung aufgestellte These, daß EVU auch »einem Zwang zum Wandel« unterliegen, soll im folgenden vertieft und dabei auch die Chance des Wandels diskutiert werden.

Die Chancen, am Energiesparen und durch Produktveredelung zu verdienen, hängen ab von unternehmerischem Denken (»wie frühzeitig werden neue Markttrends erkannt und mitgestaltet«), von der Professionalität und der Effizienz der neuen Unternehmensaktivitäten sowie vom Erwerb von innovativen Know-how und den dafür notwendigen Vorleistungen.

Die Chancen des Wandels zum EDU

Mit weniger Energie mehr Dienstleistungen bereitstellen

- Auch unerwartetes Trendsparen oder NEGAWatt-Geschäfte von Dritten verursachen entgangene Erlöse – NEGAWatt-Geschäfte von EDU sichern Deckungsbeiträge.
- Richtig antizipierte Trends eröffnen für Vorreiter-EDU neue Marktchancen und Gewinne. Die besondere Kompetenz von EDU liegt bei Planung, Bau und Betrieb von Anlagen und Gebäuden als »Systemführer Energie«.
- Mehr Kundenorientierung und »Energieveredelung« werden zukünftig zu entscheidenden Wettbewerbsparametern. Nur durch zusätzliche Dienstleistungen kann Energie zum Markenprodukt im Qualitätswettbewerb positioniert werden.
- Durch »Geschäfte hinter dem Zähler«, z.B. Nutzwärme-, Nutzlicht- und Nutzkälte-Konzepte, wird die Kundenbindung verstärkt und eine gewisse Unverwechselbarkeit eines EDU trotz des homogenen Produkts »Strom« hergestellt. Die Kunden erwarten zukünftig mehr als nur Energielieferungen.
- Angebots- und Einspar-Contracting bieten die meisten Chancen, am Einsparen von Energie zu verdienen. Probleme für EVU liegen in der Bewertung der entgangenen Erlöse.
- Komparative Vorteile von EDU beim Consulting und Energiemanagement: Durch spezifisches Know-how, integrierte Planung und Optimierung können Transaktionskosten und Risiken bei Dritten gesenkt werden.
- Veredelte Energie wird teurer, aber dennoch akzeptiert werden; auch der Öko-Bauer erhält für Öko-Nahrung höhere Preise. Energiedienstleistungen als Markenprodukte sind Voraussetzungen für erfolgreichen Qualitätswettbewerb.
- Die Umlagefinanzierung der Kosten von LCP-Energiesparprogrammen durch alle Kunden ist eine hocheffiziente und gesellschaftlich akzeptanzfähige Form der Internalisierung der Schadensvermeidungskosten. LCP ergänzt daher eine allgemeine Energiesteuer.

Insbesondere die Bandbreite und die Anwendungsfelder möglicher IRP/LCP-Programme sind wesentlich größer, als in den bisherigen Pilotprogrammen in der Bundesrepublik zum Ausdruck kommt. Im Bereich des Sondervertragskunden liegen noch weitgehend unerschlossene Aktivitätsfelder, von denen aus den USA bekannt ist, daß sie besonders kosteneffektiv sind. Da Sondervertragskunden auch jetzt schon jederzeit die Möglichkeit haben, durch Eigenerzeugung aus dem Versorgungsystem eines EVU auszuscheiden, sind Strategien der Kundenbindung durch besondere Angebote (z.B. abschaltbare Verträge; Lastmanagement) bei dieser Kundengruppe nichts grundsätzlich Neues.

Neuland ist, daß Kundenbindungen gerade auch durch attraktivere Stromsparangebote und weitere Parameter des Qualitätswettbewerbs erzielt werden können. Allerdings erweist sich dabei die jahrzehntelang praktizierte Bewertung der Unternehmensleistung eines EVU *allein an der Höhe der Energiepreise* als ein entscheidendes Hemmnis. Dieser Bewertungsmaßstab war solange ausreichend, wie es vor allem darauf ankam, daß marktbeherrschende Stromanbieter ihre Monopolposition nicht zu Lasten der Kunden ausnutzen. Im Qualitätswettbewerb wird dieser Maßstab aber kontraproduktiv, da mehr Qualität im Regelfall auch mehr Wertschöpfung und daher auch höhere Preise bedeutet. Nur durch überzeugende Angebote, durch für den Kunden nachvollziehbare ökologische und ökonomische Erfolgsrechnungen und durch soziales Marketing kann das lange Zeit berechtigte Mißtrauen gegenüber dem Monopolisten und seiner Preispolitik abgebaut und veredelter Strom auf lange Sicht als Markenprodukt auch bei den Sondervertragskunden positioniert werden.

Finanzierungsoptionen und staatliche Flankierung

Die Finanzierung von kosteneffektiven LCP/IRP-Programmen ist vom Grundsatz her einfach: Solange sie für die Verbraucher billiger sind als ein neues Energieangebot, sollten NEGAWatt vorrangig erschlossen und wie MEGAWatt durch Umlagefinanzierung über die Strompreise finanziert werden (vgl. hierzu Kapitel 3). Die dabei auftretenden Verteilungs- und Quersubventionierungseffekte sind kein Spezifikum von Einsparinvestitionen, sondern betreffen die Umlagefinanzierung von Angebotsinvestitionen ebenso. Auch die Kosten von Kraftwerken werden an alle Kunden bzw. zumindest an Gruppen von Stromverbrauchern weitergegeben, ohne zu fragen, wer die Verbrauchs- und Kostenzuwächse im einzelnen verursacht hat.

Generell lassen sich *drei Haupttypen der Umlagefinanzierung von Energiesparprogrammen* unterscheiden:

1. Energie- oder Stromsteuer bzw. Abgaben für alle Stromkunden (z.B. der ehemalige Kohlepfennig; kostengerechte Vergütung) und Finanzierung von Einsparprogrammen aus dem Steuer- bzw. Abgabenaufkommen. Hiermit können eine flächenhafte Wirkung erzielt und die Selbststeuerung intensiviert werden. Allerdings werden hierdurch keine Hemmnisse abgebaut, und die Mitnahmeeffekte bei globalen Förderprogrammen sind relativ hoch.

2. LCP-Standardprogramme mit gruppenspezifischer Umlagefinanzierung: Hierbei handelt es sich um typische LCP/IRP-Prämienprogramme für Querschnittstechnologien (z.B. Beleuchtung). Die Einzelpotentiale sind dabei pro Kunde gering, aber praktisch alle Kunden können diese Techniken nutzen und daher bei entsprechendem Programmdesign an derartigen umlagefinanzierten Programmen auch teilnehmen. Eine bilaterale Abrechnung mit Einzelkunden scheidet hier wegen der hohen spezifischen Transaktionskosten aus. Ohne LCP-Programme ist die Markteinführung von Querschnittstechniken (z.B. von stromsparenden Haushaltsgeräten, effizienterer Beleuchtung, geregelten Elektromotoren) erheblich langsamer. Für ein »Stadtwerk der Zukunft« und zur Realisierung örtlicher Klimaschutzziele reicht es daher auch nicht aus, sich allein auf Contracting und auf größere Einzelpotentiale zu konzentrieren.

3. Maßgeschneiderte bilaterale Lösungen mit einzelnen Kunden oder homogenen Kundengruppen: Dies sind typische Contracting-Arrangements, die in der Regel erst ab einer bestimmten Größenordnung (etwa 100 000 DM Stromkosten pro Jahr) wirtschaftlich möglich sind. Der Nachteil solcher bilateralen Arrangements ist, daß ihre spezifischen Programmkosten und Risiken relativ hoch sind. Der Vorteil liegt darin, daß individuelle Kundenlösungen und Abrechnungen möglich sind und keine Quersubventionierungseffekte zwischen Kundengruppen auftreten können.

In der Praxis der Umlagefinanzierung von Einsparinvestitionen müssen eine Reihe weiterer Aspekte berücksichtigt werden:

Erstens muß das Anreizproblem gelöst werden: Programme, die für die Teilnehmer günstig sind, führen beim EVU ohne entsprechende Kompensation zu kontraproduktiven Gewinneinbußen. In NRW gewährt die Preisaufsicht daher eine um zwei Prozent höhere Verzinsung für LCP-Programmkosten, um einen Anreiz zur Durchführung von Stromsparprogrammen zu geben (Abschlußbericht des Runden Tisch LCP 1995).
Die folgende Übersicht zeigt verschiedene Varianten zur Finanzierung von EVU-orientierten Stromsparmaßnahmen. Sie haben alle ihre Vor- und Nachteile hinsichtlich der Anreizwirkung, der Effizienz der Mit-

telverwendung und möglicher Mitnehmer-Effekte, die hier nicht diskutiert werden können. Neben der – unter heutigen Rahmenbedingungen – von uns favorisierten programmspezifischen Anerkennung der Kosten von LCP-Programmen durch die Preisaufsicht, sind aber auch Fondsfinanzierungsmodelle sinnvoll.

Finanzierungsmodelle für Stromsparprogramme

1. Ex post oder ex ante Anerkennung der nachgewiesenen LCP-Programmkosten durch die Preisaufsicht.
   Vorteil: Standardisierte Kosteneffektivitätsprüfung durch die Preisaufsicht
   Nachteil: Energiesparausgaben und Preisauswirkungen nicht genau kalkulierbar

2. Bildung von kommunalen Stromsparfonds (z.B.: Hamburger Elektrizitätswerke (HEW) mit 1% der Stromerlöse; Stadtwerke Zürich: Anteil am Reingewinn)
   Vorteil: Höhe der Einsparausgaben liegt von Anfang an fest
   Nachteil: verführt zu ineffizienter Verausgabung

3. Energieabgabe/-steuer mit zweckgebundener Verwendung:
   a) Realisiertes Beispiel: »Energy Saving Trust« in England: Ein aus einer Abgabe auf Strom und Gas gespeister Fonds zur Finanzierung von CO_2-Minderungs- und Energiesparmaßnahmen
   b) Mögliches Beispiel: »Energiespar- und Solarenergiepfennig« oder Einnahmen aus allgemeiner Energiesteuer: Förderung von REG/REN-Maßnahmen (z.B. kostengerechte Vergütung) und von LCP-Programmen

Zweitens müssen beim derzeitigen Rechtsrahmen die aus Preiserhöhungen resultierenden Wettbewerbsprobleme gelöst werden. Dies betrifft den Sonderkundenbereich, wobei hier nur kurz auf die juristische Seite des Problems eingegangen werden kann.
Während die Anerkennung der Kosten von LCP-Programmen bei der Preisaufsicht in vielen Bundesländern bereits weitgehend, wenn auch noch nicht einheitlich praktiziert wird, ist der Bereich der Sondervertragskunden und *des Kartellrechts* noch in einigen Punkten strittig. Um LCP-Maßnahmen durchführen zu können, die den Sonderkundenbereich betreffen, empfiehlt es sich, mit der jeweiligen Landeskartellbehörde eine Vorgehensweise abzusprechen, wie sie mit der niedersächsischen Kartellbehörde im Rahmen der LCP-Fallstudie Hannover abgestimmt worden ist. Hierbei wurde folgende Vorgehensweise mit der Kartellaufsicht vereinbart:

Wortlaut der Vereinbarung:

1. *Zur offensiven Förderung von LCP-Aktivitäten der EVU im Sonderkundenbereich wird die Landeskartellbehörde ihr Ermessen dahingehend ausschöpfen, daß sie durch LCP-Maßnahmen verursachte Preiserhöhungen nicht aufgreift.*
2. *Die Landeskartellbehörde geht dabei davon aus, daß:*
   - *die durchgeführten LCP-Programme für die Gesamtheit der Sondervertragskunden wirtschaftlich vorteilhaft sind, d.h., daß trotz steigender Strompreise die Stromrechnung für die gesamte Kundengruppe durch die programminduzierte Energieeinsparung sinkt;*
   - *die Teilnahmemöglichkeit von möglichst vielen Sondervertragskunden z.B. durch längerfristige Durchführungsdauer, breite Nutzbarkeit und kundenorientierte Flexibilität der Programme (Angebot von Kunden- und Technikprämien) sichergestellt ist;*
   - *die zur Durchführung der LCP-Programme notwendige Beratung allen Kunden zu kostendeckenden Entgelten angeboten wird und es den Kunden unbenommen bleibt, die Dienste anderer Beratungsunternehmen in Anspruch zu nehmen;*
   - *bei Einsparprogrammen für einzelne Großkunden in der Regel eine individuelle Abrechnung der Programmkosten (z.B. im Rahmen von Contracting-Projekten) erfolgt;*
   - *die EVU der Landeskartellbehörde die Wirtschaftlichkeit der im Sonderkundenbereich durchgeführten LCP-Programme im Sinne des Total Resource Cost-Test (TRCT) und des Participant Cost-Test (PCT) – d.h. Nutzen/Kosten-Verhältnis größer als eins – nachweisen. Dieser Wirtschaftlichkeitsnachweis erfolgt durch Vorlage der geplanten Programme und der Testergebnisse vor Beginn bei der Kartellbehörde analog zum Verfahren im Tarifkundenbereich. Hierbei reichen zunächst Expertenschätzungen über die wesentlichen Planvariablen der Nutzen/Kosten-Tests aus, z.B. über die voraussichtlich erzielbaren Einsparungen; die Ist-Ergebnisse der LCP-Programme sind der Landeskartellbehörde unverzüglich mitzuteilen.*
3. *Es soll möglichst erreicht werden, daß die Gruppe der Sondervertragskunden die beabsichtigten LCP-Programme akzeptiert. Zu diesem Zweck sollen die EVU und die Landeskartellbehörde gemeinsam die beabsichtigten LCP-Programme und ihre Auswirkungen alsbald mit den Interessenvertretungen der Sonderkunden erörtern; außerdem sollen die EVU umfassende Informationsveranstaltungen und Marketing-Aktionen durchführen.*

NEGAWatt-Aktivitäten unterliegen keinen Demarkationen

Die Randbedingungen für EDL-Aktivitäten eines ehemaligen reinen Energieversorgers und eines neuen NEGAWatt-Akteurs (z.B. einer Energieagentur) unterscheiden sich in zwei wesentlichen Punkten. Energiesparaktivitäten von EDU bei leitungsgebundenen Energieträgern *im eigenen Versorgungsgebiet* reduzieren den Absatz (»entgangene Erlöse«), wobei allerdings in einem gewissen Umfang nur antizipiert wird, was »ohnehin« (durch Dritte) realisiert werden würde. Dies erklärt die Zurückhaltung vieler EVU, diese neuen Geschäftsfelder zu erschließen. Andererseits existieren eine ganze Reihe von NEGAWatt-Aktivitäten, bei denen für EDU keine entgangenen Erlöse auftreten, wo EDU aber aufgrund von langjährigen Kundenbeziehungen eindeutige Wettbewerbsvorteile gegenüber Newcomern besitzen (siehe Kasten).

Die Inkaufnahme entgangener Erlöse im »Übungsfeld« des eigenen Versorgungsgebietes ist für EDU im übrigen eine Voraussetzung dafür, eine rentable Erschließung von NEGAWatt-Potentialen in anderen Versorgungsgebieten professionell durchführen zu können. Generell spricht viel dafür, daß durch Kooperation zwischen EDU und neuen NEGAWatt-Akteuren mehr Synergieeffekte ermöglicht werden, als wenn gegeneinander gearbeitet würde. Während der eine Partner (das EDU) die »Eintrittskarte« zum Kunden, das technische Knowhow beim Energieangebot und langfristiges Kapital mitbringt, wissen die Marktpartner (eine Energieagentur, das Handwerk, Contracting-Firmen) zumeist weit mehr über die konkrete Umsetzung von Contracting-Projekten und über die hierfür geeigneten Effizienztechnologien und Finanzierungsmodelle.

Im Vergleich zu neuen NEGA-Watt-Akteuren haben EVU den Vorteil, daß sie durch die Energielieferung und -abrechnung über einen Zugang zu allen Kunden (insbesondere auch im Bereich öffentlicher Gebäude) und über eine Kundendatei mit wichtigen Basisdaten (z.B. Arbeit und Leistung gelieferter Energie, Energiekosten) verfügen.

NEGAWatt-Aktivitäten eines EDU ohne entgangene Erlöse

- Ausbau von Nah- und Fernwärme und Kraft-Wärme/Kälte-Kopplung zu Lasten nichtleitungsgebundener Energien;
- Ausbau von REG-Angeboten auch durch Beteiligung an Projekten außerhalb eines städtischen Versorgungsgebietes (z.B. Windparks, Biomassenutzungen);
- Spitzenlastabbau;
- Einsparaktivitäten in fremden Versorgungsgebieten oder bei nicht leitungsgebundenen Energien (z.B. Internationales Consulting);
- Gemeinsame Umsetzung internationaler CO_2-Minderungskonzepte (Joint Implementation z.B. mit Solarenergie- oder LCP-Projekten), wobei langjährige Erfahrungen im eigenen Versorgungsgebiet hierfür eine Voraussetzung sind.

Neue Geschäftsfelder und Diversifizierung

Die bisher beschriebene Strategie »Am Einsparen verdienen« bleibt eine Option auf Zeit – so wichtig diese aus wirtschaftlichen und ökologischen Gründen auch ist. Auch bei der zu erwartenden erheblichen Weiterentwicklung der Energiespartechniken ist das Effizienzsteigerungspotential technisch begrenzt und langfristig mit steigenden Grenzkosten verbunden. Parallel zu einer EDU-Strategie müssen daher systematisch auch kerngeschäftsfernere Diversifizierungsaktivitäten eingeleitet werden. Daher sollen im folgenden noch einige Schlaglichter zu möglichen weiteren Geschäftsfeldern skizziert werden. Die folgenden Kästen zeigen an Beispielen, wie ein EDU durch vertikale und horizontale Diversifizierung sich in den nächsten Jahrzehnten zu einem Dienstleistungsunternehmen mit breiter Angebotspalette entwickeln könnte:

> **Neue Geschäftsfelder und vertikale Diversifizierung in kerngeschäftsnahe Bereiche, z.B.:**
>
> - Erdgas- und Solarstromabsatz im Verkehrsbereich
> - Consulting und Beratung bei Energie- und Umweltmanagementaktivitäten
> - Wartungs- und Ableseservice
> - Betriebsführung versorgungswirtschaftlicher Anlagen
> - Engineering: Planung und Sanierung von technischen Anlagen
> - Technischer Betrieb von Gebäuden (»Facility Management«)

Insbesondere bei Wasser, Abwasser und Abfällen sind in den kommenden zwei Jahrzehnten erhebliche Veränderungen zu erwarten, darunter:

- Kostenexplosion im Abwasserbereich durch Reinvestition im Kanalnetz und im Abwasserbehandlungsbereich mit weiter steigenden Anforderungen,
- verstärkte öffentliche Kritik an den Preissteigerungen für Wasser und Abwasser und wachsende Bedeutung einer systemaren Optimierung für beide Bereiche,
- zunehmende gesetzliche Verpflichtungen und Chancen zur Kreislaufwirtschaft im Bereich der Abfälle durch stoffliche Nutzung und Recycling/Upcycling.

Auch aus Gründen der kommunalen Finanzprobleme wird der Zwang zur kostenminimalen Bereitstellung dieser Dienstleistungen zunehmen. Die Übertragung der Methodik des Least-Cost Planning auf die Bereiche Wasser, Abwasser und Abfall erscheint daher sehr sinnvoll (vgl. auch Kapitel 6).

Neue Geschäftsfelder durch horizontale Diversifizierung

- Wasserdienstleistungen für kommunale und gewerbliche Verbraucher in Analogie zu Energiedienstleistungen (z.B. bei Hochhäusern, Hotels, Wäschereien, Textilindustriebetrieben, Nahrungsmittelindustrie einschließlich Brauchwasser-Systeme)
- LCP-Überlegungen im Bereich Wasser für private Haushalte und Gewerbe (Sparschaltungen, Regenwassernutzung, Brauchwasser-Systeme, Regenwasserversickerungs-Systeme)
- Facility-Management für alle kommunalen oder kommunenahen Gebäudebestände
- Übernahme der Abwasserentsorgung von der Stadtverwaltung
- Abwasserbehandlung und -vermeidung bei Betrieben als Dienstleistung (vor Einleitung in die städtische Kanalisation oder in den Vorfluter)
- IRP bei gemeinsamem Betrieb der Wasserversorgung und Abwasserentsorgung
- Recycling und Wiederaufarbeitung ausgewählter gewerblicher Abfälle als Dienstleistung

Hinzu kommen weitere mögliche Geschäftbereiche wie z.B.:

- Informations- und Kommunikationstechnologien
- Telekommunikation über Festnetze oder Funk
- Bodensanierung und Flächenmanagement

Ökologische Kooperationsmodelle

Wir haben betont: Die Ordnung der leitungsgebundenen Energiewirtschaft wird sich in den nächsten Jahrzehnten erheblich verändern. Auch *die Arbeitsteilung zwischen der Verbund-, der Regional- und der Verteilerstufe* wird hiervon tangiert werden. Schlüsselfragen sind dabei: Wird sich der Konzentrationsprozeß beschleunigen, wieviele und welche EVU haben auf einem schrumpfenden Markt sowie bei verstärktem direktem und Substitutionswettbewerb eine Überlebenschance? Hierauf kann noch keine eindeutige Antwort gegeben werden. Tendenziell gilt jedoch: Es werden um so mehr Unternehmen überleben, je mehr das Kerngeschäft »Energie« auf allen Stufen strategisch zurückgeschrumpft sowie durch neue Geschäftsbereiche und Kooperationsformen kompensiert wird. Hinsichtlich der Arbeitsteilung von Verbund-, Regional- und Verteilerstufe könnten sich z.B. die folgenden Konsequenzen ergeben:

1. Verstärkte transnationale Aktivitäten und Beteiligungspolitik der Verbundebene: Die großen Verbund-EVU beschleunigen ihren schon jetzt absehbaren Wandlungsprozeß zu multinationalen Technologiekonzernen (bei PreußenElektra und RWE besonders ausgeprägt).

Von besonderer Bedeutung für die Chancen von »Stadtwerken der Zukunft« ist, daß nicht unter dem Druck der aktuellen kommunalen Finanzkrise mit dem Verkauf von wesentlichen Anteilen der Stadtwerke an Vorlieferanten vorschnell das wichtigste Instrument kommunaler Energiepolitik aus der Hand gegeben wird.

2. Energiespar-Kooperationen auf regionaler und kommunaler Ebene zwischen »Stadtwerken der Zukunft« und Vorlieferanten: Wünschbare Zielrichtung wäre: »Zusammenarbeit statt Beherrschung durch Beteiligungspolitik«.

3. Zunahme »unabhängiger« Netzeinspeiser und verstärkte stromwirtschaftliche Kooperation auf regionaler/örtlicher Ebene: Große Stadtwerke und Regionalunternehmen entwickeln eine »Umlandsstrategie«, beliefern ländliche Gemeinden mit Strom aus KWK-Anlagen und beziehen Strom aus erneuerbaren Energiequellen.

4. Finanzielle Kooperation zwischen Stadtwerken zur Stärkung der finanziellen Unabhängigkeit in Zeiten kommunaler Finanzprobleme: Gründung einer kommunalen Beteiligungsgesellschaft zur Stärkung der »kommunalen Familie«.

Eine ökologisch orientierte Kooperation von »Stadtwerken der Zukunft« mit dem Vorlieferanten zum beiderseitigen Nutzen ist möglich, wenn auch der kleinere Partner selbstbewußt und finanziell unabhängig auftreten kann. Der Nutzen des Vorlieferanten an einer ökologischen Kooperation (statt an Beteiligung) liegt darin, daß hierdurch einerseits die Kundenbeziehung vertieft wird und andererseits die »Ressource Kommune« vom Vorlieferanten mitgenutzt werden kann. Der Markt für NEGAWatts, Kraft-Wärme/Kälte-Kopplung und erneuerbare Energiequellen ist nur vor Ort erschließbar (daher »Ressource Kommune«). Erwirbt ein international agierendes Verbund-EVU dieses Know-how vor Ort in Kooperation mit einem Stadtwerk (z.B. gemeinsame Contracting-Aktivitäten in Frankfurt mit der PreussenElektra), dann kann dies für eine internationale Kooperations- und Beteiligungspolitik, z.B. bei osteuropäischen Energieversorgungsunternehmen, von hohem technologischem, ökonomischem und ökologischem Nutzen sein.

Auch das Verhältnis von kommunalen Anteilseignern und »ihren« Unternehmen wird in Richtung größerer operativer und unternehmerischer Selbständigkeit – auch außerhalb des eigenen Versorgungsgebietes – neu gestaltet werden müssen. Bestehende Restriktionen durch die Gemeindeordnungen haben zum Beispiel keinen Sinn, wenn sie den kommunalen Unternehmen für ökologisch und gemeindewirtschaftlich sinnvolle Aktivitäten außerhalb des Gemeindegebietes unnötige Fesseln auferlegen. Denn erstens wird damit den Wettbewerbern (z.B. den Verbund-EVU) das Feld überlassen, und zweitens werden die Chancen zur Substanzstärkung durch Diversifizierung unnötig begrenzt. Ökologische und gemeindewirtschaftliche Zielsetzungen sollten allerdings verstärkt durch Verträge und Satzungen gesichert werden:

1. *Konzessionsverträge* zwischen Kommune und örtlichem Energieversorgungsunternehmen können zum Beispiel als Mittel ört-

licher Energiepolitik und Konsensbildung genutzt werden; in Konzessionsverträgen können dem örtlichen EVU/EDU durch den Konzessionsgeber (die Kommune) klar definierte Auflagen vorgeben werden, zum Beispiel Energiespar- oder Klimaschutzziele, Einspeisevergütungen für dezentrale BHKW; Zielvorgaben für den Bau eines Einsparkraftwerks und die Errichtung von Solaranlagen. Beispiele hierfür sind: Hannover, Berlin, Frankfurt, Remscheid. Andererseits muß sich die Kommune verpflichten, die aus reduzierten Energieverkäufen unvermeidlich folgende Senkung der Konzessionsabgaben auch mitzutragen.

2. *Gegenstand und Ziele von Gesellschaftsverträgen* sollten auf ein neues zukunftsfähiges energiepolitisches Leitbild festgelegt werden; die Orientierung am Leitbild eines EDU oder »Stadtwerk der Zukunft« und zusätzliche Unternehmenszwecke wie z.B. die aktive Förderung der Energie- und Wassereinsparung sollten explizit formuliert werden, um Konflikte mit dem Management zu vermeiden (zum Beispiel: in Bremen, Frankfurt, Remscheid).

Ein langfristiges Strategiekonzept für ein »Stadtwerk der Zukunft«

Die Umsetzung von IRP/LCP-Maßnahmen, der Bau von Einsparkraftwerken und die Entwicklung zum »Stadtwerk der Zukunft« ist ein langwieriger Prozeß, der nur stufenweise möglich ist und eine Reihe von technologischen und sozialen Innovationen beim Unternehmen selbst, aber auch im gesamten Umfeld voraussetzt. Hierauf soll abschließend eingegangen werden. Wir beschränken uns auf einige skizzenhafte Hinweise. Wir werden uns im Kapitel 5 mit den ordnungspolitischen Rahmenbedingungen noch detailliert auseinandersetzen.

Mögliche Eckpunkte eines Strategiekonzepts:

1. Langfristige Energiesparziele quantifizieren (z.B. 5 Prozent der Stromerlöse für NEGAWatt-Aktivitäten im Jahr 2000) und neue Unternehmensziele nach innen und außen kommunizieren.
2. Gründung eines »Einspar-Profit-Centers« (langfristiges Ziel: 10 Prozent der Beschäftigten bearbeiten neue Dienstleistungsaktivitäten; Bündelung aller LCP-, Contracting-, Consulting-, Nutzenergie-Aktivitäten).
3. Offensives und glaubwürdiges soziales Marketing für die neuen Dienstleistungsaktivitäten eines »Stadtwerks der Zukunft«.
4. Regelmäßige Öko-Audits (ökologische Erfolgsrechnungen) und regionale Nutzen-Kosten-Analysen einer NEGAWatt-Strategie.
5. Den Wandel zum »Stadtwerk der Zukunft« strategisch betreiben:

Langfristiges Ziel: 50 Prozent Energieumsatz und 50 Prozent Umsatz aus NEGAWatt-Aktivitäten sowie aus neuen Geschäftsfeldern.

6. Aufbau einer örtlichen »Energiespar-Infrastruktur«: Vergesellschaftung« der EDL-Bereitstellung durch Kooperation mit neuen Akteuren; Erschließung privater und genossenschaftlicher Innovationspotentiale bei Solarenergie und dezentraler Kraft-Wärme/Kälte-Kopplung; »Energie-Tische« und Bürgerbeteiligung; Förderung energiesparender »neuer Wohlstandsmodelle«.

Soziales Marketing und »Neue Wohlstandsmodelle«

Die beiden nachfolgenden Kästen sollen den Zusammenhang zwischen technischen und sozialen Innovationen beim Bau von Einsparkraftwerken (»Effizienz- vs. Suffizienzproblem«) im Überblick thematisieren. In Kapitel 7 werden wir auf diese Frage noch einmal grundsätzlicher zurückkommen.

Soziales Marketing und »Verhalten«

1. Beim »Bau von Einsparkraftwerken« müssen technische und soziale Innovationen miteinander verbunden werden.
2. Der »Homo oeconomicus« des Energiesparens existiert:
   - im Privathaushalt nie,
   - im Kleinverbrauch selten,
   - in der Industrie manchmal.
3. Individuelles Nutzerverhalten bedingt Schwankungsbreiten von 50 Prozent beim Heizwärme- und Warmwasserverbrauch.
4. Dauerhafte Energieeinsparungen werden durch Verhaltensänderungen, Technik und Investitionen bestimmt (z.B. in Niedrigenergie- und Passivhäuser).
5. LCP-Programme müssen mit zielgruppenorientiertem »Energiespar-Marketing« umgesetzt werden.
6. LCP-Strategien sollten durch Kampagnen des »Partizipativen sozialen Marketings« ergänzt werden.

Wir wollen dieses Kapitel damit abschließen, Ihnen, lieber Leser, den (utopischen?) Inhalt einer Marketing-Kampagne Ihres »kommunalen Dienstleisters« in ferner Zukunft (im Jahr 2010?) vorzustellen. Der Klima- und Ressourcenschutz ist jetzt Chefsache des Vorstands, des Oberbürgermeisters und der örtlichen Unternehmensleitungen. Die Umsetzung des Aktionsplans (»Agenda 21«) des örtlichen Bürgerkomitees ist im vollen Gange. In dem folgenden Internet-Marketing-Spot kommt das revolutionäre Unternehmensverständnis des kommunalen »Dienst«-leisters gut zum Ausdruck – den Bürgern in einem umfassenden Sinne zu dienen!

Das »Agenda 21«-Konzept 2010
Mit Einsparkraftwerken und Sonnenenergie
zu neuen Wohlstandsmodellen!

80 MEGAWatt haben wir erfolgreich mit Ihnen durch Einsparkraftwerke vermieden. 15 Prozent unnötigen Stromverbrauchs haben wir gemeinsam weggespart.

Ein Viertel des verbliebenen Energiebedarfs beziehen wir inzwischen aus unerschöpflichen Energiequellen. Auf Atomstrom konnten wir verzichten.

Wir sind auf dem Weg zu einem »zukunftsfähigen« kommunalen Energienutzungssystem gut vorangekommen, aber das Ziel ist noch nicht erreicht.

75 Prozent fossile Energieträger sind für das Klima immer noch zu viel; der Pro-Kopf-Energieverbrauch in unserer Stadt ist gesunken, aber noch immer nicht weltweit verallgemeinerungsfähig.

Deshalb präsentieren wir Ihnen heute unsere neue »Agenda 21«:

Wir fördern mit 20 Millionen DM pro Jahr innovative private und genossenschaftliche Projekte,

- *die den Solarenergie-Anteil unserer kommunalen Energienutzungssysteme erhöhen,*
- *die sozial und ökologisch verträglichere Formen des Wohnens und Arbeitens fördern (»soziale Innovationen«),*
- *die Energie-, Wasser- und Flächenverbrauch einsparen*
- *und die neue qualifizierte Arbeitsplätze schaffen.*

Die Finanzierung des Programms erfolgt aus dem durch Bürgerentscheid beschlossenen kommunalen »Sonnenpfennig«.

Der »Bürgerausschuß« (der ehemalige »Aufsichtsrat«) tagt wie immer in öffentlicher Sitzung und wird über Ziele, Maßnahmen, Finanzierung und Ergebnisse Rechenschaft ablegen.

(Diese Daten finden Sie auch im Internet unter dem Stichwort »Agenda 21«.)

Deregulierung oder das Nirwana des vollkommenen Marktes

Die Interessen hinter der »Deregulierungs«-Diskussion

Im Rückblick auf die neunziger Jahre werden scharfzüngige Chronisten einmal feststellen: Der wirtschafts- und energiepolitische Zeitgeist dieser Jahre war wie von einem Vodoo-Zauber besessen: »Deregulierung« hieß das Zauberwort. Der Zauber half gegen jede Art von wirtschaftlicher Fehlentwicklung und offenbar auch gegen Energiemonopole. Eine gläubige Verehrung des Markts und seiner Segnungen war weit verbreitet. Die Sehnsucht nach dem Nirwana des vollkommenen Marktes verwandelte im Bewußtsein seiner Protagonisten hochkonzentrierte Energiekonzerne in eine virtuelle Vielfalt heftig konkurrierender Tante-Emma-Läden, die sich zum Wohle aller und der Umwelt um größtmögliche Effizienz und Billigstenergie bemühten.

Aber Satire beiseite und ganz im Ernst: »Deregulierung« erscheint in einigen Energie- und Wirtschaftsprogrammen gleichsam als *der Königsweg* zur Lösung aller wirtschaftlichen Probleme: Der Staat müsse sich nur in allen Wirtschaftssektoren auf das Setzen von Rahmenbedingungen beschränken, dann werde durch Markt und Wettbewerb eine maximale Effizienz der Produktion und damit ein kostengünstiges Angebot gewährleistet. Denn wenn der Staat in den freien Markt interveniere, müsse stets mit »Staatsversagen« gerechnet werden. Nur wo der Markt ausnahmsweise nicht ideal funktioniere (»Marktversagen«) seien staatliche Rahmensetzungen gerechtfertigt. Dies ist – in Kurzform – die wirtschaftswissenschaftliche Leitidee der »Deregulierung«. Hierauf baut allerdings eine lautstark vorgetragene Variante auf, für die »Deregulierung« schlicht bedeutet: *Ballast abwerfen – soziale und umweltrelevante Standards abbauen!* Der Ruf nach Deregulierung degeneriert bei dieser Variante zur schlichten Klassenkampfparole. Nur durch eine brachiale Kostensenkungsstrategie, so heißt es, könne sich der »Standort Deutschländ« in der verschärften internationalen Konkurrenz behaupten. Alles müsse daher für die Wirtschaft billiger werden: Die Lohnnebenkosten, die Arbeitskraft, die Unternehmenssteuern, der Umweltschutz und – nicht zuletzt – die Energie.

Was also ist dran am Zauberwort »Deregulierung«, und warum macht es gerade in den neunziger Jahren die Runde? Auf den ersten Blick haben die folgenden drei Gründe dem Deregulierungskonzept Akzeptanz verschafft:

1. Die neoklassische Wirtschaftstheorie liefert – auf hohem Abstraktionsniveau und mit rigorosen Annahmen – den mathematisch eleganten »Beweis«, daß für die meisten Produkte vollkommene

Leider mischen sich in der Deregulierungsdiskussion wissenschaftlich seriöse Argumente in unheilvoller Weise mit solchen reiner Lobbyisten, so daß der Kern der Debatte nur noch von wenigen Experten durchschaut wird. Vor allem über die gesellschafts-, wirtschafts- und umweltpolitischen Implikationen der Deregulierung herrscht große Verwirrung.

Märkte und Wettbewerb zu einer effizienten und kostengünstigen Produktion führen.

Das Problem ist allerdings, daß Strom keine Ware wie jede andere ist, daß die Realität der hochkonzentrierten Energiewirtschaft dem Modell des vollkommenen Markts widerspricht und daß die Monopolpositionen vertikal integrierter Konzerne durch freien Wettbewerb eher verstärkt als abgebaut werden. Hinzu kommt, daß durch den Energieeinsatz extreme Kosten- und Risikoverlagerungen auf die Gesellschaft stattfinden (sogenannte externe Kosten), die auch nicht ansatzweise in die heutigen Energiepreise internalisiert werden.

2. Der »Sieg des Kapitalismus« im Systemwettbewerb hat in der Wahrnehmung vieler Politiker die Vorteilhaftigkeit der kapitalistischen Marktwirtschaft scheinbar für alle Zeiten bewiesen. Die westlichen »Marktsysteme« haben zweifellos wachstums- und leistungsstärkere Wirtschaftsaktivitäten hervorgebracht als die östlichen »Plansysteme«. Nicht zuletzt der gescheiterte Versuch, die kapitalistische Marktwirtschaft mit planwirtschaftlichen Methoden »einholen und überholen« zu wollen, hat zum politischen Zusammenbruch der bürokratischen Zentralverwaltungswirtschaften geführt.

   Die Frage ist nur, wie lange dieser politische Zusammenbruch noch dafür herhalten kann, von den »hausgemachten« Fehlentwicklungen und Krisen gerade auch kapitalistischer Marktsysteme abzulenken.

3. Der Machtzuwachs staatlicher Bürokratien und privater Monopole in kapitalistischen Marktwirtschaften nimmt erkennbar der »Peitsche des Wettbewerbs« die erhoffte Anreizwirkung und macht den »schöpferischen Unternehmer« Schumpeterscher Prägung immer mehr zum exotischen Außenseiter. Die Dynamik des Kapitalismus droht durch seinen Erfolg, durch die enorme Konzentration und Zentralisierung von Kapital, stranguliert zu werden. Die Versuchung liegt nahe, alle Mißstände auf die Monopolisierung – als scheinbar vermeidbare Fehlentwicklung – zu schieben.

   Das Problem ist allerdings, daß sich die kapitalistische Industriegeschichte und der erreichte internationale Konzentrationsgrad nicht auf die Lehrbuchidylle des »vollkommenen Wettbewerbs« zurückdrehen lassen.

Diese mehr ideologischen Gründe reichen jedoch allein als Erklärung nicht aus, warum Deregulierungskonzepte in einigen Ländern und auch innerhalb der Europäischen Union eine erhebliche Schubkraft erhalten konnten. Die wichtigeren ökonomischen Triebkräfte und politischen Ansatzpunkte liegen in folgendem:

1. Erstens fordern die Teile der Industrie, die besonders viel Energie verbrauchen, billigere Energiepreise; sie argumentierten seit langem gegen die – aus ihrer Sicht – privilegierte Monopolposition der Strom- und Gaskonzerne. Im Zuge der Globalisierung von Märkten und der verschärften Weltmarktkonkurrenz gewinnen Energiepreise als Standortfaktoren für energieintensive Industrie an Bedeutung. Die Forderung nach billiger Energie wird daher immer nachdrücklicher erhoben, und mit Standortverlagerung in Billigenergieländer wird massiv gedroht.

2. Die großen Strom- und Gaskonzerne haben in einzelnen Volkswirtschaften eine derart herausragende Marktposition erreicht und zunehmend auch multinationale Macht aufgebaut, daß sie als unkontrollierbar und nicht mehr steuerbar empfunden werden. Die Monopolstellung im Energiesystem und die dadurch erworbene exorbitante Kapitalstärke und Liquidität erleichtern zudem den Feldzug in angrenzende Geschäftsfelder und Branchen wie zum Beispiel die Entsorgung und Telekommunikation. Als Gegengewicht zu dieser Konzentration von Marktmacht sehen liberale Wirtschaftspolitiker nicht staatliche Eingriffe oder Regulierung, sondern sie erhoffen sich vom Wettbewerb eine selbstregulierende Wirkung.

3. Wegen offensichtlicher ökonomischer und ökologischer Fehlentwicklungen (wie zum Beispiel Überkapazitäten, Umwelt- und Klimabeeinträchtigung, nuklearen Risiken) stehen insbesondere die überregionalen Stromkonzerne immer wieder im Kreuzfeuer der Kritik von Umweltschutzverbänden und der Öffentlichkeit. Die auffallende Untätigkeit des Staates wird dabei mit den engen personellen und finanzpolitischen Verflechtungen zwischen Staat und Energiewirtschaft in Verbindung gebracht (zum Beispiel Sitz von Politikern und Verwaltungsspitzen in Aufsichtsgremien; Abführung von Steuern, Gewinnen und Konzessionsabgaben an öffentliche Haushalte). Kritiker erhoffen sich daher nicht mehr vom Staat, sondern vom Wettbewerb eine disziplinierende Wirkung auf die monopolistische Unternehmenspolitik.

Im folgenden wollen wir uns auf kritische Kommentare zur »Deregulierung« in der Elektrizitätswirtschaft beschränken, deren Reform in zahlreichen Aspekten ein Lehrstück über die Notwendigkeit, die Chancen und die Hemmnisse eines Umbaus der Industriegesellschaft darstellt.
Die ordnungspolitische Diskussion über die »Deregulierung« (die EU-Kommission benutzt auch den Ausdruck »Liberalisierung«) der leitungsgebundenen Energiewirtschaft hat seit dem Gutachten der Deregulierungskommission (»Unabhängige Expertenkommission zum Abbau marktwidriger Hemmnisse«, vgl. Deregulierungskom-

mission 1991) und seit den wettbewerbsorientierten Initiativen der EU-Kommission auch in der Bundesrepublik an Bedeutung zugenommen. Allerdings sind die europaweiten Reformvorstöße bisher wegen der unterschiedlichen Strukturen und Interessen der Nationalstaaten und ihrer Energiewirtschaften nur langsam vorangeschritten. Ansätze, die leitungsgebundene Energiewirtschaft in Großbritannien, in den USA, in Chile, in Norwegen, in Schweden und in den Niederlanden zu »deregulieren«, haben dennoch der bisher eher akademischen Diskussion eine gewisse empirische Basis geliefert.

Wir verstehen im folgenden im Anschluß an die »Deregulierungskommission« (DK) unter »Deregulierung« in der Elektrizitätswirtschaft die Aufhebung aller den Wettbewerb und den freien Marktzutritt beschränkenden rechtlichen Rahmenbedingungen. Damit ist in der Bundesrepublik ein ganzes Spektrum von Sonderrechten und -pflichten angesprochen (von den Ausnahmebereichen des § 103 des Gesetzes gegen Wettbewerbsbeschränkung [GWB] bis hin zur Subventionierung der Steinkohleverstromung). Betont werden muß allerdings, daß mit dieser Definition bereits wesentliche Grundsatzfragen der Angebotsstruktur (zum Beispiel Rekommunalisierung; Dezentralisierung; Entflechtung/Dekonzentration) weitgehend ausgeklammert werden, die unter der Überschrift »Ordnung der Elektrizitätswirtschaft« ehemals intensiv mitdiskutiert wurden.

Der hier verwendete Begriff »Deregulierungsposition« beinhaltet die folgenden von der DK aufgestellten Forderungen:

- Verbot aller bisher gestatteten wettbewerbsbeschränkenden Vereinbarungen in Demarkations-, Konzessions- und Verbundverträgen (Streichung von § 103 Abs. 1 und 103 a des GWB).
- Allgemeine Pflicht für alle Betreiber von Stromnetzen, Energie unterschiedlicher Anbieter durch ihr Netz weiterzuleiten (Durchleitungspflicht, das heißt, Unterhaltung und Betrieb des Hochspannungsnetzes als eigenständige Dienstleistung).
- Stromversorgung der Tarifkunden durch Erwerb einer öffentlich ausgeschriebenen zeitlich befristeten Lizenz; »die Bevorzugung der Bewerbung eines gemeindeeigenen Unternehmens sollte ausgeschlossen werden« (ebd, S. 80).
- Einführung einteiliger und lastabhängiger Stromtarife; diese im Grundsatz unterstützenswerte, wenn auch nur halbherzig auf die Tarifkunden beschränkte Forderung der DK betrifft nur indirekt das Wettbewerbsrecht und soll nicht näher diskutiert werden.
- Die Praxis der Kommunen, Querverbundunternehmen zu betreiben, soll mit dem Ziel überprüft werden, diese bei nicht nachgewiesenen Verbundvorteilen zu entflechten und zu privatisieren.
- Abschaffung der Investitionsaufsicht nach § 4 EnWG sowie der Angebots- und der Zulassungskontrolle nach §§ 5 und 8 EnWG.

Die Beseitigung rechtlicher Verstärkungen des Monopols (der Demarkations- und Konzessionsverträge) hebt nicht die ökonomisch bedingten Monopolstellungen der Stromkonzerne auf, sondern nur die Schutzzäune der kleinen »Stromer« vor den Großen. Das RWE wird dadurch nicht kleiner, sondern im Gegenteil: Sein Appetit, in kommunalen Versorgungsgebieten »zu wildern«, wird größer.

Konzeptioneller Kernpunkt dieser Forderungen ist, daß die von den
Verbänden der Elektrizitätswirtschaft bisher stets ins Feld geführten
»Besonderheiten« der leitungsgebundenen Energiewirtschaft (siehe
unten), das damit begründete »natürliche Monopol« und die Notwendigkeit geschlossener Versorgungsgebiete in Frage gestellt werden. Wie wir zeigen werden, ist dieser konzeptionelle Kernpunkt in
Hinblick auf die Erzeugung von Elektrizität, nicht aber für den Transport und die Verteilung von Strom, prinzipiell stichhaltig. Es kommt
aber entscheidend auf die Randbedingungen und Zielsetzungen an,
unter denen mehr Wettbewerb in die Elektrizitätswirtschaft eingeführt wird.

Voraussetzungen
und Rahmenbedingungen

Die Diskussion über die Chancen und Risiken einer »Deregulierung«,
über eine wettbewerbsorientierte Neuordnung der Elektrizitätswirtschaft in der Bundesrepublik und über die anstehende Novellierung
des Energiewirtschaftsgesetzes (EnWG) muß die realen Rahmenbedingungen und einige grundlegende Voraussetzungen berücksichtigen:

■ Bis etwa zum Jahr 2005 wird in der Bundesrepublik wegen der vorhandenen Überkapazitäten *kein neues Kohle- oder Atomgroßkraft-
werk benötigt.* 1994 wurde zum Beispiel das Netz der alten Bundesländer in Zeiten des Spitzenverbrauchs mit maximal 61,1 Gigawatt
beansprucht (bereinigte Höchstlast, ohne Industrieeinspeisung).
Installiert war aber eine Kraftwerksleistung von insgesamt 93,8 Gigawatt (installierte Nettoengpaßleistung; davon nach Angaben des
VDEW 8,4 Gigawatt nicht einsetzbar). Die Deutsche Verbundgesellschaft rechnet damit, daß bis zum Jahr 2005 rund 5,6 Gigawatt Leistung in Form von neuen Gas- und Dampf-Kraftwerken (GuD-Anlagen)
hinzukommen wird. Erst danach steht – bei unverändertem Trend –
bis zum Jahr 2020 der »größte Teil des heutigen Kraftwerksparks«
zum Ersatz an, wie die Basler Prognos AG 1995 schrieb.[1] Der Bedarf
wird bis dahin um etwa 13,5 Gigawatt wachsen, da laut Prognos-Gut-
achten der Stromverbrauch im Trend noch etwa ein Prozent pro Jahr
zunehmen wird. Der Primärenergieverbrauch wird gleichzeitig stagnieren, da die Energie effizienter umgewandelt wird.
Aus diesen Zahlen folgt, daß ein neuer Ordnungsrahmen für die
Regulierung des Energieangebots erst nach Jahren wirksam werden
würde und daher keine Eile angesagt ist. Vorbereitungen müssen

vielmehr dafür getroffen werden, daß die Welle der Ersatz- oder Ausbauinvestitionen ab dem Jahr 2005 durch ökologisch verträglichere und kostengünstigere Angebotsoptionen (KWK, REG) oder durch NEGAWatts substituiert werden können.
Ein zukunftsfähiges Energie(-spar-)gesetz für die nächsten 30 Jahre kann und muß gründlich (auch unter Berücksichtigung der EU-Aktivitäten) vorbereitet werden und darf kein umstrittener Schnellschuß werden, der nur wenige Jahre Bestand haben wird.

■ Die Klimaschutzszenarien der Enquete-Kommission führen zu dem Ergebnis daß zum Erreichen der erforderlichen CO_2-Reduktion bis 2020 regenerative Energiequellen (REG) und rationelle Energienutzung (REN) sowie teilweise auch KWK-Anlagen in einem *erheblich über den Trend hinausgehenden Umfang* am Markt eingeführt werden müssen (vgl. auch Kapitel 1); dies gilt vor allem beim Ausstieg aus der Kernenergie, aber in abgeschwächter Form auch bei konstanter Kernenergienutzung (Szenario R1V). Im Kernenergieausstiegs-Szenario (R2V) steigt zum Beispiel im Vergleich zum Referenzfall die REG-Stromerzeugung bis 2020 um 120 Prozent (Wind um 500 Prozent), der Einsatz von Kraft-Wärme-Kopplung wird fast verdoppelt, und der Verbrauch an Endenergie und Strom sinkt um 25 Prozent (beziehungsweise 5 Prozent).
Eine zentrale Frage heißt: Welche Anreize bestehen für die Investoren, und welche ökonomischen Triebkräfte zur forcierten Markteinführung dieser vorwiegend dezentralen Klimaschutztechniken sind vorhanden? Die Überkapazitäten auf dem Strommarkt wirken als Investitions- und Innovationsblockade, die nur durch eine politisch gewollte und betriebswirtschaftlich für die Betreiber nicht nachteilige Ausmusterung von Stromerzeugungskapazität beseitigt werden kann. Daher hätte ein über den Strompreis entschädigter und durchaus finanzierbarer Ausstieg aus der Atomenergie auch eher positive volkswirtschaftliche Effekte, wie eine Studie von ISI/DIW[2] für die Klima-Enquete gezeigt hat (vgl. zum Angebotsüberschuß auf dem Strommarkt Abb. 51).

In der ordnungspolitischen Debatte sind jedoch derartige industrie- und gesamtwirtschaftliche Szenarioanalysen nie zur Kenntnis genommen worden. Für keines der vorgeschlagenen Wettbewerbsmodelle des Strommarkts (zum Beispiel TPA, NTPA, Pool, Single Buyer – vgl. Kasten S. 217) wurde bisher nachgewiesen, daß die notwendigen Klimaschutzpotentiale auch tatsächlich unter den jeweils angestrebten Wettbewerbsbedingungen realisiert werden. Im Gegenteil: Da alle diese Modelle sinkende Strompreise zum Ziel haben, sind ohne flankierende Maßnahmen zusätzliche Hemmnisse für Kraft-Wärme-Kopplung, regenerative Energiequellen und rationelle Energienutzung zu erwarten.

Noch ist Zeit, einen langfristigen und innovativen Ordnungsrahmen zu schaffen, durch den die Chancen verbessert werden, einen wesentlichen Teil der sonst notwendigen, umfangreichen Neuinvestitionen im Großkraftwerkssystem der Bundesrepublik ab dem Jahr 2005 kostengünstig zu vermeiden. Zum Beispiel müßten auch im Bereich der Sondervertragskunden LCP-Programme in großem Stil aufgelegt werden, wenn es möglich sein soll, nach dem Jahr 2000 Negawatts in beträchtlicher Menge zu akquirieren.

Ein Ausstieg aus der Atomenergie schafft quasi auf dem übervollen Strommarkt Platz für rentable, klimaverträgliche Neuinvestitionen und induziert dadurch die erwünschte Investitions- und Innovationsdynamik. Daß ausreichender Klimaschutz und Atomausstieg auch finanzierbar sind, haben die Szenarien der Klima-Enquete-Kommission gezeigt.

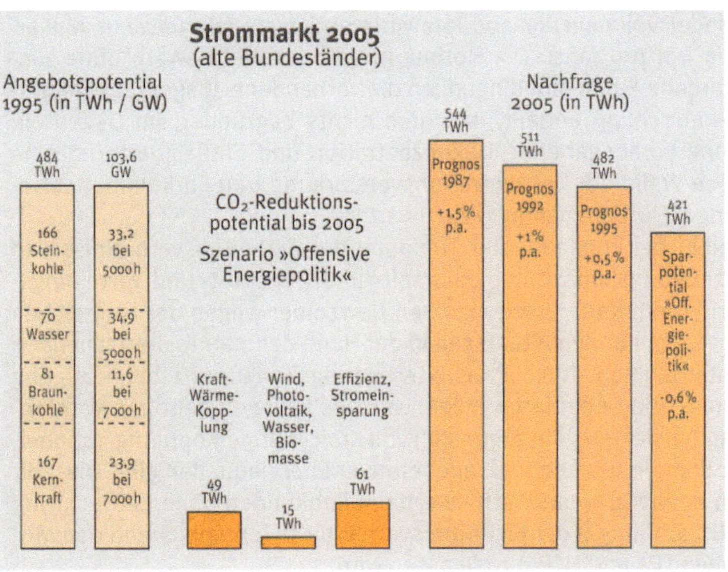

Abb. 51:
Kein Platz für klimaverträgliche Alternativen auf dem
übervollen Strommarkt.
(Quelle: Eigene Berech-
nungen)

Es ist schon sehr entlarvend,
wie peinlich genau die großen
deutschen Stromkonzerne gegenüber der internationalen,
insbesondere gegenüber der
französischen EDF-Konkurrenz
auf strikte Einhaltung der »Reziprozität« (gleichgewichtige
Wettbewerbsbedingungen)
achten, aber auf nationaler
Ebene die flagrante Verletzung
dieser Bedingung gegenüber
den Stadtwerken stillschweigend übergehen.

Wettbewerbskonzepte für die Strom- und Gaswirtschaft

Durch TPA (Third Party Access) und NTPA (Negotiated Third Party
Access) wird ein freier Zugang zu den Netzen als wesentliches
Wettbewerbselement eingeführt; in einem Pool-Modell konkurrieren alle Stromerzeuger an einer Art Strombörse in der Reihenfolge ihrer Kosten um die tägliche Nachfrage. Das von Frankreich
vorgeschlagene Single-Buyer-Modell basiert darauf, daß nur ein
Käufer in einem Gebiet über den Ankauf und die Durchleitung
von Strom entscheidet.

■ »Wettbewerbs«-Modelle, die nicht *vergleichbare Startchancen* für
Newcomer gegenüber bisherigen Stromanbietern anstreben, sind
prinzipiell konzentrations- und nicht wettbewerbsfördernd. Sie verschärfen die Verdrängungskonkurrenz. Allenfalls wird ein kurzfristiger Preissenkungseffekt erreicht, der aber langfristig durch verstärkte Angebotskonzentration wieder in Frage steht. Daher ist die
Beurteilung der Wirkung von Wettbewerbsmodellen entscheidend
davon abhängig, welche realen Angebotsstrukturen vorausgesetzt
oder geschaffen werden können.
Die neun Verbund-EVU in der Bundesrepublik besitzen zum Beispiel
rund 80 Prozent der Kraftwerkskapazität und sind vertikal integrierte
Monopole. Die in der UCPTE zusammengeschlossenen europäischen
Verbund-EVU verfügen über eine Kraftwerksleistung von fast 390
Gigawatt und profitieren bisher exklusiv vom transnationalen Strom-

Wichtig ist: Auch das »Un-bundling« (die buchhalteri-sche Trennung bis hin zur eigentumsmäßigen Entflech-tung) von Erzeugung und Transport/Verteilung schafft noch keine gleichen Start-bedingungen, denn die Ange-botskonzentration und das Oligopol bei der Stromerzeu-gung bleibt national wie inter-national erhalten.

Florentin Krause errechnet für eine Einspar- und Klima-schutzstrategie für das Jahr 2020 eine Netto-Stromkosten-reduktion (nach Abzug der In-vestitionskosten) von 20–50 Mrd. ECU für die fünf größten EU-Länder (Krause 1996). Kli-maschutzpolitik, so seine The-se, ist klug vorsorgende Indu-striepolitik und volkswirt-schaftlich vorteilhafter als ei-ne »Business-as usual«-Stra-tegie.

handelsvolumen von 200 Terawattstunden pro Jahr (etwa 20 Milliar-den DM pro Jahr). Die Hoffnung, daß der Wettbewerb ohne ziel-führende Rahmenbedingungen die vorhandene ausgeprägte Markt-beherrschung abbaut, ist durch nichts begründet; im Gegenteil: Ohne vorausgehende Dekonzentration und Entflechtung ist eine neue Welle der Konzentrationsverstärkung und Entkommunalisie-rung (»Flurbereinigung«) zu erwarten.

Selbst bei konsequenter Trennung der Eigentumsverhältnisse an Erzeugungskapazitäten einerseits und Transport- und Verteilungs-strukturen andererseits können Newcomer wegen der zahlreichen abgeschriebenen Altanlagen in der Hand der marktbeherrschenden Unternehmen durch Preisunterbietungskonkurrenz beim Zugang zum Markt behindert werden, wenn es keine eindeutigen Vorrang- und Aufsichtsregeln zugunsten von Kraft-Wärme-Kopplung, rationel-ler Energienutzung und regenerativer Energiequellen gibt. Dies gilt um so mehr, wenn Wettbewerb um Endkunden ohne Entflechtung (»Unbundling«) der Eigentumsverhältnisse (entsprechend den Mo-dellen TPA und NTPA) zugelassen wird.

■ Selbst die erhoffte durchschnittliche Preissenkung durch direkten Wettbewerb zwischen Stromanbietern hat einen *geringeren volks-wirtschaftlichen Nutzen als Stromsparprogramme*. Der verschärfte Preiswettbewerb wird nämlich in der Praxis bei den EVU LCP-Strom-sparaktivitäten verhindern, durch die die Rechnungen erheblich mehr sinken könnten. Wäre zum Beispiel der wegfallende »Strompfennig« in Hannover nicht in Preissenkungen, sondern in gleicher Höhe (50 Millionen DM pro Jahr) in Form von LCP-Stromsparprogrammen an die Kunden weitergegeben worden, hätten die Stromrechnungen statt um 50 Millionen DM um 85 Millionen DM pro Jahr gesenkt werden können. Dieser Effekt erklärt sich daraus, daß prinzipiell wirtschaftli-che Stromsparpotentiale von etwa 30 Prozent existieren. Daher kann – nach Abbau der Hemmnisse – der Stromabsatz und damit *die Strom-rechnung* mehr sinken, als das bei unveränderter Strommenge, aber wegen des Wettbewerbs sinkenden Strompreisen möglich wäre.

Die Internationale Energieagentur (IEA) geht davon aus, daß durch offensive DSM-Programme 4 bis 8 Prozent des Primärenergieauf-wands und für 10 bis 20 Milliarden ECU Importe fossiler Energieträger vermieden werden können (Financial Times 22.9.1995). Dies erscheint als konservative Schätzung: Werden die Ergebnisse der Fallstudie Hannover hochgerechnet, dann könnte die Stromrechnung – allein in der Bundesrepublik – durch konsequente LCP-Programme innerhalb der nächsten 12 Jahre um durchschnittlich 10 Milliarden DM pro Jahr gesenkt werden.

Hinzu kommt der volkswirtschaftliche Nutzen stärker sinkender Stromrechnungen: Niedrigere Stromrechnungen bedeuten mehr Kaufkraft, mehr Wettbewerbsfähigkeit und einen Beschäftigungszuwachs; dies sind wirtschaftliche Vorteile – vom Nutzen verstärkter Energiesparmaßnahmen für die Umwelt bei der Vermeidung von Schäden und Risiken ganz zu schweigen.

■ Alle Deregulierungsmodelle, die *nur die Intensivierung des direkten Wettbewerbs* zwischen Stromanbietern zum Ziel haben, sind wirtschaftstheoretisch und wettbewerbspolitisch nicht zu Ende gedacht. Bei der Bereitstellung von Endenergie (Strom) handelt es sich nämlich nur um die erste Stufe des vom Verbraucher erwarteten »Energienutzens«, da die Endenergie erst in einer zweiten Stufe durch eine mehr oder weniger effiziente Wandlertechnik (zum Beispiel Lampen, Elektrogeräte, elektrische Antriebe) in die eigentlich benötigte Energiedienstleistung (zum Beispiel Beleuchtung, Kühlung, Kraftanwendung) umgewandelt wird. Eine gesamtwirtschaftlich effiziente Allokation von Kapital ist erst erreicht, wenn die Gesamtkosten von Energiezuführung und Einsparung als Paket am geringsten sind; deshalb spricht man auch von Minimalkostenplanung.

Natürlich sind Effizienzsteigerung und Kostensenkung bei der Bereitstellung von Endenergie sinnvoll und notwendig, aber nicht um den Preis, daß die Effizienzsteigerung auf der Nutzungsseite dadurch behindert wird. Denn in ökologischer und ökonomischer Hinsicht noch wichtiger ist, daß – bei unveränderten Energiedienstleistungen – möglichst viel nicht erneuerbare Energie eingespart und durch effizientere Umwandlungstechnik, energiebewußteres Verhalten und qualitativ hochwertige Arbeitsleistung ersetzt wird. Die Intensivierung dieses sogenannten *Substitutionswettbewerbs zwischen Endenergie (Strom) und Kapital (effizienterer Wandlertechnik)* ist deshalb zielführender, weil

- nur so das Energiedienstleistungskonzept und der Wandel vom EVU zum EDU konsequent in die Praxis umgesetzt werden kann (Stichworte: Einführung der Produktverantwortung auch für Energieanbieter; Stromveredelung und Kundenorientierung statt nur Verkauf von unveredeltem Strom; Qualitätswettbewerb statt nur Preiswettbewerb mit billiger, »schmutziger« Energie),
- die Vielzahl von Effizienzanbietern und Millionen von Effizienzanwendern nicht die gleichen Startbedingungen wie die marktstarken Stromanbieter haben und deshalb die Herstellung eines funktionsfähigen Substitutionswettbewerbs bislang an den Hemmnissen scheiterte und weil
- größere volkswirtschaftliche Vorteile durch effizientere Nutzung als allein durch kostengünstigere Herstellung realisiert werden können (siehe oben: größerer Wettbewerbsvorteil durch sinkende Energierechnungen; positive Nettobeschäftigungseffekte von Energiespartechniken).

Ohne Einigung über die Ziele ist die Festlegung von Mitteln sinnlos!

Ein prinzipieller Mangel der derzeitigen ordnungspolitischen Diskussion ist, daß man fast nur *über die Mittel* (»Deregulierung vs. Regulierung«) und kaum über die angemessenen Wege zu gesellschaftlich akzeptierten energie- und umweltpolitischen *Leitzielen* spricht.

In energiepolitischen Reformdiskussionen sollte aber zunächst ein Konsens über einen explizit formulierten *energiepolitischen Zielkatalog* erreicht werden. Im folgenden wird der Unternehmenspolitik von »Energiedienstleistungsunternehmen (EDU) der Zukunft« und der staatlichen Energiepolitik als normatives Leitziel vorgegeben, *die Bereitstellung von Energiedienstleistungen* möglichst klimaverträglich, gefährdungsfrei, sozialverträglich, preisgünstig sowie unter Schonung der natürlichen Umwelt und der Ressourcen zu sichern.

Klimaschutz ist nur eine notwendige, aber noch nicht hinreichende Bedingung für eine »zukunftsfähige Entwicklung« (»sustainable development«). Zukunftsfähigkeit verlangt, vereinfacht formuliert, daß der Material-, Flächen- und Energieverbrauch pro Kopf in der Bundesrepublik im nächsten Jahrhundert auf ein Niveau gesenkt wird, das weltweit verallgemeinerungsfähig ist – und all dies möglichst ohne eine Senkung des Lebensstandards, sondern im Rahmen gesellschaftlich akzeptierter »neuer Wohlstandsmodelle« (E. U. von Weizsäcker).

Dieses anspruchsvolle Ziel wird in der ordnungspolitischen Debatte noch völlig ausgeklammert; vor allem bleibt undiskutiert, ob und wie Wettbewerb als Mittel in der leitungsgebundenen Energiewirtschaft zum Ziel »Zukunftsfähigkeit« hinführt.

Marktwirtschaftliche Allokation durch Konkurrenz und private Kapitalverwertung haben zweifellos historisch eine erstaunliche wirtschaftliche Dynamik sowie – *bei wachsenden Wirtschaften und Märkten* – eine gewisse Effizienz erzwungen. Aber durch das unregulierte »Entdeckungsverfahren des Marktes« können weder globale Qualitäts- und Mengenziele gesetzt noch Verteilungsfragen zwischen reich und arm, zwischen Ländern und zwischen Generationen in Selbstregulierung gelöst werden. Unsere Kernthese ist: Sich selbst überlassene Märkte können prinzipiell nicht gesellschaftlich akzeptabel und wirtschaftsverträglich die Nutzung fossiler Energieträger so weit reduzieren, wie es der Klimaschutz erfordert, und ein zukünftiges Energiesystem realisieren.

Professor Biedenkopf (CDU), der Ministerpräsident von Sachsen, schreibt: »Alles zusammengenommen bedarf es der staatlichen Planung. Deshalb ist die Konfliktargumentation: hier Plan – dort Markt

Die grundsätzlich neue wirtschaftspolitische Herausforderung durch die Klimaschutzpolitik besteht darin, daß innerhalb eines immanent expansiven Weltwirtschaftssystems in ökonomisch bedeutenden Marktsegmenten eine absolute und drastische Mengenbegrenzung erreicht werden muß – die Reduktion der verwendeten Mengen aller fossilen Energieträger um durchschnittlich etwa 50 Prozent bis zum Jahr 2050 im Vergleich zu 1987.

Notwendig ist, den *»Wettbewerb und Märkte zu planen«*, das heißt, ökologische und ökonomische Leitplanken (Schmidt-Bleek) durch staatliche Rahmensetzung so festzulegen, daß die Marktdynamik eine ökologisch verträgliche und zukunftsfähige Richtung erhält.

eine unsinnige. Der Markt ist eine geplante Veranstaltung. Wenn er nicht geplant wird, ist er kein Markt, sondern ein Selbstorganisationsprozeß der Gesellschaft, der völlig außerstande ist, die hier beschriebene Aufgabe (die ökologische Dimensionierung der Wirtschaftsordnung, A.d.V.) zu leisten« (Biedenkopf 1990, S. 23).

Das Resümee nachdenklicher und umweltbewußter Marktbefürworter ist daher – im Gegensatz zum vorherrschenden Triumphgefühl über »den Sieg« der Marktwirtschaft über die Planwirtschaft – eher verhalten: Mag sein, daß »Markt« und »Privateigentum« ökonomisch und ökologisch effizientere Institutionen darstellen als »Plan« und »Staatseigentum« sowjetischer Prägung, aber die umweltpolitische Nagelprobe haben beide nicht bestanden. Gerade der Typus privatkapitalistischer Marktwirtschaft amerikanischer und europäischer Prägung wäre wegen seiner extensiven Naturzerstörung und wegen des höchsten Ressourcenverbrauchs pro Kopf weltweit nur um den Preis einer Umwelt- und Klimakatastrophe verallgemeinerbar. Eine langfristig tragfähige Wirtschaftsweise muß in Zukunft das Gegenteil der Maßlosigkeit entfesselter Kapitalexpansion sein: Nachhaltigkeit hinsichtlich Ressourcen- und Naturnutzung (»sustainability«), Befriedigung von Grundbedürfnissen der Weltbevölkerung, Abbau der internationalen Ungleichverteilung, Kreislaufwirtschaft, Entschleunigung und Begrenzung lauten einige Stichworte. Daß private Kapitalverwertung, Markt und Konkurrenz diesen revolutionären Bruch mit der bisherigen Entwicklungslogik unter nur leicht veränderten staatlichen »Rahmenbedingungen« oder gar im Selbstlauf hervorbringen könnten, erscheint unmöglich.

Die begrenzte Zeit, die dem Klimaschutz noch bleibt, und der lange »Bremsweg«, den eine Klimaschutzpolitik aufweist, erfordert rasches Handeln: Das entscheidende Jahrzehnt zum Umsteuern hat bereits begonnen und muß bis 2005 zu einer neuen Investitionsdynamik geführt haben. Grundlegend hierfür ist, ob das *Primat langfristig vorausschauender und gestaltender Politik* über die Ökonomie noch aktiv wahrgenommen werden kann und wird oder ob Politik sich in der Exekution der Sachzwänge einer durch Weltmarktkonkurrenz und kurzfristige Gewinnmaximierung angetriebenen Ökonomie erschöpft.

Die Schizophrenie der politischen Systeme in den kapitalistischen Gesellschaftsordnungen liegt darin, daß ausgerechnet zu einem Zeitpunkt für mehr Markt und weniger Politik plädiert wird, wo deutlich geworden ist, daß keine der globalen gesellschaftlichen und umweltpolitischen Herausforderungen mit weniger, sondern *nur mit mehr Politik* gemeistert werden kann. Dies betrifft den Kampf gegen die Arbeitslosigkeit und gegen die immer stärkere Polarisierung der Einkommens-, Vermögens- und Lebensverhältnisse wie auch die Eindämmung globaler Umweltrisiken wie zum Beispiel Klimaverände-

Produzieren ohne Ausbeutung von Natur und Mensch verlangt, daß aus der Vision einer »zukunftsfähigen Entwicklung« neue, konkrete »Wohlstandsmodelle« (Ernst U. von Weizsäcker) und umsetzbare gesellschaftliche Leitziele entwickelt werden. Die heutigen Gesellschaftsformationen sind nicht der Endpunkt der Geschichte. Notwendig ist eine »ökologische Revolution«, das derzeitige »Sich-Durchwursteln wird nicht funktionieren« (Lester Brown, World Watch Institute, 1992).

Es gibt eine Vielzahl von Gründen, warum viele sich zur »Zukunftsfähigkeit« und zum Klimaschutz bekennen, aber mit der Realisierung dieser Ziele noch nicht wirklich ernst gemacht wird. Ein entscheidender Grund für die fatale Abwartehaltung der Politik ist, daß das erforderliche Ausmaß des Wandels zu einer zukunftsfähigen Wirtschaft und die Tiefe der hierfür notwendigen Eingriffe in gewachsene wirtschaftliche und gesellschaftliche Strukturen und Interessen mit dem marktgläubigen Gesellschaftsbild der herrschenden Politik konfligiert.

Investoren brauchen eine über staatliche Rahmenvorgaben herstellbare Planungssicherheit, sonst wird es weder die umfassende Markteinführung von Effizienztechnologien noch die von Techniken zur Nutzung regenerativer Energiequellen wie zum Beispiel der Photovoltaik geben.

rungen, Ozonabbau, Boden- und Wasserdegradation, Verlust der biologischen Vielfalt und Übernutzung von Ressourcen und Senken.

Vor allem werden die Chancen dieses Wandels unterschätzt und nur Kosten- und Wettbewerbsängste beschworen, statt daß nüchtern die gesellschaftlichen Kosten gegen den Nutzen abgewogen werden. Die überfällige *vorsorgende Industrie-, Umwelt- und Klimaschutzpolitik* bleibt dabei auf der Strecke.

Nachträglich unvermeidliche Anpassungen werden aber über kurz oder lang erzwungen und können dann zweifellos teuer werden. Mehr Politik und Wahrnehmung des Primats der Politik gegenüber dem Markt und der Wirtschaft bedeutet jedoch, richtig praktiziert, nicht noch mehr Zwänge (vom Weltmarkt und von unnötig aufgeblähten nationalen wie europäischen Bürokratien gehen schon genug Zwänge aus!), sondern es heißt, *individuelle und gesellschaftliche Gestaltungsfähigkeit und Handlungsspielräume zurückzugewinnen* sowie dadurch die Selbststeuerungskräfte zu stärken. Stichworte und konkrete Anregungen für einen gesellschaftspolitischen Suchprozeß in diese Richtung enthalten die Leitbilder in der Studie »Zukunftsfähiges Deutschland« des Wuppertal Instituts.

Notwendig ist vor allem eine Umkehr der Anreizstrukturen. Umwelt- und Klimaschutz, der sich für Anbieter und Verbraucher nicht – im wohlverstandenen Sinne – lohnt, hat keine Aussicht auf langfristigen Erfolg. Umkehr der Anreizstruktur bedeutet: Nicht wachsender, sondern sinkender Energie-, Material-, Flächen- und Umweltverbrauch muß sich für Anbieter und Verbraucher »rechnen«.

Diese »Ökonomie des Vermeidens« verlangt, in den einzelnen Wirtschaftssektoren und für die einzelnen Zielgruppen nach den Instrumenten zu suchen, die in den Schlüsselsektoren Energie, Verkehr, Chemie, Wasser und Abfall Anreize für die Vermeidung von Ressourcen- und Umweltverbrauch setzen.

Das Studienpaket der Enquete-Kommission hat zweifelsfrei gezeigt, daß die anspruchsvollen CO_2-Minderungsziele für die Bundesrepublik (30 Prozent bis 2005, 80 Prozent bis 2050) nur durch ein umfassendes und differenziertes Instrumentenbündel (*»Policy-Mix«*), das heißt durch eine Kombination aus globalen und zielgruppen- oder sektorspezifischen Maßnahmen erreichbar sind. Politische Führungskraft und Richtungsentscheidungen sind daher zwingende Voraussetzung dafür, daß klimaverträgliche Zukunftsmärkte noch rechtzeitig und im erforderlichen Umfang erschlossen werden. Das simultane Zurückdrängen von Risikomärkten (für fossile oder für die in der Bevölkerung abgelehnten nuklearen Energieträger) und die strategische Herausbildung von »sanften« Märkten (zum Beispiel für energieeffiziente Querschnittstechnologien wie Antriebssysteme, Lüftung/Klimatisierung, Druckluft und Beleuchtung, für regenerative Energiequellen und für Kraft-Wärme-Kopplung) verlangen eindeutige staatliche Vorgaben.

Die Leitideen für ein neues, kombiniertes Selbststeuerungs- und Regulierungskonzept lauten also: »Ökonomie des Vermeidens«, »Effizienzrevolution« und »Neue Wohlstandsmodelle«.

Die »externen Kosten«:
In der Praxis leugnen und in der Theorie
zur Verharmlosung mißbrauchen?

Besonders ärgerlich in der ordnungspolitischen Debatte und bei der energiepolitischen Deregulierungsdiskussion ist der Umgang mit den sogenannten »externen Kosten«. Dies sind Kosten, die – mit großem Unterstatement formuliert – bei »Dritten« anfallen, aber in der individuellen Kostenrechnung des verursachenden Wirtschaftssubjekts nicht berücksichtigt werden. Als »Dritte« waren ursprünglich einmal andere vereinzelte Wirtschaftsakteure oder – im schlimmsten Fall – die Volkswirtschaft gedacht. Daß dies im Zeitalter globalisierter ökologischer Krisen inzwischen die gesamte Mit- und Umwelt und alle folgenden Generationen sind, deutet darauf hin, daß sowohl der Begriff »extern« als auch die Monetarisierung von Zukunftsschäden in Form von »Kosten« heute einer gründlichen Überprüfung bedürfen. Aktuell genauso wichtig ist aber, zumindest in Ansätzen einen Teil der »externen« Kosten in die Preise einzukalkulieren. Zumindest die politische Deregulierungsdebatte (weniger die akademische) geht an beiden Fragestellungen mit einer frappanten Ignoranz vorbei.

Einbeziehung externer Kosten in alle ökonomischen Kalküle

Die inflationsbereinigten Energiepreise liegen heute kaum höher als 1970, also drei Jahre vor der ersten großen Ölpreiskrise. Im Vergleich zu den Einkommen, die seitdem kräftig gestiegen sind, ist die Energie somit extrem billig geworden. Der Anteil des Einkommens, den wir heute für unseren Energieverbrauch aufwenden müssen, ist kleiner als je zuvor.
Wir lassen also schlechtbezahlte »Energiesklaven« für uns arbeiten. (Der Begriff Energiesklave wurde einmal geprägt, um darzustellen, wieviel menschliche Arbeitskraft jeder von uns bräuchte, um seinen Energiebedarf zu decken.) Wie billig ein Energiesklave ist, zeigt uns

folgendes Beispiel: Eine gesunde, erwachsene Person kann etwa eine Arbeitsleistung von 80 Watt erbringen. An einem Arbeitstag (8 Stunden) leistet diese Person somit 8 mal 80 Wattstunden oder 0,64 Kilowattstunden (kWh). Für diese Leistung entlohnen wir den Energiesklaven mit etwa 15 Pf. Der Energiesklave kostet uns also rund 4,50 DM im Monat.

Energie ist für jeden einzelnen also extrem billig. Uns alle zusammen kann der Energieverbrauch jedoch sehr teuer zu stehen kommen. Zu diesem Ergebnis kommt eine Prognos-Studie, die im Auftrag des Wirtschaftsministeriums erstellt wurde. Die Wissenschaftler legen dar, daß die derzeitigen Preisstrukturen unseren Wohlstand verringern oder gar vernichten. Entscheidend dafür sind zwei Faktoren:

1. Die *Umweltschäden,* die derzeit durch den Energieverbrauch verursacht werden (z.B. Waldsterben, Gesundheitsschäden bei Menschen, Ölpest, Atomunfälle und Treibhauseffekt), sind derzeit *nicht Bestandteil des Preissystems.* Die Kosten wurden bei der Produktion oder beim Konsum verursacht, müssen jedoch nicht von demjenigen getragen werden, der sie verursacht. Die Schäden haben vielmehr einzelne Gruppen bzw. die Allgemeinheit zu tragen (z.B. durch Ernteausfälle, durch höhere Krankenversicherungsbeiträge oder durch höhere Steuern).

2. Die Preise von Energieträgern spiegeln nicht wider, daß die Rohstoffe *langfristig knapp* sind. Die fossilen Energieträger Gas und Öl werden heute gefördert und auf den Markt geworfen, als ob sie für alle Zeiten in unbegrenzten Mengen zur Verfügung stünden. Dabei ist die Reichweite der mit heutigen Mitteln verfügbaren sowie kostengünstig erschließbaren Reserven eher gering; sie beträgt nur 40 bis 70 Jahre.

Wie kurzsichtig ein solches Verhalten ist, wird deutlich, wenn man die Entwicklung des Energieverbrauches betrachtet: Die während Millionen von Jahren gebildeten Kohlenstoffvorräte werden in einem kurzen Zeitabschnitt der menschlichen Kultur nahezu restlos aufgebraucht. (Abb. 52)

Beide Punkte zusammen treffen die Marktwirtschaft in ihrem Kern: Wenn eine Pipeline in Rußland bricht, das Grundwasser einer Region durch einen Ölunfall verseucht wird, Wälder durch die Verbrennung von Öl, Kohle oder Gas und den damit verbundenen Emissionen sterben – in keinem Fall lastet unser heutiges Preissystem die Schäden dem Energieverbraucher an. Energieträger werden also billiger angeboten, als es bei einer echten Kostenrechnung der Fall sein dürfte. Infolgedessen wird mehr Energie verbraucht als nötig, denn es wird weniger in stromsparende Geräte sowie in regenerative Energiequellen investiert, als dies bei einer echten Kostenzurechnung der Fall wäre.

Im Durchschnitt hält sich jeder Bundesbürger für seinen direkten und indirekten Stromverbrauch von rund 6000 kWh pro Jahr (also auch für den Strom, der für die Herstellung von Konsumgütern gebraucht wird) ungefähr 30 Energiesklaven, die täglich für ihn arbeiten. Ein weiteres Sklavenheer wird über den Verbrauch anderer Energieträger beschäftigt, z.B. für Raumheizung und Verkehr.

Sowohl die Energieförderer und -verkäufer als auch die Energiekonsumenten von heute leben auf Kosten künftiger Generationen.

Aufgrund falscher Preissignale werden Konsumenten und Produzenten bei ihren Entscheidungen *fehlgelenkt.* Die externen Kosten – also jene Kosten, die nicht in die betriebswirtschaftliche Kostenrechnung eingehen, aber dennoch die Haushaltskasse der Gesellschaft belasten – sind in den heutigen Preisen nicht berücksichtigt.

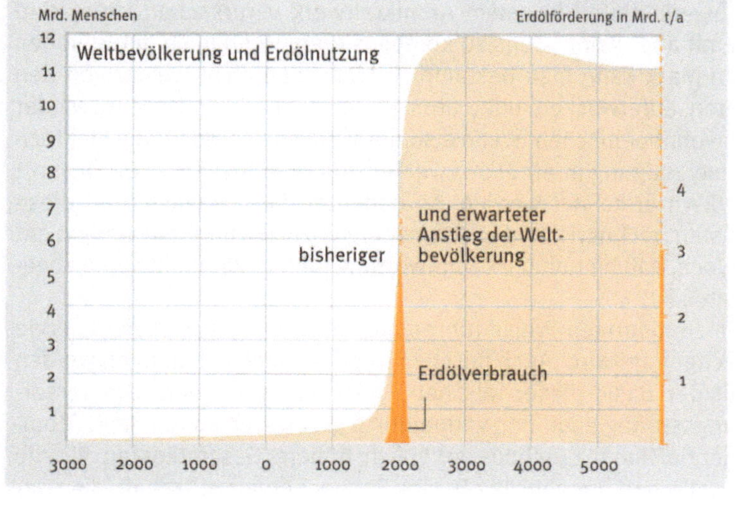

Abb. 52:
Die kurze erdgeschichtliche
Episode der Erdölnutzung.

Die Entwicklungen der vergangenen Jahre und neuere Forschungen haben deutlich gemacht, daß die nicht in den Marktpreisen enthaltenen Kosten menschlichen Wirtschaftens in einer Größenordnung liegen, »die den bisher berücksichtigten Kosten gleichkommt und sie im Extremfall deutlich übersteigen kann« (Hohmeyer 1991, S. 105).

Bereits 1991 ermittelte Olav Hohmeyer, ein Wissenschaftler des Fraunhofer-Instituts für Systemanalyse und Innovationsforschung, für *konventionelle Kohlekraftwerke* enorme Kosten, die nicht durch den Strompreis abgedeckt sind. Dabei ging er davon aus, daß die Kohlekraftwerke nach den heutigen Emissionsstandards mit Rauchgasreinigungsanlagen ausgestattet sind. Jede erzeugte Kilowattstunde verursacht demnach soziale Kosten, die nicht über die Strompreise abgedeckt sind, in Höhe von 3,1 bis 13,0 Pf/kWh. Mit anderen Worten: Die Stromerzeugung mit fossilen Energieträgern verursacht in Deutschland jährlich Schäden in Höhe von 9 bis 37 Milliarden Mark, die von der Allgemeinheit getragen werden. Doch welchen Sinn hat es volkswirtschaftlich betrachtet, die Energie billig zu verkaufen, wenn wir sie anschließend teuer bezahlen müssen?

Atomkraftwerke produzieren den Strom sogar noch teurer, wenn man die gesellschaftlichen Kosten und Risiken in die Betrachtung einbezieht. Dies ist vor allem auf das Störfallrisiko und die immensen Kosten eines atomaren Unfalls zurückzuführen. Bisher werden nur Schäden bis zu einer Höhe von 500 Millionen Mark über die Versicherungen und Rückversicherungen der Atomkraftwerksbetreiber abgedeckt – viel zu wenig, wie Ewers und Gelling ermittelt haben. Die beiden Wissenschaftler haben mögliche Schäden von 4 000 Milliarden Mark errechnet. Ganz nebenbei bemerkt: Eine solche Versicherungssumme kann man zwar weltweit abdecken, die Schäden, die ein

Der Effizienzanspruch der Marktwirtschaft wird durch die inhärente Tendenz zur Maximierung und Globalisierung der sogenannten externen Kosten grundsätzlich in Frage gestellt. Das industrielle Wachstum, wie es die Industrieländer in den vergangenen 200 Jahren geprägt haben und welches zur Übernutzung ökologischer Ressourcen geführt hat, ist nach Auffassung der Gutachter »kein Modell mehr für die zukünftige Weltwirtschaftsordnung« (Prognos 1992).

Vergleichen wir die heutigen Stromerzeugungs- und Stromverteilungskosten (im Durchschnitt liegen sie für alle Kunden bei etwa 18 Pf/kWh) mit den externen Kosten, so zeigt sich: Die externen Kosten liegen in der gleichen Größenordnung oder gar ein Vielfaches über jenen Kosten, die in den Preisen verrechnet werden.

In Dänemark trat 1995 bereits die zweite Stufe einer ökologischen Steuerreform in Kraft: Während in den ersten Jahren nur die Haushalte und Kleinverbraucher mit einer CO_2-Steuer belastet wurden, wird nun auch die Industrie in die Pflicht genommen. Das Aufkommen aus der CO_2-Steuer bekommt die Industrie zurückerstattet. Zum einen werden die Arbeitgeberabgaben zur Sozialversicherung gesenkt, zum anderen werden aus diesen Mitteln Investitionen in Energiesparmaßnahmen finanziert.

schwerer Unfall in einem Atomkraftwerk verursachen kann, sind damit aber keineswegs zu kompensieren. Denn auch mit Billionen von Mark kann man bekanntlich Menschen nicht wieder von den Toten auferwecken oder atomar verseuchte Landstriche wieder bewohnbar machen. Wenn also die sozialen Kosten für die Elektrizitätserzeugung in *Atomkraftwerken* von Hohmeyer mit 10,1 bis 70,1 Pf/kWh errechnet werden, so bedeutet dies lediglich, daß diese Kosten rechnerisch der Atomenergie zuzuschreiben sind, nicht jedoch, daß hiermit die Verantwortung für die Atomkraftwerke abgegolten ist.

Die zu niedrigen Preise führen nicht nur dazu, daß zuviel Energie nachgefragt wird. Auch falsche Investitionsentscheidungen werden auf der Basis dieser falschen Preise vorgenommen. Die Versorgungsstrategie mit den vermeintlich geringsten Kosten (z.B. Atomenergie) kann durchaus erheblich höhere Gesamtkosten für die Gesellschaft bringen als z.B. eine Sonnenenergiewirtschaft, die zwar heute deutlich höhere interne Kosten aufweist, sich aber durch besonders niedrige externe Kosten auszeichnet. Wird unser bisheriges Preissystem beibehalten, bedeutet das nichts anderes als die Fortsetzung einer gigantischen Mißwirtschaft (Prognos 1992).

In der Schweiz hat man die Zeichen der Zeit erkannt: Der Staat ließ die gesellschaftlich ungedeckten Kosten einmal errechnen. Hiermit wurden vom Bundesamt für Energiewirtschaft und zwei weiteren Bundesämtern zwei Institute[3] beauftragt. Das Ergebnis: Verbrennt man einen Liter Öl in einem herkömmlichen Kessel, so entstehen hierdurch zwischen 0,25 und 3,90 Schweizer Franken externe Kosten, die durch entsprechende Energiepreiszuschläge abzudecken wären. Ein Kubikmeter Erdgas, der dem Energiegehalt eines Liters Öl oder 10 kWh entspricht, ist pro Kubikmeter um 0,15 bis 2,70 Schweizer Franken zu billig. Ein kWh Strom aus einem Gas-Dampfturbinen-Kraftwerk müßte rund 3,7 bis 68 Rappen teurer sein.

Kaum war die Studie fertiggestellt, ging das Schweizer Amt für Bundesbauten mit einem ersten Schritt gegen die bisherige systematische Fehllenkung von Investitionen vor: Vor allen Investitionsentscheidungen ermittelt ein kleines Rechenprogramm die sogenannten kalkulatorischen Energiepreiszuschläge (KEPZ). Diese sollen dann als Aufschlag auf die Energiepreise in die Beurteilung der verschiedenen Versorgungsalternativen eingehen. Die Kosten einer Warmwasserbereitung mit Solarenergie werden dementsprechend nicht mehr mit den reinen Öl-Marktpreisen, sondern mit einem Ölpreis verglichen, der die externen Kosten der Energieversorgung mit Öl widerspiegelt. Investitionen im Energiebereich können damit systematisch nicht nur auf ihre betriebswirtschaftliche, sondern auch auf ihre volkswirtschaftliche Effizienz geprüft werden (Infoenergie Nr. 9, Dez. 1994).

Die Klimakatastrophe als »externer« Effekt eines »intern« intakten Wirtschaftssystems?

Die heute – zum Beispiel durch die erwähnte Prognos-Studie – intensiver geführte Debatte über die Notwendigkeit der Internalisierung sogenannter »externer Kosten« bedeutet einen wichtigen Fortschritt. Wenigstens wurde dadurch mit dem Dogma gebrochen, daß das Vertrauen auf die Selbstregulierungsfähigkeit der Energiemärkte und unkorrigierte Marktpreise schon die beste Form der Energiepolitik darstellen. Es muß jetzt aber darauf geachtet werden, daß erstens diese Internalisierung auch schnellstens und pragmatisch, zum Beispiel durch eine ökologische Steuerreform, erfolgt. Zweitens darf damit nicht die Verharmlosung einhergehen, daß *allein* über die korrigierten Preise nun »intern« wieder ein natur- und klimaverträglicher Produktions- und Konsumstil hergestellt sei.

Denn im sprachlichen Umkehrschluß zu den »externen« Kosten wird häufig suggeriert, daß marktwirtschaftliche Systeme »intern« niemals fehlgesteuert sein können, und Umweltkrisen und Klimakatastrophe einfach durch »neue staatliche Rahmenbedingungen«, das heißt durch die Internalisierung der sogenannten »externen« Kosten, verhinderbar seien. Die Terminologie und Methodik wird damit bewußt oder unbewußt zum gesellschaftlichen Placebo.

Erkannte man in den siebziger Jahren wenigstens die »Grenzen des Wachstums«, spricht man heute offiziell – mit kaum zu überbietendem Understatement – nur noch von »Global Change«. Während diese Terminologie immerhin noch einen *bedrohlichen Wandel* anzudeuten scheint und den Blick auf die Ursachen nicht von vornherein verschließt, ist der Begriff der »externen« Effekte im Zusammenhang mit Klimaänderungen grob irreführend. Er suggeriert, daß der in Krisen und Katastrophen sich vollziehende und – ohne rigorose Gegenmaßnahmen – in der Selbstvernichtung der Menschheit kulminierende »globale Wandel« eine äußerliche Randerscheinung des Wirtschafts- und Gesellschaftssystems darstellt, die mit seiner inneren Funktionslogik in keinem ursächlichen Zusammenhang steht. Wenn es sich aber bei den sich abzeichnenden Klimaveränderungen bei unveränderten Trends tatsächlich um eine menschgemachte *Klimakatastrophe* handeln sollte, welchen Sinn hat es dann, eine Weltkatastrophe weiterhin als »externen« Effekt eines »intern« intakten Wirtschaftssystems zu definieren, wenn das Wirtschaftssystem durch die Katastrophe selbst in Frage gestellt wird?

Wenn nun gar die Internalisierung der in Geld bewerteten Katastrophe als »externe« Kosten zur Debatte steht, werden die Fragen noch grundlegender und die Antworten noch kontroverser: Kann durch »verbesserte staatliche Rahmenbedingungen« (zum Beispiel Steuern, Abgaben, Zertifikate) die kapitalistische Marktwirtschaft umwelt- und klimaverträglich gestaltet werden oder ist das auf Konkurrenz

Wie lange können wir es uns noch leisten, einer ökonomischen Doktrin zu folgen, die in ihrer Naturvergessenheit die Erschöpfbarkeit natürlicher Ressourcen, die begrenzte Tauglichkeit von Luft, Wasser und Boden als Müllkippe und die Probleme der nationalen, internationalen und intergenerationalen Verteilungsgerechtigkeit stets als zweitrangig, wenn nicht überhaupt als irrelevant betrachtet hat?

Unsere These ist, daß die westlichen, privatkapitalistischen Wirtschafts- und Gesellschaftsordnungen vor einer grundlegenden Weichenstellung stehen, wenn die Zukunftsfähigkeit der menschlichen Zivilisation bewahrt werden soll. Die reale Gefahr einer weltweiten dramatischen Klimaverschiebung ist in der Tat ein Menetekel einer tiefergreifenden Krise.

Es ist notwendig, die sich abzeichnenden massiven Klimaveränderungen in diesen umfassenderen sozioökonomischen und politischen Dimensionen wahrzunehmen, wenn die heute noch mögliche weitgehende *Vermeidung und Eindämmung* als politische Strategie absoluten Vorrang erhalten soll. Eine Selbsttäuschung über das mögliche Ausmaß der Katastrophe würde dagegen rasches Handeln sowie die notwendige Eingriffstiefe von Gegenmaßnahmen behindern, und dies würde implizit auf eine Strategie mit Vorrang für *Anpassung* hinauslaufen.

und grenzenlose Expansion aufbauende System der privaten Kapitalverwertung an einer »Naturschranke« angelangt? Sind die drohenden Klimaveränderungen nicht untrügliches Anzeichen dafür, daß der Industrialisierungstyp sowie der Produktions- und Konsumstil des reichen Nordens nur um den Preis der Katastrophe weltweit verallgemeinerbar wäre?

Der Produktions- und Lebensstil des reichen Nordens beruhte schon immer auf der Ausbeutung der natürlichen Lebensgrundlagen, der Menschen in der Südhemisphäre und zukünftiger Generationen. Aber durch die Globalität der Krise schlägt die systembedingte Maßlosigkeit in Zukunft auch auf die Verursacher zurück. Der reiche Norden leistet sich einen Stoff- und Energieumsatz, der das Ökosystem Erde zum Kollaps brächte, wenn der arme Süden seine unabdingbare Entwicklung mit gleichem Ziel und ähnlich ausbeuterischen Mitteln betreiben würde. Eine sozial- und umweltverträgliche Neuordnung der Wirtschafts- und Gesellschaftsordnung ist daher erforderlich. Dem Energiesektor kommt hierbei national wie international eine Schlüsselrolle zu.

Zwar ist zu begrüßen, daß das offizielle Bonn die Empfehlungen der Enquete-Kommission »Schutz der Erdatmosphäre« früh aufgegriffen hat und daß die Bundesregierung bisher an ihren verkündeten CO_2-Reduktionszielen festgehalten hat. Aber was nützt die wiederholte Ankündigung, wenn es an Taten mangelt? Wieviel Glaubwürdigkeit hat eine Klimaschutzpolitik, deren »Erfolg« bei der CO_2-Reduktion im wesentlichen auf den Zusammenbruch der Industrie und der Braunkohlewirtschaft in den neuen Bundesländern zurückzuführen ist?

Wie ernst sind Politiker zu nehmen, die die neue Dimension des Problems bisher nur ansatzweise erkannt haben? Symptomatisch hierfür ist ein programmatischer Beschluß der Wirtschaftsministerkonferenz vom 15.8.1989, in dem es heißt:

»Daß der Markt von sich aus die erforderlichen Verbrauchsreduzierungen zur Lösung des Treibhausproblems nicht bewirken kann, liegt daran, daß die mit der Nutzung fossiler Energieträger bewirkte Klimagefährdung als sogenannter externer Effekt nicht internalisiert wird, das heißt nicht in die Preise und Kostenrechnung einfließt. In einer solchen Situation erfordert das marktwirtschaftliche System, die Marktprozesse administrativ zu korrigieren, daß sich die Knappheitsverhältnisse (hier Klimaverträglichkeit) in den Marktpreisen widerspiegeln«.

Hier finden wir die geradezu klassische Verharmlosung der Klimakatastrophe als sogenannter »externer« Effekt, der nur deshalb entsteht, weil die Preise nicht die richtigen »Knappheitsverhältnisse« widerspiegeln. Zwangsläufig folgt aus dieser Diagnose die Therapie, daß *allein durch eine Preissteuerung,* eben durch Deregulierung und durch moderate Änderung der »staatlichen Rahmenbedingungen« (wie zum Beispiel die Internalisierung der sogenannten »externen«

Kosten in Form von Steuern, Abgaben oder Zertifikaten) die Klimaverträglichkeit einer ansonsten unveränderten Energie- und Industriepolitik herstellbar sei.

Es steht dann nicht mehr zur Diskussion, wie tief die Eingriffe sein müssen, die der Klimaschutz verlangt, sondern jede umwelt- und energiepolitische Intervention in die private Kapitalverwertung, den individuellen Konsum und den Markt wird zum Problem. Nicht die Verursacher müssen sich legitimieren, sondern der, der die Verursacher zu verändertem Verhalten zu veranlassen versucht. Dies erklärt auch, warum heute die groteske Situation entstanden ist, daß Teile der Industrie ein marktwirtschaftliches Instrument wie eine Energiesteuer (selbst mit Ausnahmen für die energieintensive Industrie) rundum ablehnen.

Tatsache aber ist: Zweifellos ist eine Energiesteuer als Einstieg in eine ökologische Steuerreform dringend notwendig. Einige Staaten, allen voran Dänemark, haben auch schon im Alleingang erste beispielhafte Schritte zur Umsetzung unternommen. Aber eine Energiesteuer reicht zur Lösung der globalen Umwelt- und Klimaprobleme bei weitem nicht aus. Im Gegenteil: Wenn sie so zerredet wird wie in der Bundesrepublik, provoziert dies sogar die Gefahr, daß eine Diagnose des Problems und eine Diskussion der angemessenen Therapie überhaupt nicht mehr stattfindet. Statt dessen wird eine reine Symptomdebatte über »Deregulierung« versus »Regulierung« inszeniert.

Diese Verharmlosung ist deshalb gefährlich, weil sie zu einer Klimapolitik des »Aussitzens« geführt hat, wobei auch diese Form des staatlichen Nichthandelns, das sogenannte »Business as usual«, *Politik* ist: Wenn der Staat auf die Wahrnehmung des Primats der Klimaschutzpolitik verzichtet, muß er verantworten, was an anderer Stelle, vor allem in der Wirtschaft, mit ganz anderen Zielen entschieden wird.

Es geht zum Beispiel nicht an, die Deregulierung erst als den Königsweg zur Lösung der Umweltprobleme anzupreisen (wie es bei der Deregulierungskommission der Fall ist) und im gleichen Atemzug die offenbar doch nicht umweltverträgliche Deregulierung durch ergänzende, eben wieder »marktwirtschaftliche« Maßnahmen (zum Beispiel Zertifikate, Steuern, Abgaben) ins Positive wenden zu wollen: »Die Deregulierung der Elektrizitätswirtschaft hat Folgen für die Umwelt, die es von Anfang an zu berücksichtigen gilt. Teilweise sind diese Folgen positiv (wofür eine überzeugende Begründung fehlt, A.d.V). Wo sie es nicht sind, müssen sie durch ergänzende Maßnahmen ins Positive gewendet werden« (Deregulierungskommission, 1991, S. 85). Wie allerdings ein ausreichender Klimaschutz durch Deregulierung erreicht werden soll, dafür bleibt die Deregulierungskommission den Nachweis schuldig.

Die falsche sprachliche Dichotomie – einerseits der »intern« funktionsfähige Markt und andererseits die über die Preise zu korrigierenden »externen« Effekte – verstellt schon im Ansatz den Blick für eine unvoreingenommene wissenschaftliche Ursachenanalyse.

Die scheinbar wirtschaftstheoretisch gut begründete Beschränkung liberaler Energie- und Umweltpolitiker auf das Setzen von »staatlichen Rahmenbedingungen« ist eher ein Zeichen von Politikunfähigkeit und Ratlosigkeit.

Korrektur der Fehlregulierung
statt Deregulierung

Die Frage ist also nicht, ob, sondern wer, in welchem Umfang und mit welchen Zielen planen soll. Weder Wettbewerb noch Planung sind Selbstzweck, sondern nur Mittel zum Zweck. Nicht Deregulierung ist notwendig, sondern es müssen die »Regulierungslücke« geschlossen und Fehlregulierungen korrigiert werden.

»Dirigismus« oder »Mehr Wettbewerb«, »Regulierung« oder »Deregulierung«, »Planwirtschaft« oder »Marktwirtschaft«: Diese scheinbar gegensätzlichen und vorgeblich eindeutigen Kategorien erweisen sich, gerade im Bereich der leitungsgebundenen Energiewirtschaft, häufig nur als Spiegelfechterei: De facto wird in keiner volkswirtschaftlichen Branche so langfristig, mit derartigen Investitionssummen und verbunden mit so hohen Klima-, Umwelt- und Ressourcenrisiken geplant wie von den Großunternehmen der Energiewirtschaft.

Die leitungsgebundene Energieversorgung ist für etwa 40 Prozent der CO_2-Emissionen direkt verantwortlich; weitere etwa 20 Prozent aus der Heizölverbrennung können indirekt mitbeeinflußt werden. Wenig plausibel ist daher, daß gerade für die Branche, die zu einem beträchtlichen Anteil die beklagten Umweltschäden und Risiken mitverursacht, ausgerechnet die durch »Marktöffnung und Wettbewerb« erwartete Preissenkung der »Königsweg« zur Lösung aller Probleme sein soll (vgl. Deregulierungskommission 1991).

Interessanterweise zeigt jedoch gerade die Deregulierungskommission an einleuchtenden Beispielen, daß in der Bundesrepublik hinsichtlich der Stromtarifaufsicht *gerade keine wirksame Regulierung, sondern eine Fehlregulierung stattfindet;* insofern fehlt allerdings ihrer Forderung nach *Deregulierung* die logische Begründung: »In jedem Fall ist es hochproblematisch, um nicht zu sagen skandalös, daß Unternehmen, die in einem wesentlichen Geschäftsbereich eine staatlich geschaffene und staatlich gesicherte Monopolstellung innehaben, durch die Handhabung (!) der staatlichen Preisaufsichtspflicht gerüstet werden zu einem Feldzug der Unternehmensaufkäufe, wie man ihn in den vergangenen Jahren erlebt hat« (Deregulierungskommission, 1991, S. 47). Und weiter: »Die staatliche Garantie (!), daß die Kosten und Risiken der Investitionen in Netze und Kraftwerke via Leistungspreis, Anschlußgebühren und Baukostenzuschüsse auf die Tarifabnehmer abgewälzt werden können, reduziert für die Stromversorgungsunternehmen den wohltätigen Zwang zur Kostensenkung« (ebd., S. 57; Hervorhebung von uns).

In wichtigen Punkten formuliert die Deregulierungskommission also eine durchaus zutreffende Kritik an den »Fehlentwicklungen« in der Elektrizitätswirtschaft: mangelhafte Preisaufsicht, ineffiziente Preisstrukturen, »skandalöse Unternehmensaufkäufe«. Aber ihre Therapie ist markttheoretisch nicht durchdacht und in umweltpolitischer Sicht gefährlich naiv.

Unsere Gegenthese ist: In der leitungsgebundenen Energiewirtschaft herrscht weder die »unsichtbare Hand« der Konkurrenz als Regulativ noch praktiziert der Staat eine den Markt ersetzende effektive Aufsicht als öffentliches Korrektiv. Pointiert formuliert: Es gibt keine einzige Branche in der Bundesrepublik mit derart grundlegender gesamtwirtschaftlicher Bedeutung, die so »unbeherrscht« und beim derzeitigen Rechtsstand so »unbeherrschbar« agieren kann wie die Monopole der leitungsgebundenen Energiewirtschaft. Dies gilt vor allem für die überregional agierenden Großunternehmen der Stromverbundstufe.

Die Reformalternative liegt daher nicht einfach in »Mehr Wettbewerb«, sondern in einer innovativen und möglichst flexiblen Kombination aus Elementen des Markts (Selbstregulierung) und der Planung (staatliche Zieldefinition, Rahmensetzung und öffentliche Aufsicht). Unsere Gegenformel lautet daher: »Den Wettbewerb in der Energiewirtschaft planen« – Least-Cost Planning ist nicht der alleinige Königsweg, aber als innovativer Bestandteil eines neuen Instrumentenmix unverzichtbar.

Die Goliaths gehen in die Offensive

Die Verbände der Elektrizitätswirtschaft haben es lange Zeit relativ einvernehmlich verstanden, die Staatsaufsicht unter Berufung auf Marktwirtschaft und Unternehmensautonomie so weit abzuschwächen, daß sie für legitimatorische Zwecke gerade noch nützlich war. Andererseits wurden die Dienste des Staates von der gesamten Branche dort gern in Anspruch genommen, wo es unter Berufung auf die Versorgungspflicht und unter Hinweis auf die Branchenbesonderheiten um die zusätzliche, staatlich abgesicherte Freistellung von den Risiken des Wettbewerbs und um das Durchsetzen von Enteignungen bei Trassenplanungen ging.

Seit einigen Jahren sind allerdings die Auseinandersetzungen über die Atomenergie und die umwelt-, ressourcen- und klimapolitischen Diskussionen auch innerhalb der Versorgungswirtschaft breiter geworden. Die Gründung der ASEW ist ein Indiz hierfür, und die Kontroversen über Grundsatzfragen der zukünftigen Struktur der leitungsgebundenen Energieversorgung (Stichwort: »Rekommunalisierung«) sind trotz des Abschlusses vieler neuer Konzessionsverträge noch keineswegs beendet.

Die Deregulierungskommission greift zu Recht die bisher von den Verbänden der leitungsgebundenen Energiewirtschaft und ihren wis-

Heute wird klar: Die »Besonderheitenlehre« war der Schutzschild, hinter dem die Verbände der Elektrizitätswirtschaft bisher geschlossen ihre rechtlich zusätzlich abgesicherten Monopolpositionen verteidigt haben. Jetzt brauchen die Größten in der Verbundwirtschaft diesen Schutz nicht mehr.

senschaftlichen Protagonisten sorgsam gehegte Immunisierungsthese von den »Besonderheiten der leitungsgebundenen Energiewirtschaft« (»Besonderheitenlehre«) kritisch auf. Die Leitungsgebundenheit, die hohe Fixkostenbelastung, der lange Planungshorizont, die Größen- und Verbundvorteile, der Mangel an Speicherbarkeit, die Durchmischung von Absatzgebieten, die notwendige Garantie der Versorgungssicherheit und die politischen Auflagen (insbesondere die Anschluß- und Versorgungspflicht) stellen zwar eine Anhäufung besonderer Merkmale dar, die in ihrer Kumulations- und Wechselwirkung tatsächlich für keine andere Branche zutreffen. Dies kann jedoch kein Grund dafür sein, die Einführung von Marktelementen auszuschließen und die ohnehin ökonomisch bedingte monopolartige Stellung rechtlich noch zusätzlich abzusichern (zum Beispiel durch § 103 GWB).

Das Problem der »Besonderheiten« und ihrer rechtlichen Verstärkung (zum Beispiel durch § 103 GWB) liegt aber ganz woanders: Die strukturellen Besonderheiten häufen sich *bei der Verbundwirtschaft* und verstärken deren ohnehin übermächtige, marktbeherrschende Stellung. So schaffen zum Beispiel Demarkations- und Konzessionsverträge bei der derzeitigen Angebotskonzentration nur formal gleiche Gebietskartelle für große überregionale Stromkonzerne und kommunale Stadtwerke. Ein Goliath wie das RWE, das 1 200 Gemeinden fast nur aus Großkraftwerken beliefert, die ausschließlich Strom erzeugen, und das ein entsprechendes Absatzgebiet demarkiert hat, ist in ökonomischer und ökologischer Hinsicht nicht vergleichbar mit einem David wie ein Stadtwerk, das in einem demarkierten Versorgungsgebiet Strom aus eigener Kraft-Wärme-Kopplung anbietet. Der Goliath, der Stromkonzern, profitiert allein schon durch den Abschluß einer Vielzahl von Verträgen weit überproportional von der rechtlich verstärkten Monopolposition des § 103 GWB.

Während der David das markierte Gebiet zum Schutz des Ausbaus der Kraft-Wärme-Kopplung vor der Vernichtungskonkurrenz des Goliath heute mehr denn je braucht, werden für den Goliath die markierten Gebiete *anderer* heute zur Fessel seiner Expansionstätigkeit, wohingegen der Nutzen eigener Demarkation an Bedeutung verliert. Die Größten der Verbundwirtschaft (und in deren Windschatten die Regionalversorger) fühlen sich inzwischen stark genug, auf den rechtlichen Monopolschutz und die Besonderheitenlehre zu verzichten, wenn die damit noch verbundenen Schutzwälle für ihre Konkurrenten, die Stadtwerke, wegfallen und sie somit in einer wettbewerblichen Ordnung eine noch gewinnträchtigere Unternehmensexpansion betreiben können als bisher. Daher hätte es die Deregulierungskommission zumindest nachdenklich stimmen müssen, daß die Stoßrichtung ihrer Therapie auch von den Großen der Branche gefordert wird, nämlich der Wegfall der Investitionskontrolle und die Aufhebung geschlossener Versorgungsgebiete.

Die Einschätzung der Deregulierungskommission über die »notorisch wettbewerbsfeindlichen westdeutschen Stromunternehmen« (S. 63) trifft also in dieser Allgemeinheit nicht mehr zu.

Auf der Ebene der EU könnte eine unheilvolle Allianz aus EU-Bürokratie, stromintensiver Industrie (die »Giganten«) und neuen transnationalen europäischen Stromkonzernen eine Weichenstellung hin zu einer deregulierten Neuordnung der europäischen Elektrizitätswirtschaft und zu einem reinen Preiswettbewerb mit billigem und »schmutzigem« Strom möglich machen. Der betriebswirtschaftliche Nutzen für die stromintensive Industrie wäre gering, der Schaden für Volkswirtschaft und Umwelt dagegen groß. Den möglichen Preisvorteil für die Kunden durch Angleichung der unterschiedlichen Preise an das niedrigste Niveau in Europa beziffert die EU-Kommission selbst nur mit 6 Prozent. Diesem rechnerischen und durchaus noch nicht erwiesenen Ergebnis steht gegenüber, daß insbesondere in der Bundesrepublik und in Dänemark bewährte dezentrale und kommunale Strukturen mit Nutzung von Kraft-Wärme-Kopplung und erneuerbaren Energien sowie Ansätzen zum Energiedienstleistungsunternehmen unter massive internationale Preisunterbietungskonkurrenz geraten würden. Lockvogelangebote zur Verhinderung von Kraft-Wärme-Kopplung und dem Aufbau neuer Stadtwerke, wie sie schon jetzt im großen Umfang praktiziert werden, würden zur grenzüberschreitenden Geschäftsstrategie.

Die großen Stromkonzerne, die lange Zeit einer Deregulierung ablehnend gegenüberstanden, stimmen ihr heute zu, solange ihre vertikale Konzernstruktur und damit ihre ökonomische Monopolposition erhalten bleiben, der letzte noch verbleibende Hebel zur Durchsetzung öffentlicher Ziele (die Investitionsaufsicht) wegfällt und das »Wildern in fremden Revieren« zu Lasten der Stadtwerke erleichtert wird.

Die Deregulierungsposition ist wettbewerbstheoretisch nicht konsequent genug

Die Lehrbuchidylle des vollkommenen Markts und die Realität

Zwei grundlegende Indizien zeigen schlaglichtartig, daß die Steuerung des Energiesektors über den Preis nur beschränkt funktioniert: einerseits das Vorhandensein umfangreicher, »eigentlich wirtschaftlich nutzbarer« Einsparpotentiale beim Strom (20 bis 80 Prozent je nach Anwendungsbereich) und bei Wärme (35 bis 50 Prozent), andererseits die Tatsache, daß die exorbitanten Preissprünge in den beiden Energiekrisen der siebziger Jahre zwar spürbare, aber doch relativ moderate Folgen nach sich gezogen haben. Offenbar sorgen erhebliche Hemmnisse in der Realität dafür, daß sich auf dem Markt für Energiedienstleistungen nur wenig Wettbewerb zwischen Ener-

Der weltweite Trend zu kleineren und auf die Schonung der Umwelt optimierten Anlagen und der notwendige Start mit einer ersten dezentralen Stufe der Solarenergiewirtschaft (Nitsch/Luther 1990) würde durch Deregulierung mit reinem Preiswettbewerb vorübergehend abgeblockt und durch eine drastische Konzentrationswelle auf europäischer Ebene abgelöst werden; ganz zu schweigen davon, daß eine aktive Einsparpolitik unter dieser Bündniskonstellation nur noch geringe Chancen hätte.

Nach Auffassung der Monopolkommission vermindert sich das Investitionsrisiko von großen Stromunternehmen dadurch, daß die »durch Fehlinvestitionen induzierten *Kosten* auf die Verbraucher *überwälzt* werden können« (S. 56). Der wesentliche Einfluß der Verbundunternehmen auf die Stromversorgung werde darüber hinaus durch *Kapitalverflechtungen*, personelle Verflechtungen und die koordinierende Tätigkeit der *Deutschen Verbundgesellschaft* ermöglicht.

gieanbietern sowie Herstellern und Nutzern von Energiespartechniken herausbildet. *Ein wesentlicher Grund hierfür ist die marktbeherrschende und hochkonzentrierte Angebotsposition der großen Stromerzeuger:*

Insbesondere die öffentliche Elektrizitätsversorgung in Deutschland, die vier Fünftel des inländischen Stromaufkommens erzeugt, wird von den Verbundunternehmen dominiert. Bereits in den siebziger Jahren kritisierte die Monopolkommission in ihrem Hauptgutachten (Monopolkommission 1976) die Strukturen in der Elektrizitätswirtschaft, die durch starke Konzentrationen, Verflechtungen, die Dominanz großer Konzerne und insbesondere durch eine »weitgehende vertikale Verknüpfung zwischen den Funktionsstufen gekennzeichnet« sei. Gemeint ist mit dieser »vertikalen Verknüpfung« oder »vertikalen Integration« die Tatsache, daß die Produktionskette von der Gewinnung der Energierohstoffe bis zur Energieverteilung an die Kunden ganz oder weitgehend in einer Hand liegt.

Die Monopolkommission griff diese Kritik mit ihrem 1994 vorgelegten Hauptgutachten »Mehr Wettbewerb auf allen Märkten« wieder auf und resümierte, daß in der Verbundwirtschaft die *vertikale Integration* über die Stufen Erzeugung, Übertragung und Verteilung sehr ausgeprägt sei. Die Verbundunternehmen sind meistens (mit Ausnahme des Bayernwerkes und der PreussenElektra[4] auf allen Versorgungsstufen (Verbund-, Regional- und Lokalebene) engagiert und halten häufig *Kapitalanteile* an regionalen und örtlichen EVU. Die einflußreiche Stellung der Verbundunternehmen wird darüber hinaus dadurch gestärkt, daß sie mit örtlichen und regionalen Weiterverteilerunternehmen *langfristige Stromlieferverträge* abschließen und sich auf diesem Wege die Absatzmöglichkeiten sichern. Durch die bestehenden *Gebietsabsprachen* der EVU untereinander (Demarkationen) und die *Ausschließlichkeitsbindungen* in örtlichen Konzessionsverträgen (Verträge der EVU mit den Gemeinden) können die Verbundunternehmen am meisten profitieren und damit eine große Planungssicherheit für ihr Großkraftwerkssystem erreichen.

Besonders hoch ist der Konzentrationsgrad bei der *Stromerzeugung*. So erzeugen die neun Verbundunternehmen, die ein Prozent an der Zahl aller deutschen EVU ausmachen, 80 Prozent des Stroms der öffentlichen Versorgung in den alten und neuen Bundesländern. Die kommunalen und lokalen Unternehmen sowie die regionalen Unternehmen tragen jeweils nur mit 10 Prozent zur öffentlichen Stromerzeugung bei (Schiffer 1994, S. 142). Dies erklärt unter anderem auch den Sachverhalt, daß die Verbundunternehmen an fast allen in der Bundesrepublik betriebenen *Kernkraftwerken* beteiligt bzw. alleiniger Eigentümer oder Betreiber sind[5] (vgl. BMWi 1995, 64). Die gegenwärtige Ordnung der deutschen Elektrizitätsversorgung führt dazu, daß die Verbundunternehmen hohe Umsatzerlöse erzielen und zum Teil exorbitant hohe Kapitalrückflüsse (Cash-flow) verbuchen.

Wettbewerbs- und steuerpolitisch geradezu skandalös sind die enormen steuerfreien Rückstellungen der Verbundunternehmen für die Stillegung von Kernkraftwerken und die Atommüllentsorgung. Diese Rückstellungen der Kernkraftwerksbetreiber stellen bis zum Zeitpunkt ihrer – teilweise erst in Jahrzehnten anfallenden – Verwendung eine hochwillkommene Quelle der Innenfinanzierung und einen nicht einholbaren Wettbewerbsvorsprung im Vergleich zu Stadtwerken dar. Aus dieser »Kriegskasse« können die Verbundunternehmen ein »Shopping around« der Sonderklasse finanzieren, d.h. sich zum Beispiel in die Telekommunikation, den Entsorgungsbereich, in Stadtwerke oder auch nur in hochverzinsliche Geldanlagen einkaufen. Die Rückstellungen belaufen sich derzeit auf etwa 45 Milliarden DM und werden in der nächsten Zeit bis auf 68 Milliarden ansteigen. Dabei ergibt sich eine schizophre Situation: Einerseits wird von Experten geschätzt (Krause 1995), daß vor allem die zukünftigen Stillegungskosten von Kernkraftwerken selbst durch diese exorbitante Kapitalansammlung nicht finanzierbar sind. Zum anderen würden höhere Rückstellungen das ungerechtfertige Finanzierungsprivileg der Atomkraftwerksbetreiber noch verstärken. Das Wuppertal Institut hat daher die Überführung der Rückstellungen in einen von der Deutschen Ausgleichsbank verwalteten öffentlichen Fonds vorgeschlagen (Irrek 1995), aus dessen Zinsen (etwa 3–4 Milliarden DM pro Jahr) ein Klimaschutzprogramm finanziert werden könnte.

Ein weiteres Charakteristikum der Verbundwirtschaft sind *hohe Löhne,* überdurchschnittliche *Sozialleistungen* und zunehmende *Diversifizierungsstrategien,* das heißt Firmenaufkäufe außerhalb des Kerngeschäftes. Es verwundert nicht, daß sechs der insgesamt neun Verbundunternehmen, gemessen an der *Wertschöpfung,* zu den hundert größten deutschen Unternehmen gehören (Monopolkommission 1994, S. 184–189). Drei dieser Unternehmen sind im Jahr 1992 in den Kreis der »Hundert Größten« neu eingetreten. Gemessen an der *Finanzkraft* der deutschen Unternehmen (Indikator dafür ist der Cash-flow[6]) belegen die Stromkonzerne absolute Spitzenplätze. Vier Verbundunternehmen bzw. ihre Mutterkonzerne gehören zu den zehn finanzkräftigsten deutschen Wirtschaftsunternehmen (ebd., S. 199).
Innerhalb der deutschen Verbundunternehmen besitzt die *RWE Energie AG* nach Aussage der Monopolkommission eine *»herausragende Stellung«.* Wie Tabelle 4 zeigt, lag die nutzbare Stromabgabe dieses Verbundunternehmens im Geschäftsjahr 1994/95 bei 125,6 Milliar-

den Kilowattstunden (RWE Energie AG GB 1994/95, S. 31), das waren
mehr als 30 Prozent der nutzbaren Stromabgabe aller Verbundunternehmen zusammen. Einen ähnlich hohen Anteil hat die RWE Energie
AG an der Kraftwerks- und Bezugsleistung.
Der Anteil der *liquiden Mittel und Wertpapiere* machte mit 10,5 Milliarden DM ca. 41 Prozent der Bilanzsumme aus (ebd., S. 12).

Die marktbeherrschende Stellung der Verbund-EVU wird
durch ihr Monopol am Hoch-
spannungs-Verbundnetz, durch
den faktischen Alleinbesitz an
den betriebswirtschaftlich kostengünstigen Primärenergie-
basen (zum Beispiel Braunkohle, Wasserkraft, Atom-
energie) sowie durch die unzähligen Kapitalverflechtungen mit der Regional- und
teilweise auch Ortsstufe der
Stromverteilung weiter verstärkt.

Tabelle 4:

**Nutzbare Stromabgabe der deutschen Verbundunternehmen
sowie Kraftwerks- und Bezugsleistung**

Verbund-unternehmen	nutzbare Stromabgabe[7]		Kraftwerks- und Bezugsleistung	
	1994 i. Mrd. kWh*	in Prozent	1991 in MW**	in Prozent
Badenwerk AG	15,6	3,8	5 004	5,94
Bayernwerk AG	50,4	12,1	8 659	10,29
Berliner Kraft- und Licht (Bewag) AG	13	3,1	2 449	2,91
Energieversorgung Schwaben AG (EVS)	19,8	4,8	4 908	5,83
Hamburgische Electricitäts-werke AG (HEW)	12,2	2,9	3 947	4,69
PreussenElektra AG	97,9	23,5	12 321	14,64
RWE Energie AG	125,6	30,2	25 121	31,03
VEW AG	33,3	8,0	5 494	7,71
Vereinigte Energiewerke AG (VEAG)	49,9	12,0	14 284	16,97
Summen	**418,7**	**100**	**84 187**	**100**

* Angaben aus den jeweiligen Geschäftsberichten der Unternehmen
** VDEW Statistik 1991, S. 19

Unregulierter Wettbewerb und die völlige Abschaffung jeglicher staatlicher Marktkontrollen (Abschaffung von Demarkationen und Ausschließlichkeitsklauseln, de facto Abschaffung des kommunalen Wegerechts, Durchleitungspflicht für alle Stromnetze, Abschaffung der Investitionskontrolle) würde auf der Grundlage dieser zentralisierten Anbieterstrukturen vor allem »freie Bahn für die Giganten« bedeuten. Durch unkontrollierbare Lockvogelangebote und durch Misch- sowie durch Grenzkostenpreiskalkulationen bis hin zum Preisdumping könnte zum Beispiel eine ruinöse Konkurrenz für die kommunale Eigenerzeugung in Gang gesetzt werden, potentielle industrielle KWK-Produzenten könnten noch mehr als bisher von der Eigenerzeugung abgehalten (oder im Sinne von »Rosinenpicken« vom örtlichen Weiterverteiler abgeworben) und ein »strategisches Energiesparen von EVU« schon im Ansatz erstickt werden.

Die Deregulierungskommission schreibt zwar: »Kennzeichnend für die Rahmenbedingungen der Stromwirtschaft ist außerdem, daß die umsatzstärksten Unternehmen und namentlich die acht Verbundunternehmen als Marktführer über umfangreiche Kapitalbeteiligungen mit anderen Unternehmen, lokalen und regionalen Versorgern verflochten sind. Indirekt bestehen Kapitalverflechtungen auch zwischen den großen Verbundunternehmen. Im ganzen kommt es dadurch zu umfassenden Wettbewerbsbeschränkungen auf dem Markt für elektrischen Strom« (ebd., S. 32). Die Kommission zieht hieraus jedoch für ihre Vorschläge zur Deregulierung keine Konsequenzen, sondern geht offenbar davon aus, daß diese aus der Natur dieses Marktes hervorgegangenen »umfassenden Wettbewerbsbeschränkungen« sich nach der Eröffnung des Wettbewerbs von selbst auflösen.

Im Gegensatz hierzu waren der Monopolkommission (1977) und Gröner (1975) die negativen Auswirkungen der konzentrierten und vertikal integrierten Konzernstrukturen auf die mögliche Neueröffnung eines Wettbewerbsprozesses durchaus noch bewußt. So heißt es zum Beispiel bei Gröner: »Der bereits heute sehr hohe Konzentrationsgrad bei der Engpaßleistung, bei der Erzeugung und beim überregionalen Transport führt bei wettbewerblichen Auflockerungen zu sehr unterschiedlichen Startchancen der Elektrizitätswerke. Sollte nicht vor der Freigabe des Wettbewerbs das Problem der Konzentration tatkräftig angepackt und gelöst werden, so ist zu befürchten, daß wegen des großen Startvorsprungs einiger weniger riesiger Versorgungsunternehmen der heute bereits unerwünscht hohe Konzentrationsgrad weiter ansteigt« (ebd., S. 418). Gröner ist daher auch der einzige Befürworter eines Deregulierungs- und Wettbewerbskonzepts, der – konsequent nach der Wettbewerbstheorie – nicht vor Eingriffen in herrschende Besitzstände zurückschreckt, wo sie nach der Logik dieses Konzepts erforderlich sind: »Bei den Stromerzeugern könnte man so weit dekonzentrieren, daß jeweils nur ein Kraftwerk ein selbständiges Unternehmen bildet. Dieser größtmögliche Grad der Entflechtung hätte den Vorteil, daß die einsetzenden wettbewerblichen Ausscheidungsprozesse nicht verfälscht werden können und daß es sich im Marktprozeß herausstellt, welches Elektrizitätswerk lebensfähig ist und welches nicht« (S. 444).

Die Arbeit der Deregulierungskommission hat einen großen Einfluß auf ordnungspolitische Reformkonzepte, wie sie im Bundeswirtschaftsministerium (BMWi) vertreten werden. Hierauf basiert zum Beispiel der vorliegende Entwurf[8] für eine Novellierung des Energiewirtschaftsgesetzes, der zum Ziel hat, Demarkations- und Konzessionsverträge aufzuheben, die Energieaufsicht abzuschaffen und die Betreiber der Stromnetze zur Durchleitung eingekauften Stroms bis zum Endverbraucher zu verpflichten (»Retail wheeling«); im diametralen Widerspruch zu dieser nur scheinbar konsequenten Deregulierungskonzeption werden die vertikal integrierten Monopole (siehe oben; Integration von Erzeugung und Verteilung in einem Unternehmen) jedoch nicht entflochten.

Zusammengefaßt hat die Deregulierungsdiskussion die folgenden methodischen Schwächen:

Erstens werden die aus einer abstrakten Modellanalyse abgeleiteten Ergebnisse weitgehend ungeprüft auf die real existierende, zentralisierte und vertikal konzentrierte Elektrizitätswirtschaft übertragen. Vor allem die neueren Wettbewerbskonzepte zur Elektrizitätswirtschaft, auch die der Deregulierungskommission, fallen hierbei hinter die Analysen des ersten Hauptgutachtens der Monopolkommission (1976) sowie hinter die Arbeiten von Gröner (1975) zurück, in denen das Ausmaß der vertikalen Konzentration der großen Energiekonzerne als eine wesentliche Ursache für Marktversagen identifiziert wurde.

Zweitens konzentrieren sie sich nur auf die Analyse der möglichst kostengünstigen Bereitstellung von Endenergie, ohne die energie- und umweltpolitisch viel entscheidendere Frage zu untersuchen, wie der Substitutionswettbewerb zwischen Energie und Kapital (effizienter Energienutzung) nach der Devise »Mehr Wettbewerb« funktionsfähig gemacht werden kann. Eine derartige Analyse zeigt nämlich, daß eine nur kostengünstige und effiziente Endenergiebereitstellung dennoch mit systematischer Fehlleitung von gesellschaftlichem Kapital verbunden ist, solange die Grenzkosten der rationelleren Energienutzung geringer sind als die Grenzkosten der Energiebereitstellung.

Drittens wird der Endenergiemarkt für Elektrizität willkürlich vom
Endenergiemarkt für Wärme getrennt, obwohl über die Kraft-
Wärme-Kopplung und auch über den direkten Einsatz von Strom
im Wärmemarkt (E-Heizung; elektrische Warmwasserbereitung)
eine systematische Verbindung besteht. Betrachtet man Wärme-
und Stromerzeugung gemeinsam, dann zeigt sich nämlich, daß
gekoppelte Systeme in der Industrie (Strom und Prozeßwär-
meerzeugung) oder in Kommunen (Strom und Nah- oder Fern-
wärmeerzeugung) in der Regel Elektrizität billiger herstellen können als reine Kondensationsstromerzeugung, wenn es für die
Wärme einen Abnehmer gibt und der Vergleich auf Vollkosten-
basis gegenüber neuen Kondensationskraftwerken vorgenommen wird.

Viertens wird der neue Gesichtspunkt der Umwelt- und Klimaprobleme (in neoklassischer Sprechweise die sogenannte »Internalisierung der externen Kosten«) in der Regel bei der Ableitung
der betriebs- und volkswirtschaftlichen Kosten der Stromerzeugung nicht berücksichtigt. Deshalb beziehen sich die behaupte-
ten Effizienzvorteile kostengünstigerer Stromerzeugung nur auf
ein eingeschränktes betriebswirtschaftliches Kostenkalkül,
obwohl inzwischen bekannt ist, daß die sogenannten externen
Schäden der Kohle- und Kernenergieverstromung, soweit sie sich
in Geldwerten ausdrücken lassen, pro Kilowattstunde in der
Größenordnung der betriebswirtschaftlichen Produktionskosten
liegen (siehe oben).

Fünftens: Die »Peitsche des Wettbewerbs« funktionierte bisher
auf global expandierenden Märkten, aber in Zukunft geht es um
eine völlig neue Herausforderung, nämlich um das strategische
Zurückschrumpfen von Risikomärkten und um die gleichzeitige
Neuorientierung von Unternehmensstrategien auf umweltverträgliche und sozial nützliche Produkte, mithin um einen ziel-
gerichtet gesteuerten ökologischen Umbau.

Die Deregulierungskommission ist daher einerseits wegen der
völligen Vernachlässigung des Substitutionswettbewerbs zwischen Energie und Kapital wettbewerbstheoretisch nicht konsequent genug. Andererseits negiert sie bei der Anwendung ihres
auf Endenergie verkürzten Lehrbuchmodells, daß gerade in der
Praxis und wegen der besonderen Struktur der leitungsgebundenen Energiewirtschaft einige der wichtigsten Voraussetzungen
für einen funktionsfähigen Wettbewerb fehlen.

Trotz der in vielen Punkten zutreffenden Diagnose der Fehlentwicklungen in der Elektrizitätswirtschaft läuft die Therapie der Deregulierungskommission einerseits auf die Austreibung des Beelzebubs (Marktversagen bei der Erzeugung von Endenergie) durch den Teufel (»freie Bahn für die Elefanten«) hinaus. Andererseits wird der Wettbewerb gerade dort nicht ernst genommen und durch staatliche Intervention funktionsfähig gestaltet, wo er auch im umweltpolitischen Sinne äußerst wirksam und segensreich wirken könnte – als Substitutionswettbewerb zwischen Energie und Kapital.

Ein Problem für die Kritiker der Deregulierungskonzeption ist paradoxerweise deren Praxisferne. Weil die praktische Erfahrung mit umgesetzten Deregulierungskonzepten (zum Beispiel in England oder in den Niederlanden) noch nicht für eine empirische Bewertung ausreicht, kann die Deregulierungskommission hieraus ein offensives Argument ableiten: Das Ausmaß der Verbilligung der Stromversorgung durch eine Öffnung der Märkte für den Wettbewerb kann, so ihr Argument, nicht verläßlich abgeschätzt werden, sondern »nur durch den Wettbewerb selbst herausgefunden werden. Es gehört zum Wesen des Wettbewerbs als Entdeckungsverfahren, daß es sich so verhält« (ebd.). Mag eine Verbilligung von Strom als eine mögliche Folge einer Marktöffnung noch als denkbar unterstellt werden, gibt es über die angeblich positiven Umweltwirkungen einer Deregulierungsstrategie ausschließlich Vermutungen. Solche Vermutungen sind sogar ein expliziter Bestandteil der theoretischen Begründung. Nur wegen der Lobbytätigkeit der Stromproduzenten, so beklagt die Deregulierungskommission, werde »die Beweislast den Befürwortern einer Deregulierung aufgebürdet. Ordnungspolitisch müßte es umgekehrt sein. Im Zweifel sollte die allgemeine Erfahrung immer eine starke Vermutung (!) zugunsten des Wettbewerbs begründen« (ebd., S. 59; Hervorhebung von uns). Was die Kommission hier als ihre Schwäche beklagt, ist in Wahrheit ihre Hauptstärke: Ihre Thesen sind empirisch nicht angreifbar; der Beweis für die positiven Wirkungen der Wettbewerbs kann nur durch praktische Umsetzung geführt werden, bis dahin gilt »eine starke Vermutung zugunsten des Wettbewerbs«.

Nur eine Theorie, die sich auf herrschende gesellschaftspolitische Wertmaßstäbe stützt, kann sich erlauben, ihre Aussagen auf »starke Vermutungen« zu stützen, ohne der Unwissenschaftlichkeit geziehen zu werden.

Wettbewerb unter definierten Zielvorgaben und staatlichen Rahmenbedingungen ist notwendig und zielführend

Grundsatz: Den Wettbewerb zwischen NEGAWatts und MEGAWatts funktionsfähig machen!

Unsere Kritik an der »Deregulierungsposition« bedeutet nicht, daß wir gegen eine zielorientierte Einführung von »Mehr Wettbewerb« in der leitungsgebundenen Energiewirtschaft votieren würden. Im Gegenteil: Die Verkrustungen, das Übermaß an Konzentration und Marktbeherrschung und die Fehlregulierung in der Elektrizitätswirtschaft bedürfen zweifellos dringend der Korrektur. Durch die staatliche Intervention sollten daher so weit wie möglich nach den in der ersten These formulierten Kriterien »selbststeuernde Regelkreise« institutionalisiert werden.

Im folgenden sollen daher Eckpunkte und »Essentials« eines zukunftsfähigen Ordnungsrahmens für eine klimaverträgliche und kostengünstige *Bereitstellung und Nutzung* von Strom formuliert werden. Die Grundlage hierfür liefern die C3.3. Studie der Klima-Enquete-Kommission,[9] Grundsatzpapiere von BUND und Bündnis 90/Die Grünen[10] sowie eine Literaturauswertung.[11]

Dabei erscheint die Einhaltung von drei Grundsätzen als unverzichtbar:

1. Es muß sichergestellt werden, daß öffentlichen Zielen (Klima- und Ressourcenschutz; Risikominimierung; Zukunftsfähigkeit) notfalls gegen privatwirtschaftliche Interessen mittels ökologischer und ökonomischer Leitplanken Geltung verschafft werden kann.

2. Die Umwandlung vom EVU zum EDU oder von »Kilowatt«- zu Energiedienstleistungs(EDL)-Märkten muß systematisch gefördert werden; dies erfordert, daß auf einem erweiterten Spielfeld (»level playing field«) vor der Entscheidung über neue Kraftwerke die volkswirtschaftliche Kosteneffektivität von MEGAWatt- und NEGAWatt-Aktivitäten undiskriminiert gegeneinander abgewogen werden kann und sich die vorteilhafteren Varianten auch umsetzen lassen.

3. Vor der Einführung von »Mehr Wettbewerb« müssen die Rahmenbedingungen auf der Angebots- und Nachfrageseite harmonisiert und für MEGAWatt- wie NEGAWatt-Akteure faire Startbedingungen hergestellt werden.

Den »Wettbewerb planen« bedeutet einen kontrollierten Einsatz von marktwirtschaftlichen Instrumenten unter definierten energiepolitischen Zielvorgaben und klaren staatlichen Rahmenbedingungen.

Vor allem der zweite und dritte Grundsatz wird in allen bisher vorliegenden Wettbewerbsmodellen und insbesondere bei der Diskussion über die Herstellung eines EU-Binnenmarkts für Strom und Gas noch fast vollständig vernachlässigt. Seine Bedeutung soll daher kurz erläutert werden:

Zu Recht werden bei der Herstellung des EU-Binnenmarkts für Strom und Gas *harmonisierte Rahmenbedingungen und Reziprozität* gefordert, damit nicht durch ungleiche Startchancen Wettbewerbsverzerrungen bei der *Bereitstellung von Endenergie* (Strom und Gas) entstehen. Wenn zum Beispiel ein gigantischer Staatsmonopolist wie die Electricité de France (EdF) als einziger in Frankreich tätiger Stromkonzern gegen ein grenznahes kleines Stadtwerk in Deutschland unter heutigen Rahmenbedingungen als Konkurrent auftreten würde, träfen so offensichtlich ungleiche Marktakteure aufeinander, daß der David dabei keine Überlebenschance hat. Kern des Streits über den europäischen Binnenmarkt für Strom ist daher, ob beziehungsweise wie vor der Einführung von »Mehr Wettbewerb« wenigstens eine Angleichung (»Harmonisierung«) der nationalen Start- und Rahmenbedingungen erfolgen kann.

Erstaunlich ist allerdings, daß bei dieser nur auf *Endenergie* und *Preiswettbewerb* zielenden Wettbewerbskonzeption der in der Praxis stattfindende *Wandel von Energieversorgungsunternehmen (EVU) zum Energiedienstleistungsunternehmen (EDU)* und die Entstehung von Märkten für Energiedienstleistungen (EDL) systematisch ausgeblendet werden.

Wir haben gezeigt: EDU verkaufen nicht nur Endenergie (Strom oder Gas), sondern zunehmend *auch Nutzenergie und Energiedienstleistungen;* dies sind für Kunden oder Kundengruppen maßgeschneiderte »Pakete« aus Energiebereitstellung und Energieeinsparung (zum Beispiel durch rationellere Wandlertechnik). Mit dem Wandel zum EDU ändern sich daher auch *das Produkt* (»Nutzenergie/EDL statt nur Kilowattstunden«) und *der Markt* (»Markt für Nutzenergie/EDL statt nur für Energie«).

Der optimale Einkauf von EDL setzt den Überblick über mehrere Märkte, Anbieter, Produkte und Preise/Kosten voraus (neben den Märkten für Energie zum Beispiel auch die für Effizienztechniken). Die Kunden müssen also auf idealtypischen Wettbewerbsmärkten eine Entscheidung treffen über mehr und teuren Energieeinsatz oder energieeffiziente und kostenaufwendigere Wandlertechnik. Mit dem traditionellen Instrumentarium der neoklassischen Mikroökonomie haben wir in Kapitel 2 diese simultane Optimierung als *zweistufigen Prozeß zur Bereitstellung von EDL* analysiert. Auf der *ersten Stufe* bieten EVU/EDU die Endenergien, zum Beispiel Strom, Fernwärme und Erdgas, an (Endenergiebereitstellung). Wir haben jedoch gezeigt, daß für ein marktwirtschaftliches Optimum – das heißt für eine effiziente Allokation von Endenergie *und* Kapital / Wandlerleistung – die Optimierung des Teilmarkts für Endenergie nur notwendige, aber keinesfalls hinreichende Bedingung ist.

Die Endenergie wird nämlich auf einer *zweiten Stufe* (Energienutzung) beim Endverbraucher unter dem Einsatz von Wandlerleistungen (Kapital, Know-how, Verhalten) in Nutzenergie oder in Energiedienstleistungen überführt.

Auf beiden Stufen dieses Umwandlungsprozesses treten in der Realität gravierende Hemmnisse und Ineffizienzen auf (vgl. Kapitel 2 und 3). Die entscheidende Begründung für die marktwirtschaftliche Sinnhaftigkeit von LCP/IRP ist, daß diese Hemmnisse durch umlagefinanzierte LCP/IRP-Programme von EVU (in Verbindung mit anderen Instrumenten wie zum Beispiel Contracting, Energiesteuern, Wärmenutzungsverordnung, Förderung von betrieblichen Energiekonzepten) besonders effizient abgebaut werden können.

Ein EDU zeichnet sich also dadurch aus, daß über die möglichst effiziente und kostensparende Bereitstellung von Endenergie *hinaus zusätzliche Wertschöpfung und Energiedienstleistungen* erbracht werden. Mehr Umweltschutzmaßnahmen, zusätzlicher Einsatz von regenerativen Energiequellen, verstärkte Kräft-Wärme/Kälte-Kopplung und vor allem die Durchführung von Energiesparprogrammen (LCP/IRP-Maßnahmen) zielen auf eine innovative *Produktveredelung* und sind Maßnahmen des *Qualitätswettbewerbs,* die aber häufig einen unvermeidlichen kosten- und preissteigernden Effekt haben. Ohne eine Harmonisierung der Rahmenbedingungen für den Qualitätswettbewerb bestünde die Gefahr, daß die Wertschöpfung erhöhende und die spezifischen Preise steigernde Formen des Qualitätswettbewerbs und der Produktveredelung in einem unregulierten Preiswettbewerb zurückgefahren werden müßten. Dies gilt insbesondere für LCP/IRP-Maßnahmen, die auch bei – für die Kunden – hochrentablen Programmen in der Regel einen preiserhöhenden, aber gleichzeitig die Stromrechnung senkenden Effekt haben.

Wer LCP/IRP also wirksam und flächendeckend in einen wettbewerbsförmigeren EU-Binnenmarkt einführen möchte, muß sich für *eine Richtlinie* als Harmonisierungsmaßnahme zur Absicherung des Qualitätswettbewerbs entscheiden und kann sich nicht auf die Existenz einiger engagierte Vorreiter-EVU oder auf die Ankündigung unverbindlicher Selbstverpflichtungen berufen.

Einen Entwurf für eine Richtlinie zur Einführung »Rationaler Planungstechniken« hat die europäische Kommission im September 1995 vorgelegt. Bei Redaktionsschluß dieses Buches war jedoch noch keine Entscheidung des Ministerrats zu dieser für den EU-Binnenmarkt grundlegenden Richtlinie gefallen. Der folgende Kasten enthält eine Zusammenfassung der wichtigsten vorgeschlagenen Regelungen:

Nicht allein der *direkte Wettbewerb* zwischen Endenergieanbietern (z.B. Strom), sondern der noch *komplexere Substitutionswettbewerb zwischen Energie und Kapital,* das heißt der Wettbewerb zwischen Energieanbietern und Herstellern von Effizienztechniken, muß daher beachtet werden. Denn einerseits sind die Hemmnisse für einen funktionsfähigen Substitutionswettbewerb weniger offensichtlich, aber noch weit vielfältiger als die bei direktem Wettbewerb. Andererseits ist der kosteneffektive Ersatz von Energie durch Kapital nicht nur für die Ökonomie, sondern auch für die Ökologie von entscheidender Bedeutung.

Eine gravierende Wettbewerbsverzerrung würde sich in einem unregulierten EU-Binnenmarkt dann ergeben, wenn nicht komplementär zur Einführung von mehr Wettbewerb beim Energieangebot entsprechende harmonisierende Rahmenbedingungen für den Qualitätswettbewerb und für die Produktveredelung geschaffen würden.

IRP-Richtlinie der EU
(Vorschlag der Europäischen Kommission
vom 20.9.95)

Betrifft Elektrizitäts- und Gasverteiler-EVU

Die Mitgliedsstaaten sollen:

- sicherstellen, daß EVU regelmäßig integrierte Ressourcen-
  pläne vorlegen;
- überprüfen, ob kosteneffektive Energiesparprogramme
  umgesetzt werden;
- gewährleisten, daß EVU Programmkosten abdecken können
  und keine Gewinneinbußen erleiden (»no net revenue
  losers«;
- die EVU ermutigen zu
- umfassenden Informationsprogrammen;
- Prämienprogrammen;
- Energiesparprogrammen für einkommensschwache Kunden;
- Contracting-Aktivitäten;
- die Einbeziehung von Energiesparaktivitäten in Ausschreibungsverfahren fördern.

Acht Eckpunkte
einer zukunftsfähigen Energiewirtschaft

Auf dieser Grundlage ergeben sich die folgenden acht Eckpunkte
(»Essentials«) für eine zukunftsfähige Stromwirtschaft:[12]

*1. Trennung (»Unbundling«) von Stromerzeugung, Stromtransport
    und Stromverteilung/Endversorgung*
Ziel der Entflechtung vertikal konzentrierter Großunternehmen ist es,
die Markteintrittsschranken für neue Akteure (Kraft-Wärme-Kopplung, regenerative Energiequellen und rationelle Energienutzung) zu
senken, die Machtkonzentration insgesamt zu verringern, eine privilegierte Preisunterbietungskonkurrenz durch Unternehmen der Verbundebene zu erschweren und generell eine Quersubventionierung
zwischen den verschiedenen Funktionsebenen (das heißt Erzeugung,
Transport, Verteilung) zu beschränken, um die Chancen für einen
funktionsfähigen direkten Wettbewerb und einen Substitutionswettbewerb zu erhöhen (siehe Abb. 53).

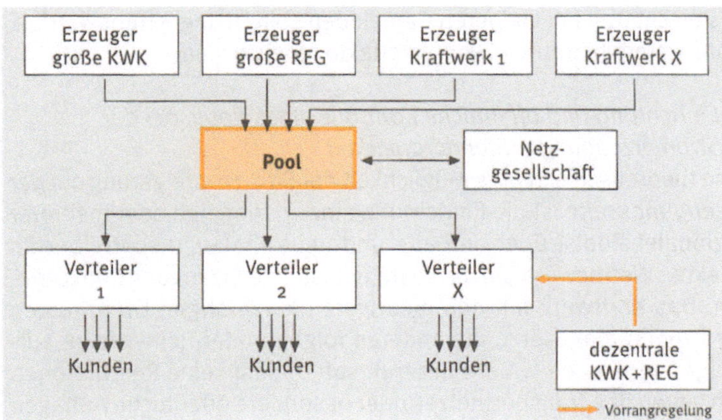

Außerdem werden durch die Trennung die Teilbereiche, in denen Wettbewerb nicht funktionieren kann (im Transport- und Verteilerbereich) und für die eine verstärkte öffentliche Regulierung nach ökologischen Kriterien unabdingbar ist, klarer als bisher abgegrenzt.

Abb. 53:
Vertikal entflochtene Struktur der Elektrizitätswirtschaft

2. Beibehaltung von geschlossenen Versorgungsgebieten für die Verteilerstufe (Aufrechterhaltung von Konzessions- und Demarkationsverträgen)

Energiedienstleistungen zu optimalen Kosten bereitzustellen bedeutet, daß die Unternehmen, die mit der Verteilung der Energiedienstleistung direkt an den Endkunden befaßt sind – die Unternehmen der Verteilerstufe wie Stadtwerke und regionale Versorgungsunternehmen –, die *Gesamtkosten für Energiedienstleistungen im Interesse der Kunden minimieren können*. Diese Kosten setzen sich zusammen aus den Kosten für den Strom und das Verteilungsnetz sowie den Kosten für LCP-Programme. Daraus folgt, daß diese Unternehmen über die Verteilungsnetze sowie über geschützte Versorgungsgebiete verfügen können müssen. Nur dann sind integrierte Ressourcenplanung, Einsparprogramme, Lastmanagement und Bezugs- und Netzoptimierung zu organisieren und zu finanzieren.

Wenn nun auf einem deregulierten Energiemarkt konkurrierende Energieversorger das Recht haben, Leitungen zur Stromverteilung direkt bis zum Endverbraucher zu bauen oder ihren Strom bis zum Endverbraucher durch vorhandene Netze zu leiten, dann brechen diese Anbieter lukrative Großkunden aus dem Kundenspektrum des regionalen Energiedienstleistungsunternehmens heraus.

Die Grenzen der Versorgungsgebiete müssen nicht mit den heutigen Gemeindegrenzen übereinstimmen. Regionale Kooperationen zwischen Stadtwerken und Umlandgemeinden, die Bildung von Genossenschaften und Zweckverbänden oder von gemeinsamen Bezugs-

Die Wirkung des »Rosinenpickens«: Das örtliche EDU, das seinen Kunden durch besondere Energiesparprogramme zu sinkenden Rechnungen verholfen hat, wird bestraft. Der Industriekunde kassiert doppelt: Vom örtlichen EDU zunächst die Energieförderung und vom neuen Anbieter später auch noch billige Strompreise.

gesellschaften bei kleineren Gemeinden sollten angestrebt werden, wann immer hierdurch Synergieeffekte möglich sind.

3. Einrichtung und öffentliche Kontrolle eines Pools bei der Stromerzeugung (»Standardmarkt«)

Eine theoretisch elegante Möglichkeit der Effizienzsteigerung *auf der Erzeugungsseite* ist die Einrichtung eines nationalen oder mehrerer regionaler Pools, über den alte und neue Kraftwerksbetreiber im direkten Wettbewerb um die kostengünstigste Erzeugung konkurrieren. Das Kraftwerk mit den niedrigsten kurzfristigen Grenzkosten wird zuerst eingesetzt, die anderen folgen in der Reihenfolge aufsteigender Kosten (»Merit order«), sofern dem keine Restriktionen von seiten des Transportnetzes oder besondere öffentliche Auflagen entgegenstehen.

Bei der in Großbritannien praktizierten Poolpreisbildung werden zum Beispiel einen Tag vor Lieferung von der nationalen Pool-Behörde (OFFER) bei den potentiellen Anbietern Angebote über Preis und Menge für bestimmte Tageszeiten eingeholt. Auf Basis dieser Angebote und unter Berücksichtigung unterschiedlicher Transportkosten werden die Anbieter mit den niedrigsten Geboten ausgewählt. Die berücksichtigten Unternehmen werden dann aufgefordert, gemäß ihrem Angebot bestimmte Leistungen ins Netz einzuspeisen. Die Stromlieferung wird mit dem Preis vergütet, der dem Preis des letzten noch berücksichtigten Anbieters entspricht. So entsteht theoretisch eine Konkurrenz um die kurzfristig kostengünstigste Einspeisung in den Pool.

Allerdings sind bei einem *unregulierten Poolmodell einige Probleme* nicht zufriedenstellend lösbar:

Eine Poolpreisbildung ist zwar theoretisch ein geeignetes Instrument zur Optimierung der *kurzfristigen* Stromerzeugungskosten eines *bestehenden* Gesamtsystems *(Kraftwerkseinsatzplanung)*. Der Preisbildungsprozeß im Pool gibt aber keine korrekten Signale über die *langfristigen Grenzkosten* der Stromerzeugung und liefert somit keine ausreichenden Informationen für die langfristige *Kraftwerksausbauplanung* und für den Vergleich mit den langfristigen Grenzkosten der Energieeinsparung. Im britischen Poolmodell werden entsprechende Preisaufschläge nicht über den Markt ermittelt, sondern von der Regulierungsbehörde festgesetzt.

Die mangelhafte Berücksichtigung der langfristigen Grenzkosten benachteiligt insbesondere das Energiesparen und kann eine Gefährdung der Versorgungssicherheit sowie eine Tendenz zur weiteren Machtkonzentration nach sich ziehen; darüber hinaus ergibt sich ein *inhärenter Anreiz,* durch die Angabe von Grenzkosten, die nicht die Vollkosten decken, oder durch Dumpingpreiskonkurrenz möglichst täglich am Pool zum Zuge zu kommen. Ist ein Großkraftwerk erst einmal gebaut, kann man im nachhinein gegen diesen Anreiz zum Preis-

dumping und zum Verzicht auf das Erwirtschaften von Deckungs-
beiträgen für die in den Gebäuden und Anlagen »versunkenen«
Kosten nicht mehr wirkungsvoll mit einem nachgeschalteten Verfahren der Integrierten Ressourcenplanung auf der Verteilerseite angehen (siehe unten).
Deshalb darf der kurzfristige Poolpreis nicht Richtschnur für die
Bewertung der Wirtschaftlichkeit von Einsparprogrammen sein; hierfür müssen die langfristigen Grenzsystemkosten der Erzeugung, des
Transports und der Verteilung von Strom herangezogen werden.

4. *Investitionsaufsicht für Kraftwerke mit mehr als 100 MW*
Die Auswirkungen eines Pools müssen durch eine öffentliche Aufsichtsbehörde (Investitionsaufsicht) sorgsam beobachtet werden,
damit Fehlsteuerungen und Fehlinvestitionen, die volkswirtschaftlich
erwünschten Entwicklungen zuwiderlaufen, entgegengewirkt werden
kann.
Es wird daher vorgeschlagen, den Pool zunächst auf einen »Standardmarkt« zu begrenzen und durch eine ökologisch orientierte Investitionsaufsicht zu kontrollieren.[13] Im Rahmen *einer ökologisch und
volkswirtschaftlich ausgerichteten Investitionsaufsicht* soll bei Kraftwerken ab einer bestimmten Leistung (Vorschlag: 100 MW) eine für
die Öffentlichkeit transparente, integrierte Bedarfs-, Umweltverträg-
lichkeits- und Standortprüfung vorgenommen werden. Die Energieaufsicht muß die Möglichkeit haben, Kraftwerke, deren langfristige Grenzsystemkosten (Kosten für Erzeugung plus Kosten für
Transport, Verteilung, Reserve und Verluste) über denen der Energieeinsparung liegen, zu untersagen. Es erscheint denkbar, daß die
Investitionsaufsicht in einigen Jahrzehnten in einem funktionsfähigen
Pool und in einem dezentraleren Kraftwerkspark an Bedeutung verliert. Dies setzt aber zur Herstellung gleicher Startbedingungen eine
vorübergehende Stärkung der ökologischen Kompetenzen der Investitionsaufsicht voraus.

5. *Befristeter »Vorrangmarkt« für Kraft-Wärme-Kopplung und rege-*
nerative Energiequellen
Die Schaffung eines klimaverträglichen Ordnungsrahmens beinhaltet
insbesondere auch die forcierte Markteinführung von klimaschonen-
den Technologien. Dazu gehören neben Einsparinvestitionen Kraft-
Wärme- und Kraft-Kälte-Kopplungsanlagen sowie regenerative Energiequellen. Damit diese »grünen« Technologien mit dem Ziel
eingesetzt werden, daß sie mittelfristig einen nennenswerten Beitrag
zur Stromerzeugung leisten, müssen sie bei der Einspeisung ins Netz
Vorrang haben. Hierfür muß sichergestellt werden, daß Strom aus
diesen Anlagen zu öffentlich festgesetzten Einspeisevergütungen vor
der vom Pool bezogenen Strommenge auf allen Netzebenen eingespeist werden kann.

Die Einspeisebedingungen für diese Anlagen sind im Rahmen eines Einspeisegesetzes festzulegen. Durch die befristete Privilegierung sollen gegenüber konventionellen Anlagen (Großkraftwerke ohne Wärmeauskopplung) gleichberechtigte Marktchancen geschaffen werden.

Ist der erwünschte Marktanteil erreicht, dann kann in einem funktionsfähigen Pool der bevorzugte Einsatz von KWK- und REG-Anlagen durch einen entsprechenden Preisanreiz sichergestellt werden, etwa in Form eines besonderen »Öko-Bonus« als Ausdruck der vermiedenen externen Kosten.

6. Einheitliche Preisaufsicht für alle Kundengruppen und Verpflichtung auf LCP/IRP bei der Stromverteilung

Geschlossene Versorgungsgebiete und die damit verbundene Freistellung vom Wettbewerb im Verteilungsbereich erfordern eine öffentliche Preis- und Kartellkontrolle. Diese Kontrolle hat zum Ziel, die Verbraucher vor Monopolpreisen und vor dem Mißbrauch einer marktbeherrschenden Stellung zu schützen.

Verbraucherschutz bedeutet andererseits in einem LCP-Konzept, daß in erster Linie die Stromrechnungen geprüft werden, nicht die Preise. Ziel ist im Endeffekt ein *möglichst geringer Endbetrag der Stromrechnung für alle Kundengruppen,* auch wenn durch Einsparprogramm die Preise (Tarife und Sondervertragspreise) steigen sollten. Entsprechende Anreize müssen dafür sorgen, daß LCP-Programme mit diesem Ziel aufgelegt werden (»Anreizregulierung«).

Die Aufgabe der Stromverteilung und der Versorgung der Endverbraucher soll nur von Unternehmen wahrgenommen werden, die eine integrierte Ressourcenplanung im Sinne des Least-Cost Planning (LCP) praktizieren. Dies dokumentiert sich unter anderem in der regelmäßigen Erstellung von Least-Cost-Plänen (periodische Fortschreibung alle zwei Jahre), die der Preisaufsicht vorzulegen sind.

Die Preisaufsicht reguliert die Verteilerunternehmen dahingehend, daß

- die Kosten von Programmen, die die Beeinflussung der Nachfrage zum Ziel haben, in den Strompreisen weitergegeben werden dürfen, vorausgesetzt, sie erweisen sich als kosteneffizient (Umlagefinanzierung),
- der inhärente Anreiz zum Mehrabsatz neutralisiert wird (Berücksichtigung entgangener Deckungsbeiträge durch Korrektur der Absatzprognose; »Entkopplung von Absatz und Gewinnen«) und
- die Verzinsung des Kapitals für die Durchführung von LCP-Programmen höher ist (zum Beispiel um zwei bis drei Prozent) als die Verzinsung des Kapitals für Netzinvestitionen (»Umkehr der Anreizstruktur«).

7. Bereitstellung von Stromtransportleistungen als öffentliche Aufgabe
Der Stromtransport kann ebensowenig wie die Stromverteilung ohne
volkswirtschaftliche Verluste in Konkurrenz angeboten werden, da es
sich hierbei um ein »natürliches Monopol« handelt. Da der ungehin-
derte Zugang zum Transportnetz eine Voraussetzung zur Schaffung
von Wettbewerbsstrukturen bei der Stromerzeugung ist, muß die
Vorhaltung einer ausreichenden und ökologisch verträglichen Trans-
portkapazität als staatliche Infrastrukturmaßnahme und somit als
öffentliche Aufgabe angesehen werden (»Strom-Autobahn«).
Zu den Aufgaben der Netzgesellschaft gehören die Abrechnung der
Leistungen mit den Erzeugern und Weiterverteilern sowie die Stabilisierung von Netzfrequenz und -spannung. Diese Aufgaben kann
zusammen mit der Organisierung des Pools eine gemeinsame Gesellschaft übernehmen.
Die Transportleistungen werden den Verursachern zugerechnet und
über kostendeckende Gebühren abgerechnet.
Die Trennung des Transports von der Erzeugung gewährleistet, daß
Dritte bei der Einspeisung nicht diskriminiert werden. Die Netzgesellschaft kauft den Strom über den Pool auf und gibt diesen mit
einem kostendeckenden Aufschlag für den Stromtransport und die
damit verbundenen Netzdienstleistungen weiter.

*8. Zielorientierter Wettbewerb um die Konzessionsvergabe nach
   Umweltverträglichkeitskriterien*
Die Gemeinden sollen aufgrund ihres Wegerechtes weiterhin das
alleinige Recht besitzen, Versorgungskonzessionen für ihr Gemein-
degebiet zu erteilen. Diese sollen in periodischen Abständen (alle 20
Jahre) für die Stromverteilung und Endversorgung neu vergeben wer-
den, wobei dabei auch der Konzessionsnehmer wechseln kann.
Ein Wettbewerb potentieller Konzessionsnehmer über die Höhe der
Konzessionsabgaben wäre jedoch im Hinblick auf das Ziel einer sparsamen und rationellen Energieverwendung kontraproduktiv, da die
Gemeinde veranlaßt würde, finanzielle Interessen über die des
Umweltschutzes zu stellen. Ein intensiverer Wettbewerb um die Konzessionsvergabe verlangt daher unter Umwelt- und Klimagesichts-
punkten zumindest eine Novellierung der Konzessionsabgabenverordnung dahingehend, daß die Zahlung der Konzessionsabgaben
nicht mehr mengen- oder umsatzabhängig ist.
Bis zu einer Gemeindefinanzreform, in der die Konzessionsabgabe
durch andere Finanzierungsquellen für die Kommunen ersetzt würde,
könnte die Abgabe z. B. an einen Indikator wie die Einwohner- und
Kundenzahl oder die Netzlänge, aber nicht an die Energiemengen
oder die Energieerlöse gebunden werden. Zudem wäre sicherzustel-
len, daß die Gemeinden die Konzessionsvergabe an zusätzliche Qualitätsstandards beim Energiesparen und Klimaschutz koppeln.

Ein ordnungspolitisches Zwischenfazit

Die bisherigen Überlegungen zur Ordnungspolitik lassen sich folgendermaßen zusammenfassen:

1. Ausgangspunkt der gegenwärtigen Wettbewerbsdiskussion sind einerseits die Überkapazitäten in vielen Regionen Europas sowie andererseits die regionalen Unterschiede in der Verfügbarkeit kostengünstiger Primärenergie. Diese Situation hat zur Folge, daß es Spielräume zur Kostensenkung und zum Ausgleich unterschiedlicher Preise gibt. Aus Gründen des Verbraucherschutzes – vor allem für die kleineren und mittleren Abnehmer – sowie gleicher Wettbewerbschancen ist angezeigt, diese Potentiale allen Verbrauchern zugute kommen zu lassen; dies würde am ehesten über ein Poolmodell gewährleistet, zu dem nur die Verteilerunternehmen Zugang haben.

2. Auch bei einem Poolmodell (aber um so mehr beim TPA oder Single Buyer) muß verhindert werden, daß Erzeuger mit den Erlösen aus abgeschriebenen Altanlagen volkswirtschaftlich und ökologisch ungünstige neue Kraftwerke im »Standardmarkt« quersubventionieren. Daher ist eine zeitlich begrenzte Vorrangregelung für ökologisch und volkswirtschaftlich günstigere dezentrale Erzeugungsanlagen (Kraft-Wärme-Kopplung und regenerative Energiequellen) sowie eine Investitionsaufsicht erforderlich, die nach IRP/LCP-Kriterien den Bau neuer Kraftwerke für den »Standardmarkt« genehmigen oder ablehnen kann.

3. Die Spielräume zur Kostensenkung durch Stromeinsparung sind erheblich größer als diejenigen durch kostengünstigere Erzeugung. Ein Preiswettbewerb um Endverbraucher behindert jedoch die volle Ausschöpfung der Kostensenkungspotentiale durch Stromeinsparung erheblich, weil eine Umlagefinanzierung von IRP/LCP-Stromsparprogrammen zwar die Kosten für Energiedienstleistungen reduziert, aber wegen des zurückgehenden Absatzes den Preis der Kilowattstunde moderat verteuert. Daraus folgt:

   • Auch wenn ein Poolmodell mit Entflechtung der Eigentumsverhältnisse realisierbar ist, sollten die Verteilerunternehmen weiterhin geschlossene Versorgungsgebiete behalten. Die Preisaufsicht über die Verteiler-EVU soll nach den Kriterien der Integrierten Ressourcenplanung handeln. Bei der Erzeugung von Energie sollten auf dem Standardmarkt Kraft-Wärme-Kopplung und erneuerbare Energiequellen für eine Übergangszeit Vorrang haben und eine Investitionsaufsicht für

Integrierte Ressourcenplanung Sorge tragen. Alle Abnehmer der Verteilerunternehmen kommen dann in den Genuß von Kostensenkungen sowohl bei der Erzeugung als auch durch Stromsparprogramme.

- Wenn ein Poolmodell und die Entflechtung nicht gewollt oder durchsetzbar sind, wäre die Eröffnung eines Preiswettbewerbs um Endverbraucher wettbewerbspolitisch kontraproduktiv; denn dies würde einerseits zu einem unkontrollierbaren Konzentrationsprozeß zwischen vertikal integrierten EVU und Preisvorteilen nur für Großabnehmer, andererseits zu einer starken Behinderung für Effizienzprogramme bei den Verbrauchern führen. Statt dessen müssen gerade in diesem Fall geschlossene Versorgungsgebiete beibehalten werden. Der Markt sollte dann durch eine verschärfte Aufsicht über Investitionen und Preise der vertikal integrierten EVU geöffnet werden.

4. Es wurde gezeigt, daß ein neuer Ordnungsrahmen, wie er hier vorgeschlagen wird, erst mittel- und langfristig seinen Lenkungseffekt entfalten kann. Da der Zeitfaktor beim Klimaschutz jedoch eine entscheidende Rolle spielt, muß die ordnungspolitische Strukturreform durch weitere schneller wirksame Maßnahmen flankiert werden. Der Abschlußbericht der Klima-Enquete-Kommission (Enquete 1995) enthält eine nahezu erschöpfende Auflistung von Instrumenten für eine moderne Klimaschutzpolitik in den verschiedenen Sektoren und bei unterschiedlichen Zielgruppen (vgl. auch Sondervotum der SPD-Fraktion 1995 sowie Müller/Hennicke 1995).

Eine klimaverträgliche Neuordnung der Stromwirtschaft ist also nur im Rahmen einer umfassenden Reform möglich. Dies führt zu der Frage, inwieweit der voraussichtliche Nutzen den Aufwand rechtfertigt. Aus technischer Sicht gibt es in der Bundesrepublik nachgewiesenermaßen hohe Energiesparpotentiale (vgl. Kapitel 2 und 3). Eine Kernfrage für eine neue Energiepolitik lautet daher: Wenn ein Einsparpotential mit einem derartigen volkswirtschaflichen Nutzen existiert, warum wird es nicht im marktwirtschaftlichen Selbstlauf realisiert, und warum werden die in Studien nachgewiesenen Potentiale von vielen energiepolitischen Akteuren noch immer mit Skepsis und als besonders unsichere und teure Ressourcen betrachtet? Eine grundlegende Antwort hierauf haben wir gegeben: Der Substitutionswettbewerb zwischen Energie und Kapital (technische Effizienz) ist nicht funktionsfähig. Die Realisierung von »theoretisch wirtschaftlichen« Einsparpotentialen stößt in der Praxis auf weit umfassendere und wirksamere Hemmnisse als der Bau neuer Energieangebotskapazitäten.

Es ist ungleich mühsamer, durch strategische Stromsparinvestitionen bei Tausenden von Energieverbrauchern ein »Einsparkraftwerk« (»NEGAWatts«) von 100 MW »zu bauen« als ein neues Kraftwerk (»MEGAWatts«) gleicher Kapazität. »MEGAWatts« können wenige Großunternehmen planen, finanzieren und bauen, »NEGAWatts« dagegen hängen vom Investitions-, Finanzierungs- und Gebrauchsverhalten von Millionen »unkalkulierbaren« Verbrauchern ab. Große und kapitalstarke transnationale Großunternehmen repräsentieren das Energieangebot, denen viele tausend Hersteller und Geschäftsbereiche für Effizienztechniken gegenüberstehen. Die Effizienzrevolution hat keine industrielle Lobby; einen »World Energy Council« und Weltenergiekonferenzen gibt es nur für das Energieangebot.

Hinzu kommt ein psychologisches Phänomen: Kraftwerke sind technisch kontrollierbar, können als Anlagen und Arbeitsplätze besichtigt werden. Die unsichtbare und weniger genau planbare Wirkung von NEGAWatt-Investitionen kann man nur messen. Daß weniger mehr sein kann und sich eine »Ökonomie des Vermeidens« auch rechnet, verträgt sich nicht mit dem noch herrschenden technischen Weltbild von mehr, größer und schneller.

Anmerkungen

1 Prognos AG, Die Energiemärkte Deutschlands im zusammenwachsenden Europa – Perspektiven bis zum Jahr 2020, Basel, 23.10.95, S. 464.

2 ISI/DIW, Gesamtwirtschaftliche Auswirkungen von Emissionsstrategien, in: Enquete-Kommission »Schutz der Erdatmosphäre« des Deutschen Bundestages (Hrsg.), Energie, Band 3. Studienprogramm, Teilband II, Bonn 1995.

3 Bundesamt für Energiewirtschaft/Amt für Bundesbauten/Bundesamt für Konjunkturfragen (Hrsg.), Externe Kosten und kalkulatorische Energiepreiszuschläge für den Strom- und Wärmebereich. Studie erstellt von INFRAS AG und Prognos AG, Bern 1994.

4 Das Bayernwerk und die PreussenElektra beliefern nur industrielle Sondervertragskunden sowie kommunale und regionale Weiterverteilerunternehmen.

5 Im Jahre 1995 waren in der Bundesrepublik Deutschland insgesamt 21 Atomkernkraftwerke mit einer Gesamtleistung von 23 922 MW in Betrieb (BMWi 1995, S. 64).

6 Die Monopolkommission bediente sich zur Berechnung des Cash-flow eines stark vereinfachten Schemas, das aber den verfolgten Erklärungszielen genügt (Monopolkommission 1994, S. 198, Fn. 61).

7 Die nutzbare Stromabgabe besteht aus der Bruttostromerzeugung des Unternehmens plus Fremdstrombezug.

8 BMWi, Entwurf eines Gesetzes zur Neuregelung des Energiewirtschaftsrechts, Bonn, April 1996.

9 Vgl. Energiewirtschaftliches Institut/Öko-Institut, Zukünftiger, die Klimaschutzziele begünstigender Ordnungsrahmen insbesondere für die leitungsgebundenen Energieträger, in: Enquete-Kommission »Schutz der Erdatmosphäre« des Deutschen Bundestages (Hrsg.), a.a.O.

10 BUND, Memorandum zum 60. Jahrestag der Verkündigung des EnWG von 1935 am 16.12.1995, Bonn, Januar 1996; sowie Bündnis 90/Die Grünen, Eckpunktepapier. Ersatz des Energiewirtschaftsgesetzes (EnWG) durch ein Energiegesetz (EnG), Bonn, November 1995.

11 Insbesondere: EWI/Energiewirtschaftliches Institut an der Universität Köln/Öko-Institut: Zukünftiger, die Klimaschutzziele begünstigender Ordnungsrahmen insbesondere für die leitungsgebundenen Energieträger, Köln/Freiburg 1994; Energiewirtschaftliches Institut (EWI), TPA and single buyer systems, Cologne, March 1995; Riechmann, S./Schulz, W., Verfahren zur Feststellung der Kosten- und Erlöslage einschließlich Kostenträgerrechnung im Preisgenehmigungsverfahren nach § 12 BTO Elt, Vorläufiger Abschlußbericht, Köln, August 1995; Leprich, U., Wettbewerbliche Impulse durch den Energiebinnenmarkt: Risiken und Chancen für die Umwelt?, Öko-Institut/Freiburg, Januar 1995.

12 Vgl. hierzu Öko-Institut, Die Energiewende gestalten, Freiburg 1996; Hennicke, P., Deregulierung oder Re-Regulierung? Neuordnung des Energierechts und Veränderungen in der Struktur der Energiemärkte. Vortrag bei der Sozialdemokratischen Gemeinschaft für Kommunalpolitik, Bonn/Wuppertal 1996; Bündnis 90/Die Grünen, Zeit für die SonnenEnergieWende, Bonn 1996.

13 Die Erfahrungen in Großbritannien haben gezeigt, daß gerade ein stark dereguliertes und privatisiertes System nicht ohne nachträgliche erhebliche Regulierungseingriffe auskommen kann; in Großbritannien existiert z.B. mit OFFER (Office of Electricity Regulation) eine zentrale nationale Regulierungsbehörde mit etwa 300 Mitarbeitern; hinzu kommt der Energy Saving Trust (30 Mitarbeiter), eine Institution, mit der nachträglich – wenn auch sehr bescheiden – mehr umlagefinanzierte Effizienzmaßnahmen in das System integriert werden sollen.

Kapitel 6

Lehren aus dem Einspar-kraftwerk: Die »Ökonomie des Vermeidens«

Einleitung

»Einsparkraftwerke« sind ökonomisch realisierbare Projekte, von denen EDUs, neue NEGAWatt-Akteure, die Hersteller von Effizienztechniken, die Kunden und auch die Umwelt profitieren können; vorausgesetzt, die Rahmenbedingungen und die Anreizstrukturen stimmen, und vor allem, die Kunden können zur Teilnahme motiviert werden. Wir hoffen, daß uns auch skeptische Leser bis hierher gefolgt sind.

Wir haben uns bei unseren Überlegungen bisher hauptsächlich mit dem Stromsektor befaßt. Nicht ohne Grund: Da der Stromsektor sowie die Art und Weise der heutigen großtechnischen Erzeugung, des monopolisierten Ferntransports und der Verteilung von Elektrizität strukturprägend für das gesamte Energiesystem sind, bildet der »Bau von Einsparkraftwerken« den Kernbereich und eine »Keimform« für den Übergang zu einer Solar- und Energiesparwirtschaft. So ist zum Beispiel das Potential der kommunalen und industriellen Kraft-Wärme/Kälte-Kopplung, also die gleichzeitige Erzeugung von Strom und Wärme für Prozeß-, Nah- und Fernwärmesysteme bzw. von Kälte zur Kühlung und Klimatisierung mit der Form der Stromerzeugung verbunden. Rund 50 Prozent der gesamten CO_2-Emissionen stammen direkt (Kraftwerke) oder indirekt (nicht ausgeschöpfte KWK-Potentiale) aus Energieumwandlungsprozessen in Verbindung mit dem Stromsektor. Durch die Steigerung von dessen Effizienz könnten mindestens 25 Prozent der gesamten CO_2-Emissionen vermieden werden.

Wir haben gezeigt: Einsparkraftwerke funktionieren im Stromsektor. Trotz der gesellschaftlichen Bedeutung des Stromsektors bleiben damit aber einige grundlegende Fragen offen:

1. Wie können auf dem Wärmemarkt, auf den Märkten für nicht erneuerbare Endenergieträger wie Heizöl, Erdgas sowie Nah- und Fernwärme (aus Heizöl, Kohle oder Erdgas) entsprechende »Einsparkraftwerke« gebaut werden?

2. Reicht es aus, allein weniger Energie (Strom) zu verbrauchen, wo doch generell der heutige Ressourcen- und Flächenverbrauch nicht zukunftsfähig ist? Könnte eine Energie- bzw. Stromsparpolitik für den Übergang zu einer dematerialisierten und flächensparenden Wirtschaftsweise beispielgebend sein?

3. Welches Verhältnis besteht zwischen »Effizienz« (»wieviel mehr Wohlstand pro Kilowattstunde?«) und »Suffizienz« (»wieviel Wohlstand ist für wen genug«?)? Verführt die Erschließung der technischen Einsparpotentiale nicht gerade dazu, Produktion und Konsum noch maß- und hemmnungsloser auszudehnen?

Auf diese Fragen wollen wir in den folgenden Kapiteln eingehen.

Am Vermeiden von Wärme verdienen

Läßt sich das Konzept der Integrierten Ressourcenplanung und des Least-Cost Planning auch auf den Wärmemarkt anwenden? Im Prinzip ja! Dies gilt vor allem für die leitungsgebundenen Energieträger Erdgas und Nah- und Fernwärme. Auch die EU-Kommission ist offenbar dieser Meinung, wie die erwähnte Vorlage einer gleichlautenden EU-Richtlinie für die Einführung »Rationaler Planungstechniken« im Strom- und Gassektor zeigt (vgl. Kapitel 5). Allerdings müssen bei der Umsetzung von IRP/LCP die wettbewerbspolitischen Besonderheiten des Wärmemarkts (mehr direkter Wettbewerb zum Heizöl) beachtet und spezifische förderliche Rahmenbedingungen geschaffen werden.

Nutzwärmekonzepte: der erste Schritt zur Integrierten Ressourcenplanung von Wärmedienstleistungen

Noch bevor LCP in der deutschen Versorgungswirtschaft ernsthaft diskutiert wurde, haben EVU/EDU auf dem Wärmemarkt im Rahmen von sogenannten Nutzwärmekonzepten bereits Aktivitäten zur Produktveredelung und Ansätze einer »Ökonomie des Vermeidens« entwickelt. Dies ist allerdings auch nicht überraschend. Auf dem Wärmemarkt geht es für EVU/EDU darum, für leitungsgebundene Energieträger wie Erdgas und Nah- und Fernwärme gegenüber dem Heizöl Marktanteile zu erobern. Die Produktveredelung und der Qualitätswettbewerb haben sich dabei als wirksame Marketingmaßnahmen erwiesen, um die Kunden weg vom Öl vor allem für den Anschluß an das Erdgas und – teilweise – auch an die Nah- und Fernwärme zu gewinnen. Daß beim Nutzwärmekonzept bisher erhebliche Potentiale der Heizenergieeinsparung durch energetische Sanierung der Gebäudehülle oder auch die Nutzung von Solarkollektoren in der Regel nicht angepackt werden, verweist auf die Grenzen dieser Strategie. Auch Nutzwärme aus Erdgaseinzelheizungen in Gebieten und Objekten, wo Nahwärmesysteme auf Basis von Kraft-Wärme-Kopplung einsetzbar wären, ist aus ökologischer Sicht keine befriedigende Lösung.

Mehr als 50 Stadtwerke in der Bundesrepublik praktizieren inzwischen Nutzwärmekonzepte, teilweise mit großem wirtschaftlichen Erfolg. Darunter sind große Stadtwerke wie z.B. in Dortmund, Hannover, Köln, Mannheim und München wie auch kleine z.B. in Göppingen, Lemgo, Oerlinghausen und Rottweil (Berlo 1993). Die Stadtwerke Paderborn, Saarbrücken und Rottweil (die bereits in den 8oer Jahren die Energiedienstleistungsidee der Wärmelieferung aufgegriffen haben; vgl. Kapitel 3) gelten als die Pioniere der Nutzwärme-

Service-Angebote. Wir haben insbesondere die Stadtwerke Rottweil deshalb bereits im Zusammenhang mit den Pionieren unter den Energiedienstleistungsunternehmen gewürdigt, weil hier erstmalig ein *kleines Stadtwerk* gegen massiven Widerstand erfolgreich demonstriert hat, daß der örtliche Handlungsspielraum für eine ökologisch orientierte Energiepolitik erstaunlich groß ist, wenn er selbstbewußt und kompetent ausgenutzt wird.

In der Bundesrepublik verursachen die privaten Haushalte und Kleinverbraucher ca. 35–40 Prozent des gesamten Endenergieverbrauchs, davon entfallen allein ca. 80 Prozent auf den Raumwärmebereich. Die Klima-Enquete-Kommission kommt zu dem Ergebnis, daß das technische CO_2-Minderungspotential bzw. Energieeinsparpotential bei bestehenden Gebäuden 70–90 Prozent, bei Neubauten 70–80 Prozent und bei der Warmwasserbereitung 10–50 Prozent beträgt (Enquete-Kommission 1990). Die größten Einsparpotentiale resultieren aus der schlechten Wärmedämmung der Altbauten und den verbesserungsbedürftigen Wärmeschutzvorschriften für den Neubaubereich. Hinzu kommt, daß immer noch viele in Betrieb befindliche Wärmeerzeugungsanlagen (WEA) technisch veraltet und häufig stark überdimensioniert sind.

Hieraus ergibt sich für EDU das neue Geschäftsfeld »Nutzwärme« (bzw. auch »Nutzkälte«), wenn ökologisch sinnvolle Energieeinsparmaßnahmen mit dem betriebswirtschaftlich attraktiven Effekt der Umstellung auf Erdgasversorgung oder auf Nah- und Fernwärmesysteme verbunden werden können.

Nutzwärmekonzepte der kommunalen Versorgungswirtschaft überwinden zum Beispiel einen Teil der Investitionshemmnisse bei vermieteten Gebäuden und sind geeignet, die notwendigen Verbesserungen bei den Wärmeversorgungssystemen (z.B. Modernisierungen der Heizungsanlagen) sowie prinzipiell auch Verbesserungen beim baulichen Wärmeschutz voranzutreiben.

Dabei ist das Prinzip von Nutzwärmekonzepten einfach: Die Stadtwerke liefern nicht Erdgas oder Nah- und Fernwärme, sondern eben »Nutzwärme« aus einer modernen Wärmeerzeugungsanlage (z.B. Brennwertkessel; Nahwärme aus einem Blockheizkraftwerk; Warmwasser aus Solarkollektoren).

Die Stadtwerke finanzieren und betreiben eine energetisch effizientere Wärmeerzeugungsanlage und liefern an den Hauseigentümer oder Mieter die gewünschte Wärme (Heizenergie und ggf. Warmwasser). Bei Nutzwärmekonzepten besteht also ein inhärenter Anreiz für den rationelleren Umgang mit Energie, denn die Stadtwerke haben aus Kostengründen ein betriebswirtschaftliches Interesse daran, die vertraglich vereinbarte Wärmelieferung mit möglichst geringem Primärenergieaufwand und niedrigen Betriebskosten bereitzustellen. Das heißt, unter Berücksichtigung von Wirtschaftlichkeitsüberlegungen installieren die Stadtwerke die Wärmeerzeugungsan-

Damit die erforderlichen CO_2-Reduktionsziele erreicht werden können, ist es notwendig, die besonders hohen Einsparpotentiale im Gebäudebereich (70–90 Prozent) und die damit einhergehenden Schadstoffminderungen konsequent zu erschließen. Gerade im Sektor der Mietwohnungen sind aber besonders viele Hemmnisse zu überwinden. Den Eigentümern fehlt es zum Beispiel am Anreiz zu entsprechenden Investitionen, weil Investoren und Nutznießer bei Maßnahmen zur rationellen Energieverwendung in Wohngebäuden meist nicht identisch sind.

Die im Rahmen von Nutzwärmekonzepten angebotene Wärmelieferung der Stadtwerke ist meistens ein Komplettservice, der aus unterschiedlichen Dienstleistungskomponenten besteht. So projektieren, finanzieren und betreiben die Stadtwerke meistens nicht nur die Wärmeerzeugungsanlage, sondern übernehmen auch die Wartung und Instandhaltung bis hin zur Abrechnung der in Anspruch genommenen Wärmemenge beim Kunden (z.B. Vermieter oder Mieter von Wohnungen).

lage mit dem größtmöglichen Energienutzungsgrad und übernehmen häufig auch die Wartung, Instandhaltung und Abrechnung mit den Mietern. Solche Nutzwärmekonzepte gelten inzwischen als »klassische Bausteine« einer modernen Energiedienstleistungskonzeption. Als Nutzwärmekonzepte werden direkte Wärmelieferungen verstanden, die in der Regel mit einem umfassenden Dienstleistungsangebot verbunden sind. Die Stadtwerke sind Eigentümer der Wärmeerzeugungsanlage (bzw. der Nah- und Fernwärmeübergabestation) oder der Kraft-Wärme-Kopplungsanlage und betreiben diese (Eigentümermodell). Die Wärmeerzeugungsanlage kann auch Eigentum des Hauseigentümers bleiben und von den Stadtwerken lediglich betrieben werden (Betreibermodell). Die Stadtwerke berechnen dem Kunden (Hauseigentümer oder Mieter) die in Anspruch genommene Wärmemenge für Heizung und eventuell auch Warmwasser. Meistens ist die Wärmelieferung mit der Bereitstellung der erforderlichen Primärenergie und der Wartung, Instandhaltung und ähnlichen Dienstleistungen verbunden.

Eine wesentliche Pionierleistung der Stadtwerke, die Nutzwärmekonzepte als erste aufgegriffen haben, liegt darin, daß sie solche Konzepte aus der energiepolitischen Notwendigkeit heraus und mit unternehmerischem Gespür entwickelt und umgesetzt haben, obwohl die gesetzlichen Grundlagen zum Teil fehlten. Die Entwicklung von Nutzwärmekonzepten, trotz wenig förderlicher Rahmenbedingungen, ist ein Beleg für die zunehmenden unternehmerischen und ökologisch motivierten Unternehmensaktivitäten von Stadtwerken. So ist die Wärmelieferung durch Dritte und die Abrechnung der dabei entstehenden Kosten eigentlich erst im Jahre 1989 mit dem Inkrafttreten der Neufassung der Verordnung über die verbrauchsabhängige Abrechnung der Heiz- und Warmwasserkosten (Heizkostenverordnung [HeizkV]) auf eine sichere rechtliche Grundlage gestellt worden. Seitdem gibt es eine grundsätzliche Gleichbehandlung aller Arten der Wärmelieferung (sogenannte »Direkt-«, »Nah-« oder »Fernwärmeversorgung«).

Von der Nutzwärme zum Energiespar-Contracting

Nutzwärmekonzepte haben den Nachteil, daß die Produktveredelung des EDU bisher im Regelfall nach der Heizungsanlage endet. Die Schnittstelle zwischen EDU- und Kundenverantwortung ist also der Zähler. Für das »Geschäft hinter dem Zähler« bietet sich aber noch ein weit umfangreicheres Dienstleistungspotential an, wenn die energetische Sanierung von Gebäuden und gegebenenfalls auch das Betreiben von Gebäuden (sogenanntes Facility Management; vgl. auch Kapitel 2 und 4) mit berücksichtigt werden.

Die eigentlich vom Kunden gewünschte Energiedienstleistung sind nämlich »wohltemperierte Räume«, also mollige Wärme im Winter und angenehme Kühle im Sommer. Mit einem modernen Heizkessel in ein ungedämmtes Haus zuviel Wärme einzuführen, ist nicht nur in ökologischer Hinsicht unsinnig, sondern kann auch teuer werden. Prinzipiell sinnvoller ist, möglichst zeitgleich mit der Modernisierung der Heizungsanlage auch den energetischen Zustand der Gebäudehülle zu verbessern, denn zu diesem Zeitpunkt könnte eine kleinere und billigere Heizung optimal an den abgesenkten Heizenergiebedarf angepaßt werden.

Nach der Logik einer Integrierten Ressourcenplanung müßten diese Überlegungen dazu führen, daß ein EDU kein neues Nah- und Fernwärmesystem oder den Ausbau der Erdgasversorgung plant, ohne zuvor die energiewirtschaftliche »Gretchenfrage« zu beantworten: Ist es für den Kunden wirtschaftlicher, Energieeinsparung zu realisieren? Lautet die Antwort ja, müßten analog zu LCP-Programmen bei der Stromversorgung entsprechende Wärmesparprogramme aufgelegt

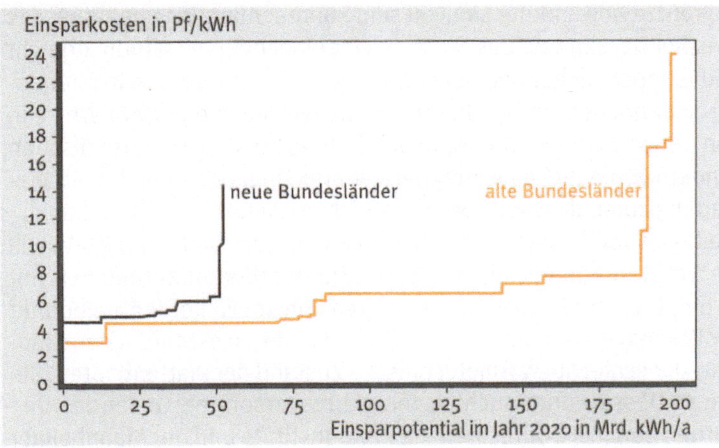

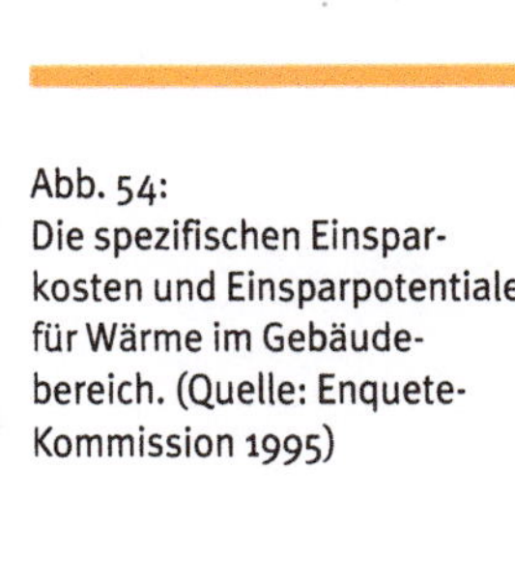
Abb. 54:
Die spezifischen Einsparkosten und Einsparpotentiale für Wärme im Gebäudebereich. (Quelle: Enquete-Kommission 1995)

werden, die sowohl die Modernisierung der Heizungsanlage als auch die energetische Sanierung der Gebäudehülle umfassen.

Dies ist allerdings in der Theorie einfacher postuliert als durchgeführt. In der Praxis des »Wärme-LCP« ergeben sich im Unterschied zu Stromsparprogrammen vor allem die folgenden Probleme:

- Der technische und finanzielle Aufwand einer energetischen Gebäudesanierung ist ungleich höher, die Kapitalbindungszeiten sind länger und die damit verbundenen Risiken schwerer kalkulierbar als bei Stromeffizienztechniken.
- Die Wirtschaftlichkeit von Wärmesparmaßnahmen ist beim Niveau der Heizölpreise von heute erheblich schlechter als bei Stromsparmaßnahmen.
- Eine Umlagefinanzierung von EDU-Energiesparprogrammen auf ganze Kundengruppen kommt im Regelfall nicht in Frage, weil der existierende direkte Wettbewerb auf dem Wärmemarkt (z.B. durch das leichte Heizöl) nur geringe Spielräume dafür läßt, die höheren Kosten der Wärmeversorgung mit der besseren Qualität auf die Preise überzuwälzen.
- Zusätzliche strukturelle und rechtliche Hemmnisse ergeben sich bei privaten oder gewerblichen Mietgebäuden. Der Vermieter hat im Regelfall nur geringes Interesse an Zusatzinvestitionen für die energetische Modernisierung des Gebäudes, weil der Nutzen – geringere Energiekosten – vor allem dem Mieter zugute kommt. Auch wenn ein Dritter (siehe unten zu Contracting), z.B. ein EDU, die energetische Modernisierung durchführt und finanziert, können die Kosten nur in Grenzen an die Mieter weitergegeben werden. Nicht nur die Belastbarkeit der Mieter, sondern auch rechtliche Vorschriften sind hierbei zu beachten.

Im folgenden zeigen wir am Beispiel einer Studie für die Stadtwerke Dessau, wie schon unter den heutigen Rahmenbedingungen eine begrenzte Anwendung sinnvoll sein könnte. Allerdings hat auch das Beispiel Dessau erst das Stadium einer Machbarkeitsstudie erreicht und ist noch nicht umgesetzt. Es zeigt aber, daß gerade in energiewirtschaftlichen Umbruchsituationen, wie sie in typischer Weise in den neuen Bundesländern, in der GUS und in den osteuropäischen Ländern vorliegen, eine integrierte Wärmeangebots- und Nachfrageplanung zumindest volkswirtschaftlich hochinteressant sein kann.
Die Dessauer Versorgungs- und Verkehrsgesellschaft mbh (DVV) will die Stadt in Zukunft als modernes Querverbundunternehmen mit Strom, Gas und Fernwärme versorgen. Ein spezieller Problempunkt der Wärmeversorgung ist – wie auch in anderen ostdeutschen Städten – der schlechte wärmetechnische Zustand der Plattenbauten. Bei den in Dessau untersuchten fernwärmeversorgten Gebäudetypen wurden durch ein Gutachten[1] des Öko-Instituts und der Mannheimer

Die meisten Umsetzungsprobleme bei IRP hängen mit den fehlenden staatlichen Rahmenbedingungen zusammen. Werden diese geändert (z.B. stetig ansteigende anlegbare Wärmepreise durch eine Energiesteuer), ist eine Integrierte Ressourcenplanung im Wärmebereich prinzipiell ebenso wie im Strombereich anwendbar.

Versorgungs- und Verkehrsgesellschaft große Einsparmöglichkeiten nachgewiesen. Das durch Wärmedämmung erzielbare Einsparpotential liegt je nach Gebäudetyp zwischen 66 und 86 Prozent. Bei dem in Dessau am häufigsten vertretenen Gebäudetyp könnte mehr als die Hälfte des vorhandenen Einsparpotentials zu Kosten von weniger als zwei Pfennig pro Kilowattstunde realisiert werden. Dennoch werden diese Einsparpotentiale nicht im marktwirtschaftlichen »Selbstlauf« erschlossen. Ein großer Teil dieser Wohnungen ist im Besitz von Wohnungsbaugesellschaften, die nicht über entsprechende Kapitalmittel verfügen, um eine wärmetechnische Sanierung vornehmen zu lassen.

Aus diesem Grunde wurde vom Öko-Institut ein modular aufgebautes Energiedienstleistungsmodell für die Dessauer Fernwärmeversorgungs GmbH (FWV) vorgeschlagen, das insbesondere auf die Wohnungsbaugesellschaften abzielt. Das Programmangebot reicht von der Beratung über einen Abrechnungsservice bis hin zu Investitionen in die Heizungsanlage und den baulichen Wärmeschutz. Der Kernpunkt des Angebots besteht jedoch in der Finanzierung der Maßnahmen. Die FWV soll die Investitionen in Wärmedämmaßnahmen vorfinanzieren. Die durch die Maßnahmen eingesparten Energiekosten der Mieter fließen in Form einer erhöhten Kaltmiete – bei insgesamt unveränderter Warmmiete (sogenannte »Warmmietenneutralität«) – an die Wohnungsbaugesellschaft, die ihrerseits mit diesen höheren Einnahmen die jährliche Contracting-Rate begleichen kann. Mit der Contracting-Rate wird die Contracting-Vereinbarung bedient, die zwischen der FWV und der Wohnungsbaugesellschaft geschlossen wird. Da den relativ geringen spezifischen Kosten der Wärmeeinsparung langfristige Grenzkosten der Fernwärmebereitstellung von 75 DM/MWh gegenüberstehen, kann dieses Modell mit einem Vorteil für alle realisiert werden: Die Mieter erhalten ein besseres Raumklima bei gleicher Warmmiete, die Wohnungsbaugesellschaft kann den Wert ihrer Gebäude langfristig steigern, und die FWV erzielt aufgrund der Maßnahmen und des Contracting-Vertrages eine höhere Kapitalverzinsung.

Nicht zuletzt wird auch die Umwelt entlastet: Während die Luftschadstoffe und klimarelevanten Gase bereits im Trend erheblich reduziert werden, können im Sparszenario die Emissionen um weitere 35 bis 45 Prozent reduziert werden. So ließen sich gegenüber dem Stand von 1992 die Treibhausgase um rund 73 Prozent reduzieren.

»Umbau«-, »Wende«- und neuerdings »Zukunftsfähigkeits«-Konzepte haben heute in den Bereichen Abfall, Transport, Chemie und Wasser Konjunktur. Ihnen allen ist gemeinsam, daß umweltschädlicher Stoff-, Energie- und Flächenverbrauch – teilweise in drastischem Umfang – »vermieden« werden soll: »Vermeiden« ist geradezu zum Schlüsselbegriff der Umweltpolitik geworden. Aber leider nur in der Theorie! Die Praxis wird durch das Schlagwort »kostenträchtiges Verschwenden« immer noch zutreffender charakterisiert.

Je größer die Zahl einschlägiger Studien, desto schärfer der Widerspruch zwischen den Erkenntnissen über die an sich notwendige Vermeidung und der mangelnden Umsetzung. Besonders zwischen *den stofflich bestimmten ökologischen Vermeidungszielen*[2] *und der ökonomischen Logik* einer profit- und konkurrenzgesteuerten Wachstumswirtschaft klafft eine bisher unüberbrückbare Lücke.

»Vermeiden« als Schlüsselbegriff einer Wachstumsgesellschaft

Die Grenzen des Wachstums wurden in den siebziger Jahren vom Club of Rome vor allem bei nicht erneuerbaren Energiequellen und deren Verknappung befürchtet. Heute wissen wir, daß die begrenzte Aufnahmefähigkeit der Atmosphäre als »Senke« (natürlicher Abbau von Stoffen) für CO_2-Emissionen eine noch restriktivere Naturschranke setzt als die Erschöpfbarkeit der Ressourcen. Im Energiesektor wurden zweifellos alle Probleme eines naturunverträglichen Produktions- und Lebensstils im reichen Norden wie in einem Brennglas erstmalig deutlich.

Daher war es auch naheliegend, daß sich zunächst die Suche nach ökologischen Alternativen auf »Energiewende«-Szenarien und die Frage konzentrierte, ob mit weniger Energieverbrauch und geringeren Kosten ein weltweit ausreichender und wachsender gesellschaftlicher Wohlstand geschaffen werden könnte. Allerdings zeigte sich, daß nicht nur der verschwenderische Energieverbrauch, sondern generell auch die wachsenden Stoffflüssen und der unmäßige Flächenverbrauch mit einer zukunftsfähigen Entwicklung unvereinbar sind. Vor allem wurde auch deutlich, daß zwischen Vermeidungskonzepten für Energie und Stoffflüsse häufig ein enger Zusammenhang besteht. Die Frage stellte sich daher, ob die im Energiesektor erfolgreichen Konzepte der Integrierten Ressourcenplanung und der »Ökonomie des Vermeidens« auch auf andere Produktionssektoren anwendbar sind.

Folgt man dem Wortlaut von Studien, Gesetzen und Verordnungen, dann ist »vermeiden« geradezu zum Schlüsselbegriff der Umweltpolitik und der Diskussion um »Zukunftsfähigkeit« geworden. Kein Abfallkonzept, in dem nicht der »Abfallvermeidung« verbal ein Vorrang eingeräumt wird; kein ökologisches Verkehrskonzept, in dem nicht die »Verkehrsvermeidung« gefordert wird.

Die scheinbare gesellschaftliche Akzeptanz für »Vermeidungs«-Konzepte hängt mit einer gewissen Ambivalenz des Begriffs zusammen: Einerseits haben die überindustrialisierten Überfluß- und Risikogesellschaften einflußreiche neue gesellschaftliche Bewegungen hervorgebracht, die diesen Gesellschaften immanenten ökologischen Schäden und Risiken zu vermeiden bzw. einzudämmen versuchen. Andererseits verbinden viele Menschen mit »vermeiden« keine ökologisch verträglicheren »neuen Wohlstandsmodelle«, sondern die *Fortsetzung des gewohnten Genusses, nur ohne Reue* – also eine Überflußgesellschaft ohne Verkehrstote, Müllhalden, Atomkatastrophen, Ozonloch und Klimaveränderungen.

Hinzu kommt: *Über die Ziele* und über die für eine zukunftsfähige Gesellschaft notwendigen drastischen Vermeidungsquoten[3] von umweltschädlichem Energie-, Material- und Flächenverbrauch sowie von riskanten Stoffen herrscht nur ein scheinbarer Konsens. Dies erschwert eine Einigung über *die Mittel,* mit denen das Ziel angestrebt werden soll, wie zum Beispiel über Form und Wirkung einer Öko-Steuerreform – zumal hierbei das breite Spannungsfeld zwischen »Effizienz« (»Was ist technisch vermeidbar?«) und »Suffizienz« (»Wieviel ist genug?«) thematisiert werden muß (vgl. auch Kapitel 7). Dabei werden hochkomplexe Fragen zum Zusammenhang von Produktion und Konsum (»Wer beeinflußt wen?«) und zum Wechselverhältnis von kollektiv verursachten Schäden und individueller Verantwortung aufgeworfen, auf die wir im folgenden nur einige Schlaglichter werfen können.

»Ich bin Energiesparer, aber die anderen nicht«

Wachsender individueller Überdruß am kollektiven Überfluß ist ein durchgängiges und vergleichsweise konsensfähiges Motiv für den Wunsch nach Vermeidung. Aber bereits hier klaffen persönliche Einsichten, die Bereitschaft, aus dieser Einsicht praktische Konsequenzen im Interesse der Umwelt zu ziehen und gesellschaftliche Wirkungen weit auseinander. Denn weniger die individuellen, sondern die kollektiven Folgen von »zu viel« und »zu schnell« werden als störend empfunden. Mit einem Auto vor vierzig Jahren auf leeren Straßen in den Urlaub zu fahren, konnte als Inbegriff einer neuen, automobilen »Freiheit« (miß?)verstanden werden; millionenfach genutzt, werden heute die weit schnelleren und komfortableren Autos alljährlich im Ferienstau zum Alptraum. Individuell gehätschelt und von der Industrie erst recht zum Status- und Freiheitssymbol stilisiert, wird das Auto durch die massenhafte Nutzung für Mensch und Umwelt zur Waffe und bei Fortsetzung des Trends zur weltweiten Auto-Mobilität zur Katastrophe.

Vielen Bürgern erscheint daher nicht der eigene »Überfluß« und das eigene Verhalten, sondern das der anderen als das Problem. »Ich bin Energiesparer und maßvoller Autofahrer«, so die Selbstwahrnehmung von vielen Menschen, nur die anderen sind es nicht. Hierbei mischt sich Skepsis über die Kooperationsbereitschaft anderer zugunsten von Umweltschutzzielen mit der Selbstberuhigung über eigenes, inkonsequentes Verhalten. Hinzu kommen Ohnmachtsgefühle angesichts der Globalität ökologischer Probleme.

Der ehrenwerte individuelle Verzicht auf kollektiv umweltschädigende Produkte hat im günstigen Fall eine begrenzte positive Demonstrationswirkung im privaten Umfeld. Gesellschaftlich bleibt er folgenlos, es sei denn, er ist Teil einer an den Ursachen ansetzenden Vermeidungsstrategie, in deren Rahmen erst ein organisierter, massenhafter Verbraucherprotest eine wesentliche Rolle spielen

Nicht die individuell schädlichen Produkte wie z.B. Zigaretten, Alkohol sind umweltpolitisch ein Problem, sondern der individuell oft nützliche, aber gesellschaftlich schädliche Konsum z.B. von massenhafter Auto-Mobilität. Wohlmeinende Verzichtsappelle bleiben dann folgenlos, wenn der Aufruf zum autofreien Sonntag vom Autofanatiker für die endlich wieder »freie Fahrt« auf der Autobahn genutzt wird.

kann. An den globalen Schäden ist jeder einzelne quantitativ nahezu unbeteiligt und zur effektiven Schadensvermeidung daher auch allein nicht fähig: Diese durchaus nachvollziehbaren Ohnmachts- und Selbstberuhigungsgefühle vieler Menschen verstärken jene oft beklagte, lähmende Handlungsunfähigkeit in der Umweltpolitik und erklären zum Teil die wachsende Diskrepanz zwischen Wissen und Handeln.

Was lohnt sich für wen?

Wenn wir hier – trotz der Komplexität des Problems – ein Plädoyer »nur« für eine »Ökonomie« des Vermeidens halten, dann steht dahinter eine zentrale Arbeitshypothese: *Neue ökonomische Kalküle und Steuerungsmechanismen sind für eine erfolgreiche Umwelt- und Vermeidungspolitik entscheidend.* Das heißt: *Gegen* herrschende ökonomische Mechanismen sind umweltpolitische Ziele bei Produzenten und Konsumenten flächendeckend nicht erreichbar. Dies gilt, wie gezeigt, für den Bau von Einsparkraftwerken und auch generell für das Vermeiden umweltunverträglicher Produktion und Konsumtion. Aber gleichzeitig muß – in formaler Sprechweise – betont werden: *Die »Ökonomie des Vermeidens« ist quasi notwendig, aber nicht hinreichend.* Denn auch ökonomische Kalküle, Anreize und Sanktionen sind natürlich kein Allheilmittel, und sie müssen eingebettet sein in differenzierte sektor- und akteurspezifische Maßnahmenbündel zur Steigerung der Selbststeuerungsfähigkeit des Energiesystems. Umfassende Information und Aufklärung, Appelle an die Einsichtsfähigkeit und soziales Marketing zur Verstärkung intrinsischer Umweltmotivation sind unabdingbare vorbereitende und begleitende Maßnahmen für Verhaltensänderungen. Aber sie allein reichen zum Realisieren ökologischer Ziele nicht aus. Auch mehr Ge- und Verbote müssen sein, aber sie reizen zur Umgehung und können den Kontrollaufwand der Umweltpolitik erheblich verteuern und verbürokratisieren.

Die Dominanz ökonomischer Mittel auf dem Weg zu ökologischen Zielen hat ihren Ursprung in der Funktionsweise kapitalistischer Marktwirtschaften. Deren »objektive« ökonomische Konkurrenz- und Kapitalverwertungsmechanismen erzwingen und prägen bei Produzenten und Konsumenten konkurrenzbetonte und umweltbelastende Verhaltensmuster. Man kann es zu Recht beklagen und sollte es, wo immer möglich, verändern, aber Tatsache ist, was der Volksmund zutreffend in dem Satz ausdrückt: »Geld regiert die Welt«. Dies gilt eben nicht nur im realpolitischen Sinne, sondern – was vielleicht noch schwieriger zu ändern ist – in den Köpfen.

Auf unregulierten sogenannten »freien« Märkten (vom Sachzwang der Konkurrenz und des Profits wird dabei unzulässigerweise abstrahiert!) ist es schlicht für jeden Marktakteur einzelwirtschaftlich rationaler, soweit wie möglich externe Kosten der Produktion und des

Konsums auf Dritte zu verlagern (sogenannte »externe Effeke«).
Denn damit kann die individuelle Kostenrechnung am einfachsten
entlastet werden.

Daraus folgt aber auch: »Abweichendes« ökologiebewußtes Verhalten – vor allem in der Wirtschaft, aber auch beim Konsum und in der
Berufstätigkeit – wird systematisch entmutigt, wenn es im Widerspruch zur herrschenden Marktlogik steht.

Insofern bestünde auf vollkommen »freien« Märkten zwischen ein-
zelwirtschaftlicher »Ökonomie« (dem Privatinteresse eines Produzenten) und gesamtgesellschaftlicher »Ökologie« (z.B. dem allgemeinen Interesse an Klima-und Umweltschutz) in der Regel ein
schroffer Widerspruch. Diese empirisch zu belegende Tatsache im
wirtschaftspolitischen Diskussionsklima der »Standort-Debatte« zu
konstatieren, gilt dem einem (dem »Deregulierer«) als Aufruf zur
Revolution und dem anderen (»dem Ökopax«) als zynischer Verrat an
der Ökologie. Dabei handelt es sich nur um ernstgenommene Wirt-
schaftswissenschaft und illusionslose Analyse der Realität. Daß
schon heute in einigen Produktions- und Konsumbereichen *kein
Widerspruch mehr zwischen Ökologie und Ökonomie besteht,* liegt
daran, daß umweltorientierte Interventionen in den Marktmechanismus bereits stattgefunden haben und Ansätze einer »Ökonomie des
Vermeidens« schon praktiziert werden.

Die von uns propagierte umfassendere Anwendung der »Ökonomie
des Vermeidens« zielt daher darauf, der Markt- und Profitlogik generell und soweit wie möglich durch ökologische und ökonomische
»Leitplanken« eine zukunftsfähigere und umweltverträglichere Richtung zu geben. Wie am Beispiel des Einsparkraftwerks gezeigt,
bedeutet dies weit mehr als nur den Umweltverbrauch in die Preis-
bildung von Güter- und Dienstleistungen einzubeziehen (»zu internalisieren«).

Der Lenkungseffekt selbst extrem hoher, der »ökologischen Wahrheit« angenäherter Preise ist nicht ausreichend, um rechtzeitig, aber
gleichzeitig möglichst sozial- und wirtschaftsverträglich in Richtung
Zukunftsfähigkeit umzusteuern.

Gewiß ist jedenfalls: Allein mit Appellen an die Verantwortung für die
Um-, Mit- und Nachwelt läßt sich keine dauerhafte ökologische Handlungsbereitschaft erreichen oder ein umweltverträglicher Musterbe-
trieb aufbauen, wenn es sich nicht – im wohlverstandenen Sinne –
auch »rechnet« und in einem umfassenden Sinne für alle Beteiligten
»lohnt«. In kapitalistischen Marktwirtschaften wird es daher keinen
erfolgreichen ökologischen Umbau geben, der sich allein auf ethisch
begründete Vermeidungsabsichten und eine postmaterialistische
Wertorientierung bei Investoren, Verbrauchern oder politischen Entscheidungsträgern stützt.

Diese nur scheinbar »ökonomistische« Grundthese widerspricht
nach unserem Verständnis nicht einem komplexeren Erklärungs-

Die scheinbaren »externen« Effekte sind keine Ausnahme-erscheinungen von kapitalisti-schen Marktwirtschaften, wie der Terminus suggeriert, son-dern die folgenreiche Regel und konsequente Fortsetzung der Funktionslogik gewinn- und wettbewerbsgesteuerter Wirtschaft, die Umweltschä-den so lange wie erlaubt auf die Allgemeinheit zu verla-gern.

Zwar sollten Preise, soweit sie dazu in der Lage sind, »die ökologische Wahrheit sagen« (E.U. von Weizsäcker). Aber die »ganze ökologische Wahr-heit« kann *niemals allein in Preisen* ausgedrückt werden, weil z.B. die Millionenopfer einer möglichen klimabeding-ten Überschwemmungskata-strophe in Bangladesch oder der Verlust der Artenvielfalt nicht in Geld bewertet werden können.

Über den sprachlichen Zusammenhang von »sich lohnen« (im umfassenden Sinne) und (monetärem) »Lohn« ließe sich ein kulturhistorischer und -kritischer Essay schreiben; wofür uns ein »Gotteslohn« sicher wäre, eine offenbar kompensatorische »Belohnung« auch für gesellschaftlich notwendige, private Tätigkeiten (wie z.B. Kindererziehung und Hausarbeit), für die die Geld- und Profitgesellschaft keinen »Lohn« aufbringen möchte.

muster, das von Katrin Gillwald[4] wie folgt zusammengefaßt wird: »Letzlich entscheidend für die Chancen einer Ökologisierung von Lebensstilen dürfte ein motivations- und lerntheoretischer Grundsatz sein, wonach umweltkonforme Verhaltensweisen und Verhaltensänderungen sich für die Handelnden lohnen müssen – für alle Akteure in irgendeiner Weise und eben auch für Privatleute. Daß dabei durchaus nicht nur finanzielle Gratifikationen eine Rolle spielen, zeigen Ergebnisse der neuen Altruismus- bzw. Rational Choice- und Lebensstilforschung. Status, soziale Anerkennung und Integration, Uneigennützigkeit und Gerechtigkeitsdenken, Mitgefühl, Gefühle überhaupt und nicht zuletzt intrinsische Erfahrungen mit Veränderungsprozessen und neuen Lebenstilen haben danach ein für Verhaltensentscheidungen irrtümlich bisher unterschätztes Gewicht« (S. 34).

Hier kommt es uns auf folgenden Zusammenhang an: Nichtmonetäre Formen der »Belohnung« sind für die Ökologisierung von Lebensstilen zweifellos bedeutsam. Sie begründen und verstärken Umweltmotivationen, und erst dadurch kann eine von innen heraus kommende, dauerhafte (»intrinsische«) Veränderungsbereitschaft ausgelöst werden – vorausgesetzt allerdings, daß sie weitgehend deckungsgleich mit den ökonomischen Anreizstrukturen verlaufen. Stehen sie im Widerspruch zu herrschenden ökonomischen Leitzielen, dann kann innerhalb einer profit- und geldorientierten Produktions- und Lebensweise auch durch forcierte ökologische Erziehungs- und Motivationsaktivitäten und »postmaterielle Werthaltungen« nur ein begrenztes Veränderungspotential in Gang gesetzt werden.
Dies wird durch empirische Studien bestätigt: In Deutschland ist das selbstbekundete Umweltbewußtsein relativ hoch; etwa achtzig bis neunzig Prozent der Bevölkerung halten sich für »umweltbewußt«. Aber nur deutlich weniger als zehn Prozent der Bürger praktizieren eine »strikte Ökologisierung« ihres Lebensstils, und maximal vierzig Prozent der Bevölkerung sind »Lebensstil-Mischtypen« mit vielfältigen Kombinationen aus umweltfreundlichem und umweltschädlichem Verhalten zuzurechnen (Gillwald 1995; Prose/Wortmann 1991; Reusswig 1994).
»Die Konsumenten«, »die Bürger« oder »die Privatleute« sind eben überwiegend Menschen, die morgens »ins Geschäft« gehen und dort jahrzehntelang nach Rentabilitätskriterien und unter Konkurrenzzwängen Entscheidungen treffen und diese Verhaltensform und dieses Denkmuster von Wirtschaftlichkeitskalkülen internalisieren. Wie sehr wirtschafts- und systemgeprägte unterschiedliche Denk- und Verhaltensweisen eine Rolle spielen können, hat zum Beispiel bis heute die zwangsgeteilte und marktvereinigte Entwicklung der »beiden deutschen Staaten« gezeigt. Meinungsumfragen zeigen bis heute, daß Einstellungen und Werte von Ost- und Westdeutschen immer noch erheblich differieren.

Man braucht daher kein Marktfetischist zu sein, sondern muß nur
Realist sein, um unter den gegenwärtigen ordnungspolitischen Rah-
menbedingungen in Deutschland und in Europa zu dem nüchternen
Urteil zu kommen: Umwelt- und Klimaschutz, der sich für Anbieter
und Verbraucher nicht lohnt, hat keine Aussicht auf langfristigen
Erfolg. Notwendig ist eine *Umkehr der Anreizstruktur:* Nicht wachsender, sondern sinkender Energie-, Material-, Flächen- und Umweltverbrauch muß sich für Anbieter und Verbraucher »rechnen«.
Mit dieser Kernthese setzen wir uns innerhalb der »ökologischen
Bewegung« bewußt zwischen alle Stühle. Systemkritiker werden uns
vorhalten, daß damit der Kapitalismus nur ökologisch modernisiert,
aber nicht überwunden wird. Zweifellos ist dies richtig: Aber die
Umwelt kann nicht mehr darauf warten, daß es den Kapitalismus –
vielleicht – einmal nicht mehr gibt. Und ethisch argumentierende
Ökologen werden unbestritten, noch lange und zweifellos zu Recht,
aber folgenlos darauf bestehen, daß die »Bewahrung der Schöp-
fung« sich immer »lohnt«, egal wieviel es kostet.

Ursache aller Umweltprobleme ist das Konsumverhalten?

Dieser systemorientierte und nur scheinbare ökonomische Rigoris-
mus steht auch in einem gewissen Kontrast zu einer unübersehbaren
Fülle an ökologischer Literatur, die sich vorrangig mit individual- und
sozialpsychologischen oder soziologischen Analysen des Konsum-
verhaltens und der »Ökologisierung von Lebensstilen« (Katrin Gillwald) befaßt. Interessanterweise basiert jedoch gerade diese
Literatur im Kern auf der *ökonomistischen Fiktion der »Konsumentensouveränität«* und mündet daher häufig in mehr oder weniger hef-
tige Schuldzuweisungen an die Adresse der Konsumenten ein. »Der
Grundgedanke ist«, so ein zugespitztes Resümee, »daß alle Umwelt-
gefahren auf den Konsum zurückzuführen sind; denn ohne Konsum
wird ... jede Produktion überflüssig und ohne Konsum entsteht auch
kein Abfall«.[5]
Gerade der »Elektrizitätskonsum« und seine mögliche Vermeidung
durch ein Einsparkraftwerk ist ein gutes Beispiel dafür, daß in dieser
apodiktischen Behauptung höchstens das berühmte Körnchen Wahrheit steckt, aber auch nicht mehr. Es ist in der Tat eine Binsenwahrheit, daß zu jedem Zeitpunkt schon aus technischen Gründen nur
soviel Elektrizität erzeugt wird, wie auch »konsumiert« wird. Dennoch wird wohl selbst der kühnste Marktapostel sich kaum zu der
Behauptung versteigen, daß es ausschließlich »die souveränen Konsumenten« sind, die Atomkraftwerke oder Kohlegroßkraftwerke und
deren jeweilige Risiken »verursachen« oder »vermeiden« können.
Wir haben gezeigt: Die Ursachen der Entstehung und die Vielzahl der
Hemmnisse auf dem Weg zum Vermeiden von Elektrizitätsverbrauch
wie auch die produktionstechnisch-energiewirtschaftlichen Gründe
für die Art der Stromerzeugung sind sehr komplex. Sie vorrangig an

einem individuell entscheidbaren verschwenderischen oder ökologischen Lebensstil von souveränen »Elektrizitätskonsumenten« festzumachen, führt in jedem Fall in die Irre. LCP-Aktivitäten von *Stromproduzenten* sind ja gerade auch deshalb notwendig, weil strukturelle Hemmnisse verhindern, daß sich verstärktes, über den Trend hinausreichendes Energiesparverhalten bei allen Verbrauchern entfalten und Einfluß auf die Kraftwerksausplanung gewinnen kann. Natürlich dominiert nicht in allen Sektoren und bei allen Produkten ein so eindeutiger »revidierter Ablauf« (John Kenneth Galbraith) – die Produktion bestimmt den Konsum – wie im Stromsektor. Aber gerade deshalb haben wir vor einfachen Reformrezepten und vor plakativen Schuldzuweisungen an »die Monopole« gewarnt und gerade auch die sozialpsychologische Seite beim Bau eines Einsparkraftwerks (»Das Einsparkraftwerk sind wir«) betont.

Unsere grundsätzliche These ist: Die Änderung der ökonomischen Logik und der Anreizstrukturen innerhalb komplexer Systeme in eine ökologisch verträglichere Richtung ist der Schlüssel zur Lösung der Umweltprobleme. »Ökonomie des Vermeidens« bedeutet, nach jenen jeweils sektor- und zielgruppenspezifischen Instrumentenbündeln zu suchen, die in den Schlüsselsektoren Energie, Verkehr, Chemie, Wasser und Abfall auf richtungssichere Anreize für eine umweltverträglichere Produktions- und Lebensweise setzen.

Wachsendes Umweltbewußtsein und ökologischere Werthaltungen sind zweifellos wesentliche sozialpsychologische Determinanten, um solchen Instrumentenbündeln gesellschaftspolitisch zum Durchbruch zu verhelfen. Aber ohne ökonomisch gleichgerichtete Triebkräfte verpuffen sie zu folgenlosen moralischen Appellen.

Das Wachstum ist an allem schuld?

Mit der »Ökonomie des Vermeidens« wird darüber hinaus an das in Vergessenheit oder – wegen seiner Unschärfe – in Verruf geratene *Konzept des »Qualitativen Wachstums«* angeknüpft. Eine pauschale, ökologisch argumentierende Wachstumskritik ist nicht nur in sich widersprüchlich, sondern kann auch für eine Konsensbildung kontraproduktiv werden: »Dematerialisierung« und »De-Energetisierung« sind ja in technischer und wirtschaftlicher Hinsicht nur denkbar, und der Weg zur »Zukunftsfähigkeit« ist praktisch nur realisierbar, *wenn neue ökologisch verträglichere Produkte entwickelt werden und entsprechende Märkte daher auch besonders rasch wachsen.* Genauso kategorisch muß allerdings darauf bestanden werden, daß erkennbar *nicht zukunftsfähige* Branchen und Produkte systematisch zurückgeschrumpft werden müssen. Genau darin liegt auch die Crux eines beschleunigten, aber möglichst friktionsarm zu steuernden ökologischen Strukturwandels: Es müssen Rahmenbedingungen geschaffen werden, daß Gewinner(-industrien) sich rascher entwickeln können und die Verlierer eine Übergangsperiode zur Anpassung und – wo immer möglich – eine Zukunftsperspektive für neue ökologische Geschäftsfelder erhalten.

Diese *simultanen Schrumpfungs- und Expansionsprozesse* auf dem Weg in die Zukunftsfähigkeit verlangen eine Vorstellung von der betriebswirtschaftlichen Perspektive (zum Beispiel hinsichtlich der Diversifizierung der Produktpalette und neuer Geschäftsfelder) und von den ökonomischen Anreizstrukturen (bzw. Sanktionen) in den betroffenen Schlüsselbranchen. Die Suche nach »Wirtschaftsverträglichkeit« von Vermeidungskonzepten ist daher eine richtige Forderung, die aber nicht lobbyistisch als Suche nach Konzepten, die »allein mit den Industrieinteressen verträglich sind« mißverstanden werden darf.

Staatlich regulierte Märkte und Preise im Rahmen einer »Ökonomie des Vermeidens« als innovative Steuerungsinstrumente zu nutzen bedeutet nicht, den Umweltschutz deregulierten Märkten und unzureichenden Selbstverpflichtungserklärungen von Branchenlobbyisten zu überlassen. Das politische Entschlossenheit vortäuschende »Deregulierungs«-Konzept wird oft genug nur als Rechtfertigung für staatliches Nichthandeln mißbraucht. De facto führt dies zum Verzicht auf klare umweltpolitische Rahmenbedingungen und zur Kapitulation vor kurzfristigen Wirtschaftsinteressen.

Die Konzeptionslosigkeit einer Umwelt- und Energiepolitik, die sich hinter Marktgläubigkeit und Marktradikalismus versteckt, korrespondiert eng mit der Rat- und Ahnungslosigkeit einiger herrschender wissenschaftlicher Theorien und den darauf gestützten Empfehlungen für eine Vermeidung von Stoff-, Flächen- und Energieverbräuchen. Hierauf muß daher noch in gebotender Kürze eingegangen werden.

Das bewußte Setzen »ökologischer Leitplanken« lenkt denjenigen, der sich ihnen anpaßt, ohne unnötige Friktionen in eine gesellschaftlich erwünschte Richtung und dämpft den gesellschaftlichen Schaden dort, wo weiter auf Kollisionskurs gegen die Umwelt gesetzt wird

Naturvergessenheit der Ökonomie und Wirtschaftsunverträglichkeit der Ökologie

Ein wesentlicher konzeptioneller Grund für die Realitätsferne und die Umsetzungsdefizite vieler »Wende-«, »Umbau-« und »Zukunftsfähigkeits«-Szenarien liegt darin, daß die wirtschaftlichen Hauptakteure, die ökonomischen Triebkräfte (die Anreizstruktur) für eine Vermeidungsstrategie, und die Hemmnisse sowie die Instrumente zu deren Überwindung häufig nicht im Zusammenhang analysiert werden. Hieraus resultiert eine Vielzahl von Unzulänglichkeiten: Einige ökologisch orientierte Studien bleiben bei der *naturwissenschaftlich-*

stofflichen Begründung der Notwendigkeit drastischer Reduktionsziele stehen. Andere ökonomisch argumentierende Studien wiederholen lehrbuchartig die heute bekannten *umweltökonomisch- marktwirtschaftlichen Instrumente* (z.B. Steuern, Abgaben, Zertifikate), ohne ihre Angemessenheit gegenüber völlig neuartigen Anforderungen an »Zukunftsfähigkeit« zu untersuchen.

Noch am überzeugendsten sind anschauliche Darstellungen erfolgreicher Programme, Projekte und Akteure. Aber auch die Präsentation von »positiven Beispielen« kann dann kontraproduktiv und unglaubwürdig werden, wenn ihre problemlose Verallgemeinerungsfähigkeit schlicht behauptet wird oder wenn sich bei näherer Analyse der technischen und sozialen Implikationen der »Positivbeispiele« durchaus die Frage stellen läßt, was an »Zukunftsfähigkeit« in diesen Keimformen wirklich angelegt ist. Die Überzeugungskraft des »positiven Beispiels« soll hier natürlich nicht generell in Abrede gestellt werden. Im Gegenteil:

In der Popularisierung von Vorreiterrollen liegt eine gewaltige Chance der neuen Kommunikationstechniken, indem Positivbeispiele in Zukunft durch entsprechende Netzwerke in wenigen Tagen weltweit bekannt werden können. Damit wächst aber auch die Gefahr unkritischer Propaganda durch nicht präzise recherchierte Daten und daraus resultierender Enttäuschungen. Wir bevorzugen deshalb bei der Vorstellung und Analyse von »Positivbeispielen« und »Best Practices« den vorsichtigeren Begriff »Keimformen«, um deutlich zu machen: Erstens besteht zu einer modellhaften Idealisierung in der Regel schon deshalb kein Anlaß, weil soziale und technische Innovationen sich weiterentwickeln müssen; zweitens wachsen Keimformen nur unter bestimmten gesellschaftlichen Randbedingungen zu starken Sprößlingen und bleiben – unter ungünstigen Verhältnissen – oft genug verwundbar und nicht entwicklungsfähig. Schließlich besteht »soziales Lernen« aus »Positivbeispielen« auch nicht in der Kopie, sondern im informierten Aufgreifen funktionierender Ansätze und der kreativen Übertragung und Weiterentwicklung nach den jeweils eigenen Vorstellungen und gesellschaftlichen Bedingungen. Genau in diesem Sinne verstehen wir auch das Einsparkraftwerk der Stadtwerke Hannover als technische und soziale Innovation und als »Keimform« einer zukunftsfähigen Energiespar- und Sonnenenergiewirtschaft. Die *Dominanz der Ökonomie* (»Was rechnet sich für die beteiligten Akteure und insbesondere für die Stadtwerke?«) wie auch die Bedeutung der *sozialpsychologischen Dimension* (»Wie kann das Einsparverhalten verstärkt und dadurch die NEGAWatts verfügbar gemacht werden?«) werden am Beispiel des Einsparkraftwerks exemplarisch deutlich.

Immer noch dominieren die vorwiegend *stofflich-technischen* Analysen die Diskussion über Vermeidungs- und »Zukunftsfähigkeits«-Strategien. Dabei wird das wünschbare Zielsystem zunehmend detaillierter und in stofflich-quantifizierter Form untersucht. Es bleibt allerdings zumeist offen, wie ein wirtschaftlich und sozial gangbarer Weg zu den Zielen und der Beitrag der jeweiligen Akteure bei der Umsetzung aussehen könnte. Die Analyse beschränkt sich im besten Fall auf die Darstellung dessen, was an reduzierten Stoff- und Energieumsätzen technisch möglich ist.

Naturwissenschaftliche Methoden und ökologisches ganzheitliches Denken haben die Entwicklung von Umweltbelastungsindikatoren erst möglich gemacht, die die Voraussetzung zur Formulierung quantifizierter Reduktions- und Vermeidungsziele bilden. Dadurch wurden die Unzulänglichkeiten, insbesondere die Natur- und Bedürfnisvergessenheit der herrschenden Nationalökonomie, schlaglichtartig deutlich gemacht. Durch die stoffliche Sichtweise wurde das neoklassische Mengen- und Preissystem quasi vom gedanklichen Nirwana der vollkommenen Konkurrenz auf den realen Boden der Naturzusammenhänge und Stoffflüsse zurückverwiesen. Für den ökologischen Stoffflußanalytiker muß es abenteuerlich erscheinen, wenn ihm die herrschende Zunft der Ökonomen ein Modell des Wirtschaftens präsentiert, in dem die langfristig folgenreichsten und quantitativ bedeutendsten Elemente des Naturkreislaufs,[6] die gigantischen Materialmengen, die der Mensch der Natur entnimmt und ihr wieder zurückgibt, in der Regel nicht vorkommen; geschweige denn, daß sie nach ihren – auch in wirtschaftlicher Hinsicht – häufig dramatischen Auswirkungen untersucht werden.

Heute kann aber nicht mehr verdrängt werden, daß der globale Materialverbrauch der bundesdeutschen Wirtschaft pro Jahr etwa bei 6,1 Mrd. Tonnen (im Jahr 1991; ohne Wasser und Luft) liegt, das heißt bei etwa 76 Tonnen pro Kopf. Da diese *Entnahmen aus der Natur* früher oder später in zumeist schädlicher Form von Abfall, Abwässern und Abgasen/Emissionen *an die Natur zurückgegeben* werden, liegt die Forderung nach maximaler Vermeidung unnötigen Materialverbrauchs und nach drastischen Reduktionszielen auf der Hand. Dies gilt insbesondere deshalb, weil unter Trendbedingungen befürchtet werden muß, daß im nächsten Jahrhundert die auf 10 Milliarden angewachsene Erdbevölkerung pro Kopf etwa den Materialdurchsatz eines Durchschnittsdeutschen in Bewegung setzen könnte. Dies würde dann in der Summe den unvorstellbarer Stofffluß von insgesamt 760 Mrd. Tonnen pro Jahr bedeuten.

Daher ergibt sich bei einer konsequenten stofflich-ökologischen Sichtweise zwingend die Forderung nach drastischer Entkoppelung von Wirtschaftswachstum und Materialeinsatz oder – wenn dies nicht zu einer ausreichenden Dematerialisierung und absoluten Absenkung von Materialflüssen führt – die Forderung nach Beschränkung des Wirtschaftswachstums.

Ökologische, zielorientierte Analysen der »Durchflußwirtschaft« stehen jedoch mit diesen Forderungen im diametralen Gegensatz zur

Das herrschende Input/Output-Wirtschaftsmodell mit abgeschnittenem Ende und Anfang des Stoffwechsels zwischen Mensch und Natur vernebelt, daß Produktion und Konsum in stofflicher Hinsicht nur Stationen einer weit umfassenderen »Durchflußwirtschaft« sind.

Umweltqualitätsziele, Kriterien für Nachhaltigkeit und Grenzüberschreitungen in Naturkreisläufen lassen sich nicht ökonomisch bestimmen. Einen Ratschlag möchten wir daher als Autoren und Ökonomen am Ende dieses Exkurses loswerden. Streiten Sie, lieber Leser, mit Ökonomen immer erst über Ziele, ehe Ihnen durch eine Lobpreisung der Mittel – wie Markt, Preis und Wettbewerb – die klare Sicht genommen wird.

herrschenden neoklassischen Lehre: Beide Wissenschaftsspezies kommunizieren miteinander mit dem wechselseitigen Unverständnis von Wesen aus unterschiedlichen Galaxien. Da der herrschenden ökonomischen Lehre die naturvergessenen Such- und Entdeckungsprozesse durch freie Märkte auch dann noch heilig sind, wenn die Stoffentnahme aus der Natur und die Abgabe in die Natur bereits das gesamte Wirtschaftssystem zum Kollaps zu bringen droht, bleibt besorgten Stoffstromanalytikern notgedrungen gar nichts anderes übrig, als selbst einen Salto mortale in die Ökonomie zu vollführen. Auf fremdem Terrain allein gelassen, wird von Ökologen – im direkten Widerspruch zum Credo der herrschenden wirtschaftswissenschaftlichen Lehre – gefordert, den Märkten und Akteuren der Wirtschaft in Mengen ausgedrückte, absolute Reduktionsziele vorzugeben. Damit verbunden ist mitunter die illusionäre Hoffnung, eine ökologische Steuerreform oder eine Produktkennzeichnung über den Material-, Energie-, Flächen- und Transportaufwand würden allein ausreichen, drastische Vermeidungsquoten und eine zukunftsfähige Dematerialisierung auch wirtschaftsverträglich umzusetzen.

Damit wird der herrschenden Ökonomie unnötigerweise die Gelegenheit geboten, einen Popanz aufzubauen, den sie auch ausgiebig zur Gegenattacke und zur Ablenkung von der eigenen Unzulänglichkeit nutzt. Eine typische Argumentation lautet zum Beispiel: »Eine solche stoffpolitische Forderung nach kontinuierlicher Reduktion des Stoffflußvolumens ist auch mehr als eine umfassende Internalisierungsstrategie; sie ist eine umfassende Lenkungsaufgabe, bei der die Akteure des Wirtschaftssystems über eine sukzessiv steigende Ressourcenbesteuerung mit der staatlich geführten Preispeitsche zur Effizienz- und Suffizienzrevolution getrieben werden sollen. Eine solche Konzeption kann man nicht mehr als ökonomieverträglich oder marktwirtschaftskonform kennzeichen«.[7] Diese Pauschalkritik wäre nur dann berechtigt, wenn es Ökologen tatsächlich um die unterstellte »Umweltpolitik um jeden Preis« gehen würde und wenn Klemmers eigener neoklassischer Ansatz eine wirtschaftswissenschaftliche Grundlage für eine effizientere Vermeidungsstrategie bieten würde. Davon kann aber keine Rede sein. Klemmer definiert die »Gesamtheit der erneuerbaren und nicht-erneuerbaren Ressourcen« als »Öko-Realkapital«, das auch durch »Humankapital«, »Sachkapital« und »Technischen Fortschritt« ersetzbar ist. Damit wird z.B. unterstellt, daß Regenwälder durch Neuaufforstungen, Öl durch Solarenergie, natürliche Artenvielfalt durch Gen-Banken sowie – zugespitzt – Naturästhetik durch Computersimulationen beliebig ersetzt werden können. Mit dieser höchst fragwürdigen Annahme wird der Spielraum zum Erhalt des Öko-Realkapitals (als Bedingung von Zukunftsfähigkeit) aber nur scheinbar ökonomisch ausgeweitet. Zur »Verhinderung von Zuständen von Nicht-Nachhaltigkeit« könne eine Politik zum Erhalt des Öko-Realkapitals, so wird konzediert, »mit einer Reduktion von Materialintensität, einer verstärkten Kreislaufführung der Stoffe, einer Steigerung der Langlebigkeit vieler Produkte oder mit gravierenden Änderungen der Konsummuster verbunden sein. Dies gilt aber nur solange, wie die oben angesprochenen Leitplanken, die unter ökonomischen Aspekten Grenzen darstellen, ab denen die Grenzschadenskosten die Grenzvermeidungskosten überschreiten, durchbrochen werden *und die Gefahr einer nicht nachhaltigen Entwicklung besteht*«(H.d.V.).[8] Damit ist das risikominimierende stoffliche Nachhaltigkeitspostulat ins Gegenteil verkehrt, da die »Gefahr einer nicht nachhaltigen Entwicklung« nach einem ökonomischen Kalkül, mit einem Vergleich von Schadens- und Vermeidungskosten, beurteilt wird. Daß die Ökonomie unzählige reale »Grenzüberschreitungen« nicht verhindert hat, sondern im Gegenteil einen Trend begründet und verstärkt, der – z.B. bei den CO_2-Emissionen – in immer schrofferen Widerspruch zum Nachhaltigkeitspostulat gerät, wird bei dieser konventionellen ökonomischen Sichtweise erneut vernebelt.

Auch Neuorientierungen einer mehr interdisziplinär und naturwissenschaftlich fundierten Ökonomie, wie z.B. die ökologische Ökonomie (»Ecological Economics«),[9] haben zwar die ökologische Kritik an der Neoklassik weiter fortgeführt und vor allem die Grundlage zur Präzisierung und Operationalisierung des Nachhaltigkeitskonzepts geliefert. Der Schwerpunkt der »Ecological Economics« liegt aber immer noch vorwiegend » ... in der Formulierung von Zielen und globalen politischen Programmen. Wenn es aber an die Implementation und die Analyse der Wirkungen umweltpolitischer Maßnahmen geht, so gibt es nichts, was sich nicht schon im Instrumentenkasten der traditionellen Umweltökonomie befindet«.[10]
Die Stärke der stoffbezogenen Analyse und Handlungsebene liegt andererseits in der ungeschminkten Analyse des Verzehrs von Naturkapital durch ungesteuertes Wirtschaftswachstum und in der Aufdeckung der Risiken und Schäden eines weiter anwachsenden Ressourcen- und Energieverbrauchs.[11] Aber wie die Stoff- mit den Waren-, Kapital- und Geldströmen verbunden sind, kann auf der Analyseebene des Stoffwechsels zwischen Mensch und Natur nicht adäquat diskutiert werden. Daher kann mit diesen Erkenntnissen allein eine wirtschaftlich adäquate Vermeidungsstrategie auch nicht entwickelt werden.
Aber als Resümee dieses wissenschaftlichen Exkurses bleibt dennoch unterm Strich festzuhalten: Sowohl bei der neoklassisch-ökonomischen als auch bei der stofflich-ökologischen Analyse bleibt konzeptionelle Ratlosigkeit zurück. Theoretisch und empirisch fundierte Politik-Empfehlungen für einen ökonomisch tragfähigen Übergang (»Wende«) zu einer zukunftsfähigen Entwicklung sucht man bei

beiden Schulen vergeblich. Dies ist mit ein Grund dafür, daß sich, wie Katrin Gillwald es formuliert, eine »ökologische Unübersichtlichkeit« eingestellt hat.

Ob unser zur »Ökonomie des Vermeidens« verallgemeinertes Konzept eines Einsparkraftwerks einen möglichen Ausweg aus diesem Dilemma weist, müssen Sie, liebe Leserin, lieber Leser, selbst entscheiden.

Was kostet das Vermeiden der Umweltzerstörung?

Rigorose Natur- und Umweltschützer werden schon die in der Überschrift gestellte Frage nach den »Kosten des Vermeidens« für unzulässig, zumindest für nicht zentral halten. Jede Umweltzerstörung muß aus ökologischer Sicht vermieden werden, egal, was es kostet. Unsere einfache Gegenfrage lautet: Wenn durch die Umsteuerung des Rentabilitätskalküls ökologische Ziele schneller und reibungsloser erreicht werden können, warum darauf verzichten?

Eine »Ökonomie des Vermeidens« zielt darauf, durch technologische und soziale Innovation sowie durch entsprechende Anreizstrukturen den Material- und Energieverbrauch *bezogen auf ein jeweiliges Bedürfnis- und Dienstleistungsniveau* soweit wie volkswirtschaftlich sinnvoll zu reduzieren. Offensichtlich müssen wir dafür vor allem den Begriff »Dienstleistungsniveau« genauer präzisieren; er hat mit den geläufigen »immateriellen« Dienstleistungen einer Bank oder eines Theaters im üblichen Wortsinne nur wenig zu tun; gemeint sind vielmehr die aus materiellen Konsum- und Investitionsgütern abgeleiteten *Serviceeinheiten und Funktionen*. Ob das Niveau dieser Serviceeinheiten und Funktionen sowie der damit verbundene Energie-, Stoff- und Flächenverbrauch den Kriterien von Zukunftsfähigkeit entspricht, steht hier noch nicht zur Debatte. Hier geht es vielmehr zunächst nur um die Begründung der These, daß unser heutiges »Bedürfnis- und Dienstleistungsniveau« beim Stand der Technik und des Wissens sowie bei Verallgemeinerung sozialer Innovationen volkswirtschaftlich preiswürdiger und gleichzeitig weniger material-, flächen- und energieintensiv bereitgestellt werden könnte.

Ob darüber hinaus die Absenkung des heutigen Niveaus notwendig ist, ist eine Frage, die die weltweite Verallgemeinerungs- und Zukunftsfähigkeit des jeweiligen Dienstleistungsniveaus betrifft (»Suffizienzproblem«, vgl. Kapitel 7). Wird eine Absenkung auch gesellschaftlich akzeptiert, müssen quasi die »ökologischen und ökonomischen Leitplanken« neu justiert werden, um dieses Niveau in eine zukunftsfähige Zielperspektive umzusteuern. Das im folgenden verwendete Instrumentarium einer »Ökonomie des Vermeidens« ist aber auf diese weitergehende dynamische Fragestellung ebenfalls anwendbar.

Unsere zentrale These ist, daß eine »Dematerialisierung« – ebenso wie die oben nachgewiesene »De-Energetisierung« – in vielen gesellschaftlichen Bereichen volkswirtschaftlich kostengünstiger ist, als auf den derzeitigen oder auf vermehrten Einsatz von Material und Energie zu setzen. Eine grobe Abschätzung zeigt, daß es allein durch die Vermeidung und Verminderung von unproduktiven Stoffströmen im verarbeitenden Gewerbe bereits um beträchtliche Größenordnungen geht. Die Kienbaum Unternehmensberatung GmbH schätzt die Einkaufswerte unproduktiver Stoffströme auf 100–300 Milliarden DM pro Jahr, dies ist ein Anteil von 5 – 15 Prozent der Gesamtkosten im verarbeitenden Gewerbe. Diese nicht verwerteten Reststoffe verursachen im verarbeitenden Gewerbe über den Schornstein, durch das Abwasserrohr oder im Abfallcontainer unnötige Kosten. Kienbaum rechnet, daß bei nur 20 Prozent Reststoffvermeidung ca. 18 Millionen Tonnen Abfälle, 2 Milliarden m³ Wasser und 39 Milliarden kWh elektrische Energie und das heißt zwischen 19–39 Milliarden DM Kosten pro Jahr vermieden werden könnten (unveröffentlichtes Manuskript vom 1. 2. 1996). Ein Industrieunternehmen könne daher »...erfahrungsgemäß etwa 20–40 Prozent der von der Produktion ausgehenden Umweltbelastungen durch rentable Maßnahmen vermeiden«(ebd.) Wohlgemerkt: Hierbei handelt es sich allein um das beträchtliche Kostenentlastungspotential des integrierten Umweltschutzes und der »Ökonomie des Vermeidens« von umweltschädlichen Reststoffen *bei unveränderter Angebotspalette*. Die Palette einer Ökologisierung der Produktpolitik und des Stoffstrommanagements (z.B. Langlebigkeit, Kreislaufwirtschaft) sowie innovativer Nutzungsformen (»Nutzen statt besitzen«, »Leasing-Gesellschaft«), auf die wir weiter unten eingehen, sind hierbei noch nicht berücksichtigt. Wir hoffen, damit den Leser für einen kurzen Ausflug in die Verallgemeinerung der »Ökonomie des Vermeidens« neugierig gemacht zu haben.
Wir wollen diese Leitideen einer »Ökonomie des Vermeidens« im folgenden konkretisieren und dabei die Analogien und Erweiterungen zum dargestellten Konzept der Integrierten Ressourcenplanung bzw. des Least-Cost Planning im Energiebereich herausarbeiten.

Was ist eigentlich Konsum?

Hierzu müssen die mit dem Einsatz (z.B. für Konsum- oder Investition) von Produkten und traditionellen Dienstleistungen verbundenen »Serviceeinheiten und Funktionen« genauer betrachtet werden. Mit der alljährlich produzierten »ungeheuren Warenansammlung« (Karl Marx), die etwa dem realen, das heißt inflationsbereinigten Bruttosozialprodukt entspricht, ist nämlich jeweils ein bestimmtes Dienstleistungsniveau verbunden, also ein bestimmtes Angebot an Serviceeinheiten bzw. Funktionen. Man kann sich das Bruttosozialprodukt vorstellen als Summe aller Investitions- und Konsumgüter und (traditionellen) Dienstleistungen, denen auf der Bereitstellungsseite ein bestimmter stofflicher Material- und Energieeinsatz und auf der Nutzerseite ein bestimmtes volkswirtschaftliches Dienstleistungsniveau entspricht.[12] Eine zentrale ökonomische Frage ist daher, mit welchem Mix aus Materialeinsatz und Vermeidungsoptionen ein bestimmtes Dienstleistungsniveau mit möglichst geringen volkswirtschaftlichen Kosten erreicht werden kann.

Ein derartiger volkswirtschaftlicher Kostenvergleich zwischen mehr Energieangebot und Energieeinsparung ist, wie wir gezeigt haben, bei Energiedienstleistungen im Rahmen der Integrierten Ressourcenplanung bzw. des Least-Cost Planning[13] Stand von Theorie und Praxis (siehe Kapitel 2 und 3). Die gleiche Energiedienstleistung »warme Räume« (z.B. definiert als 20 Grad Celsius pro Quadratmeter pro Jahr) kann mit hohen Energiekosten in einem ungedämmten, aber dafür billigen Haus oder in einem (noch) relativ teuren Nullenergiehaus ganz ohne aktive Energiezuführung bereitgestellt werden. Analog können die jeweiligen Einzeldienstleistungen des gesamtwirtschaftlichen Dienstleistungsniveaus darauf untersucht werden, ob sie mit kostenaufwendigem Material- und Energieeinsatz bereitgestellt oder durch entsprechend kostenintensive Vermeidungsoptionen – ohne eine Senkung des Dienstleistungsniveaus – ersetzt werden können. Ziel ist es letztlich, das volkswirtschaftliche Gesamtkostenminimum zu erreichen.

Beginnen wir also mit dem Teil der »ungeheuren Warenansammlung«, der uns vertraut sowie lieb und teuer ist: *mit den Konsumgütern*.

Daß die durchschnittlich jährlich pro Kopf konsumierte stoffliche *Güter*menge eines Privathaushalts in der Bundesrepublik weltweit nicht verallgemeinerbar ist, haben wir gezeigt. Ist ein »dauerhafter Produktions- und Lebensstil« also nur durch eine Senkung des Pro-Kopf-Konsums in der Bundesrepublik erreichbar? Knapp zusammengefaßt lautet die Antwort: Zweifellos muß der Material- und Energieaufwand des Pro-Kopf-Konsums in der Bundesrepublik im nächsten Jahrhundert mindestens halbiert, eher sogar um drei Viertel gesenkt werden, wenn ein weltweit verallgemeinerungs- und zukunftsfähiges Niveau erreicht werden soll. Dies muß aber nicht bedeuten, daß das Pro-Kopf-Einkommen sinkt oder daß der Nutzen (die Bedürfnisbefriedigung) beim Konsum eines stofflich erheblich reduzierten Warenkorbs abnimmt. Unter bestimmten Randbedingungen ist sogar das Gegenteil möglich, daß nämlich durch Vermeiden mehr Wohlstand erreicht werden kann. Im folgenden können nur einige Bausteine und Instrumente einer Stoffstrompolitik im Sinne einer »Ökonomie des Vermeidens« kurz skizziert werden.

Der »Konsum« des einer durchschnittlichen Familie zur Verfügung stehenden statistischen Warenkorbs ist ein komplexer und zeitabhängiger Vorgang. Langlebige Güter werden beim Konsum dem Menschen nicht physisch einverleibt (wie z.B. Lebensmittel), sondern die Konsumenten erwarten sich von ihrer Inbesitznahme einen längeren Nutzeffekt. Neben dem »Haushaltsgerätepark«, wie z.B. allen »Weiße Ware«-Geräten (z.B. Kühl- und Gefriergeräte, Waschmaschinen), der Video-Ausrüstung, elektrischen Nähmaschinen, Heimwerkergeräten oder Staubsaugern gehören Häuser, Eigentumswohnungen, Gärten, Fahrzeuge, Rasenmäher, Boote, Surf-, Tauch- und Skiausrüstungen etc. in diese Kategorie.

Würden nur einige dieser Geräte (und Fahrzeuge) beispielsweise von zwei Familien in Mehrfamilien- oder Reihenhäusern gemeinsam genutzt, könnte ohne großen Komfortverzicht der Jahresumsatz und Materialverbrauch bei diesen Geräten halbiert und der Energieaufwand zur Herstellung erheblich gesenkt werden.

Hinzu kommt: Diese Gebrauchsgüter sind nur im statistischen Sinne »langlebig«. Technisch könnte ihre Lebensdauer mindestens verdoppelt und damit noch einmal eine Halbierung des Materialverbrauchs erreicht werden. Dies verlangt möglicherweise ein anderes Design oder mehr gewerblich orientierte Gerätetypen und damit auch mehr gemeinsame Nutzungsformen; aber wäre dies für die Verbraucher ein Nachteil? Viel zitiert wird z.B. ein Pilotprojekt zur gemeinsamen Nutzung von gewerblichen Waschmaschinen der Firma Electrolux Wascator in zur Kommunikation einladenden »Wäschepflegezentren« in Mietwohnungsgebäuden in Berlin. Eine Hochrechnung am Wuppertal Institut ergab, daß dadurch pro Kilo Wäsche der Materialverbrauch um den Faktor 20 und der laufende Energieverbrauch (durch verbesserte Möglichkeiten eines zentralen Warmwasseranschlusses) um etwa die Hälfte gesenkt werden könnten.[14]

Steigt der Anteil sogenannter »langlebiger Gebrauchsgüter« am durchschnittlichen Warenkorb, dann erhält der »Konsum« durch diesen investiven Anteil eine neue Zeit- und Kostenstruktur. Zum einen steigt der Zeitaufwand für Kauf und Wartung, der gegenüber der Zeitersparnis beim Gebrauch der Güter aufgerechnet werden muß. Vor allem aber wird das den Verbrauchern vertraute Kosten- und Preiskalkül bei dieser Gerätekategorie unbrauchbar. Nicht, wie gewohnt,

Generell gilt: Im durchschnittlichen Arbeitnehmerhaushalt (weit mehr noch in höheren Einkommensschichten) wird immer stärker in einen Gerätepark investiert, der im Durchschnitt nur wenige Prozent der Zeit genutzt wird – ein Auslastungsgrad technischer Anlagen, bei dem Unternehmen binnen kurzer Zeit Konkurs anmelden müßten.

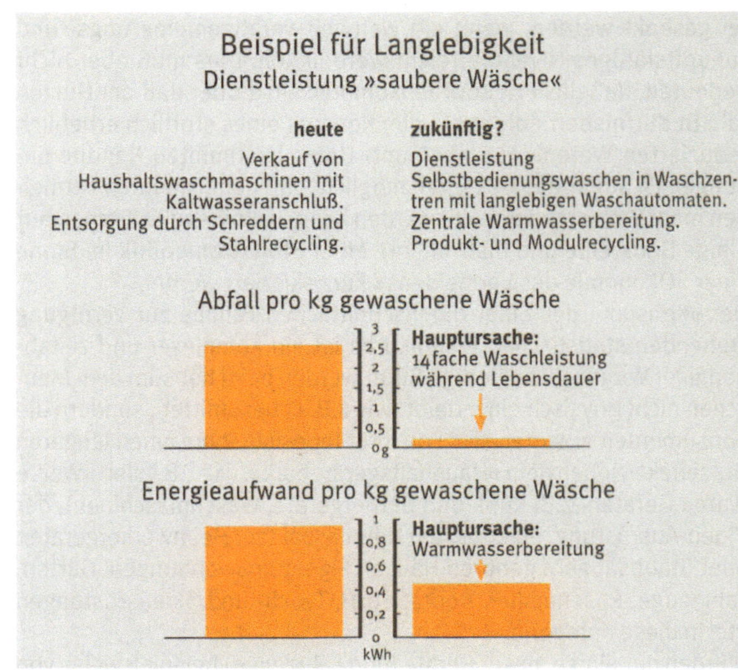

Abb. 55:
Beispiel für eine Senkung des Materialverbrauchs um den Faktor 10. (Quelle: Homberg 1995)

Ein Auto dient in erster Linie der Dienstleistung »Sicherung privater Mobilität« – sieht man von seiner Rolle als Statussymbol und hierauf projizierte, aber durch andere Lebensbereiche sinnvoller zu erfüllende Bedürfnisse ab. Für diese Dienstleistung benötigt jedoch nicht jeder die kostenaufwendige Vorhaltung eines eigenen »Stehzeugs« (denn die meiste Zeit steht ein Fahrzeug), sondern kann sie – maßgeschneidert für die jeweiligen Lebensverhältnisse – billiger über öffentliche Verkehrsmittel, Autoanmietung bzw. Leasing kaufen oder mit anderen teilen (Stattauto, Mitfahrzentralen).

der Vergleich der Anschaffungspreise, sondern *die Gesamtkosten* müßten bei sonst gleichem Nutzen entscheidungsrelevant für den Kauf sein, also zum Beispiel bei Waschmaschinen der Kaufpreis plus Strom-, Wasser-, Waschmittel- und die Reparaturkosten während der etwa zwölfjährigen Lebensdauer und die Entsorgungskosten. Wir haben gezeigt: Die Begründung für die Sinnhaftigkeit von LCP-Programmen liegt u.a. darin, daß die Verbraucher durch eine Gesamtkostenrechnung überfordert sind. Offensichtlich liegt hier ein Hemmnis, das verhindert, daß die mit dem langjährigen Betrieb von Geräten verbundenen Energie- und Materialkosten minimiert werden.

Zu den sogenannten langlebigen Gütern kommen darüber hinaus Güter für die Gesundheits- und Körperpflege oder für Bildung, Unterhaltung und Freizeit oder auch Wasser hinzu, die häufig zur Bedürfnisbefriedigung nur Zwischenprodukte darstellen; in der Regel sind sie Mittel zum Zweck der Bereitstellung einer bestimmten Dienstleistung (eines Nutzeffekts). Die Dienstleistung »Wasser mit Trinkwasserqualität« kann zum Beispiel durch wassersparende Armaturen und entsprechendes Verhalten mit erheblich weniger Trinkwasser bereitgestellt werden; für bestimmte »Hygienedienstleistungen« (z.B. Toilettenspülung) kann vollständig auf Regenwasser zurückgegriffen werden (siehe weiter unten). Bei Dienstleistungen für »gesunde und ästhetische Körperentwicklung« können ökologisch häufig bedenkliche oder unnötige Güter wie zum Beispiel die Unzahl von Badezusätzen, Shampoos, Kosmetika und Medikamenten zumindest teilweise durch Naturprodukte, Sport, Vollwertkost und eine andere Lebensweise (z.B.»Entschleunigung« des Lebensstils) ersetzt werden.

Natürlich sind in dem genannten »Warenkorb« auch klassische Dienstleistungen im üblichen Sinne enthalten, also z.B. Kino- oder Theaterbesuche oder Versicherungs- und Bankleistungen. Mit »Dematerialisierung« und »De-Energetisierung« ist jedoch nicht nur das – in allen Industriestaaten zu beobachtende – relativ schnelle quantitative Wachstum des traditionellen »Dienstleistungssektors«, sondern die Reduktion des Stoff- und Energieverbrauchs gemeint, aus dem der Warenkorb besteht.

Vor allem berücksichtigt diese umfassendere Sicht von »Dienstleistungen« stets die gesamte Prozeßkette »von der Wiege bis zur Bahre«. Bei dieser ganzheitlichen Sicht zeigt sich auch, daß der Zuwachs traditioneller Dienstleistungen (Banken, Versicherungen, Kultur, Tourismus) häufig mit einem erheblichen Anwachsen der materiellen Infrastruktur (z.B. Gebäude, Sachmittel, Büromaschinen, Verkehr) verbunden ist.

Generell hat es also in einer systematischen Vermeidungsstrategie Sinn, den ungeheuren alljährlich produzierten Waren- und Dienstleistungskorb sukzessive und kritischer darauf zu durchforsten, welcher Nutz- und Wohlstandseffekt (d.h. welches Dienstleistungsniveau) damit erreicht werden soll und ob der gleiche oder zumindest ein ähnlicher Nutz- und Wohlstandseffekt nicht durch weniger Stoff- und Energieumsätze bereitgestellt werden kann (Effizienzaspekt). Sicherlich ist dies nicht bei jedem Produkt und auch nicht bei jeder klassischen Dienstleistung möglich. Häufig werden auch komplizierte Produktlinienanalysen zur Bewertung benötigt. Aber wenn das Ziel »Zukunftsfähigkeit« ernstgenommen wird, haben wir gar keine andere Wahl. Und je informierter und selbstkritischer bei dieser Durchforstung verfahren wird, desto leichter fällt auch die Entscheidung für einen selbstbewußten Kauf- und Konsumverzicht bei unnötigen Gütern, ohne daß man einen Wohlfahrtsverlust hinnehmen müßte (Suffizienzaspekt).

Vermeiden in der Produktion und bei der Produktpolitik

Allerdings setzt die bisherige Analyse noch zu vordergründig nur beim *Endverbraucher* an. Der Analysehorizont muß, wie wir gezeigt haben, auf die gesamte Durchflußwirtschaft (also einschließlich Entnahmen und Abgaben an die Natur) ausgeweitet werden.

Nimmt man diese vertikale Verknüpfung von tief gestaffelten und aufeinander aufbauenden Produktionsstufen wahr und analysiert man den Wertschöpfungs- und Entwicklungsprozeß bestimmter Produkte von der »Wiege bis zur Bahre«, dann wird auch intuitiv besser nachvollziehbar, wie sich selbst kleine Steigerungsraten der Energie- und Ressourcenproduktivität auf jeder Stufe bis zum Endprodukt zu sehr beachtlichen Material- und Energievermeidungsquoten multiplizieren können (vgl. hierzu auch Kapitel 7).[15] Eine durchschnittliche Steigerung der Energie- und Materialproduktivität um den Faktor 4 innerhalb der nächsten 30 bis 50 Jahre erscheint dann eher realisierbar.

Die Bausteine und auch die Instrumente der Vermeidung unterscheiden sich grundsätzlich nach der »Eingriffstiefe« in die gesamte Prozeßkette. Was heute als *Abfallvermeidung* bezeichnet wird, ist in methodischer Hinsicht oft genug nur *ein Problem der Altlastenbewältigung*. Eine material- und energiesparende Prozeß- und Produktoptimierung über die gesamte Prozeßkette hat nämlich eine bedeutsame Zeitdimension während des Lebenszyklus eines Produkts. Bereits während der Entwurfs-, Konstruktions- und Designphase von Produkten und Prozessen muß in einer konsequenten Vermeidungswirtschaft das physische Produkt- oder Prozeßende systematisch mitbedacht werden. Es ist eine in der Praxis zumeist nicht beachtete Binsenwahrheit, daß vor allem das Ansetzen an der Quelle statt am Ende (beim Müll) von Produktion und Konsum nicht nur die Abfallmengen, sondern insbesondere auch den Material- und Energieverbrauch reduziert. Dieser Leitgedanke ist gerade auch für eine Kreislaufwirtschaft relevant, damit dieses richtungsweisende Konzept nicht zur modischen Verpackung einer schlichten Abfallverwertungs- und Abfallbeseitigungswirtschaft verkommt, bei der der Vorrang für Vermeidung erneut auf der Strecke bleibt.

Ein stoffpolitisch konsequentes Vermeidungskonzept setzt also am effektivsten bei der »Zeugungs- und Geburtsstunde« im Lebenszyklus eines Produkts an. Dies bedeutet, daß eine möglichst naturverträgliche Produktion, Nutzung und Weiterverwendung des Abfallprodukts als »Sekundärrohstoff«[16] nach seinem ökonomischen Verschleiß schon bei der Konstruktion und beim Design eingeplant werden sollte. Allerdings kollidiert diese stofflich-ökologische Sichtweise eines Produktlebens in der Regel erheblich mit seiner heutigen Warenform und den derzeit fehlenden Randbedingungen für eine Vermeidungspolitik. Als Endprodukt enthält jede Ware die Wertschöpfungsanteile vorgelagerter Eigentümer- und Verwertungsstufen, so daß zur Ausschöpfung der technisch vorhandenen Vermeidungspotentiale bei Produkten mit großer Fertigungstiefe und vielen Vorlieferanten auf allen Stufen ein ökonomisches Interesse an Material- und Energievermeidung vorhanden sein müßte. Dies kann aber heute generell nicht vorausgesetzt werden.

In einer Reihe von Publikationen[17] ist an Einzelbeispielen gleichwohl gezeigt worden, wie sich aus einem konsequenten vermeidungsorientierten Design- und Konstruktionskonzept ein beeindruckender

Die herrschende wirtschaftstheoretische Konzeption eines marktwirtschaftlichen Gleichgewichts suggeriert häufig die irrige Vorstellung von nur horizontal miteinander verflochtenen Märkten. Große Teile der Wirtschaft und der Herstellungsprozesse für Konsum- oder Investitionsgüter sind jedoch in produktionstechnischer und stofflicher Hinsicht zutreffender als eine Aufeinanderfolge von Gewinnungs-, Bearbeitungs- und Weiterverarbeitungsprozessen – also als eine Produktionskette »von der Wiege bis zur Bahre« – zu verstehen.

Der Versuch einer Kreislaufführung des derzeitigen viel zu umfangreichen und riskanten Stoffvolumens in den Industrieländern bliebe im übrigen auch bei weiterentwickelter Technik ein völlig aussichtsloser Kampf gegen Windmühlenflügel.

Dematerialisierungs- und teilweise auch De-Energetisierungseffekt
ergeben kann.

Hierzu ein Beispiel: Moderne Computertechniken erleichtern eine
integrierte ökologische Vermeidungs- und Kostenplanung. Die Com-
puterfirma NEC hat zusammen mit dem deutschen Umweltexperten
U. Doermer ein Computerprogramm (»Recyclean«) entwickelt, das
eine umweltverträgliche Produktentwicklungspolitik »von der Wiege
bis zur Bahre« einschließlich der Abschätzungen der Entsorgungskosten unterstützt: »Das Reizvolle an dem Softwarepaket liegt darin,
daß ein Entwicklungsingenieur per Mausklick die spätere Demontage
simulieren kann. Das Programm errechnet Ihnen, wie teuer bestimmte Konstruktionsvarianten sein werden, wenn das Gerät an
seinem Lebensende wieder zerlegt werden muß.«[18]

Ein anderes Beispiel ist die Bürostuhlfamilie »Collection Natura« der
Firma Grammer, für die eine kostenlose Rücknahme- und Recycling-
Garantie gegeben wird; hierbei rechnet Grammer » ... mit 10 Prozent
Abfall, 90 Prozent eines Altstuhls werden für die Neuproduktion wie-
derverwendet«.[19] Bei diesem Konzept hätten also gerade diejenigen
Design- und Herstellungselemente ökonomisch Sinn, die ökologisch
erwünscht sind: Um die Rohstoff- und Entsorgungskosten gering zu
halten, muß einerseits der wiederzuverwendende Anteil maximiert
werden; zum anderen muß der unvermeidbare Abfall aus möglichst
umweltverträglichen und daher zukünftig billig zu entsorgenden
Stoffen (Holz, natürlich gegerbtes Leder) bestehen.

An diesen Beispielen können vier typische Aspekte einer Vermeidungspolitik deutlich gemacht werden:

1. In der Regel bedarf es eines klaren ökonomischen Anreizes (z.B.
   der Erwartung steigender Entsorgungskosten) oder einer ver-
   bindlichen Regelung zur Wahrnehmung der »Produktverantwortung«,[20] damit ein gewinnorientiertes Unternehmen auf einem
   stark umkämpften Markt (wie z.B. für Computer) in dieser umfassenden Weise umweltverträglich plant. Ob sich mit dieser
   vorbildlich praktizierten Form der Kreislaufwirtschaft auch bei
   unveränderten Rahmenbedingungen ein »Wettbewerbsvorteil
   ausspielen« läßt, wie Grammer hofft, wird sich zeigen.
   Daß Konzepte einer ökologischen Design- und Produktpolitik
   unter heutigen Rahmenbedingungen noch nicht profitabel sind,
   ist kein Einwand gegen die Sinnhaftigkeit einer »Ökonomie des
   Vermeidens«, sondern gegen die noch nicht hinreichend justier-
   ten »Leitplanken«. Wir müssen uns in der Umwelt- und in der Wirt-
   schaftspolitik angewöhnen, mehr vom Ziel her zu denken und
   dann die Mittel auf das Ziel hin einzustellen.

2. Es kommt entscheidend darauf an, in welcher Form ausgediente
   Produkte und Produktteile weiterverwendet werden können. Die

Der Umweltmanager von Dow
Chemical Europe, Dr. Manfred
Wirth, hat die Entwicklung
»öko-effizienter Produkte« im
Bereich Chemie wie folgt beschrieben: »Erstens ist es
nötig, die Perspektiven zu ändern und über das Endprodukt
hinauszuschauen. Man muß
den kompletten Lebenszyklus
des Produktes von der Rohma-
terialgewinnung bis hin zur
Abfallentsorgung berücksichtigen. Dies bedeutet, daß man
die Funktion, die das Produkt
erfüllt, betrachten muß und
nicht das Produkt als solches,
z.B. Isolation anstatt Schaum-
stoff, Wärmeaustausch an-
statt Glykole, Haltbarkeit der
Lebensmittel anstatt Polyäthy-
lenfolien, usw. Am besten kon-
zentriert man sich auf diejenigen Abschnitte des Lebens-
zyklusses, die man wirklich in
der Marktkette über einen
Zeitraum von 10 bis 20 Jahren
beeinflussen kann.« (in: oikos,
Umweltökonomische Studen-
teninitiative an der Universität
St. Gallen, St. Gallen 1996.)

wünschenswerte Weiterverwendung sensibler Elektronikgeräte (z.B. Festplatten von Computern) wird beispielsweise eher an Qualitätsansprüchen scheitern als die Weiterverwendung von robusteren Produkten, bzw. Produktteilen (z.B. bei Bürostühlen, Farbband- oder Tonerkassetten oder runderneuerten Reifen).

3. Für eine innovative, ökologisch vernetzte Form des Konstruierens, Entwerfens, Bauens und Bedienens bedarf es in der Regel nicht nur eines ökologisch motivierten Managements und interdisziplinär ausgebildeter Spezialistenteams, sondern auch eines datenaufwendigen Prozesses. Bei 15 000 verschiedenen Produkten allein bei der Firma NEC darf man also nicht erwarten, daß sich eine Kreislaufwirtschaft in wenigen Jahren durchsetzt.

4. Die integrierte Sichtweise und Vermeidungslogik, wie sie bei einem in einem Unternehmen entworfenen und hergestellten Computer oder Bürostuhl möglich ist, wirft bei Produkten mit einer größeren Fertigungstiefe, bei einem umfangreichen Netz von Vorlieferanten oder auch bei stark verzweigten Konzernstrukturen komplexe Kommunikations- und Koordinierungsprobleme auf.[21] Hinzu kommt, daß bei multinationalen Konzernen eine nationale Vermeidungspolitik grundsätzlich auf Grenzen stößt.

Für eine »Ökonomie des Vermeidens« ist es daher einerseits notwendig, ein ganzes Bündel von Strategien und Instrumenten anzuwenden, die auf verschiedenen Handlungsebenen ansetzen und sich auch in der Eingriffstiefe unterscheiden müssen. Andererseits ist es wichtig, die Regelung nicht unnötig und bürokratisch auszuweiten, sondern – wo immer möglich – selbstregulierende und über ökonomische Anreize bzw. Sanktionen zu steuernde Regelkreise zu schaffen. Immerhin umfassen die Abfallgesetze und Verordnungen inzwischen mehr als 500 Seiten, aber die Klagen über Vollzugsdefizite und kriminelle Umgehung bestehender Gesetze und Verordnungen haben eher zugenommen.
Abbildung 56 veranschaulicht verschiedene abfallwirtschaftliche Strategien mit unterschiedlicher Eingriffstiefe und Vermeidungswirkung.
Eine konsequente »Vermeidenspolitik« wird all diese Strategien zunächst parallel verfolgen, wobei die vermeidungsintensiven Strategien mit der Zeit und mit der Perspektive von »Zukunftsfähigkeit« tendenziell zunehmen müssen. Im Sinne der »Ökonomie des Vermeidens« bedeutet dies jedoch nicht notwendig, daß eingriffsintensivere ordnungspolitische Instrumente gegenüber den preissteuernden Anreizen und Sanktionen Priorität erhalten werden.

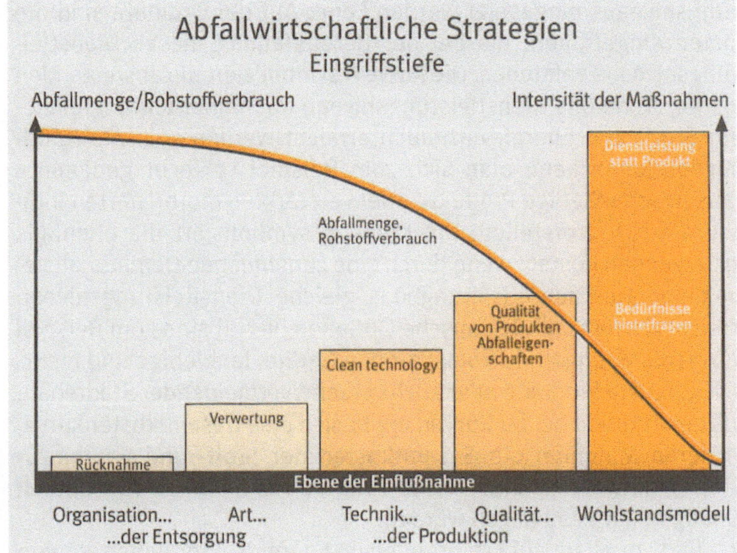

Abb. 56:
Unterschiedliche abfallwirtschaftliche Strategien und die jeweils erforderliche Eingriffsintensität

Das verallgemeinerte Prinzip der »Ökonomie des Vermeidens«

Der integrierte Kostenvergleich zwischen mehr Energieangebot und Einsparen ist dem Leser auf dem Gebiet der Energiedienstleistungen im Rahmen der Integrierten Ressourcenplanung bzw. des Least-Cost Planning[22] inzwischen vertraut. Dabei wurde deutlich: Die gleiche Energiedienstleistung »warme Räume« kann z.B. mit hohen Energiekosten in einem ungedämmten, aber dafür billigen Haus oder in einem noch relativ teuren Nullenergiehaus ganz ohne aktive Energiezuführung bereitgestellt werden. Dieses Prinzip gilt es jetzt zu verallgemeinern. Vergleichbar mit den Energiedienstleistungen können die jeweiligen Serviceleistungen oder Funktionen des gesamtwirtschaftlichen Dienstleistungsniveaus daraufhin untersucht werden, ob sie mit mehr und kostenaufwendigerem Material- und Energieeinsatz bereitgestellt oder durch entsprechende Vermeidungsoptionen bei ebenfalls steigenden Kosten ohne eine Senkung des Dienstleistungsniveaus ersetzt werden können.

Abbildung 57 stellt daher – in Erweiterung des Schaubildes 15 zu Least-Cost Planning – das allgemeine Grundprinzip einer »Ökonomie des Vermeidens« von Ressourcen- und Energieverbrauch dar. Das Schaubild veranschaulicht,[23] wie die *Gesamtkosten* einer Angebots- und Vermeidungsstrategie in grober Annäherung ermittelt werden könnten. Die Abbildung zeigt auf der Abszisse den Material- und Energieeinsatz, der zur Bereitstellung eines bestimmten Dienstleistungsniveaus eingesetzt werden kann. Auf der Ordinate sind die Kosten eingetragen, die bei der Bereitstellung dieses Dienstleistungsniveaus entstehen. Die Kurve A symbolisiert die ansteigenden Kosten, wenn das Dienstleistungsniveau mit immer umfangreicherem Stoff- und Energieverbrauch erreicht werden soll. Als Handlungsoptionen kann man sich zum Beispiel schlecht gedämmte Häuser, schnellebige Produkte oder verstärkten motorisierten Individualverkehr vorstellen. Die Kurve B symbolisiert die ebenfalls ansteigenden Kosten, wenn durch eine zunehmende Dematerialisierung und De-Energetisierung das gleiche Dienstleistungsniveau erreicht werden soll. Technische Optionen hierfür sind zum Beispiel Wärmedämmung und stromsparende Geräte, langlebige und mehrfach genutzte Produkte oder auch verkehrsvermeidender Städtebau. Aus der Addition beider Kurven ergibt sich eine Gesamtkostenkurve, an deren Minimum die Gesamtkosten der Stoff- und Energiezuführung bzw. der Energievermeidung auf dem volkswirtschaftlich günstigsten Niveau liegen würden.

Gestützt vor allem auf Erfahrungen im Energiesektor gehen wir von der Hypothese aus, daß der gesellschaftliche Status Quo von heute deutlich rechts von diesem Minimalkostenpunkt liegt. Das heißt, die volkswirtschaftlichen Kosten für die Erstellung des heutigen Dienstleistungsniveaus könnten durch die Ausschöpfung von Vermeidungsstrategien deutlich gesenkt werden. Wie Abbildung 57 weiter zeigt, rückt das volkswirtschaftliche Gesamtkostenminimum weiter nach links (verstärkte »Dematerialisierung« und »De-Energetisierung«), wenn der Ressourcen- und Energieeinsatz durch eine allgemeine Ressourcen- bzw. Energiesteuer zwecks Internalisierung der sogenannten »externen Kosten« belastet würde.

Abb. 57:
Das Grundprinzip der »Ökonomie des Vermeidens«: Bereitstellung eines bestimmten Dienstleistungsniveaus mit minimalen Gesamtkosten. (Quelle: Müller/ Hennicke 1995)

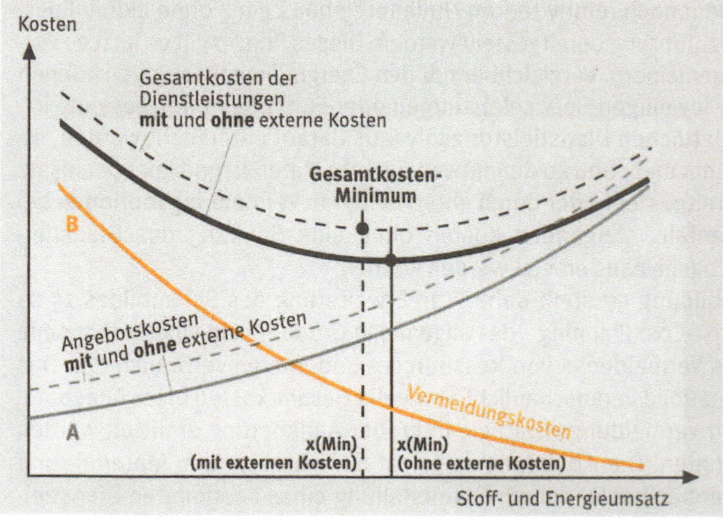

Hinter dieser hochaggregierten graphischen Veranschaulichung stehen natürlich in der Realität komplexe Güter- und Kostenstrukturen. Für praxisrelevante Fragestellungen müssen daher vereinfachte, jeweils sektor- und akteursspezifische Analysen, zum Beispiel für Energie, Verkehr, Trinkwasserversorgung, Abfall, Abwasser etc. vorgenommen werden.[24]

Damit können zum Beispiel die folgenden Fragestellungen untersucht werden: Kann in einem Betrieb, einer Kommune oder einem Land ein bestimmtes Dienstleistungsniveau – etwa bei Energie-, Mobilitäts- und Entsorgungsdienstleistungen – mit reduziertem Energie- und Materialeinsatz und mit geringeren Kosten erreicht werden? Wie kann beispielsweise eine Region dem »regionalwirtschaftlichen Kostenoptimum« angenähert werden?

Es reicht also nicht aus, die Notwendigkeit und prinzipielle technische Machbarkeit einer Vermeidungsstrategie zu begründen, sondern die wirtschaftlichen Implikationen müssen untersucht und entsprechende Umsetzungsinstrumente entwickelt werden.

Konkrete Anwendungsbeispiele einer »Ökonomie des Vermeidens«

Zur Umsetzung einer »Ökonomie des Vermeidens« gehören auf jedem Anwendungsfeld andere Schritte. Das ökonomische Grundprinzip ist dabei, daß das Vermeiden von Stoff- und Energieverbrauch bei vergleichbarem Niveau an Dienstleistungen billiger ist als ein Mehrverbrauch. Als Finanzierungsquelle für Vermeidungsinvestitionen stehen daher die eingesparten Stoff- und Energiekosten zur Verfügung.

Günstige Randbedingungen für eine »integrierte Vermeidungsplanung« liegen in Branchen vor, in denen *eine Umlagefinanzierung* der »Vermeidungsgeschäfte« durch Gebühren oder Tarife möglich ist. Dies gilt zum Beispiel außer für Energie für Frisch- und Abwasser, für Entsorgung[25] (Abfall) und zum Teil auch für Verkehr[26] sowie für netzabhängige Kommunikationssysteme. Allerdings müssen die unterschiedlichen Wettbewerbsverhältnisse in diesen Bereichen beachtet werden, die einer Umlagefinanzierung Grenzen setzen und höhere Ansprüche an den Qualitätswettbewerb, die Kundenorientierung und das Marketing stellen. Im Regelfall muß das staatliche Instrumentarium zur Herstellung einer Ökonomie des Vermeidens um so komplexer sein, je geringer die direkten Umlagefinanzierungsmöglichkeiten für die jeweiligen Branchen am Markt sind.

Dieses »Selbstfinanzierungs- und Diversifizierungspotential« während des ökologischen Umbaus ist für einen möglichst friktionsarmen Verlauf und die gesellschaftliche Akzeptanz (z.B. Arbeitsplatzfragen) von großer Bedeutung. Eine Vermeidungsstrategie und der ökologische Umbau zu einer zukunftsfähigen Gesellschaft führt nämlich, wie erwähnt, im Regelfall unvermeidlich zu Gewinnern und Verlierern. Eine entscheidende Frage für die gesellschaftliche Akzeptanz eines beschleunigten Strukturwandels ist daher, wie die volks- und regionalwirtschaftliche Nettobilanz von Gewinner- und Verliererbranchen aussieht. Kann erreicht werden, daß im gleichen Unternehmen oder der gleichen Region mehr Arbeitsplätze erhalten oder neu geschaffen als abgebaut werden? Ist vorstellbar, daß eine hauptsächlich von einer Vermeidungsstrategie betroffene Branche wie zum Beispiel die Energieindustrie selbst (netto) zum Gewinner dieses Prozesses wird?

Ein Einsparkraftwerk zur »Energievermeidung«

Das in Kapitel 3 detailliert dargestellte Einsparkraftwerk am Beispiel Hannover kann als Nachweis dafür dienen, daß die »Ökonomie der Energievermeidung« heute im Sektor Energie *ein betriebswirtschaftlich praktikables Konzept* darstellt. *Mehr noch: Es ist das einzige Konzept, das das erwähnte »Selbstfinanzierungs- und Diversifizierungspotential« von ehemaligen reinen Energieversorgern während des Umbaus zu einem zukunftsfähigen Energiesystem tatsächlich systematisch mobilisiert.*

Hätte man vor 20 Jahren einem Energieversorgungsunternehmen vorgeschlagen, ein neues Geschäftsfeld »Energievermeidung« zu eröffnen, wäre dies als Phantasterei verworfen worden: Warum soll ausgerechnet die Branche, die an der Steigerung des Energieangebots fast ein Jahrhundert lang überdurchschnittlich gut verdient hat, den eigenen Markt strategisch zurückschrumpfen? Die Anwort haben wir gegeben: Weil es betriebswirtschaftlich rational ist, einen in ökologischer Hinsicht unvermeidlichen Wandel möglichst frühzeitig zu antizipieren. Heute gibt es kein EVU mehr, das nicht von sich behauptet, es verstehe sich als Energiedienstleistungsunternehmen (EDU) und fördere aktiv das Energiesparen; ein hinsichtlich engagierter ökologischer Ziele sicherlich unverdächtiger Zeuge, der Geschäftsführer der Vereinigung Deutscher Elektrizitätwerke (VDEW), Prof. Grawe, wird wie folgt vom Handelsblatt zitiert: »Die deutschen Stromerzeuger machen aus ihrer Not eine Tugend: Als »Systemführer Energie« wollen sie mit vielfältigen Dienstleistungen im Bereich des Energiesparens die zu erwartenden Umsatzeinbußen beim Stromverbrauch kompensieren« (6.3.1995). Was Prof. Grawe hier beschreibt, ist für die meisten Stromanbieter noch weitgehend Anspruch und Zukunfts-

musik, aber der Wandel in diese Richtung hat zweifellos eingesetzt.
Wir haben gezeigt: Bei entsprechenden Rahmenbedingungen können
die Kunden, das EDU und vor allem auch die Umwelt an diesem Ver-
edelungs- und Energievermeidungsgeschäft gewinnen, und der Wandel zum »Stadtwerk der Zukunft« könnte erheblich beschleunigt werden.

Die rentable Vermeidung von Trinkwasserverbrauch

Dies gilt prinzipiell auch bei leitungsgebundenen Trinkwassersyste-
men, wo häufig sprunghaft ansteigenden Antransport- und Aufbe-
reitungskosten und steigenden Wasserpreisen entsprechende trink-
wassersparende Techniken und Kreislaufführung als Vermeidungsoptionen gegenüberstehen. Allerdings ist gerade der Wasserverbrauch
mit einem Komplex von Lebensgewohnheiten und eingefahrenen Verhalten verbunden, so daß ein wesentliches Element einer Wassersparkampagne ein ausgefeiltes soziales Marketing sein muß.
Ein erfolgreiches Beispiel einer innovativen Form der »Ökonomie des
Vermeidens« ist die Trinkwasser-Sparkampagne der Stadt Frankfurt.
Sie wurde mit Hilfe einer zwar teuren, aber sehr erfolgreichen Marketing-Kampagne umgesetzt. Insbesondere auch die Stadtwerke als
örtlicher Wasserversorger waren in diese Aktion aktiv mit einbezogen. Innerhalb von 27 Monaten ging der Wasserverbrauch in Frankfurt um 12,5 Prozent zurück; aus dieser Zahl sind Schwankungen aufgrund unterschiedlicher Wetterlagen bereits herausgerechnet. Zwar
ist der Wasserpreis gestiegen, aber der Kämmerer resümiert, daß die
Kampagne »mit einem Bruchteil der vermiedenen Kosten von Neuinvestitionen zur Wassergewinnung finanziert wird«.[27]
Entscheidend für die Auslösung und den Erfolg dieser Sparkampagne
sind drei Faktoren.[28] Erstens Konflikte mit der bisher praktizierten
Wassergewinnungs- und Verschwendungswirtschaft und die Einsicht, daß immer aufwendigere zentralisierte Wasserangebotssy-
steme keine Lösung darstellen. Zweitens die Frage nach den konkreten Bedürfnissen und Dienstleistungen, die durch Wasser befriedigt
werden sollen. Hierbei zeigt sich nämlich, daß nicht überall, wo Wasser gebraucht wird, Trinkwasserqualität nötig ist und auf jedem einzelnen Einsatzgebiet erheblich gespart werden kann. Drittens waren
aus der Sicht der Initiatoren zunächst nicht die (steigenden) Wasser-
preise, sondern die professionelle Marketing-Kampagne grundlegend für den Erfolg der Wasserkampagne; denn die Nachfrage nach
Trinkwasser ist, ähnlich wie die nach Elektrizität, innerhalb einer
bestimmten Bandbreite vom Preis weitgehend unabhängig.
Dennoch handelt es sich bei der Frankfurter Wassersparkampagne
um einen klassischen Anwendungsfall der »Ökonomie des Vermeidens« und einer »Integrierten Wasservermeidungsplanung«. Zum

einen wurde zugleich mit der Ausrufung des Wassernotstandes durch die Landesregierung eine Hessische Grundwasserabgabe von 40 Pfennig pro Kubikmeter eingeführt, die zweckgebunden zum Wassersparen eingesetzt werden konnte. Zum anderen konnte der Kritik an den steigenden Wasserpreisen erfolgreich entgegengehalten werden, daß durch die Sparmaßnahmen die Wasserrechnungen eher gesunken sind. Dieser Kostensenkungsaspekt war vor allem auch für das Gewerbe entscheidend, wo beispielsweise in Dienstleistungs- und Bürogebäuden nicht nur spektakuläre Wassereinsparraten von 50 Prozent und mehr erzielt werden konnten, sondern zudem auch Elektrizität (z.B. bei Klimaanlagen) eingespart werden konnte. Vor allem gingen dadurch auch Kosten zurück: Ein großer Teil der Investitionen hat sich in weniger als zwölf Monaten bezahlt gemacht.[29]

Zwischen dem Frischwasserverbrauch und dem Abwasseraufkommen besteht ein enger Zusammenhang: »Eine moderne Wassersparwirtschaft kann ... ökologische und ökonomische Ziele erreichen. Ihr Leitbild ist die Verkleinerung der Ressourcenkreisläufe. Kleinere Kreisläufe ermöglichen eine ökologische und ökonomische Optimierung des Gesamtsystems, von der Trinkwassergewinnung über die Wassernutzung und Abwasserableitung bis hin zu einer verbesserten und verbilligten Abwasserreinigung und damit Schonung der Vorfluter«.[30]

Es bietet sich daher an, ein »Least-Cost Water Planning« integriert für beide Bereiche zu entwickeln. GERTEC hat z.B eine Konzeptskizze für den IBA-Emscher Park[31] entwickelt. Das Konzept kommt zu dem Schluß, daß sich in Neubauvierteln durch ein Mehrfachleitungssystem für Regenwasser und Grauwassernutzung der Trinkwasserverbrauch von 150 Litern pro Einwohner und Tag um mehr als die Hälfte senken läßt. Hierdurch kann in einem Vierpersonenhaushalt die Abwassermenge jährlich um 120 Kubikmeter reduziert werden. Hinzu kommen wassersparende Armaturen und Geräte sowie Änderungen der Gebrauchsgewohnheiten.

In Industrie- und Gewerbebetrieben (z.B. Molkereien, Brauereien, Schlachthöfen) kann durch Kreislaufführung das Frischwasser- und Abwasseraufkommen gesenkt werden. Durch Beratungsprogramme zur Minimierung der Schadstofffrachten und durch dezentrale Klärung organisch belasteter Abwässer können darüber hinaus die Kosten der unterirdischen Ableitung von Abwässern gesenkt werden.

Die Vermeidung von Auto-Mobilität mit Gewinn

Verkehrsvermeidung ist ein Schlüsselbegriff eines zukünftigen ökologisch verträglicheren Verkehrssystems. Szenarien zeigen zum Beispiel zweifelsfrei, daß nur durch die Vermeidung von Auto-Mobilität der Verkehrssektor einen adäquaten Beitrag zum CO_2-Minderungsziel der Bundesregierung bis zum Jahr 2005 und darüber hinaus leisten kann. Mit Effizienzverbesserung am Auto und mit der Verlagerung auf Bahn und ÖPNV allein ist eine ökologische Verkehrswende nicht machbar. Neben sozialpsychologischen Faktoren spielen komplexe betriebs- und volkswirtschaftliche Nutzen/Kosten- Relationen eine entscheidende Rolle, in welchem Ausmaß und in welcher Form Mobilität heute wahrgenommen wird und sinnvoll reduziert bzw. auf ökologisch verträglichere Weise ausgeübt werden kann. Allerdings dominieren gerade bei verkehrswissenschaftlichen Analysen und Szenarien »Mengengerüste« der Mobilität bzw. nicht-monetäre Determinanten des sogenannten »Modal Split« (Aufteilung des Verkehrsaufkommens nach den Formen und Arten des privaten bzw. öffentlichen Güter- bzw. Personenverkehrs). Mobilität wird beim Güterverkehr ausgedrückt in Tonnenkilometern und beim Personenverkehr in Personenkilometern. Hinzu kommt, daß zur privaten Auto-Mobilität weit mehr gehört als nur das Bedürfnis nach komfortabler Ortsveränderung. Nicht zuletzt sind wegen der aufwendigen Infrastruktur Verursacher, Nutznießer und Kostenträger des gesamten Verkehrssystems weit schwieriger zu identifizieren als im Energiesektor.

Dennoch fragt sich, ob der Begriff der Energiedienstleistung nicht analog auf Verkehrsleistungen übertragen, also z.B. durch ein bestimmtes Niveau an *Mobilitätsleistungen* definiert werden kann. Die Frage wäre dann analog zum Energiesektor zu stellen, wie ein bestimmtes Niveau an Mobilitätsleistungen mit einem Minimum an gesellschaftlichen Kosten erreicht werden kann. Diese Frage läßt sich sinnvollerweise zunächst am Beispiel einzelner Akteursgruppen (private Haushalte, private Unternehmen) oder aus der Perspektive der örtlichen oder regionalen Verkehrsplanung beantworten, wo die Systemabgrenzung und die Nutzen/Kosten-Zurechnungen noch einigermaßen überschaubar sind.[32] Dabei sind sicherlich die Analogien zum Energiesektor beim Güterverkehr und der hier gewünschten »Transportdienstleistungen« (»Durchführung einer Ortsveränderung«) direkter möglich als bei der status- und prestigeträchtigen privaten »Auto-Mobilität«.

Abb. 58 verdeutlicht das Grundprinzip einer integrierten Ressourcenplanung für Verkehrsleistungen. Ein bestimmtes *Nutzenniveau* an Verkehrsleistung für Personen kann zum Beispiel definiert werden als die Anzahl der notwendigen Wege. Eine als notwendig oder erwünscht vorausgesetzte Anzahl von Wegen kann mit wachsenden Kosten durch den motorisierten Individualverkehr bereitgestellt werden (aufsteigende Kurve der Angebotskosten) oder durch »Vermeidungsoptionen« (kürzere Wege) wie zum Beispiel erleichterte Fußläufigkeit, Ausbau von ÖPNV und von Fahrradwegen bis hin zu einer verkehrsvermeidenden Stadt- und Raumplanung mit ebenfalls steigenden Einsparkosten reduziert werden. Gesucht wird das Gesamtkostenminimum zur Bereitstellung eines gewünschten »Mobilitätsniveaus« (Nutzenniveau z.B: gemessen in Anzahl der Wege), das sich aus einem Mix aus motorisiertem Individualverkehr (MIV) und »Vermeidungs«- bzw. Verlagerungssoptionen zusammensetzt.

Abb. 58:
Die Gesamtkosten der Bereitstellung einer bestimmten Verkehrsdienstleistung können durch Maßnahmen der Einsparung von motorisiertem Verkehr optimiert werden. (Quelle: GEU 1995 und eigene Darstellung)

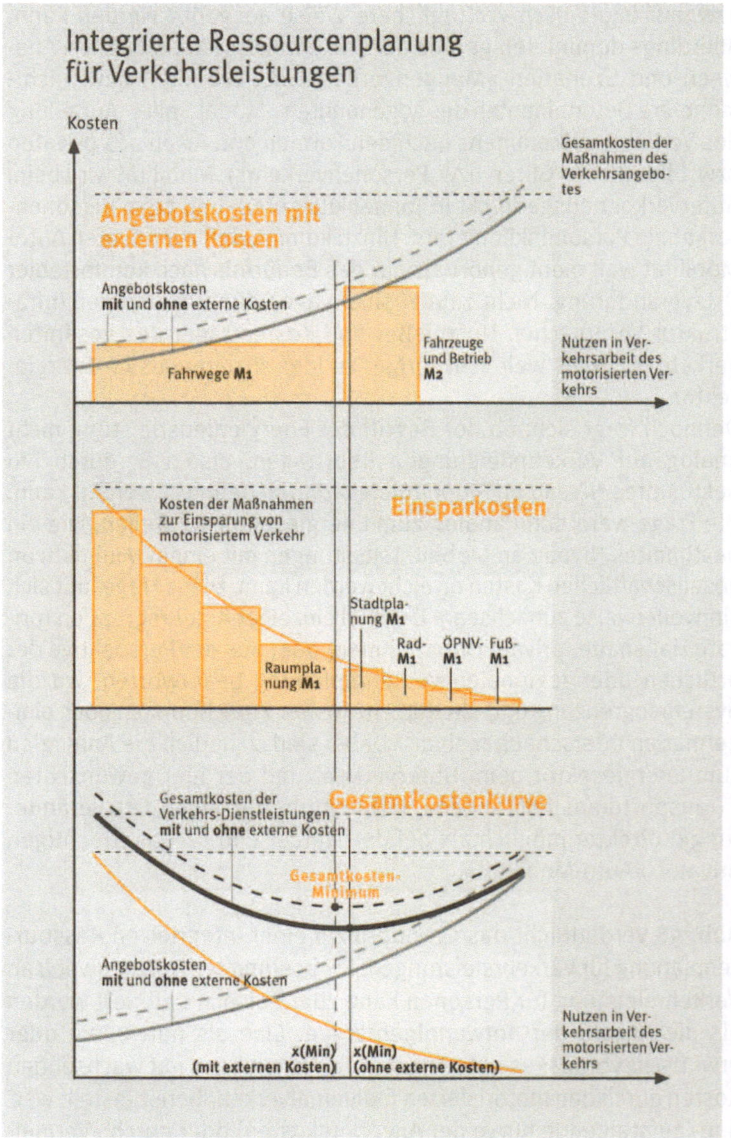

Die Herausforderung:
Rentable Produkt- und Abfallvermeidung

In ökologischer Hinsicht besonders wichtig ist, die private und öffentliche Entsorgungswirtschaft in die Politik einer »integrierten Vermeidungsplanung« einzubeziehen.[33] Da hier Verbrennungs-, Verwertungs- und Entsorgungskapazitäten mit hohem Investitionsaufwand anfallen, stellt sich – analog zu IRP/LCP-Programmen in der Elektrizitätswirtschaft – die Frage, ob es nicht für Kunden und Entsorger wirtschaftlich vorteilhafter ist, in die Vermeidung statt in die Verwertung/Entsorgung zu investieren und diese Investition über steigende Gebühren zu finanzieren.

Eine allgemeine Form der »Ökonomie des Vermeidens« und eine Umkehr der Anreizstruktur ist nämlich grundsätzlich auch ohne die begünstigenden branchenspezifischen Randbedingungen etwa der Elektrizitätswirtschaft realisierbar. Es obliegt dann vor allem staatlichen Instanzen, förderliche Rahmenbedingungen zu schaffen, zum Beispiel durch Öko-Steuern, Abfallabgaben, kombinierte Abgaben und Rabattsysteme, Fördermittel für Demonstrationsvorhaben, Förderung von Datenbanken und Informationsbörsen für Vermeidungstechniken, Aufbau von Abfallvermeidungsagenturen und anderes, was alles die Ausdehnung von Unternehmensaktivitäten auf das Vermeiden begünstigt.

Ein Überblick über das Mengen- und Kostengerüst der Abfallentsorgung nach Abfallarten und Entsorgungsbereichen in Deutschland ergibt folgendes Bild: Zum einen werden die gigantischen Stoffströme erkennbar, die jedes Jahr (1993: fast 300 Millionen Tonnen) an die Umwelt abgegeben werden, vor allem in der Form von Produktionsabfällen (43 Prozent, davon 9 Prozent Sonderabfälle), Bauschutt (43 Prozent) und Hausmüll u.ä. (11 Prozent). Das »Marktvolumen« der Entsorgungswirtschaft betrug etwa 76 Milliarden DM; davon entfielen etwa 41 Milliarden DM auf private und öffentliche Entsorgungsbetriebe (mit deutlichen Verlusten öffentlicher Entsorger an das »Duale System Deutschland« (»Grüner Punkt«), 12 Milliarden auf den Bergbau, 11 Milliarden auf das Verarbeitende Gewerbe und der Rest auf die Energie- und Wasserversorgung.[34]

Die durchschnittlichen Entsorgungspreise lagen bereits 1993 – mit erheblich steigender Tendenz – zwischen 400 DM pro Tonne für Hausmüll und 800 DM pro Tonne für Klärschlämme. Eine Vermeidungspolitik muß daher dort ansetzen, wo angesichts der riesigen Dimensionen der Abfallströme nur durch drastische Anreize und Sanktionen eine schrittweise absolute Mengenreduktion möglich ist; in diese Richtung wirken die in den letzten Jahren erheblich angestiegenen Entsorgungskosten wie auch, so wird vermutet, die Verpackungsverordnung. In die entgegengesetzte Richtung wirkt die inzwischen entstandene Entsorgungsindustrie, für die eine konsequente Vermeidungspolitik unausgelastete Kapazitäten und ein sinkendes Marktvolumen bedeutet. Es ist daher wichtig, diesen bisher hauptsächlich an der Verwertung und Entsorgung und damit eher an der Vermeidungsverhinderung interessierten Industriezweig in ein integriertes Vermeidungskonzept einzubeziehen (etwa durch Beteiligung an einer Abfallvermeidungsagentur; siehe weiter unten).

Ein stoffpolitisch konsequentes Vermeidungskonzept muß, wie erwähnt, bei der »Zeugungs- und Geburtsstunde« im Lebenszyklus eines Produkts und bei den entsprechenden Fertigungsprozessen ansetzen. Dies bedeutet, daß eine möglichst naturverträgliche Produktion, Nutzung und Weiterverwendung des Produkts als »Sekundärrohstoff«[35] nach seinem ökonomischen Verschleiß schon bei der Konstruktion und beim Design eingeplant werden muß. Elemente einer vermeidungsorientierten ökologischen Produktpolitik sind zum Beispiel:

- Langlebigkeit
- Reparaturfreundlichkeit
- Multifunktionalität (z.B. Nutzbarkeit eines Fahrrads für die Freizeit und für den Alltag)
- Möglichkeit der Zweit- oder Mehrfachnutzung (z.B. Second-Hand-Shops; Tauschbörsen)
- zeitloses Design
- modularer Aufbau und Demontagefreundlichkeit
- Rezyklierfähigkeit und Wiederverwendbarkeit
- Verzicht auf schwerrezyklierbare Verbundstoffe
- Verwendung ökologisch unbedenklicher Inhaltsstoffe und ökologisch unbedenkliche Produktbehandlung (z.B. keine Pestizide)

Das Instrumentenbündel, das gebraucht wird, will man eine Umkehr der Anreizstruktur für langlebige und ökologische Produkte schaffen, ist komplex und kann hier nicht im einzelnen vorgestellt werden.[36] Wir wollen hier nur zwei beispielhafte Strategien einer »Ökonomie des Vermeidens« herausgreifen:

Übergang von der Eigentums- zur Nutzungswirtschaft[37]
Bereits beim bisher üblichen *Verkauf von Produkten* steigt das Interesse von Herstellern und Kunden an einer ökologischen Produktpolitik. Nach Untersuchungen der Gesellschaft für Konsumforschung (GfK) gilt ein relativ gleichbleibender Anteil von 60 Prozent der Verbraucher seit Ende der achtziger Jahre als »umweltbewußt«.[38] Der ökologische Versandhandel »Waschbär« aus Freiburg bietet heute in seinem Katalog ein ökologisch orientiertes Produktsortiment mit etwa 4000 Produkten an und hat sich damit in wenigen Jahren zum größten Öko-Versandhaus der Welt entwickelt.
Unter entsprechenden Rahmenbedingungen steigt jedoch das Interesse am Vermeiden, *wenn ein Produzent mehr am Verkauf der Nut-*

zungs-Dienstleistungen seines Produkts als am Verkauf des Produkts selbst verdienen kann. Die zu Recht geforderte »Produktverantwortung« (so der Schlüsselbegriff des neuen Abfall- und Kreislaufwirtschaftsgesetzes) erhält nämlich erst in einer derartigen Nutzungswirtschaft eine breite ökonomische Basis. Denn Produkteigenschaften wie Langlebigkeit, Wartungs- und Reparaturfreundlichkeit sowie Rezyklierfähigkeit werden zu strategischen Marktparametern, mit denen Kosten eingespart werden können. Für so unterschiedliche Produkte wie z.B. Immobilien, Kopierer, PKWs und LKWs, Berufskleidung, Krankenhaus- und Hotelwäsche, Spezialputztücher, gewerbliche Waschmaschinen und Geschirrservice wird dieser Übergang zur Nutzungswirtschaft bereits praktiziert.[39] Je intensiver ein Produkt dabei während seines Produktlebens – zum Beispiel auch gemeinschaftlich von mehreren Verbrauchern – genutzt wird, desto material- und abfallsparender wird dieser Prozeß in der Regel sein.

In einer entwickelten Nutzungswirtschaft könnte sich prinzipiell der Produzent am besten im Wettbewerb behaupten, der *die Gesamtkosten* (Herstellung, Marketing, Gebrauch, Entsorgung) für die Bereitstellung einer bestimmten Dienstleistung minimiert. Dies gelingt in einer Leasing- oder Nutzungswirtschaft am besten, wenn Produkte und Prozesse nicht mehr ihren Eigentümer wechseln, sondern nur ihre Serviceeinheiten und Gebrauchswerte vermarktet werden.

Visionäre Designer haben den Gedanken »Nutzen statt Besitzen« bereits in ihre Entwürfe einbezogen, denn heute marktgängige Verkaufsprodukte eignen sich nicht automatisch zum Nutzenverkauf. Öko-Designer wie Erlhoff und Horntrich[40] zeigen an Beispielen – vom Etagenstaubsauger, ausleihbaren Rasenmähern und Bohrmaschinen über Car-Sharing, den Möbel-Service bis hin zur Wohnungsbörse –, daß der Kauf von Serviceeinheiten auch mehr Spaß machen könnte als der Besitz des Produkts: Denn, so Erlhoff, »eigentlich sind Eigentümer immer wegen ihres Eigentums frustriert«.

Aufbau von Abfallvermeidungsagenturen

Es liegt nahe, nicht nur die Logik von LCP/IRP, *sondern auch den Kerngedanken eines Energiedienstleistungsunternehmens auf den Abfallbereich und auf Abfallvermeidungsagenturen zu übertragen.* Auch ordnungspolitisch eröffnen sich hier interessante Parallelen: So wie Energiesparmaßnahmen, Kraft-Wärme/Kälte-Kopplung und erneuerbare Energiequellen häufig nur dezentral vor Ort erschlossen werden können, so bietet sich an, Abfallvermeidung und eine ökologisch verträgliche Reststoffverwertung vor Ort zu organisieren. Die klassische kommunale Müllabfuhr, das Pendant zum klassischen kommunalen EVU, würde sich dadurch zum Abfalldienstleistungsunternehmen (ADU) wandeln, das zur Erfüllung der kommunalen Daseinsvorsorge im Bereich der Abfallwirtschaft Dienstleistungen

auf dem Feld der Abfallvermeidung, -verwertung und -entsorgung
erbringt. Das Öko-Institut, das das Konzept eines ADU am Beispiel
des Kreises Unna[41] erstmalig konkretisiert hat, schlägt daher auch
eine vorwiegend kommunale Trägerschaft vor.

Die Vermeidungsagentur, die vom Öko-Institut für den Kreis Unna
entwickelt wurde, soll sich auf die Vermeidung oder ökologisch vertretbare Rezyklierung gewerblicher Abfälle insbesondere von kleinen
und mittleren Unternehmen (KMU) konzentrieren. Dem Land wird
dagegen empfohlen, die Vermeidung bei Großbetrieben zu organisieren, was den entsprechenden Aufbau einer Landes-Vermeidungs-
Agentur nahelegt.

Ein kommunales ADU bietet vor allem Beratung bei der abfallwirt-
schaftlichen Umstrukturierung und Modernisierung von abfall- und
abwasserintensiven kleinen und mittleren Unternehmen an. Nach
einer Startzeit von zweieinhalb Jahren und einer entsprechenden
Anschubfinanzierung soll sich die Agentur durch eigene Beratungs-
aufträge als GmbH finanzieren. Nach Befragungen repräsentativer
Betriebe vor Ort wird davon ausgegangen, daß für derartige Beratungsleistungen ein Markt existiert, wobei die Beratungen, ähnlich
wie bei Contracting und Consulting-Aktivitäten von Energieagenturen, aus den vermiedenen Material- und Entsorgungskosten finanziert werden sollen. Wesentlich für die Schaffung eines entsprechenden Abfall- und Betriebskatasters ist der Aufbau eines kooperativen
Netzwerks zwischen den KMU, den örtlichen Abfallwirtschaftsbehör-
den und der Abfallvermeidungsagentur.

Selbstverständlich ist ein ADU nur ein Akteur im Rahmen einer
umfassenden Anwendung der Integrierten Ressourcenplanung auf
die Abfallwirtschaft.[42] Vor allem gelten hier unterschiedliche Rahmenbedingungen für Haus- und gewerbeähnlichen Müll und Sonder-
abfall. Im Sonderabfallbereich spielt z.B. der Schutz der Allgemeinheit beim Transport und bei der Entsorgung eine viel gravierendere
Rolle. Ebenso ist auch die Abwägung von Vermeidung, Verwertung
und Entsorgung eine weitgehend betriebsinterne Angelegenheit, die
allerdings über entsprechende Preise (Sonderabgaben wie z.B. in
Baden-Württemberg) oder Informations- und Beratungsangebote
(z.B. durch ein ADU) gesteuert werden kann. Darüber hinaus müssen besondere Mechanismen gefunden werden, die es den Akteuren
auf der Entsorgungsseite ermöglichen, vorrangig vor einer Kapa-
zitätsausweitung eine kosteneffektive Abfallvermeidung zu initiieren
und daran zu profitieren.

Mit welchen Maßnahmen und unter welchen Bedingungen die »Ökonomie des Vermeidens« umgesetzt wird, hängt also vom Anwendungsfall ab. Die erprobten Instrumente des IRP bzw. des LCP in der
Elektrizitätswirtschaft sind nicht überall direkt anwendbar. Neue und
erweiterte sektor- und zielgruppenspezifische Instrumentenbündel
müssen entwickelt und praktisch getestet werden. Volkswirtschaft-

lich attraktive Anwendungsfälle liegen immer dann vor, wenn das Vermeiden von Stoff- und Energieverbrauch bei vergleichbarem Niveau an Dienstleistungen billiger ist als ein Mehrverbrauch. Als Finanzierungsquelle für Vermeidungsinvestitionen stehen dann die vermiedenen Stoff- und Energiekosten zur Verfügung, die bei kosteneffektiven Programmen zur Finanzierung der jeweiligen Einspartechniken ausreichen. Dieser simultane Kosteneinspareffekt unterscheidet die »Ökonomie des Vermeidens« prinzipiell vom nachsorgenden Umweltschutz, bei dem häufig nur »Verlagerungs«-Märkte und zudem tote Kosten entstehen. Das Vermeiden von Stoffströmen sowie von Energie- und Flächenverbrauch muß und kann dagegen im großen Stile volkswirtschaftlich attraktiv werden, damit eine Dematerialisierungs- und De-Energetisierungsstrategie in Richtung »Zukunftsfähigkeit« führt.

Anmerkungen

1 Mietenneutrales Contracting-Angebot für Plattenbauten am Beispiel der Fernwärmeversorgung in Dessau, Öko-Institut Freiburg, 1994.

2 Reduktion von Leitindikatoren wie z.B. CO_2, SO_2, NO_x im Energiesektor sowie NH_3, synthetischer Stickstoffdünger und Biozide im Chemiesektor um 80% und mehr.

3 Vgl. BUND/Misereor (Hrsg.), Zukunftsfähiges Deutschland, Studie des Wuppertal Instituts, Basel 1995.

4 Vgl. den ausgezeichneten Überblick bei Gillwald, K., Ökologisierung von Lebensstilen. Argumente, Beispiele, Einflußgrößen, Berlin 1995.

5 Baier, Udo, Der fehlgeleitete Konsum. Eine ökologische Kritik am Verbraucherverhalten, Frankfurt 1993, S. 7.

6 Vgl. hierzu die Stoffflußanalyse in der Wuppertaler Studie, die z.B. anschaulich zeigt, daß »nur ein geringer Teil der der Natur entnommenen Rohmaterialien wirtschaftlich genutzt (wird)«. A.a.O., S. 97.

7 Klemmer, P., Ecological Economics – Ökonomieverträglichkeit einer Stoffpolitik, in: IÖW, Informationsdienst, a.a.O., S. 8/9.

8 Klemmer, P., a.a.O., S. 9.

9 Vgl, hierzu Seifert, E.K./Priddat B.P. (Hrsg.), Neuorientierung in der ökonomischen Theorie, Marburg 1975, sowie die Aufsatz- und Literatursammlung in IÖW, Informationsdienst, Nr. 5–6, 1995.

10 Pasche, M., Evolutorische Ökonomik und Ecological Economics, in: IÖW, Informationsdienst, a.a.O., S. 13.

11 Auch Klemmer konzidiert: »Es ist das Verdienst der Umweltforschung, darauf aufmerksam gemacht zu haben, daß es bei Vernachlässigung bestimmter Umweltrisiken zu einem ›ökologischen Kollaps‹ kommen kann, der mit seinen ›Folgekosten‹ die gegenwärtige Generation, insbesondere aber die künftigen Generationen nicht nur direkt bedroht …, sondern auch die wirtschaftliche Entwicklung selbst in Frage stellen kann«. A.a.O., S. 7.

12 Vgl. auch Schmidt-Bleek, F., Wieviel Umwelt braucht der Mensch? MIPS – das Maß für ökologisches Wirtschaften, Berlin 1994. Als Maß für die Umweltbelastungsintensität eines Produkts während seines gesamten »Produktlebens« wird von Schmidt-Bleek die »Materialintensität pro Serviceeinheit« (MIPS), also der Materialverbrauch (gemessen in Kilogramm oder Tonnen) einschließlich der für den Energieverbrauch bewegten Stoffströme »von der Wiege bis zur Bahre« pro Einheit Dienstleistung oder Funktion eines Gutes errechnet. Der Kehrwert von MIPS ist demnach die Ressourcenproduktivität, also die beim »Konsum« eines Endprodukts eigentlich bereitgestellte Dienstleistung dividiert durch den Gesamtverbrauch an Materialien und Energie.

13 Vgl. zur Integrierten Ressourcenplanung bzw. zu Least-Cost Planning: Müller, M./Hennicke, P., Mehr Wohlstand mit weniger Energie: Einsparkonzepte, Effizienzrevolution, Solarwirtschaft, Darmstadt 1995 und die dort angegebene Literatur.

14 Vgl. zu diesem und zahlreichen weiteren Beispielen Deutsch, C., Abschied vom Wegwerfprinzip, Stuttgart 1994; Frank Homberg, unveröffentlichtes Arbeitspapier, Wuppertal Institut 1995. Stahel errechnet unter bestimmten Annahmen sogar einen Faktor 40. Stahel, W.R., Vermeidung von Abfällen im Bereich Produkte: Vertiefungsstudie zur Langlebigkeit und zum Materialrecycling, in: Tagungsbericht Wirtschaft und Staat: Zusammen Lösungen zur Abfallvermeidung anpacken, Stuttgart 4.10.1991, hrsg. vom Ministerium für Umwelt, Baden-Württemberg, Reihe Luft-Boden-Abfall, Heft 16, S. 45-68.

15 Schmidt-Bleek verknüpft am Beispiel eines futuristischen Citymobils die stufenweise Dematerialisierung des Rohstofflieferanten um den Faktor 2, bei der Fertigung um den Faktor 1,5, durch Down-Sizing um den Faktor 3 mit einer dreimal so langen Lebensdauer, um hieraus einen möglichen Dematerialisierungsfaktor von fast 30 abzuleiten. Das (hypothetische) Beispiel macht gleichzeitig deutlich, daß

bei solchen Größenordnungen der Ressourcenproduktivität technische Innovationen stets mit sozialen Innovationen und Verhaltensänderungen Hand in Hand gehen müssen.

16 Zum Beispiel Weiterverwendung von sortenreinen Plastikabfällen für Parkbänke.

17 Vgl. Schmidt-Bleek, F./ Tischner, U., Produktentwicklung. Nutzen gestalten – Natur schonen, in: Schriftenreihe des Wirtschaftsförderungsinstituts, Bd. 270, Wien 1995; Deutsch, C., Abschied vom Wergwerfprinzip, Stuttgart 1994; Erlhoff, M., Nutzen statt Besitzen, Göttingen 1995; Wollny, V., Abschied vom Müll, Göttingen 1992; Stahel, W.R., Produktgestaltung und Produktverantwortung, in: Konzertierte Aktion Ökotechnik/Ökowirtschaft, Chancen für Umwelt und Wirtschaft III, Umweltfreundliche Produktgestaltung und Ökomarketing, Flensburg, 16. 3. 1993.

18 Deutsch, C., a.a.O., S. 145.

19 Zitiert nach Deutsch, C., a.a.O. S. 140. Dort heißt es auch: Zur Finanzierung der Rücknahme und des Recyclings »müßte der Verkaufspreis nur um einige Prozent höher angesetzt werden«. Ein interessantes finanzierungstechnisches Detail ist dabei, daß für die Rücknahmegarantien die rechtlichen Voraussetzungen für die Bildung von Rückstellungen gegeben sind und diese dadurch als willkommene Mittel zur billigen Innenfinanzierung genutzt werden können.

20 So heißt es z.B. in einem kritischen Kommentar zum Kreislaufwirtschafts- und Abfallgesetz: »Ohne Ergänzung durch zahlreiche Verordnungen, die Schlagworte wie ›Kreislaufwirtschaft‹ oder ›neue Produktverantwortung‹ mit Leben füllen, bleibt das neue Abfallrecht eine leere Hülse«, Weidemann, C., Abfallgesetz, München 1995.

21 ABB ist zum Beispiel ein multinationaler Konzern, dessen dezentralisierte Konzernstruktur vielen als Vorbild gilt: Der Konzern besteht aus 45 Geschäftsbereichen, 1000 Unternehmen, 5000 Profit Center und arbeitet mit 212000 Beschäftigten in rd. 140 Ländern. Nur 171 Angestellte leiten diesen Weltkonzern. Vgl. Die Zeit, 15.12.1995.

22 Vgl. zur Integrierten Ressourcenplanung bzw. zu Least-Cost Planning: Müller, M./ Hennicke, P., Mehr Wohlstand mit weniger Energie, a.a.O. und die dort angegebene Literatur.

23 Vgl. auch Müller, M./Hennicke,P., Wohlstand durch Vermeiden. Mit der Ökologie aus der Krise, Darmstadt, 1994.

24 Hierbei treten Datenprobleme insbesondere bei den Kostendaten der Vermeidungsoptionen auf. Diese resultieren vor allem auch aus der strukturell bedingten Vernachlässigung von Vermeidungsstrategien. Während z.B. im Energiesektor die technischen und kostenrelevanten Optionen beim Energieangebot gut dokumentiert sind, existiert keine vergleichbare Energiesparinfrastruktur (z.B. Datenbanken über verfügbare Techniken und Kosten). Vgl. hierzu auch: Stadtwerke Hannover AG (Hrsg.), Integrierte Ressourcenplanung. Die LCP-Fallstudie der Stadtwerke Hannover, Gutachten erstellt vom Öko-Institut und Wuppertal Institut, Hannover 1995.

25 Pohl, I., Integrierte Ressourcenplanung in der Abfallwirtschaft, Studienarbeit an der TH Darmstadt, August 1994 sowie GERTEC (Hrsg.), Konzept für ein Least-Cost Planning Abwasser, o.J., Essen.

26 Vgl. Gesellschaft für Energieanwendung und Umwelttechnik mbH (GEU): Integrated Resource Planning – Grundlagen für integrierte Verkehrsmodelle am Beispiel der Stadt Leipzig, Dresden/Leipzig/Berlin, 1995; sowie Pastowski, A./ Lichtenthäler, D., Least-Cost Transportation Planning, Wuppertal-Paper Nr. 47, Wuppertal 1995.

27 Koenigs, T., Minus 50% Wasser möglich?, Frankfurt, 1994, S. 10; vgl. auch Öko-Institut, Least-Cost Planning in der wasserversorgung, Freiburg 1995.

28 Schaeffer, R., Erfahrungen bei der Umsetzung einer neuen Wasserpolitik, Vortrag beim Deutschen Institut für Urbanistik, Frankfurt 1994. Dort heißt es: »Wir mußten nach der Dienstleistung fragen, die Wasser erbringt, und herausfinden, ob man dieselbe Dienstleistung mit weniger Wasser – oder mit Wasser anderer Qualität, von dem mehr vorhanden ist – erbringen kann«. (S. 19).

29 Ebd.

30 Ebd., S. 30.

31 GERTEC (Hrsg.), a.a.O.

32 Vgl. Gesellschaft für Energieanwendung und Umwelttechnik mbH (GEU), a.a.O., sowie Lichtenthäler, D./ Pastowski, A., a.a.O.

33 Vgl. hierzu Pohl, I., a.a.O.

34 Zu den Daten vgl. Benzler, G. u.a.: Wettbewerbskonformität von Rücknahmeverpflichtungen im Abfallbereich, Essen 1995.

35 Zum Beispiel Rezyklierung von Glas, Aluminium und anderen Wertstoffen.

36 Vgl. Müller, M./Friege, H./ Hennicke, P./ Simonis, U., Mehr Wohlstand durch ökologische Stoffpolitik, Darmstadt 1996 (im Erscheinen), sowie Wollny, V., Abschied vom Müll, a.a.O.

37 Dabei geht es um den Verkauf der »Nutzungs-Dienstleistungen« an einem Produkt. Entscheidend ist, daß der Käufer nicht das Eigentum an einem Produkt, sondern nur definierte Nutzungsrechte, also Dienstleistungen, kauft. Der Begriff »Dienstleistung« im üblichen Sprachgebrauch, mit dem immaterielle Leistungen von Banken, Versicherungen oder Kulturinstitutionen bezeichnet werden, wird hier also generell auf »Nutzungs-Dienstleistungen« (zumeist langlebiger) materieller Produkte ausgeweitet.

38 Zitiert nach Deutsch, C., a.a.O., S. 42.

39 Vgl. zu den Einzelbeispielen z.B.: Deutsch, C., a.a.O., oder Wollny, V., a.a.O.

40 Erlhoff, M., a.a.O.; Horntrich, G. (1993a): »Ökologie und Design – Widerspruch oder Perspektive?«, in: Heiner Jacob (Hrsg.), Zweites Kölner Design Jahrbuch 1993, Köln 1993, und Horntrich, G. (1993b): »Eine neue Warenästhetik: Anreiz oder Vorbedingung für Langzeitnutzen?«, in: Gemeinsam Nutzen statt einzeln verbrauchen, IFG Ulm, Giessen 1993. Für das Konzept »Nutzen statt Besitzen« wird in der Literatur auch der Begriff »Öko-Leasing« und für die »Produktverantwortung« der Begriff »Produkt-Stewardship« benutzt.

41 Öko-Institut, Ewen C. u.a., Vermeidungsagentur. Konzeptstudie für eine Agentur für gewerbliche Abfälle im Auftrag des Kreises Unna, Darmstadt 1991.

42 Vgl. Pohl, I., a.a.O.

Kapitel 7

Chancen und Grenzen der Effizienzrevolution

Revolutionäre Technik allein reicht nicht

Als »Revolution« bezeichnet man im weiteren Sinne den radikalen Bruch mit kulturellen Wertsystemen, überkommenen Wissensbeständen und Organisationsstrukturen. »Revolution« nennt man generell auch Prozesse, die durch einen umfassenden und schnellen Wandel gekennzeichnet sind. In diesem Sinne wird der Begriff Effizienzrevolution hier verwendet. Er charakterisiert eine *Umwälzung im Bereich der Technik, der Wissenschaft* und der *Wirtschaft*. Ein wesentliches Element dieser Effizienzrevolution ist nicht technischer Natur: Die Umwälzung der Technik findet nur statt, wenn viele gesellschaftliche Gruppen, neue Allianzen und die Hauptakteure im Energiesystem umfassend an diesen Veränderungen beteiligt werden.

Im statistischen Sinne läßt sich eine Effizienzrevolution dadurch charakterisieren, daß die durchschnittliche jährliche Steigerungsrate der *Energieproduktivität* drastisch angehoben wird. Diese Steigerungsrate lag in den vergangenen 20 Jahren durchschnittlich bei etwa 1,5 Prozent. In den Klima-Enquete-Szenarien mit bzw. ohne Kernenergie steigt die jährliche Zuwachsrate der Energieproduktivität in den nächsten beiden Jahrzehnten auf 3,2 Prozent bzw. 3,5 Prozent pro Jahr; eine Steigerung der Energieeffizienz um den Faktor 4 bis zum Jahr 2020 würde eine Steigerungsrate von 4,7 Prozent pro Jahr bedeuten. Eine Steigerung der Anstiegsrate der Energieproduktivität auf 3 bis 4 Prozent pro Jahr ist für einige Jahrzehnte technisch möglich und verdient zweifellos die Charakterisierung »revolutionär«.

Voraussetzung für eine Effizienzrevolution ist die Erkenntnis, daß ein »Weiter so« in der Energieversorgung die ökologische Krise unerträglich verschärft und eine radikale Umkehr notwendig ist. Nach Auffassung vieler Wissenschaftler sind die katastrophalen ökologischen Folgen wachsenden Energieverbrauchs heute schon nachweisbar; sie werden jedoch von relevanten politischen Mehrheiten und breiten Schichten der Bevölkerung noch nicht als solche wahrgenommen. Dies könnte sich jedoch schnell ändern, wenn zum Beispiel

- die Klimaveränderungen durch fühlbare Katastrophen auch für die letzten Zweifler erkennbar werden,
- ein Unfall in einem Atomkraftwerk das Gefährdungspotential erneut deutlich macht und/oder
- durch eine nicht verharmlosende Informationspolitik der Staaten über die wachsenden Risiken des Energiesystems die Motivation und Bereitschaft zu einer grundlegenden Umorientierung geschaffen würde. Weiterhin müßte überzeugend nachgewiesen und dargestellt werden, daß die forcierte Steigerung der Energieeffizienz der Kern einer risikominimierenden Strategie ist, die für die gesamte Gesellschaft von Vorteil ist.

Die *Effizienzrevolution* ist eine Revolution im besten Sinne, ein radikaler Wandel der Prioritäten. Nur wenn Gesellschaft und Politik es wollen und konsequent unterstützen, können Nischentechniken sich zu Zukunftstechniken entwickeln, kann die Wirtschaft mit Effizienzstrategien Gewinne machen und die Wissenschaft die Grundlagen für weitere Fortschritte legen.

Der Begriff der *Energieproduktivität* meint das Verhältnis von Bruttoinlandsprodukt in konstanten Preisen zum Primärenergieverbrauch.

Eine wesentliche Voraussetzung für eine Effizienzrevolution ist dadurch erfüllt, daß beeindruckende technische Möglichkeiten zur Effizienzsteigerung nachgewiesen sind und zu volkswirtschaftlich auch prinzipiell verkraftbaren Kosten erschlossen werden können.

Der politische Kern einer Effizienzrevolution besteht darin, daß gesellschaftliche Leitziele geändert und neue Rahmenbedingungen (»Leitplanken«) für eine »Ökonomie des Vermeidens« geschaffen werden. Das Schaffen solcher Rahmenbedingungen verlangt ein differenziertes Vorgehen mit jeweils unterschiedlichen Methoden in den einzelnen Sektoren der Gesellschaft und gegenüber den unterschiedlichen Zielgruppen.

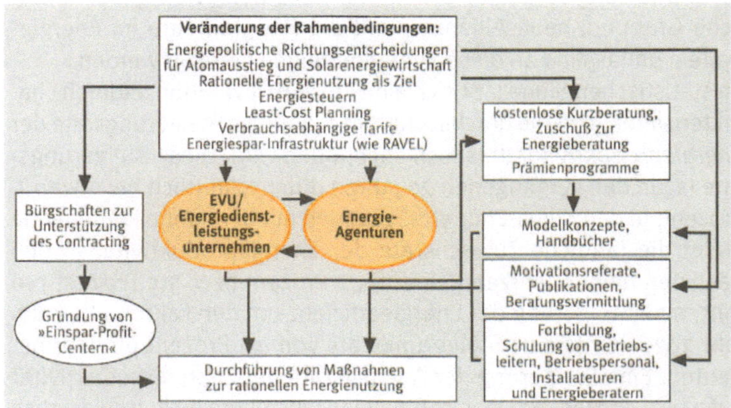

Abb. 59:
Instrumentenmix zur Umsetzung der Effizienzrevolution

Eine Effizienzrevolution ist daher mehr als eine *technische* Revolution. Sie anzustoßen verlangt die Umsetzung eines ganzen Katalogs von Einzelschritten:

- Das Setzen klarer, langfristig orientierter und verläßlicher *Leitziele,* zum Beispiel rechtlich bindender nationaler (und EU-weiter) Ziele und Zeitpläne zur Reduzierung der CO_2-Emissionen.
- Eine Veränderung der *ökonomischen Rahmenbedingungen* durch Einbeziehung der *externen Kosten* in die Produktionskosten.
- Den *Ausstieg aus der Atomenergie* und eine grundlegende Veränderung der *Forschungs- und Entwicklungsschwerpunkte*.
- Eine Veränderung der *energierechtlichen Rahmenbedingungen,* insbesondere des Energiewirtschaftsgesetzes, der Konzessionsabgabenverordnung und der Regulierungspraxis.
- Die rechtliche Verankerung von LCP/IRP als Unternehmensplanungs- und Regulierungsinstrument in einem neuen Energierechtsrahmen.
- Eine *ökologische Steuerreform,* die Energie auf lange Sicht und planbar pro Jahr um real etwa drei bis fünf Prozent verteuert und deren Einnahmen u.a. zur Senkung der Lohnnebenkosten der

Arbeit verwendet werden, um Arbeit im Verhältnis zu Energie billiger zu machen.

- Eine Änderung der *Preisstrukturen* (zeitabhängige, an den langfristigen Grenzkosten der Stromerzeugung und der Stromverteilung orientierte Tarife) und attraktive *Einspeisebedingungen für Strom aus erneuerbaren Energiequellen und dezentralen KWK-Anlagen.*
- Die *Kennzeichnung* von Produkten nach ihrer Umweltqualität; Wärmepässe, mit denen Häuser nach ihrem Energieverbrauch miteinander verglichen werden können.
- Eine *Wärmenutzungsverordnung* in Verbindung mit anderen Instrumenten (z.B. freiwillige Vereinbarungen, Förderprogramme), die gezielt auf die Förderung der Effizienzrevolution in der privaten Wirtschaft zielen.
- *Finanzierungshilfen* für den Aufbau von *Einspar-Profit-Centern und Energieagenturen.*
- *Markteinführungshilfen* für regenerative Energiequellen und Einspartechniken.
- Die *Vorbildfunktion* der öffentlichen Hand bei der rationellen Nutzung von Energie und regenerativen Energiequellen.
- Eine *Informations- und Aufklärungskampagne,* die die Menschen nicht verunsichert, sondern aufklärt und zum verantwortlichen Handeln anleitet.
- *Aus- und Weiterbildungsprogramme* für Handwerker, Ingenieure, Architekten, Stadtplaner und Hausmeister sowie Aufnahme des Stoffs in die Lehrpläne aller Ausbildungsgänge.
- Zielgruppenspezifische *Anreize* für die effiziente Energienutzung und nicht für die Verschwendung; so sollten z.B. die Gehälter von Führungskräften in EVU daran gekoppelt sein, ob Einsparziele erreicht werden; die Honorarordnung für Architekten sollte effiziente Energienutzung als Teil der Planungsleistung belohnen.
- Ein *Instrumentenmix im Verkehrsbereich,* der zur Verkehrsvermeidung, Verkehrsverlagerung und Effizienzsteigerung führt (Tempolimit, Ausbau des Angebots öffentlicher Verkehrsmittel, Straßenrückbau, Vorrang für alle umweltschonenden Fortbewegungsarten und andere Maßnahmen, wie z.B. fee-bates, eine Kombination von Steuern (für stark umweltbelastende Fahrzeuge) und Anreizen (für weniger belastende Fahrzeuge).

Schließlich ist eine erfolgreiche Effizienzrevolution mehr als nur die Summe der hier angedeuteten einzelnen Bausteine. Sie verlangt eine grundlegende Änderung des umweltpolitischen Bewußtseins, eine politische Ermutigung und Flankierung von Handlungsbereitschaft, neue Formen des Arbeitens und Konsumierens (»neue Wohlstandsmodelle«) und ökologische Schwerpunkte in der Energie- und Verkehrspolitik.

Handwerker, beratende Berufe, Planer und Führungskräfte müssen vorrangig dafür vorbereitet werden, im konkreten Fall Chancen für Einsparstrategien zu erkennen und umzusetzen. Der »Stand des Wissens« ihrer Fachgebiete muß es sein, der Effizienz Priorität einzuräumen.

Effizienz und Suffizienz: Zwei Seiten einer Medaille

Effizienzstrategien sind ein wichtiger Teil des Wegs zur Zukunftsfähigkeit. Technische Verbesserungen entlasten die Umwelt und geben den Menschen Zeit zu grundlegenden Umstellungen. Doch je höher die Effizienz ist, desto schwieriger wird es, sie weiter zu verbessern. Steigen die Ansprüche an materiellen Wohlstand und Konsum weiter, dann steigen auch in einer technisch hocheffizienten Gesellschaft die Belastungen der Umwelt weiter. Die Effizienzstrategie muß durch die Suffizienzstrategie ergänzt werden, durch die Frage nach dem »Was ist genug?«.

Wir haben betont: Bei den Bemühungen, die globale ökologische Krise stufenweise einzudämmen, kann die Effizienzrevolution der Menschheit einen unschätzbaren Zeitgewinn verschaffen, aber sie reicht nicht aus, um die Probleme zu lösen. Eine Effizienzrevolution, die nur die technische Effizienzsteigerung in den Mittelpunkt stellt, könnte sich schnell als *Effizienzillusion* herausstellen. Zur Effizienz, dem »Was ist technisch möglich?«, muß die Suffizienz kommen, das »Wieviel ist genug?«. Effizienz und Suffizienz stehen in einem komplexen Wechselverhältnis zueinander. Dazu einige Anmerkungen: Daß die Ziele Effizienz und Suffizienz nicht als Entweder-Oder einander gegenüberstehen, sondern daß es sich um ein Sowohl-als-Auch handeln muß, dürfte deutlich geworden sein. Effizienz- gegen Suffizienzaspekte auszuspielen oder umgekehrt bringt nicht weiter. Offensichtlich ist beides notwendig.

Wohl am eindringlichsten von allen international angesehenen »Energiesparpäpsten« hat der dänische Professor Joergen Noergard immer wieder darauf hingewiesen, daß Effizienz- mit Suffizienzfragen verbunden werden müssen. Sonst ist zum Beispiel ein zukunftsfähiges Energiesystem in Europa nicht realisierbar. Noergard erläutert diese These an einer Szenariorechnung für die zukünftige Elektrizitätsversorgung in den 15 größten europäischen Ländern.
Die Abbildung 60 zeigt zunächst in einem *Wachstumsszenario* (a), daß bei Ausschöpfung des heute bekannten und weitgehend auch wirtschaftlichen Effizienzpotentials der Elektrizitätsverbrauch vorübergehend absolut abgesenkt werden kann. Etwa ab dem Jahr 2010 sind jedoch nach diesem Szenario die Effizienzgewinne so aufgezehrt, daß sie von einem weiter wachsenden Dienstleistungsniveau überkompensiert werden. Der Stromverbrauch beginnt erneut zu steigen, eine zukunftsfähige, nur auf erneuerbare Energien aufgebaute Stromversorgung würde dadurch unmöglich (siehe auch Abb. 61).
Teilbild b zeigt dagegen ein *Sättigungsszenario*. Dabei nimmt Noergard an, daß ab einem bestimmten durchschnittlichen Lebensstandard das mit Elektrizitätsverbrauch verbundene durchschnittliche Waren- und Dienstleistungsangebot nicht weiter zu wachsen braucht. Wie Abbildung 61 zeigt, ist dann in den 15 europäischen Ländern ein zukunftsfähiges Stromsystem allein auf der Basis erneuerbarer Energieträger möglich. Noergards Darstellung zeigt eindrucksvoll, daß der Zeitgewinn durch die technische Effizienzrevolution wesentlich ist und insofern das Potential der rationelleren Energienutzung voll ausgeschöpft werden sollte.

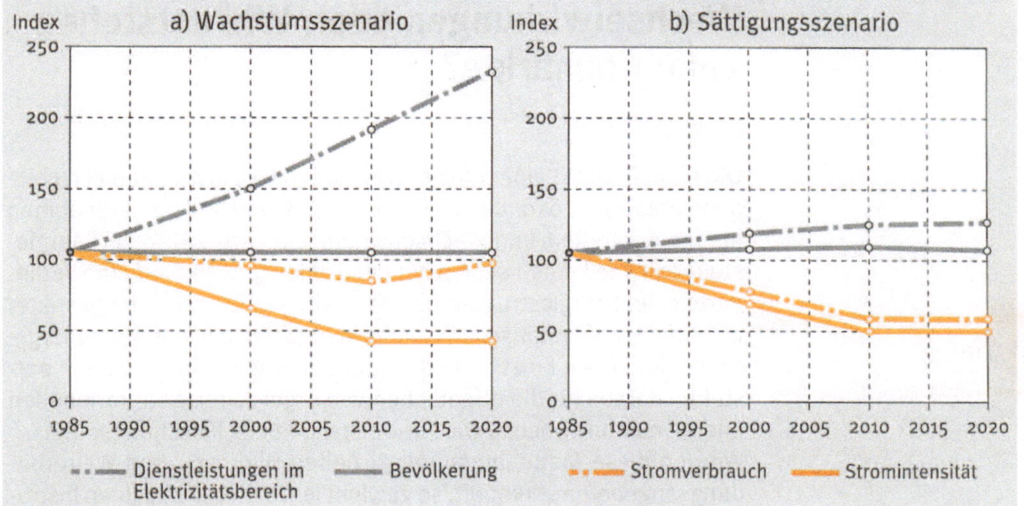

Aber auch die Grenzen einer auf Technik beschränkten Effizienzrevolution werden dabei deutlich: Wenn zum Beispiel zwei energiesparende Fernseher oder Kühlschränke jeweils ein ineffizientes Gerät ersetzen, ist der Einspargewinn rasch verspielt. Das von Dr. Stoy/RWE bereits im Jahr 1974 visionär formulierte Vertriebskonzept einer verstärkten Stromanwendung (»Immer weniger Stromverbrauch für immer mehr Anwendungen«) führt nicht zur Zukunftsfähigkeit des Stromsystems, sondern über kurz oder lang zur Aufzehrung der Vorteile, die die Effizienzrevolution ermöglicht (siehe weiter unten). [1]

Abb. 60:
Der »Zeitgewinn« durch Effizienzsteigerung. Doch im Wachstumsszenario steigt nach dem Jahr 2010 der Stromverbrauch erneut. (Quelle: Noergard/Viegand 1992)

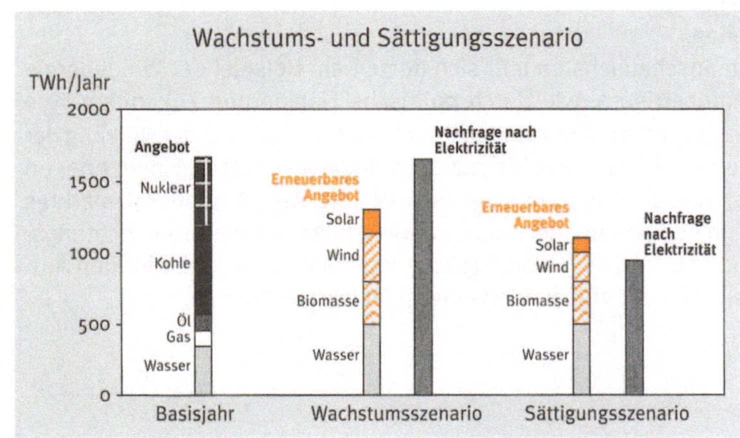

Abb. 61:
Im Sättigungsszenario kann die Energienachfrage allein durch erneuerbare Energien gedeckt werden. (Quelle: Noergard/Viegand 1992)

Wechselwirkungen oder: Wie entstehen Zukunftsmärkte?

Die neue Qualität einer Effizienzrevolution liegt darin, daß verschiedene politische, ökonomische, gesetzliche und andere Maßnahmen ineinandergreifen und wechselwirken. So wird z.B. eine Energiesteuer alleine keinen ausreichenden Lenkungseffekt auf eine Veränderung der Energiestrukturen haben. Wird jedoch eine Energiesteuer mit einer klaren politischen Linie zum Ausstieg aus der Atomenergie sowie mit einem Einstieg in die Solarenergie verbunden, dann entstehen daraus für die öffentlichen Versorger Anreize zur rationellen Energienutzung ebenso wie zur Umstellung des Forschungsetats. Werden diese Maßnahmen mit gezielten Bildungs- und Weiterbildungsangeboten verknüpft, so gewinnt jedes dieser einzelnen Instrumente an Gewicht. So werden zum Beispiel als Folge der ökologischen Steuerreform erhöhte Energiepreise das Interesse an Effizienztechnologien steigern. Durch die steigende Nachfrage, durch zusätzliche Forschungsmittel sowie aus Imagegründen wird dieser Markt für weitere Anbieter interessant, die ihrerseits ihre Marketingbemühungen stärker auf die Effizienztechnologien ausrichten und somit dazu beitragen, daß Energieeffizienz zu einem vorrangigen Kauf- und Investitionskriterium wird.

Leider tut sich die Energiepolitik bisher weltweit schwer, durch ein sektor- und zielgruppenspezifisches Instrumentenmix sich selbst tragende Märkte für Effizienztechnologien zu entwickeln. Das beispielhafte Schweizer RAVEL-Programm und die skandinavischen Markteinführungsprogramme für Effizienztechnologien (z.B. für supergedämmte Fenster, hocheffiziente Beleuchtung, Niedrigenergiehäuser) sind bisher eher noch Ausnahmen, die in diese Richtung gehen.
Am anschaulichsten läßt sich derzeit am Beispiel der Windenergie demonstrieren, wie durch politische Flankierung Zukunftsmärkte geschaffen werden können. Zwar handelt es sich bei der Nutzung der Windkraft nicht um Effizienztechnologie im engeren Sinne. Aber an der frappierend schnellen Entwicklung des Windenergiemarktes kann gut demonstriert werden, wie erfolgreich staatliche Richtungsentscheidungen und verläßliche Rahmenbedingungen für den Aufbau von Zukunftsmärkten eingesetzt werden können.

Der dänische Windenergiemarkt:
Ein Paradebeispiel eines politisch geschaffenen Markts

Während sich die Situation der Windenergie in Deutschland Mitte
der achtziger Jahre am besten mit »Flaute« beschreiben läßt,
wurde die Windenergie in Dänemark auf verschiedenen Wegen
gefördert. Dies führte dazu, daß Dänemark heute bereits etwa
vier Prozent seines Strombedarfs durch Windkraft decken kann
und bis zum Jahr 2000 einen Anteil von zehn Prozent erreichen
wird.

Das Beispiel Dänemark zeigt, daß ein Instrumentenmix zusammenwirken muß, damit sich eine neue Technik auf dem Energiemarkt durchsetzt. Eine klare politische Zielsetzung der Energiepolitik ist eine wichtige Grundlage, die für alle Akteure einen ver-
läßlichen Rahmen abgibt. In Dänemark ist dies mit dem Verzicht
auf die Atomenergie und mit der Festschreibung klarer energiepolitischer Ziele geschehen, unter anderem mit der Festlegung
eines Mengenziels für die Windenergie.[2] Klare politische Ziele
veranlassen jedoch noch keinen Windkraftanlagen-Hersteller in
hinreichender Weise dazu, Anlagen zu entwickeln und zu produzieren. Über ein gezieltes Forschungs- und Entwicklungspro-
gramm wurden daher die zumeist handwerklichen Betriebe in
Dänemark zu entsprechenden Arbeiten ermutigt.

Darüber hinaus wurden die Zukunftsperspektiven für die Windenergie durch attraktive Einspeisebedingungen sowie durch ein
Förderprogramm zur Markteinführung verbessert.[3] In Kombination mit der Forschungs- und Entwicklungsförderung führte dies
dazu, daß in Dänemark früher als anderswo in der Welt zuverläs-
sige Windenergieanlagen in großer Zahl errichtet wurden und
bereits Anfang der achtziger Jahre aufgrund der Weiterentwicklung und Serienproduktion die Kosten deutlich sanken.

Mit der Entwicklung der Nachfrage in den USA, die ohne die
dänischen Aktivitäten zu diesem Zeitpunkt nicht denkbar gewesen wäre, begann eine Eigenentwicklung der dänischen Wind-
kraftindustrie, die bis in einige andere europäische Länder aus-
strahlte.

Fazit der Erfahrungen in Dänemark: Klare staatliche Zielvorgaben, eine verläßliche Energiepolitik, Unterstützung bei der
Markteinführung sowie langfristig stabile und günstige Rahmenbedingungen für die Investoren und Produzenten müssen zusam-
menkommen, damit aus einem Windchen ein Sturm wird. Zu den
günstigen Rahmenbedingungen gehören insbesondere loh-
nende Vergütung für die Einspeisung von Windstrom sowie einfache Bauzulassungsverfahren.

Ein wesentlicher Bestandteil
der Forschungsförderung war
der Aufbau der Teststation in
Riso seit 1978. Diese hatte
zum Ziel, die dänischen Windkraftanlagen zu testen, den
Herstellern Serviceleistungen
und Beratung zu bieten und
die Entwicklung der Anlagen
sowie die Lizenzvergabe für
den Betrieb von Anlagen voranzutreiben. Während noch
bis 1980 die 10-kW-Anlagen
dominierten, rückten in den
Folgejahren die 55-kW-Anla-
gen und ab 1985 die 75-kW-
Anlagen an die erste Stelle.

Der deutsche Windenergiemarkt: Ein Schritt voran, zwei zurück?

Wie sieht es dagegen in der Bundesrepublik aus? Nach einer verspäteten, aber dennoch hoffnungsvollen Entwicklung der Windkraftnutzung in Deutschland in den vergangenen Jahren wird von den Energieversorgungsunternehmen seit einiger Zeit eine häufig destruktive Diskussion über eine Veränderung des Einspeisegesetzes geführt. Diese Diskussion trifft die Windenergie an einem empfindlichen Nerv: Ohne eine gesetzliche Regelung, die den Einspeisepreis für Überschußstrom ins Netz der jeweiligen EVU in heutiger Höhe festschreibt, wären die Einspeiser der Konkurrenz der großen Verbundunternehmen ausgesetzt, die mit ihren Überkapazitäten und ihrer wirtschaftlichen Macht leicht in der Lage wären, die Windkraftwerke mit Dumpingpreisen zu verdrängen.

Bereits die Aussicht, daß das Einspeisegesetz geändert werden könnte, hat der Entwicklung der Windindustrie in Deutschland Schaden zugefügt. Die wirtschaftlichen Erwartungen der potentiellen Investoren und auch der Banken (bei kreditfinanzierten Anlagen) hängen entscheidend von diesem Punkt ab.

Allerdings müssen die regional ungleiche Verteilung von Wind- und Wasserkraft und die damit verbundene ungleiche Kostenbelastung bei den jeweiligen EVU zukünftig stärker berücksichtigt werden. Hier bietet sich an, daß auf der Verbundebene ein überregionaler Ausgleich geschaffen wird.

Es ist bezeichnend, daß die Verbund-EVU sich bisher (Stand Sommer 1996) nicht zu einer freiwilligen Lösung bereitfinden konnten, für die regional unterschiedliche Aufnahme von Wind- und Wasserkraftstrom untereinander einen bundesweiten Ausgleichsfonds zu schaffen. Ganz anders war die Lage, als es um den Ausbau der Atomenergie ging: 1980 hatten die Stromkonzerne der volkswirtschaftlich und ökologisch schädlichen Vereinbarung zum gleichzeitigen Ausbau von Kohle- und Kernenergiestrom im sogenannten »Jahrhundertvertrag« und der Kohlefinanzierung über den »Kohlepfennig« noch aus vollem Herzen zugestimmt.[4] Zu einem weiteren Hemmschuh für den Ausbau der dezentralen Stromerzeugung entwickeln sich die Netzverstärkungskosten, die die Energieversorgungsunternehmen den Anlagenbetreibern anzulasten versuchen.

Bei einer klaren Richtungsentscheidung in der deutschen Energiepolitik würden solche Irrwege kaum begangen werden.

Das Potential der Effizienzsteigerung am Beispiel »Beleuchtung«

Die Erfahrungen mit der Windenergie lassen sich prinzipiell auch auf andere Techniken übertragen, allerdings nicht in dem Sinne, daß dieselben Instrumente in der gleichen Art angewendet werden sollten. Vielmehr sollte man daraus lernen, daß in jedem Technik- und Anwendungsbereich eigene Mittel gefunden werden müssen, die bestehenden Hindernisse zur Einführung effizienterer und umweltschonender Technologien zu überwinden.

Wir wollen am relativ überschaubaren Sektor »Beleuchtung« zeigen, daß der Aufbau eines Zukunftsmarkts für Effizienztechniken wesentlich komplexer ist als der eines Marktes für Angebotstechniken. Hierbei geht es nicht nur um günstige Rahmenbedingungen für eine Querschnittstechnik wie bei Windkraftanlagen, sondern häufig um maßgeschneiderte Systemlösungen im konkreten Einzelfall.

Das Beispiel »Beleuchtung« liegt unserer Alltagserfahrung nicht nur besonders nahe. An ihm zeigt sich auch exemplarisch, daß eine einzelne Dienstleistung durch eine Kombination verschiedener technischer Innovationen, aber auch durch verändertes Verhalten, mit erheblich geringerem Energieaufwand bereitgestellt werden kann.

In den vergangenen 200 Jahren wurde die Effizienz von Beleuchtungskörpern um etwa den Faktor 1000 verbessert. Mit anderen Worten: Eine Stromsparlampe, die gleich hell leuchtet wie eine Paraffinkerze, braucht heute nur noch den tausendsten Teil der Energie einer Paraffinkerze (siehe Abb. 62).

Effizienzentwicklung bei der Beleuchtungstechnik

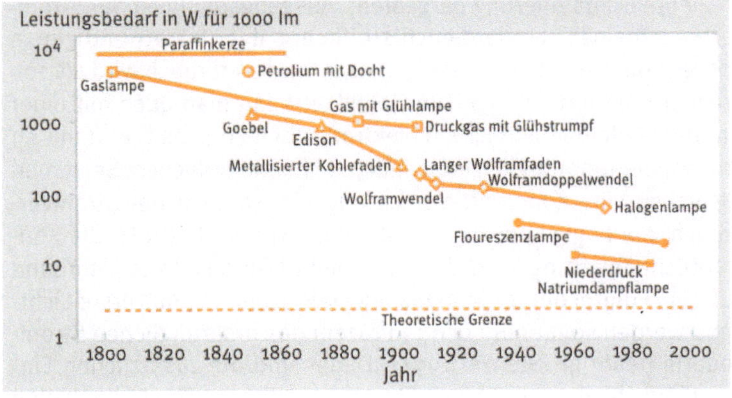

Abb. 62:
Effizienzentwicklung bei der Beleuchtungstechnik (Quelle: Spreng 1995).

Eine Dreibandenlampe enthält drei Lichtbänder, die unabhängig voneinander ein- und ausgeschaltet oder geregelt werden können. Dadurch erlaubt diese Lampe es, die Helligkeit des Kunstlichtes flexibel und automatisch der Helligkeit des Tageslichts anzupassen und die Ausleuchtung des Raums konstant zu halten (Konstantlichtregelung).

Die Abbildung zeigt allerdings auch, daß der Energieaufwand je Einheit Licht (Watt/100 Lux) eine absolute Untergrenze nicht unterschreiten kann. Die Ursache: Licht ist selbst eine Energieform, und Energie kann nicht gewonnen, sondern nur umgewandelt werden. Die theoretische Grenze der Effizienz wäre also dann erreicht, wenn ein Energieträger ohne Verluste in Licht umgewandelt werden könnte. Die Abbildung verdeutlicht auch, daß moderne Lampen bereits relativ nahe an diese Grenze herankommen. Vergleichbar große Fortschritte bei der Effizienz der Lampen wie in der Vergangenheit sind also in Zukunft nicht mehr zu erwarten.

Diese Aussage bezieht sich jedoch nur auf die Lampentechnik. Betrachten wir jedoch die »Energiedienstleistung Beleuchtung«, so läßt sich diese noch anderweitig effizienter gestalten: Zum Beispiel

- durch effizientere und optimal reflektierende Beleuchtungskörper, die das Licht dorthin werfen, wo es gebraucht wird,
- durch helle, reflektierende Wände und Böden,
- durch tageslichtnutzende Architektur,
- durch bedarfsabhängige Steuerung der Beleuchtung (z.B. Bewegungsmelder) und durch
- bedarfsabhängige Beleuchtungsstärke.

Welche Einsparmöglichkeiten der heutige Stand der Technik bietet, läßt sich am Beispiel der Konstantlichtregelung zeigen. Bei diesem System wird das Tageslicht in einem Raum durch Kunstlicht ergänzt – und damit die gewünschte Beleuchtungsstärke erreicht. Hierbei mißt ein Lichtsensor den tatsächlichen Wert der Beleuchtungsstärke und gibt einen entsprechenden Impuls an das Regelsystem, das über ein elektronisches Vorschaltgerät den Leuchtenstrom stufenlos zwischen einem und hundert Prozent steuert.

In Abbildung 63 ist das Einsparpotential durch effiziente Lampen und effiziente Lichtsteuerung dargestellt. Ausgangspunkt ist der Stromverbrauch einer Standardleuchtstofflampe mit 58 Watt und einem konventionellen Vorschaltgerät. Dieser Stromverbrauch wird als 100 Prozent normiert. Die gleiche Helligkeit kann man auch mit einer Dreibandenlampe und einem elektronischen Vorschaltgerät mit 59 Prozent der ursprünglich notwendigen Energie erreichen. Setzt man zusätzlich eine *Konstantlichtregelung* ein, so sinkt der Stromverbrauch, abhängig vom Tageslichteinfall, weiter ab. Durch die Konstantlichtsteuerung sinkt der Strombedarf für das dritte Lichtband auf zwei Fünftel der ursprünglichen 59 Prozent. Für das erste Lichtband werden sogar nur noch 13 Prozent des ursprünglichen Strombedarfs benötigt (Stenzel 1994). Dabei sind die zusätzlichen Einsparmöglichkeiten durch den Ersatz von alten Leuchten durch eine moderne Spiegelrasterleuchte noch nicht berücksichtigt. Hieran wird deutlich, daß unter entsprechend optimierten Bedingungen eine

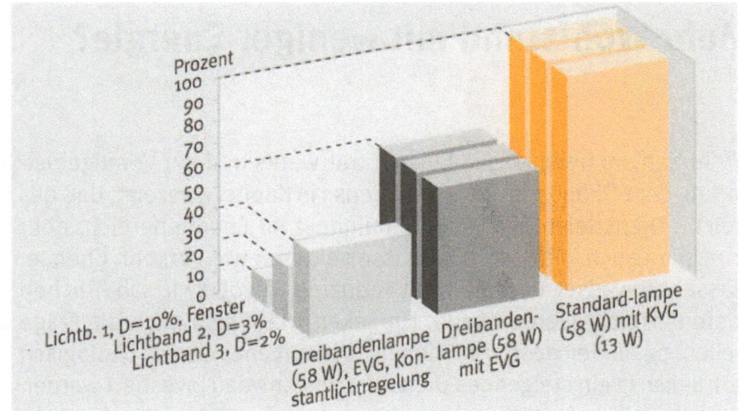

Stromeinsparung um den Faktor 10 bei gleicher Energiedienstleistung technisch möglich ist.

Neben der Stromeinsparung durch effiziente Technik müssen in einer Gesamtbetrachtung auch *Einsparungen bei der Klimatisierung* berücksichtigt werden. Sparsamere Lampen geben nämlich weniger Wärme ab. Übliche Beleuchtungsanlagen heizen mit 20 bis 40 Watt pro Quadratmeter den Raum auf und sind daher eine der bestimmenden Lasten für Lüftung und Klimatisierung.

Einerseits sind also die Grenzen der Effizienzsteigerung bezogen auf die Gesamtsysteme noch längst nicht erreicht; das gesamte Einsparpotential über die vollständige Prozeßkette bis hin zur Energiedienstleistung wird noch viele Jahrzehnte lang nicht ausgeschöpft sein. Andererseits darf jedoch daraus nicht der Schluß gezogen werden, daß es nahezu keine technischen Grenzen für die Effizienzsteigerung gäbe.

Um die Determinanten und die Grenzen einer Energieeffizienzsteigerung grundsätzlicher analysieren zu können, wollen wir das Lichtbeispiel verallgemeinern und dabei auf das Kapitel 6 und den dort entwickelten allgemeineren Dienstleistungsbegriff noch einmal zurückkommen. Um die relativ einfache Energiedienstleistung »komfortable Beleuchtung« mit weit weniger Energie als bisher bereitzustellen, waren offenbar bereits relativ komplexe *Systemlösungen* notwendig. Dabei haben wir uns nur im Bereich der Umwandlung von Endenergie (Strom) zur Energiedienstleistung bewegt. Je stärker wir jedoch *die Prozeßkette bis zurück zur Primärenergie* und energie- und materialsparende *Substitutionsmöglichkeiten von Produkten und Dienstleistungen* einbeziehen sowie Mehrfachnutzung, Dauerhaftigkeit (und andere ökologische Produkteigenschaften) berücksichtigen, desto komplexer werden einerseits die Systemlösungen und desto höher andererseits die potentiellen Zuwachsraten der Energieproduktivität oder des Wohlstands pro Energiedienstleistung.

Abb. 63:
Einsparpotential durch tageslichtabhängige Beleuchtungssysteme. (Quelle: Stadtwerke Hannover 1995)

Mehr Wohlstand mit weniger Energie?

Wir haben am Beispiel des Einsparkraftwerks und der Verallgemeinerung der »Ökonomie des Vermeidens« in Kapitel 6 gezeigt, daß das gleiche Dienstleistungsniveau zumindest im Energiebereich, aber prinzipiell auch in anderen Schlüsselsektoren wie Verkehr, Chemie, Wasser/Abwasser und Müll mit reduzierten volkswirtschaftlichen Kosten erreicht werden kann. Umgekehrt läßt sich auch die Frage stellen, ob ein Teil des vermiedenen Ressourceneinsatzes ökologisch verträglich in ein steigendes Dienstleistungsniveau investiert werden kann. Populärer formuliert läuft dies auf die Frage hinaus, ob »mehr Wohlstand durch Vermeiden« möglich ist, ohne daß die Naturbelastung zunimmt.

Der Untertitel dieses Buches hat zum Beispiel eine doppelte Bedeutung: »Eingesparte Energie neu nutzen« kann heißen, daß die bei den bisherigen Kunden eingesparte Energie an neue Kunden geliefert werden kann, ohne daß neue Kraftwerke gebaut werden müssen. »Neu nutzen« kann nach unserem Verständnis aber auch dazu führen, daß sich durch den bewußteren Gebrauch von Energiespartechniken generell eine neue ökologischere Einstellung zum Energieverbrauch – zum Beispiel mehr Unterstützung der Solarenergie – entwickelt. Beide Tendenzen gehen in Richtung Zukunftsfähigkeit, wenn sie nicht durch Gegeneffekte vom Typ »Eingesparte Energie für verstärkte Energieanwendungen nutzen« konterkariert werden.

J. Noergard hat in seinem Szenario (vgl. S. 302f.) den heute bekannten Stand der Technik zugrundegelegt und noch nicht alle Möglichkeiten der Steigerung der Energieproduktivität *über die gesamte Prozeßkette* bis zur Energiedienstleistung ausgeschöpft. Aber auch wenn diese Faktoren berücksichtigt werden, bleibt sein Kernergebnis erhalten: Wenn Effizienzstrategien nicht durch Suffizienzstrategien ergänzt werden, steigt der Elektrizitätsverbrauch in ein bis zwei Jahrzehnten wieder; dieser Zeitpunkt kann lediglich weiter in die Zukunft verschoben werden. Dazu gibt es eine Vielzahl von Möglichkeiten (von der Prozeß- und Produktinnovation bis hin zur Produktsubstitution und zur Mehrfach- bzw. Wiedernutzung von Produkten). Doch je weiter die Produktivitätssteigerung von Energie über die gesamte Prozeßkette vorangetrieben werden soll, um so deutlicher haben diese Möglichkeiten etwas gemeinsam: Soziale und technische Innovationen müssen untrennbar miteinander verbunden sein. So verlangt z.B. das Wohnen in einem Niedrigenergiehaus oder einem Passivhaus eine Umstellung der Gebrauchsgewohnheiten. Das 1,5-Liter-Auto erfordert ein völlig verändertes Fahrverhalten und andere Mobilitätsbedürfnisse als ein 120-PS-Wagen mit 200 km/h Spitze.

Wir wollen die Determinanten der Umweltbelastung und -entlastung durch Energieverbrauch und Wohlstandsveränderung an einer Formel veranschaulichen. In ihr ist ein einfacher arithmetischer Zusammenhang zwischen der Umweltbelastung (U) und dem Wohlstandsniveau (W) durch Verknüpfung von verschiedenen Einflußfaktoren hergestellt worden, unter anderem dem Primärenergieverbrauch PE und dem Bruttoinlandsprodukt Y.

Ausgangspunkt ist die (tautologische) Erweiterung der einfachen Definitionsgleichung

$$U = U/Y * Y/W * W \quad (1) \quad \text{in}$$
$$U = U/PE * PE/Y * Y/W * W \quad (2)$$
und weiter in
$$U = U/PE * PE/EE * EE/NE * NE/EDL * EDL/Y * Y/W * W \quad (3)$$

(U = Umweltbelastung; PE = Primärenergie; EE = Endenergie; NE = Nutzenergie; Y = Bruttoinlandsprodukt; EDL = Energiedienstleistung; W = Wohlstand).

Dabei wird in Gleichung (2) die Umweltbelastung (U) in Relation zu einem Wohlstandsindex Y/W, den Umweltbelastungen des Energieverbrauchs (U/PE) und dem mit der Erzeugung des Bruttoinlandsprodukts verbundenen Energieeinsatz PE/Y gesetzt.

Der Faktor PE/Y symbolisiert die übliche statistisch erfaßte Energieeffizienz (bzw. Energieintensität; der Kehrwert Y/PE entspricht der Energieproduktivität), die das Verhältnis zwischen der eingesetzten Primärenergiemenge und dem (realen) Bruttoinlandsprodukt darstellt. Für die Umweltbelastung ist offenbar zunächst wesentlich, inwieweit PE durch erneuerbare Energiequellen bereitgestellt wird.

Der Umfang der pro Energiedienstleistung benötigten Primärenergie hängt andererseits vom Wirkungsgrad der gesamten Prozeßkette bis zur eigentlich benötigten Energiedienstleistung (EDL) ab. Gleichung (3) zeigt daher den Gesamtwirkungsgrad »EDL/PE« der Prozeßkette als Produkt von drei Teilwirkungsgraden (den jeweiligen Kehrwerten von PE/EE, EE/NE und NE/EDL):

- »EE/PE« = Endenergie pro Primärenergie; zum Beispiel: Steigerung der Primärenergienutzung durch ein Blockheizkraftwerk zur gleichzeitigen Strom-, Wärme- und Kälteerzeugung statt der heute vorherrschenden konventionellen getrennten Erzeugung.
- »NE/EE« = Nutzenergie pro Endenergie; zum Beispiel: Ersatz einer konventionellen Öl- oder Gasheizung durch einen Brennwertkessel, besser isolierte Verteilungsanlagen und elektronisch geregelte Umwälzpumpen für die Heizung.
- »EDL/NE« = Energiedienstleistung pro Nutzenergie; zum Beispiel: Umwandlung von Heizenergie in behagliche Zimmertemperatur und Verbrauch von 45 kWh pro Quadratmeter Heizenergie pro Jahr in einem gut gedämmten Niedrigenergiehaus.

Private Personenwagen stehen im Durchschnitt 23 Stunden am Tag still. Waschmaschinen werden nur in Haushalten mit Kleinkindern und pflegebedürftigen Menschen wirklich intensiv genutzt. Bohrmaschinen, Skiausrüstung und vieles andere gehören zur Grundausstattung der meisten Haushalte, werden aber extrem selten benutzt. Gemeinsames Nutzen, Mieten und Leihen könnten die Effizienz dieser Gebrauchsgüter nicht nur um zehn oder zwanzig Prozent, sondern oft noch um wesentlich mehr steigern.

Läßt sich der Wohlstand vermehren und gleichzeitig die Umweltbelastung durch Energieverbrauch senken?

Der Zusammenhang zwischen der Umweltbelastung U und dem Wohlstandsniveau W kann durch eine Verknüpfung von verschiedenen Einflußfaktoren über die gesamte Prozeßkette mit den jeweiligen Dienstleistungen wie folgt dargestellt werden:

$$U = U/PE * PE/EE * EE/NE * NE/EDL * EDL/Y * Y/W * W$$

Eine Reduzierung der Umweltbelastung kann demnach erreicht werden durch:

- U/PE: Vermindern der Umweltbelastung pro Einheit Primärenergie; zum Beispiel: Ersatz von Braunkohle durch Erdgas oder durch die Nutzung erneuerbarer Energiequellen.
- Erhöhung sämtlicher Teilwirkungsgrade im Energiesystem von PE zu EE, von EE zu NE und von NE zu EDL (siehe oben).
- EDL/Y: Erhöhen der Dienstleistungsintensität von Produkten; zum Beispiel: Durch Mehrfachnutzung oder durch Leasen bzw. Mieten statt Kaufen können je Produkt mehr Dienstleistungen und damit eine Dematerialisierung bzw. De-Energetisierung ermöglicht werden.
- Y/W: subjektiv mehr Wohlstand pro Produkt; zum Beispiel: Statt Flugreise in die Karibik vielleicht mehr Entspannung und Wohlbefinden durch autofreien Natururlaub auf einem Bauernhof.

Grundsätzlich zeigt die Gleichung über den Zusammenhang von Wohlstand und Umweltbelastung, daß die Umweltbelastung (U) nicht zwingend steigen muß, sondern sogar sinken kann, wenn (subjektiv) der Wohlstand (W) zunimmt.

Voraussetzung ist vor allen Dingen, daß ein steigendes Bruttoinlandsprodukt durch mehr Energieproduktivität, höhere Dienstleistungsintensität und mehr (subjektiven) Wohlstand pro Produkt überkompensiert wird. Gerade die Faktoren EDL/Y und Y/W haben aber nur noch indirekt etwas mit technischer Effizienzsteigerung zu tun. In einer zukünftigen durch wachsende Auto-Mobilität weiter geschädigten und daher kritischer eingestellten Gesellschaft wird möglicherweise der generelle Verzicht auf ein Auto oder das Umsteigen auf ein kleines solarbetriebenes City-Car oder auf ein Fahrrad von mehr Menschen als wiedergewonnene Freiheit von den Zwängen der Auto-Mobilität erlebt werden. Pioniere in autofreien Siedlungen bestätigen diese verblüffende Wahrnehmungs- und Verhaltensänderung schon heute.

Jede Ausweitung des Dienstleistungsgedankens auf neue Gebiete bedeutet einen Abschied von den lieb und teuer gewordenen Gewohnheiten der Wegwerf- und Kaufgesellschaft, also eine soziale Innovation. Ob dies geleaste Bürotechnik, der kommunikative Waschsalon, expandierende Second-Hand-Märkte, Bastler- und Hobby-Märkte, das Car-Sharing oder auch der Wohnungstausch in den Ferien ist: Nutzen statt Besitzen erfordert eine Verhaltensänderung, die zumeist auch mit mehr Kommunikation und Austausch zwischen Menschen statt nur mit der privaten Warenwelt in den eigenen vier Wänden zu tun hat. Trödel- und Tauschmärkte sind doch offenbar auch deshalb so beliebt, weil man auf ihnen nicht nur interessante Waren, sondern vor allem auch Menschen trifft. Die Effizienzrevolution und der Übergang zur Dienstleistungsgesellschaft ist daher – näher betrachtet – ein komplexer gesellschaftlicher Wandlungsprozeß, in dem technische und soziale Aspekte eng miteinander verwoben sind.

Effizienzsteigerung, die den Energiebedarf erhöht

Wir haben gezeigt: Mit technischen und sozialen Innovationen läßt sich die *Energieeffizienz* in vielen Bereichen von Produktion und Konsum dramatisch steigern. Aber dies muß keineswegs immer bedeuten, daß auch der Energieverbrauch automatisch zurückgeht. Ohne flankierende Maßnahmen ist durchaus auch das Gegenteil möglich: Ein effizienteres technisches und organisatorisches Umfeld kann dazu verleiten, sich – teilweise sicher unbewußt – kontraproduktiv zu verhalten und letztlich den Energieverbrauch zu steigern. Dazu zunächst vier Einzelbeispiele:

a) Umstellung auf Zentralheizung
Wird von einer Einzelofenfeuerung auf Zentralheizung umgestellt, steigt der Nutzungsgrad der Heizungsanlage um etwa 20 bis 40 Prozent an. Dennoch nimmt in der Regel mit dem Heizungsumbau der Energieverbrauch zu, da wegen des höheren Komforts der Heizungsanlage eine größere Wohnfläche beheizt wird und das Heizsystem insgesamt länger im Jahr in Betrieb ist.

b) Leitsysteme im Verkehr
Durch Leitsysteme im Verkehr soll die Kapazität von Straßen erhöht werden, indem Staus vermieden werden. Ziel ist es, die Energieeffizienz des Verkehrssystems Straße zu verbessern. Bei dieser Argumentation wird jedoch nicht beachtet, daß mit der Installation eines Leitsystems der Verkehrswiderstand zwischen zwei Punkten reduziert wird. Die Folge ist zusätzlicher Verkehr[5] sowie eine Verlagerung des Verkehrs von anderen Verkehrsmitteln auf die Straße. Diese bei-

den Effekte können dazu führen, daß das Vermeiden von Staus zwar
die Effizienz verbessert, aber keinen Gewinn für die Umwelt bringt.
Die Vorteile werden durch den zusätzlich erzeugten Verkehr wieder
mehr als aufgezehrt.

c) Abwanderung von energieintensiven Produktionszweigen
Die Energiestatistik der Bundesrepublik Deutschland weist im Verlauf
der letzten Jahrzehnte eine deutliche Steigerung der Energieeffizienz
in den Sektoren Bergbau und Industrie aus, also sinkenden Energieeinsatz pro Nettoproduktionswert. Ursache dafür ist aber zumindest
zu Teilen die Auslagerung von Produktionszweigen mit besonders
hohem Energieverbrauch ins Ausland. Rechnerisch verbessert sich
dadurch die Energieeffizienz des Standorts Deutschland, aber in
einer globalen Gesamtschau, wie sie zur Bewertung der Einflüsse des
Menschen auf das Erdklima angebracht ist, ist das kein Vorteil. Wird
die Energie für die ausgelagerten Produktionsprozesse mit einer
geringeren Effizienz bereitgestellt, so steht der nationalen Effizienzsteigerung auf dem Papier eine globale Effizienzverschlechterung
gegenüber.

d) Effizienzsteigerung und Einkommenserhöhung
Wird durch rationelle Energienutzung das verfügbare Einkommen
erhöht (zum Beispiel durch eine kostengünstige Wärmedämmung),
hängt der Nettoeffekt schließlich davon ab, was der Konsument mit
den eingesparten Energiekosten anstellt. Werden die Ersparnisse
z.B. zur Finanzierung einer Flug-Fernreise oder als Aufpreis zum Kauf
eines Autos mit größerem Motor eingesetzt, so kann die Effizienzsteigerung in einer Mehrbelastung der Umwelt enden.
Wie die Effizienzsteigerung durch globales Wachstum im Rahmen
einer Trend-Energiepolitik und durch energieverschwendendes Verhalten aufgezehrt werden kann, zeigt eine Prognose der Prognos AG,
in der eine »Business as usual«-Energiepolitik bis zum Jahr 2010 dargestellt wird.
Im Auftrag des Bundesministeriums für Wirtschaft hat Prognos den
zukünftigen Energieverbrauch in der Bundesrepublik analysiert (Prognos 1995). Unter dem Titel »Die Energiemärkte Deutschlands im
zusammenwachsenden Europa – Perspektiven bis zum Jahr 2020«
wird dargelegt, daß der Primärenergieverbrauch in den nächsten 25
Jahren trotz großer Fortschritte bei der Energieeffizienz stagnieren
wird.

Einem Rückgang des Energieverbrauchs durch höhere Energieeffizienz steht in dieser Trendprognose ein Mehrverbrauch durch höhere
Nachfrage nach Energiedienstleistungen gegenüber; beide heben
sich gegenseitig auf. Während zum Beispiel pro Quadratmeter Wohnfläche weniger Energie zum Heizen gebraucht wird, werden mehr und

größere Räume in Wohnungen und anderen Gebäuden beheizt; während der Treibstoffverbrauch der Fahrzeuge pro hundert Kilometer zurückgeht, wird mehr und schneller und mit schwereren Autos gefahren. Weitere Gründe für Mehrverbrauch sind höhere Produktionsleistungen der Industrie und die Ausstattung der Haushalte mit mehr stromverbrauchenden Geräten.

Die Prognose zeichnet das Bild der Energiewirtschaft unter der Prämisse, daß keine grundsätzlichen Veränderungen der Rahmenbedingungen eintreten. So werden technologische Neuerungen in der Energieerzeugung und -nutzung in einem kontinuierlichen Prozeß entwickelt und auf den Märkten durchgesetzt. »Der beachtliche technische Fortschritt vollzieht sich im Prozeß einer allmählichen Erneuerung und Verbesserung der Gebäude-, Anlagen-, Fahrzeug- und Gerätebestände« (Prognos 1995, K1).

Die Studie geht von einem »moderaten« Wirtschaftswachstum von durchschnittlich knapp zwei Prozent in den alten Bundesländern aus. In den neuen Bundesländern wird ein ökonomischer Aufholprozeß unterstellt. Für die neunziger Jahre wird dort der Zuwachs noch auf 8,2 Prozent pro Jahr veranschlagt; von 2000 bis 2010 reduziert er sich dann nach den Annahmen der Studie auf 4,6 Prozent und nähert sich mit 2,5 Prozent im Zeitraum 2010 bis 2020, der westdeutschen Entwicklung an.

Wachstumsträger ist vor allem der Dienstleistungssektor (z.B. im »klassischen« Sinne Banken oder Versicherungen), dessen Anteil an der gesamten Wertschöpfung deutlich zunimmt. Diese Entwicklung hin zur »postindustriellen Gesellschaft« darf jedoch nicht mit einer Abkehr von der industriellen Produktion gleichgesetzt werden. Der Trend zum Übergang von der Industriegesellschaft in die neue Dienstleistungsgesellschaft ist laut Prognos vielmehr dadurch gekennzeichnet,

- »daß sich in der Gesamtwirtschaft zwar im Zuge des wachsenden Wohlstandes die Gewichte zwischen den Sektoren verschieben,
- daß damit aber keineswegs eine absolute Schrumpfung des bisher bei niedrigerem Wohlstandsniveau vorherrschenden Sektors verbunden ist,
- daß die Verlagerung sich im wesentlichen über unterschiedliche Wachstumsraten in Analogie zu einer unterschiedlichen Einkommenselastizität bei Gütern des privaten Verbrauchs vollzieht« (Prognos 1995, S. 60).

Weiterhin wird darauf hingewiesen, daß im Trend viele »klassische« Dienstleistungen auf die materielle Produktion direkt oder indirekt angewiesen sind und ohne diese auch die Dienstleistungen verschwinden würden.

Für den Bereich der Industrieproduktion unterstellt die Prognos-Analyse bis zum Jahr 2020 ein jährliches Wachstum des Netto-

Die Dienstleistung »Computer-Service« ist auf Computer angewiesen, die produziert werden müssen; die Dienstleistung »Reisevermittlung« ist auf in der Regel internationalen Flug-, Eisenbahn- und Autoverkehr angewiesen. Viele Dienstleistungsunternehmen zum Beispiel im Umfeld der Beratung leben direkt und indirekt von Aufträgen produzierender Unternehmen. Die »Dienstleistungsgesellschaft« wird also niemals eine Gesellschaft ohne (die Umwelt belastende) materielle Produktion sein.

Produktionswertes um 2,4 Prozent. Trotz dieser Wachstumsraten bleibt jedoch der Endenergieverbrauch nahezu konstant. Dies ist im wesentlichen durch drei Faktoren bedingt:

* durch eine Senkung des spezifischen Verbrauchs pro Einheit des Netto-Produktionswertes,
* durch eine teilweise Substitution von Brennstoffen durch Strom und
* durch ein unterdurchschnittliches Wachstum wichtiger energieintensiver Branchen.

Für die nächsten Jahre kann also auch unter »Business as usual«-Bedingungen mit weiteren Fortschritten bei den Einsparungen gerechnet werden. Aber ein Durchbruch zur Effizienzrevolution ist das bei weitem noch nicht. Hinzu kommt: Mit der Zeit nehmen die heute bekannten technischen Einsparpotentiale ab, da zum Beispiel der Austausch von alten Kesselanlagen durch effiziente Brennwerttechnik oder der Ersatz von ineffizienten Elektromotoren- und Antrieben irgendwann weitgehend abgeschlossen sein wird. Dies bedeutet natürlich nicht, daß in einigen Jahrzehnten keine zusätzlichen neu entdeckten Einsparpotentiale mehr erschließbar wären.[6] Doch je mehr Potentiale ausgeschöpft werden, desto weniger bleiben übrig, da nach den Gesetzen der Thermodynamik bestimmte Verluste unvermeidlich oder nur mit sehr hohem Aufwand zu erschließen sind. Die Erschließung weiterer Negawatts wird folglich nach einigen Jahrzehnten immer schwieriger und teurer.

Die Effizienzrevolution als Zwischenschritt auf dem Weg zur »Zukunftsfähigkeit«

Die Beispiele zeigen, daß bei unverändertem rein quantitativem Wirtschaftswachstum die Effizienzrevolution über kurz oder lang zur Effizienzillusion werden kann. Mit der Effizienzrevolution wäre dann nur wenig Zeit gewonnen. Die Effizienzgewinne würden in wenigen Jahrzehnten durch das Wachstum aufgezehrt.

Durch eine Effizienzstrategie darf nicht verschleiert werden, daß der Prozeß der scheinbar unersättlichen Erzeugung eines ständig wachsenden künstlichen »Bedarfs« an immer neuen stoff-, energie- und flächenintensiven Konsumgütermengen in den Industrieländern zumindest verlangsamt und schließlich gestoppt werden muß. Der Frage, wo und warum Konsum nur noch zum Ersatz für andere gesellschaftlich vorenthaltene oder verschüttete wirkliche Bedürfnisse wird, muß zweifellos schon heute nachgegangen werden.

Eine Effizienzrevolution ist ein wichtiger Zwischenschritt, der sich bereits heute innerhalb der Logik der bestehenden Wachstumsgesellschaft umsetzen läßt und mit dem Zeit gewonnen werden kann für den *Umbau des Wirtschafts- und Gesellschaftssystems*. Der Wirtschaftswissenschaftler Herman Daly formuliert die Aufgabe wie folgt: »Man muß eine Ökonomie schaffen, für die das Fehlen von Wachstum kein Desaster ist ... Wir müssen so weit wie möglich in Richtung qualitativen Fortschritts gehen. Oder wir versuchen, immerfort zu wachsen – und stürzen ab.« (ZEIT 13.10.95)

Effizienz und Suffizienz

1. Eine Anhebung der jährlichen Steigerungsrate der Energieproduktivität von bisher etwa 1,5 Prozent auf 3 bis 4 Prozent über mindestens drei Jahrzehnte erscheint – bei gewaltigen energiepolitischen Anstrengungen – technisch möglich.

2. Selbst diese »Effizienzrevolution« löst die Klima- und Ressourcenprobleme nicht und um so weniger, je mehr das Bruttoinlandsprodukt rein quantitativ wächst.

3. »Dauerhaftigkeit« verlangt ein abgebremstes »qualitatives Wachstum« in den Industrieländern: Wieviel und welchen Wohlstand braucht der Mensch (Suffizienzproblem)?

4. Energiesparende »neue Lebensstile« ohne Komfortverzicht sind z.B.:
   - autofreie Siedlungen,
   - gemeinsames Wohnen von Jungen (»WGs«), aber auch von Alten (z.B. in den Niederlanden),
   - gemeinsame Benutzung von Waschmaschinen/Waschküchen oder von »Stattautos«,
   - Umstieg auf dauerhafte oder mehrfach nutzbare Produkte.

5. »Stadtwerke der Zukunft« sollten den notwendigen sozialen Wandel und die Suche nach »neuen Wohlstandsmodellen« unterstützen.

Beispielhaft wird dieser Zusammenhang am motorisierten Individualverkehr deutlich: Autos sind heute wesentlich effizienter als vor zwanzig Jahren. Allerdings wurde dieser Effizienzgewinn durch eine höhere Leistung der Motoren (mehr PS), durch höheres Gesamtgewicht des Fahrzeugs sowie durch höhere Geschwindigkeiten (die mehr Benzinverbrauch erfordern) kompensiert. Da in dem gleichen Zeitraum auch die Anzahl der zurückgelegten Kilometer kräftig gestiegen ist, ist der durchschnittliche Benzinverbrauch pro 100 km Fahrleistung nur marginal gesunken, aber der absolute Benzinverbrauch für den motorisierten Individualverkehr hat in den vergangenen 20 Jahren um rund 70 Prozent zugenommen.

Die ungebrochene PS-Hochrüstung der durchschnittlichen Autoflotte ist zweifellos in ökologischer Hinsicht das Hauptärgernis. Aber auch der Trend bei den »Extras« der geliebten Blechkarrosse spricht Bände: Standheizung, beheizte Sitze, Klimaanlage, Beleuchtung, Lüftung, Audio-Anlage, Auto-Pilot, Servolenkung und die sonstigen elektrischen Helfer erfordern *bereits heute* eine höhere Leistung, als dem zukünftigen technisch möglichen 1,5-Liter-Auto *für die Fahrt* zur Verfügung stehen würde.

Das Beispiel zeigt: Wenn es nicht gelingt, das ständige Wachstum der motorisierten Auto-Mobilität mit hochgezüchteten PS-Karrossen zu stoppen, dann wird eine Effizienz- und Klimaschutzstrategie scheitern. Es müssen nicht nur drastische technische und strukturelle Veränderungen stattfinden. Mindestens ebenso wichtig ist eine Veränderung der menschlichen Kultur: »Der Mensch, der die Qualität der Quantität vorzieht und der Wachstum beim Konsum nicht für selbstverständlich hält.« (Institut für sozial-ökologische Forschung 1994). Vor dem Hintergrund weltweit steigender Arbeitslosigkeit und den damit verbundenen sozialen Problemen ist dies eine der größten *gesellschaftlichen Herausforderungen,* die dem »Zeitgeist« der Grenzenlosigkeit und der Wachstumsfixierung diametral gegenübersteht. Auch die Frankfurter Rundschau differenziert hier nicht zwischen qualitativem und quantitativem Wachstum, wenn sie unter der Überschrift »Unverzichtbares Wachstum« schreibt: »Nie wird deutlicher als in einer Zeit wie dieser, daß eine Volkswirtschaft Wachstum braucht, um funktionieren zu können. Wachstum ist kein Fetisch, und Wachstum ist auch nicht alles. Aber ohne Wachstum ist alles nichts.« (FR 4.6. 1993)

Wieviel ist für wen genug?

Aber das spannungsreiche Verhältnis von Suffizienz und Effizienz ist noch komplexer: Es ist kein Zufall, daß gerade wir als relativ privilegierte Wissenschaftler und viele unserer materiell ebenfalls abgesicherten ökologischen Freunde das Thema »Suffizienz« mehr betonen als zum Beispiel die Gewerkschaften. Denn »Suffizienz«-Thesen haben es in der Welt des »Immer mehr, immer schneller, immer weiter« besonders schwer. Schon deshalb ist es notwendig, die Suffizienzproblematik unüberhörbar und präziser zu thematisieren als bisher.

Aber die Frage, was Suffizienz eigentlich ist, wird noch viel zu oft vereinfacht mit pauschaler Wachstumskritik oder schlicht mit der Aufforderung an alle zum »Verzicht« und zum »Teilen« beantwortet. Das »untere Drittel« der kapitalistischen Gesellschaft, das – nach Abzug von Steuern, Sozialabgaben und Inflation – immer weniger zum Teilen hat, wird hierdurch jedoch eher provoziert. Das »obere Drittel«, das abgeben könnte, wird durch einfache Verzichtsappelle materiell ebenfalls privilegierter Volksvertreter nicht überzeugt. Die Suffizienzproblematik tangiert, weit mehr als das Thema Effizienz, das Grundverständnis einer Wirtschafts- und Lebensform. Dies gilt insbesondere für die expansiven westlich-kapitalistischen Gesellschaftsordnungen, wo – wie zum Beispiel in den USA – schon die Fragestellung »Wieviel ist genug?« als ökologische Fundamental- und Systemkritik bekämpft wird.

Diskussionen über Suffizienz müssen daher in einen gesellschaftspolitischen Diskurs eingebunden werden. Fragen der *Einkommens-, Vermögens- und Machtverteilung* müssen zum Beispiel in dieser Gesellschaft wieder zum Thema gemacht werden. Die Tabuisierung der sich zuspitzenden »neuen sozialen Frage« muß durchbrochen, auch in ökologischer Hinsicht zukunftsfähige Lösungen müssen gesucht werden. Die Erhaltung der *natürlichen Lebensgrundlagen* (der Umwelt) müssen enger mit Fragen der *Sicherung des Lebensunterhalts* (der Arbeit) verbunden werden.

Die schockierende offizielle Schönfärberei der wachsenden Armut, die Arbeitslosigkeit und Perspektivlosigkeit eines immer größeren und immer jüngeren Teils dieser Gesellschaft machen es unmöglich, die Frage »Wieviel ist genug?« ohne die Zusatzfrage »Und für wen?« zu stellen. Wenn Solidarität mit den Armen, Arbeitslosen und Perspektivlosen in der eigenen Gesellschaft nicht nur von den politischen Eliten nicht gefördert, sondern zunehmend systematisch denunziert wird (durch demagogische Parolen wie »soziale Hängematte«), hat eine sozial oder ökologisch motivierte Solidarität mit den Entwicklungsländern und mit zukünftigen Generationen erst recht keine Chance. Das regierungsoffizielle Bekenntnis zur »Zukunftsfähigkeit« wird dann zum zynischen Etikettenschwindel und zum Placebo angesichts der immer trostloseren Gegenwart.

Die (noch) relative Folgenlosigkeit der rechnerischen Bevölkerungsmehrheit für einen verstärkten Umwelt- und Klimaschutz hat komplexe individuelle und gesellschaftliche Ursachen. Soziales Milieu, Wertvorstellungen, Einkommens- und Vermögensverteilung sowie Arbeitsbedingungen (z.B. berufliche Arbeitszufriedenheit, Anteil an der Hausarbeit) spielen hierbei ebenso eine Rolle wie die Entbehrungen der Nachkriegsgenerationen oder durch Erziehung, Werbung und Medien geprägte Leitbilder. Diese unterschiedlichen, von Einkommen, Status und sozialem Milieu abhängigen Bewertungsmaßstäbe und Werthaltungen sind bisher zu wenig untersucht worden, so daß zum Beispiel auch »milieu- bzw. statusbezogene« Energiespartrategien (Aktionen des »sozialen Marketings«; vgl. Prose/Hübner 1995) noch seltene Ausnahmen darstellen.

Grundsätzlich muß die Frage nach dem »eigentlichen Inhalt von Wohlstand« und nach »neuen Wohlstandsmodellen« präziser und lösungsorientierter gestellt werden, ohne daß dabei über die derzeitige Verschärfung der Verteilungskonflikte ein rosaroter Schleier gebreitet wird. Der notwendige gesellschaftliche Suchprozeß muß wissenschaftlich strukturiert sowie politisch gewollt und – auch materiell – flankiert werden. Ein positives sozialpsychologisches Klima und eine ökonomische Grundsicherung sind hierfür notwendig, damit gesellschaftlich relevante Bevölkerungsteile mit sozialen Innovationen, die ein gemeinsames und naturverträglicheres Leben und Arbeiten zum Ziel haben, mehr und erfolgreicher experimentieren können.

Die oben erwähnte Wuppertal-Studie »Zukunftsfähiges Deutschland« hat als Orientierungshilfe für einen gesellschaftlichen Suchprozeß in Richtung »Zukunftsfähigkeit« einige Leitbilder formuliert. Entlang solcher Leitbilder könnten sich neue material-, flächen- und energiesparende Produktions- und Lebensstile entwickeln, die dem Konzept eines Einsparkraftwerks und der »Ökonomie des Vermeidens« auf Dauer die notwendige Schwungkraft, Wirkungstiefe und Breitenwirkung verleihen.

Dies wird insbesondere auch die Rückwirkungen auf die Unternehmen in der Energiewirtschaft verstärken. Es wäre fatal, wenn Manager und Beschäftigte in der »Versorgungs«-Wirtschaft die hiermit verbundenen positiven gesellschaftlichen Entwicklungsperspektiven nur in den betriebswirtschaftlichen Kategorien »Absatzeinbußen« und »entgangene Erlöse« wahrnehmen und womöglich bekämpfen würden. Die Ambivalenz der Ware »Energie« zwingt dazu, die mit ihrem übermäßigen Einsatz verbundenen katastrophalen Risiken zu minimieren und einen zukunftsfähigen Wohlstand durch Vermeiden zu schaffen. Ein verantwortungsbewußtes Management von »Stadtwerken der Zukunft« wird sich diesen gesellschaftspolitischen Herausforderungen nicht entziehen können. Auch in einer »Ökonomie des Vermeidens« darf Wirtschaftlichkeit nicht alles sein: »It may not be cost-effective to save the world, but it may be worthwile anyhow«,[7] sagt Joergen Noergard zweifellos zu Recht.

Anmerkungen

1 Die Substitutionsmöglichkeiten weg und hin zum Strom sind hierbei ebenfalls noch nicht hinreichend berücksichtigt; wo der Einsatz von Strom (z.B. bei der Steuer- und Regeltechnik) über die gesamte Prozeßkette zu einer Primärenergieeinsparung führt (»Ökowatt«), haben *zusätzliche* Stromanwendungen Sinn; allerdings sollte andererseits der Strom aus nicht stromspezifischen Anwendungen (z.B. zum Heizen oder zur Warmwassererzeugung) im Regelfall eher durch ökologisch verträglicherere Systeme ersetzt werden.

2 Ausbau von 100 MW durch die Energieversorgungsunternehmen, angestrebt wird ein Anteil von 10 Prozent an der Stromerzeugung durch Windenergie bis zum Jahr 2000.

3 Die dänische Regierung traf mit den dänischen Elektrizitätswerken eine Vereinbarung, bis 1990 eine Leistung von 100 MW in Windkraftanlagen zu installieren. Diese Vereinbarung bot vor allem den dänischen Windanlagenherstellern eine gewisse Investitionssicherheit und hat wesentlich zur Markteinführung von Windanlagen beigetragen. Zusätzlich erhielten die Investoren von Windkraftanlagen einen Zuschuß von 20 bis 30 % der Investitionskosten. Bei Windpark-Projekten wurden teilweise bis zu 50 % der Baukosten bezuschußt, während es in der Bundesrepublik zu dieser Zeit keine Zuschüsse gab und statt dessen Interessenten mit bürokratischen Hürden rechnen mußten. Aufgrund der Marktentwicklung liefen die Zuschüsse in Dänemark 1989 aus.
   Der Export von Anlagen wurde durch die Übernahme von Bürgschaftsgarantien unterstützt.

4 Die Solidarität zerbrach allerdings Ende der achtziger Jahre, nachdem der gewünschte Atomenergieausbau durch das »Stillhalteabkommen mit der Kohle« weitgehend durchgesetzt war.

5 Die einzelnen Verkehrsteilnehmer können innerhalb ihres vorgegebenen Zeitbudgets eine größere Entfernung mit ihrem Fahrzeug zurücklegen. Beispielsweise wird hierdurch das Pendeln mit dem Pkw erleichtert.

6 So läßt sich z.B. ein Brennwertkessel bei konventioneller Wärmedämmung durch ein biogasgefeuertes BHKW in Verbindung mit optimierter Strom- und Wärmenutzungstechnik ersetzen. Dadurch kann die Energieeffizienz nochmals deutlich gesteigert werden.

7 »Es mag vielleicht nicht wirtschaftlich sein, die Welt zu retten, aber es lohnt sich in jedem Fall.«

Die Bürde des Bauherrn – »Wir sind keine ökonomischen Hasardeure«

Ein Gespräch mit Dr. Erich Deppe

Kaufmännischer Direktor der Stadtwerke Hannover

Herr Dr. Deppe, Sie haben sich an einem Projekt beteiligt, in dem es im weiteren Sinne ums Energiesparen ging. Sie sind aber Manager in einem Unternehmen, das sein Geld damit verdient, den Kunden Energie zu verkaufen. Wie können Sie die Beteiligung an so einem Projekt gegenüber den Eignern und Geldgebern des Unternehmens rechtfertigen?

Zwei Überlegungen dazu. Zum einen müssen wir in Frage stellen, ob es stimmt, daß ein Energieversorgungsunternehmen auf jeden Fall sein Geld mit dem Verkauf von Energie verdient, oder ob es seine Aufgabe und seine Geschäftsbasis nicht viel richtiger darin sehen sollte, die Bedürfnisse der Kunden zu befriedigen. Wenn das Unternehmen die Kundenbedürfnisse in den Vordergrund stellt, löst es sich von diesem ursprünglichen, konservativen Versorgungsauftrag und orientiert sich mehr am Dienstleistungsgedanken; das Versorgen im klassischen Sinne wird ergänzt durch eine weitergehende, eine darüber hinausgehende Interpretation des Geschäftsfeldes.

Dieser Begriff »Dienstleistung« ist sehr abstrakt, und auch das oft gehörte Argument, die Kunden bräuchten doch im Grunde nicht Energie, sondern warme Räume, Licht, Antriebskraft usw., hört sich sehr nach einer theoretischen Konstruktion an. Können Sie diese theoretische Begriffsbildung den Kunden eigentlich vermitteln? Wie kommt diese Argumentation bei den Kunden an?

Es ist tatsächlich eine sehr schwierige Aufgabe, dies den Kunden zu vermitteln – und nicht nur den Kunden. Sie haben in der ersten Frage schon erwähnt, daß ein Unternehmen auch einen Eigner hat. Ein Unternehmen zu managen ist kein Selbstzweck. Das Management erfüllt im Sinne der Unternehmenssatzung Aufgaben, die letzten Endes vom Eigner vorgegeben werden. Es ist der Auftrag des Managements, diese Vorgaben zu erfüllen, wobei es natürlich gegebenenfalls darauf aufmerksam macht, wo eine einmal eingeschlagene Firmenpolitik an Grenzen stößt oder wo sich Märkte bewegen, wo Risiken liegen und wo sich Chancen eröffnen.

Man erlebt mit Überraschung, wie schwierig es ist, dem Kunden den Wandel seines bisherigen »Versorgers« zum »Dienstleister« zu vermitteln. Die Folge ist, daß mancher Kunde die dadurch entstehenden positiven Effekte noch nicht annimmt; der eine aus Unkenntnis, der andere, weil er Vorbehalte hat. Wie dem auch sei, wir lassen ihn mit der Arbeit und den notwendigen Entscheidungen hinter dem Zähler nicht mehr allein, sondern geben ihm Hinweise und Anregungen, wie er bei vergleichbarem Komfort mit der Ware Energie oder auch der Ware Wasser optimal umgehen kann. Eigentlich ist dies eine Selbstverständlichkeit im ganzen Konsumgüterbereich. In der Versorgungswirtschaft ist das aber noch nicht unbedingt der Fall.

Was haben Sie getan, um dieses neue Denken Ihren Kunden näher zu bringen? Konnten Sie Ihre Kunden davon überzeugen, daß »Energiesparen ohne Komfortverzicht« möglich ist, wie es oft heißt?
Wir haben die Philosophie hinter dem neuen Konzept zunächst intern zur Diskussion gestellt. Dies war ein sehr wichtiger Schritt, denn auch innerhalb des Unternehmens mußte für diese neue Politik geworben werden. Man kann keinen Kunden überzeugen, wenn neunzig Prozent der Mitarbeiter nicht überzeugt sind. Die interne Diskussion war das Ergebnis einer Stärken-Schwächen-Analyse, die wir schon im Jahr 1986 vorgenommen haben, unter anderem in Erwartung eines möglicherweise liberalisierten Marktes und des damit verbundenen Wettbewerbs. Intern haben wir damit argumentiert, daß Wettbewerb auch bedeutet, sich nach außen mit Wettbewerbsstrukturen und Marketing auseinanderzusetzen, und daß Marketing in diesem Sinne nicht mehr wie bisher nur besseren Absatz zum Gegenstand haben kann, sondern sich ganz wesentlich auch mit dem Verbessern der Angebote beschäftigen muß.
Als Ergebnis dieses internen Diskussionsprozesses entstand das »Konzept 2000«. Damit sind wir an die Öffentlichkeit gegangen. Wir haben es mit dem Eigner, mit den Umlandgemeinden, die wir zum Teil auch versorgen, mit der Verbraucherzentrale, den Gewerkschaften sowie der Industrie- und Handelskammer in einem zweitägigen Hearing öffentlich diskutiert. Wir haben es als Vorlage unseres Hauses präsentiert und gefragt: Was haltet ihr davon? Ist das tragbar? Könnt ihr das nachvollziehen?
Wir haben seinerzeit sehr viele Fragen ausgelöst. Es war zu einer Zeit, als der Begriff Energiedienstleistungsunternehmen sehr politisch besetzt und noch nicht so durchgängig bekannt war wie heute. Es gab Fragen, es gab Kritik, aber es gab auch durchaus erste, sehr konkrete Zustimmung, zum Beispiel von der Verbraucherzentrale. Wenn man mal annimmt, daß die Stimme der Verbraucherzentrale die Stimme der Mehrheit unserer Tarifkunden ist, war dies eine sehr wichtige Rückkopplung. Resultat ist eine seitdem viel intensivere Zusammenarbeit mit der Verbraucherzentrale, nicht im Sinne einer Umarmung, wie gelegentlich befürchtet wurde, sondern im Sinne von gegenseitiger Anregung.

Unser Beschwerdemanagement, das wir vor zwei Jahren eingerichtet haben, geht zum Beispiel auf eine Anregung aus der Verbraucherzentrale zurück.
Bei Industrie und großen Gewerbekunden haben wir mehr Zurückhaltung gespürt. Dort wurden wir öfter gefragt: Mit welchen
Kosten ist eine solche Konzeption verbunden? Wie wirkt sie sich
auf die Preise aus? Damit waren wir beim nächsten Problemfeld:
Wir mußten deutlich machen, daß für den Kunden eigentlich der
Preis je Kilowattstunde eine untergeordnete Rolle spielen sollte,
daß viel wichtiger ist, was auf der Rechnung unter dem Strich
steht. Wenn der Preis für die einzelne Kilowattstunde steigt, aber
trotz der Investitionen in Energiesparmaßnahmen der Rech-
nungsbetrag sinkt, dann müßte der Kunde das als positiv bewerten können. Auf diesem Marketingfeld müssen wir uns noch trai-
nieren — nicht um den Kunden zu manipulieren, sondern um
Zusammenhänge deutlich zu machen.

*Bleiben wir noch eine Weile bei der Vorgeschichte. Es ist ungewöhn-
lich, und man kann es durchaus als eine Pioniertat bezeichnen, daß
sich der Vorstand eines großen Energieversorgungsunternehmens
mit Wissenschaftlerteams von zwei ökologisch ausgerichteten Instituten zu einem Experiment dieser Art zusammentut. Bisher ist solch
eine Kooperation im großen Stil nie zustande gekommen oder versucht worden, weil es wohl in der Regel gewisse ideologische oder
gesellschaftspolitische Abgrenzungsbedürfnisse gab. Eine Kooperation dieser Art kann nur mit Optimismus und Vertrauen auf die Beine
gestellt werden. Wie kam Ihre Kooperation mit dem Wuppertal Institut und dem Öko-Institut zustande? Wie beurteilen Sie das Zusam-
menkommen im Nachhinein?*

Im Rückblick hat bekanntlich der Erfolg viele Väter. Aber lassen Sie
mich noch etwas Grundsätzliches sagen, bevor ich zu unserer
Kooperation komme. Die Politik, zu der wir uns entschlossen
haben, war nur möglich auf der Basis eines breiten Konsenses
auch im Unternehmen, und dort nicht zuletzt innerhalb des Vorstands. Auch Vorstandsmitglieder haben unterschiedliche Ansich-
ten und sind unterschiedlicher Herkunft. In Hannover – ich denke,
das können wir so feststellen – ist vieles aus dem Unternehmen
selbst, anfangs auch »top down« geschehen, von oben nach
unten, und nicht von der Politik gekommen. Zum Beispiel kam die
Initiative zur Erweiterung der Satzung der Stadtwerke Hannover
AG um die Aufgabe Umweltschutz nicht aus dem Rat, wie es in vielen anderen Städten der Fall ist, sondern aus dem Vorstand. Wir
waren es, die gesagt haben: Wir fühlen uns eingeengt durch eine
Satzung, die rein auf die Versorgung ausgerichtet ist. Wir brauchen die Legitimation, auch im Bereich des Umweltschutzes und
der Ressourcenschonung aktiv zu werden.

Daraus folgte logisch die Suche nach Beispielen und Vorbildern auf dem Markt, und natürlich die Suche nach Verbündeten und Gleichgesinnten. Zu nennen wären in diesem Zusammenhang der Verband Kommunaler Unternehmen und in seinem Umfeld die ASEW, an deren Gründung wir beteiligt waren und die sich, wie ihr Name sagt, zum Ziel gesetzt hat, den sparsamen Ressourceneinsatz zu fördern (»Arbeitsgemeinschaft kommunaler Versorgungsunternehmen zur Förderung rationeller, sparsamer und umweltschonender Energieverwendung und rationeller Wasserverwendung«).

Wir haben uns mit entsprechenden Ansätzen auch im internationalen Bereich auseinandergesetzt, vor allem eben mit dem Least-Cost Planning in den USA, immer in dem Bewußtsein, daß die Ausgangssituationen in den USA und in Deutschland nicht überall vergleichbar sind. Wenn man aber in der Auseinandersetzung mit LCP weiterkommen wollte, dann mußte man feststellen, daß seinerzeit vor allem das Öko-Institut sich mit diesen Fragen auseinandergesetzt hat, nach seiner Gründung auch das Wuppertal Institut, und daß die übrige Versorgungswirtschaft diesem Thema zumindest mit sehr starker Zurückhaltung begegnete. Das war letztlich der Anlaß, uns für diese Partner zu entscheiden. Wir haben auch andere Angebote geprüft und mit amerikanischen Unternehmen verhandelt, weil wir den europäischen Markt nicht so gut kannten. Aber letzten Endes fiel die Entscheidung für die beiden deutschen Partner. Ihre Frage ist durchaus berechtigt, denn seinerzeit löste die Entscheidung für diese Gutachter teils sehr emotionale Reaktionen aus.

Mit anderen Worten: Ihr Unternehmen sah damals den Wettbewerb auf sich zukommen. Durch Ihre Stärken-Schwächen-Analyse sind Sie dazu gekommen, sich mit Ansätzen zu beschäftigen, die Sie zu ökologischen Konzepten und zur Zusammenarbeit mit Wissenschaftlern von ökologischen Instituten geführt haben. Das heißt, pointiert gesagt: Sie kamen von der ökonomischen Seite, doch Ihre ökonomischen Ziele trafen sich mit ökologischen – was ja eigentlich sehr erfreulich ist. Ist das so?

So kann man es durchaus formulieren. Man könnte dies nun sehr leicht idealisieren, aber das möchte ich hier gar nicht tun, sondern nur ganz nüchtern feststellen, daß die Überlegung eine Rolle gespielt hat, zumindest einmal zu testen, wie denn diese in der Öffentlichkeit so oft erwähnte Diskrepanz zwischen Ökonomie und Ökologie sich in der Realität darstellen würde. Auf der einen Seite wird immer behauptet, Ökologie sei ökonomisch zu verantworten, auf der anderen heißt es, Ökologie sei nicht bezahlbar. Wir haben entschieden: Wenn der Aufwand vertretbar ist, diese Frage über ein Gutachten einmal tiefer zu analysieren, dann wollen wir es tun, nicht zuletzt, um als Unternehmen aus der Situation des Reagierenden herauszukommen. Wir wollten uns aktiv mit diesem Problem auseinandersetzen, auch weil wir nicht in die Situation geraten wollten, uns vor Vorwürfen oder Angriffen verstecken zu müssen. Wir hatten also ganz pragmatische Gründe.

Nun gelten ja Kraftwerksbetreiber in Deutschland immer noch als die Betonköpfe der Wirtschaft. Sie haben vorhin erzählt, daß der Anstoß von Ihnen kam. Sie, das Unternehmen Stadtwerke Hannover, aber auch Sie persönlich, Herr Deppe, haben eine Änderung der Satzung gewollt und sich dann nach Partnern umgeschaut. Was hat Sie persönlich dazu bewegt, über die Satzung nachzudenken? Was muß persönlich-biographisch passieren, damit ein Manager einen solchen evolutionären Schritt tut, und wie konnten Sie Ihre Kollegen motivieren, diesen Schritt mitzutun?

Unabhängig von der eigenen Biographie war sicher die glückliche Zusammenstellung im Vorstand wichtig, daß die beiden anderen Vorstandsmitglieder offen für diesen Schritt waren, auch mein technischer Kollege, der zwar aus einer ganz anderen Richtung kommt, aber aufgrund seiner Erfahrung diesen ökologischen Fragen sehr aufgeschlossen gegenübersteht. Er war vorher Werkleiter in einem Eigenbetrieb in Solingen gewesen, was ihn für politische Fragen sensibilisiert hat.

Mich haben vielleicht meine zehn Jahre Tätigkeit als Kämmerer der Stadt Hannover geprägt, der Zwang zum sparsamen Umgang mit Ressourcen, wenn auch dort aus einer ganz anderen Blickrichtung heraus. Ich komme nicht von der juristischen, sondern von der ökonomischen Seite und habe die Stadtwerke schon vor meiner heutigen Tätigkeit zeitweise als Aufsichtsratsvorsitzender begleitet. Mein Motiv war, jenseits aller idealisierenden Biographie, wie man sie sicherlich im Nachhinein für sich in Anspruch nehmen könnte, eine nüchterne Analyse der gesellschaftlichen Rahmenbedingungen und die Suche nach einer Positionierung des Unternehmens Stadtwerke Hannover AG gegenüber dem Regionalversorger. Wo haben wir Stärken, die der Regionalversorger nicht hat? Diese Frage haben wir uns gestellt und die Antwort gefunden, daß dort der konservative Versorgungsauftrag im Mittelpunkt stand und eine Nische unbesetzt blieb.

In der öffentlichen Diskussion wird gern behauptet, Ökologie und Industrie könnten sehr schlecht miteinander reden. Sie und Ihre Partner von den beiden ökologischen Instituten haben aber gezeigt, daß Sie sehr gut miteinander reden können. Wie funktionierte die Kommunikation zwischen Ihnen? Sie sind der Ökonom, der schon als Stadtkämmerer immer genau rechnen mußte, wie Sie gesagt haben. Jetzt hatten Sie es mit zwei Wissenschaftlerteams zu tun, denen man die Qualifikation zu ökonomischem Denken sicher nicht absprechen kann, die aber von einer anderen Motivation getrieben sind, nämlich der, etwas zu tun, damit die Umwelt nicht weiter Schaden nimmt. Haben Sie von Anfang an miteinander reden können, oder gab es zunächst einmal Kommunikationsschwierigkeiten? Wie war das menschliche Klima?

Obwohl es noch gar nicht so lange her ist, muß man erst einmal nachdenken, wie es war und was der Grund dafür war. Zunächst aber noch eine Anmerkung zur vorausgehenden Frage. Ich halte es für falsch, der Industrie pauschal zu unterstellen, sie nehme ökologische Zusammenhänge nicht zur Kenntnis. Ich denke an die Beispiele Ciba-Geigy und den Sandoz-Skandal seinerzeit in der Schweiz, aus denen heraus Unternehmen begonnen haben, sich konstruktiv und marktorientiert mit dem Umweltschutz auseinanderzusetzen. Ich hatte – um noch einmal auf die persönliche Biographie zu kommen – ein Schlüsselerlebnis auf dem Oikos-Kongreß in St. Gallen, wo sich Studenten der Wirtschaftswissenschaften konstruktiv mit diesen Fragen auseinandersetzten. So etwas ist ein Anstoß, den man nur bekommt, wenn man aufmerksam weiterführende politische Diskussionen verfolgt.

Man kann zweifelsohne feststellen, daß dieses Denken schon in vielen Wirtschaftsbereichen der Bundesrepublik vorhanden war, als unser Projekt begann. Die Versorgungswirtschaft war sicher tendenziell konservativer, aber auch hier muß man differenzieren, zum Beispiel nach den Rahmenbedingungen oder nach den Energieträgern. So sollte man Gas- und Stromversorger nicht in einen Topf werfen.

Zu Ihrer Frage: Die Annäherung zwischen den beiden Denkweisen war keineswegs spannungsfrei. Auch ich gehörte zu denen, die dem ökologischen Spektrum zunächst einmal eine sehr idealisierende Betrachtung unterstellt haben. Solch einen Ausgangspunkt einzunehmen ist zwar nichts Schlimmes, aber es nährt doch die Skepsis, ob nicht in der Tendenz die Ökonomie überfordert und idealisiert wird, nach dem Motto: Alles, was Ressourcenschonung ist, ist auch wirtschaftlich – was volkswirtschaftlich so sein mag, aber die betriebswirtschaftlichen Zwänge verkennt, sich am Markt behaupten zu müssen. Das ist ein wesentlicher Punkt.

Wenn ich die internen Protokolle Revue passieren lasse, die dem Gutachten zugrunde liegen, und die Erkenntnisse und Zwischenergebnisse und Änderungen, dann komme ich zu dem Schluß, daß dieser Prozeß – der ja nicht auf den Vorstand beschränkt war, sondern auch zu vielen Mitarbeitern hin lief – wechselseitig sehr spannungsvoll war, manchmal nicht frei von Mißverständnissen, manchmal nicht frei von Unterstellungen, daß er aber im Ergebnis dazu geführt hat, daß beide Seiten angefangen haben, sich zu respektieren und die Rahmenbedingungen besser zu akzeptieren, unter denen der jeweils andere handelte.

Soweit zur Kommunikation mit der Seite der Wissenschaft beziehungsweise der Ökologen. Ein ganz wichtiger Aspekt eines solchen Konzeptes ist die Kommunikation nach innen, die Kommunikation also sowohl innerhalb des Unternehmens wie gegenüber der Stadt. Gab es da Widerstände zu überwinden? Was haben Sie unternommen? Was für Einwände kamen?

Zunächst die Selbsterkenntnis aus heutiger Sicht, daß in der Anfangsphase zu wenig Kommunikation über das stattfand, was geschah, zunächst einmal intern, etwa mit dem Betriebsrat.

Würden Sie das heute als einen Fehler bezeichnen?

Ich zögere bei dem Wort »Fehler«. Ich nehme für uns in Anspruch, daß wir uns auf Neuland bewegt haben und deshalb solche »Fehler« geschehen konnten.

Es fehlten Verhaltensmuster…

… und es gab keine Vorbilder. Ich sage das heute, weil aus dem Betriebsrat die – für mich übrigens manchmal durchaus nachvollziehbare – Kritik kam, wir hätten ein bißchen mehr kommunizieren müssen. Wir haben gerade eine qualitative Wirkungsanalyse des Soziologischen Instituts in Kiel machen lassen, in der das noch einmal deutlich wird. Andererseits muß man schon aus Zeitgründen immer abwägen, wie und wann man kommunizieren sollte und wann es auch wieder einen Schritt vorwärts gehen sollte. Irgendwann ist der Zeitpunkt gekommen, von oben zu beschließen: So, liebe Leute, genug diskutiert, jetzt muß es wieder weitergehen.
Ähnliches muß man im Grund auch in Richtung Stadt und Politik sagen. Während innerhalb des Unternehmens schließlich doch in einem wenn auch unzureichenden, aber sehr offenen Dialog deutlich wurde, wo die Widerstände lagen – es kam zum Beispiel die Befürchtung: Wir sägen uns den Ast ab, auf dem wir sitzen –, und während die Widerstände hier deutlich artikuliert wurden und insofern greifbar waren, entstand ein ganz anderes Spannungsverhältnis zum Eigner. Dieser Eigner setzt sich aus mehreren Gruppen zusammen. Da sind die politischen Parteien im Rat, da ist die Verwaltung, dort ist es der Wirtschaftsdezernent oder der Umweltdezernent. Aus Richtung Stadt waren die Widerstandspotentiale viel schwerer erkennbar und belasten heute noch das Verhältnis. Grundsätzlich hatten wir nämlich Zustimmung für unser Vorgehen. Wenn Vorbehalte vorhanden waren, wurden sie oft nicht oder erst später und nur mittelbar deutlich. Zum Beispiel betrachtete der Wirtschaftsdezernent, der die Standortfaktoren Energie- und Was-

serpolitik natürlich rein unter dem Gesichtspunkt der Preiskonkurrenz sah, möglicherweise manches viel skeptischer als der Umweltdezernent, wohingegen der Umweltdezernent uns wieder vorgeworfen hat, wir agierten halbherzig, weil wir, wie auch der Oberstadtdirektor und der Kämmerer, die Ertragsseite mit im Auge hatten.

In diesem vielschichtigen Interessengeflecht mußten wir uns bewegen, und so kommt es, daß die Gutachter in Hannover die paradoxe Situation glauben feststellen zu können, daß einerseits das Unternehmen sehr viel tut, andererseits aber unter anderem die Gruppierungen, die grundsätzlich diese Art der Initiative fordern, kritisieren, daß nicht genug geschieht. Dieses Spannungsfeld in der Kommunikation mit allen Seiten abzubauen ist unheimlich schwierig.

Nun wirft man ja Managern in Deutschland vor, daß sie ungern Risiken eingehen, daß sie zum Immobilismus neigen. Sie sind mit der Entscheidung, dieses Projekt zusammen mit Ihren Vorstandskollegen zu verfolgen, persönlich ein sehr großes Risiko eingegangen, denn das Ganze hätte ja auch schiefgehen können. Sind Sie sich eigentlich dieses persönlichen Risikos bewußt geworden?

Das habe ich nicht so gesehen. Wir sind abgestuft vorgegangen, haben uns abgesichert zum Aufsichtsrat, eigentlich auch zum Eigner, und haben unsere Schritte wohl überlegt. Sehen Sie, es werden immer die Risiken von Entscheidungen diskutiert, nicht nur von Managern und Politikern. Wir haben mit den Risiken von Nichtentscheidungen argumentiert. Wir haben gesagt: Wenn wir nichts tun, ist das Risiko eigentlich größer, als wenn wir etwas tun. Ich halte das nach wie vor für richtig, und meinem Eindruck nach sind wir damit auch auf Zustimmung gestoßen. Außerdem sind wir keine ökonomischen Hasardeure. Wir konnten das Gutachten kalkulieren, wir hatten Unterstützung von Brüssel, und uns lag daran, daß wir die Unterstützung des Umweltbundesamts und des Wirtschaftsministeriums hatten. Die Größenordnung der Fördermittel, die wir bekamen, war uns nicht so wichtig; es ging uns um das grundsätzliche Bekenntnis zu diesem Ansatz, auch aus energiewirtschaftlicher Sicht. Mit dieser Absicherung bis nach Brüssel, aber eben auch im Wirtschaftsministerium hier vor Ort in Niedersachsen war das Risiko durchaus kalkulierbar.

Eine Rolle in der Diskussion spielte sicher auch Ihre Branche, spielten Ihre Kollegen vom Fach. Die Begriffe Least-Cost Planning und Energiedienstleistung haben in den letzten Jahren eine gewisse Karriere gemacht. Sie sind fast schon in den allgemeinen Sprachgebrauch übergegangen. Waren das damals nicht noch Reizbegriffe? Haben Sie anfänglich mit diesen Begriffen überhaupt gearbeitet?

Im »Konzept 2000«, entstanden 1986, werden Sie den Begriff »Energiedienstleistungsunternehmen« in keiner Überschrift finden, allenfalls im Text. Offen gesagt war dieser Begriff auch bei den leitenden Angestellten noch nicht durchsetzbar, weil er politisch kritisch besetzt war. Auch bei meinem Vorgänger als Vorstandsvorsitzendem war das Operieren mit diesen Kategorien eigentlich noch nicht denkbar.

Diese Skepsis war sicher auch in der Branche feststellbar. Man muß aber andererseits zugestehen, daß gerade die VDEW, der oft eine relativ konservative Haltung unterstellt wird, sich im Bereich Energiedienstleistung und LCP unter Leitung von Herrn Professor Winje von der Bewag überraschend stark und nachhaltig bewegt hat und zu Erkenntnissen gekommen ist, die vorher in der Branche skeptisch beurteilt worden waren. (Die Vorstudie haben wir ja noch mit der Bewag zusammen gemacht.) Mit unserer Studie in Hannover standen wir innerhalb der VDEW natürlich immer im Mittelpunkt der Diskussion. Meinem Eindruck nach sind dort ganz pragmatisch und auf einer gar nicht idealistischen Ebene die Überlegungen aus Hannover nachvollzogen worden.

Ich habe auf mehreren Sitzungen erlebt, daß die Frage auftauchte, wie denn die Stadtwerke Hannover AG zu dieser Studie kämen und wie sie sie verantworten könnten. Ich habe dann ausgeführt, wir seien sicher, mit dieser Studie ein hohes Maß an Kundenorientierung zu erreichen. Sie werde uns zu einer Datenbank mit Informationen über Kunden, Lastverläufe und anderem verhelfen, wir würden unsere Mitarbeiter im Markt schulen und uns damit einen wertvollen Vorsprung verschaffen, wir hätten die Unterstützung der Europäischen Gemeinschaft und so weiter, mit anderen Worten, die Studie werde uns völlig unabhängig von ihren Ergebnissen und völlig unabhängig von LCP in der Zukunft nützen. Das brachte im Grunde dort auch bei den eher zurückhaltenden Kollegen den Durchbruch.

Um auf Ihre Frage nach dem persönlichen Risiko zurückzukommen: Im Nachhinein kann ich feststellen, daß dies genau richtig war. Meiner Überzeugung nach haben wir im Kundenmanagement eine Informationsbasis aufgebaut, mit der wir die Bedürfnisse der Kunden so genau einschätzen können, daß dieses Vorhaben sich schon allein damit rechtfertigt.

Ein zweiter, ganz pragmatischer Grund, den ich für dieses Projekt anführen kann: Wir haben eine neue Gas- und Dampf-(GuD)-Anlage im Bau. Dazu brauchen wir immer noch die Genehmigung nach Paragraph 4, also die Investitionsgenehmigung des Wirtschaftsministeriums. Mit der LCP-Studie im Hintergrund, die nachgewiesen hat, daß der Bedarf selbst bei intensiver Einsparpolitik da war, haben wir in dem ganzen Genehmigungsverfahren überhaupt keine Probleme gehabt. Es gab keine Einwände aus der

Bevölkerung, was sonst üblich wäre, und keine Bauverzögerungen in Folge von Widersprüchen, was auch Kosten verursacht hätte, so daß wiederum ganz pragmatisch auch aus solchen Gründen diese Studie gerechtfertigt war.

Least-Cost Planning und Energiedienstleistung kommen, wie schon gesagt, aus der ökologisch motivierten Richtung. Deswegen an dieser Stelle die Nachfrage: Haben Sie für sich eine Definition des Begriffs Least-Cost Planning gefunden? Was ist für Sie das Konzept der Energiedienstleistung?

Meiner Überzeugung nach wird mit dem Begriff Least-Cost Planning – ich sage lieber Integrierte Ressourcenplanung, weil das der bessere Begriff ist – sehr unterschiedlich umgegangen, manchmal auch falsch oder mißverständlich. Insofern ist die Frage sehr berechtigt. Für mich bedeutet Integrierte Ressourcenplanung die Verknüpfung beschaffungsseitiger und absatzseitiger Optionen. Man kommt also ab von der isolierten Betrachtung: Was brauche ich an Kapazität, um die Marktbedürfnisse zu befriedigen. Man stellt vielmehr die Frage vom Markt her: Welches Bedürfnis liegt vor – und zwar ausgedrückt in Dienstleistungen, nicht in Versorgungskapazität. Integrierte Ressourcenplanung schließt das Nachdenken darüber ein, mit welchem Aufwand das Versorgungsunternehmen ausloten kann, ob es nicht mit den Kunden zusammen im Rahmen einer gemeinsamen Verantwortung für das Produkt seinen Bedarf auch anders als nur durch zusätzliche Energielieferung befriedigen kann. Sie schließt ein, erst danach zu entscheiden, welche Kapazität dazu notwendig ist, also nicht Kapazität hinzustellen und den Kunden dazu zu veranlassen, diese Kapazität abzunehmen. Das verstehe ich unter integrierter Planung.

Ich höre oft, ein Unternehmen XYZ habe ein LCP-Programm aufgelegt. Wenn ich dann nachhake, stelle ich fest, daß es sich um die Förderung energiesparender Kühlschränke oder ähnliches handelt. Solche Programme sind selbstverständlich im Interesse des Energiesparens nicht zu verachten, aber ich kann dahinter keine Integrierte Ressourcenplanung erkennen, also die Verknüpfung von Optimierungsschritten bei der Beschaffung und beim Absatz. Das ist aber das Wichtige, und das ist auch das Komplexe. Anfangs haben wir geglaubt, daß in den USA, weil man dort doch damals schon vertraut mit dem Konzept war, Computerprogramme zur Verfügung stünden, die diese Verknüpfung vornehmen würden und die man sich nur nach Deutschland holen müsse. Das war aber zu unserer Überraschung nicht der Fall. Wir mußten eigene Programme entwickeln, weil selbst in den USA Absatzprogramm und Beschaffungsprogramm nebeneinander existierten und nicht verknüpft worden waren.

Wie argumentieren Sie gegenüber den Verbrauchern? Wenn man sich die gängige ökologische Literatur anschaut, findet man dort oft Sätze, die auf »muß« und »soll« enden, wenn es um Veränderungen im gesellschaftlichen Bereich und im Verhalten des einzelnen geht. Etwa: Wir müssen Energie einsparen oder die Effizienz steigern, damit wir nicht einer Klimakatastrophe offenen Auges entgegengehen. Es ist aber offenbar nicht Ihre Sprache, dem Kunden zu sagen: Du mußt, Du sollst. Wie sagen Sie es?

Erstens: Im Unternehmenskonzept, das wir, wie gesagt, öffentlich zur Diskussion gestellt haben, haben wir uns zur Verantwortung für unsere Umwelt bekannt. Das versuchen wir auch den Kunden zu vermitteln. Zweitens: Daraus folgt, daß wir den Kunden ein Angebot machen. Wir sagen ihnen: Wir können ihnen bieten, was sie wollen, nämlich warme Räume, ausreichende Beleuchtung usw., und zwar bieten wir es ihnen nicht nur über eine reine Energielieferung, sondern durch Beratung, möglicherweise auch durch Investitionsprogramme, ohne Einbuße an Komfort – dabei zögere ich allerdings – und mit dem Erfolg, daß wir gemeinsam den Nutzen vom Effekt der Umweltverträglichkeit haben. Umweltverträglichkeit aber, so sagen wir, ist ein Problem, das uns irgendwann einholen wird. Auch wir als Unternehmen sind damit gar nicht kontraproduktiv oder sägen an irgendeinem Ast, auf dem wir sitzen (denn das wird sonst vom Kunden sofort kritisch hinterfragt). Wenn wir vielmehr langfristig denken und berücksichtigen, daß die öffentliche Meinung Veränderungen unterliegt, sind wir gut beraten, uns gemeinsam mit dem Kunden auf den Weg zu machen, denn sonst steht der Kunde irgendwann als Demonstrant bei uns vor der Tür und wirft uns vor, wir pusteten zuviel CO_2 in die Luft.

Es muß also unser Interesse sein, dem Kunden deutlich zu machen, daß wir eine Verantwortung spüren und den Weg mit ihm gemeinsam gehen. Das ist auch die Strategie der Werbekampagne für das Energiesparen, die gerade vor zwei Monaten in unserem Versorgungsgebiet angelaufen ist und in der wir sehr intensiv mit den Kunden zu kommunizieren versuchen, unter dem Motto: EnerCity – gemeinsam für eine umweltorientierte Stadt; EnerCity – gemeinsam für eine energiebewußte Stadt.

Trotzdem bleibt es schwierig, möglicherweise weil der Leidensdruck noch nicht so groß ist. Die Bereitschaft, Veränderungen zuzustimmen, ist in meinen Augen immer auch eine Frage des Leidensdruckes. Ich bin seit einigen Jahren so weit, daß ich gar nicht mehr die Argumentationskette entfalte, die da lautet: über die Einsparung bessere Ressourcenschonung ohne Komfortverzicht. Ich stelle mir die Frage, ob diese Argumentation eigentlich ehrlich und durchzuhalten ist. Ist es ein Komfortverzicht, wenn man auf der Autobahn nur 140 Kilometer in der Stunde fährt statt 180? Ist es wirklich Komfortverzicht, wenn man die Wohnung nur noch auf

20 Grad heizt statt auf 22 Grad? Müßte man nicht ehrlicherweise argumentieren: für Ressourcenschonung, möglicherweise auch mit vertretbarem Komfortverzicht, damit wir nicht irgendwann vielleicht in dreißig Jahren diese Wahlmöglichkeit gar nicht mehr haben und gar nicht mehr sozialverträglich mit diesen Problemen umgehen können?

Eigentlich ist hier meiner Meinung nach die Politik gefordert, denn dieses »ohne Komfortverzicht« ist möglicherweise ein Vorbeimogeln am Problem – aber auch »Faktor Vier«; dort sehe ich einen Ansatz für Kritik an Weizsäckers Buch aus global-strategischer Sicht. Da wird immer noch etwas suggeriert, und das Gefährliche daran ist, daß den Menschen der Leidensdruck genommen wird. Sie glauben, sie könnten so weitermachen wie bisher und abwarten.

Sie meinen, man sollte den Leuten die Wahrheit sagen?

Dies ist meine persönliche Einschätzung der Lage. Ich behaupte nicht, die Wahrheit gepachtet zu haben.

Nach allem, was Sie gesagt haben, müßten Sie sich eigentlich die Kritik vollkommen vom Hals gehalten haben, die da heißt, die Energieversorger hätten doch immer schon Energie gespart. Sie haben offenbar von vornherein anders angesetzt, haben von vornherein nicht die Fahne geschwungen: Wir sparen jetzt Energie!, sondern haben ökonomisch argumentiert, auf die Zukunft des Produkts und die wirtschaftliche Situation des Unternehmens hin. Oder kam diese klassische Kritik dennoch?

Die Kritik kam, aber nicht an unserer Politik. Diese Aussage steht ja immer im Raum, begleitend zu all diesen Diskussionen, und sie hat auch zum Beispiel die Gründung der ASEW begleitet: Wo ist eigentlich der neue Ansatz? Haben wir doch schon immer gemacht! Ich will gar nicht darüber streiten, ob das nicht auch der Fall war.

Nur: Neu an LCP oder IRP ist die Integration der genannten zwei Ansätze und die Vermeidung zum Beispiel der berühmten Fixkostenproblematik, die darin besteht, daß neue Kapazitäten immer sprungfixe Kosten nach sich ziehen und nach der betriebswirtschaftlichen Logik dann eine neue Kapazität nach Beschäftigung sucht. Das ist doch eigentlich der Hintergrund: Ein Unternehmen stellt neue Kapazität auf, die nur zu zehn Prozent genutzt wird, und betriebswirtschaftlich vernünftig ist, die nächsten 90 Prozent auch zu nutzen.

Wir haben im Unternehmen zu Beginn dieser Diskussion die Umkehrung dieses Prozesses diskutiert: Gibt es eigentlich negative sprungfixe Kosten? Wie schnell kommt man von sprungfixen Kosten herunter, wenn man schon einmal entschieden hat, den

Absatz zu vermindern? Wann kann ich eine Anlage abstoßen?
Diese Diskussion hat bisher gefehlt und wird meiner Ansicht nach
bis heute unter falschen Voraussetzungen geführt. Wir haben uns
mit solchen Fragen früh auseinandergesetzt. Ich habe Kontakt zur
Uni gesucht, zum Energiewirtschaftlichen Institut in Köln. Ich habe
dort gefragt, ob es Antworten auf diese Fragen gebe, und es gab
keine Antworten.

Noch einmal zu Ihrer Frage, wie die Partnerschaft mit Öko-Institut
und Wuppertal Institut zustande gekommen ist. Wir haben uns um
Informationen bemüht. Ich habe hier in Hannover nachgefragt: Ich
bin zwanzig Jahre aus dem Studium raus – gibt es eigentlich etwas
zu diesen Themen? Ebenso habe ich in Köln gefragt, wo ich stu-
diert habe, aber nicht im Energiewirtschaftlichen Institut: Gibt es
eigentlich Antworten auf solche Fragen? Und die Fragen waren
neu. Es gab keine Antworten darauf. Es gibt sie bis heute nur in
Ansätzen.

*Die Studie liegt nun seit einiger Zeit vor. Sie haben sie publiziert, die
Kollegen, die Wissenschaftler haben dazu Stellung nehmen können.
Wie ist Ihr Eindruck: Hat das, was Sie getan haben, Schule gemacht,
oder wird es Schule machen? Sind Sie optimistisch? Sagt man in den
Verbänden, unter Kollegen und bei den Wissenschaftlern: Schaut
nach Hannover, da ist etwas passiert, das wir eigentlich auch alle
machen sollten?*

Ich kann die Frage sehr konkret beantworten, dank der erwähnten
qualitativen Wirkungsanalyse aus Kiel. Für diese Analyse sind
Interviews gemacht worden mit Mitarbeitern, mit dem Eigner, mit
Politikern, aber eben auch mit Versorgungsunternehmen der Bundesrepublik, ausgewählt aus dem ASEW-Kreis und dem Verbund-
kreis. Nach dieser Analyse kennen die LCP-Studie Hannover zwei
Drittel aller Unternehmen, wenigstens die Kurzfassung, und rund
27 Prozent sagen aus, daß sie auch positiv davon beeinflußt wurden. 27 Prozent – nicht mehr, aber auch nicht weniger. Positiv werten die Studie immerhin zwei Drittel. Das bedeutet für mich, daß
sie doch etwas in Bewegung gebracht hat – ob nun mit Berufung
auf Hannover oder nicht, spielt keine Rolle.

Ich bin davon überzeugt, daß die Diskussion entkrampft worden
ist, im guten Sinne ent-ideologisiert, und daß sie auf der Basis
auch dieser Ergebnisse jetzt nüchterner und sachlicher vonstatten
geht.

*Least-Cost Planning ist eine Art Zauberwort geworden. In den USA
haben 24 Bundesstaaten das Konzept bereits in ihre Gesetzgebung
aufgenommen. Skeptiker sagen, im Augenblick sei kein Klima für
umweltpolitische Aktivitäten und Verbesserungen. Stimmen Sie dem
zu? Werden auch wir in Deutschland irgendwann einmal in Landes-*

oder Bundesgesetzen diese Art Konzepte aufnehmen, oder hat durch die Arbeitsplatzdiskussion, die die Bundesrepublik und alle anderen Industrienationen im Augenblick beschäftigt, der Umweltschutz derzeit weniger Chancen?

Eine berechtigte Frage, aber sehr schwer zu beantworten. Zunächst zu den USA: Gerade die jüngsten Erfahrungen dort muß man sehr differenziert bewerten. Wir stellen fest, daß dort immer mehr LCP-Programme nach hauptsächlich ökonomischen Kriterien aufgelegt werden, im Sinne von Dienstleistungen, Contractingangeboten und anderem. Sie werden deshalb nicht mehr so stark ideologisch oder mit Umweltargumenten begründet, sondern einfach als Geschäftsfelder betrachtet, was nicht falsch zu sein braucht. Damit tun sich aber auch Grenzen auf, denn Analysen haben gezeigt, daß die Programmkosten zum Teil höher waren, als ursprünglich geschätzt, und der Nutzen geringer. Doch darüber kann man streiten. Ich weiß, daß es andere Interpretationen gibt.

Zurück zur Bundesrepublik und dort zu Hannover. Wir haben im Prinzip vier konkurrierende Programme laufen. Erstens die »Sowieso-Maßnahmen«. Wo Umweltschutz sich betriebswirtschaftlich rechnet, machen wir ihn ohnehin. Zweitens Vorgaben aus dem Konzessionsvertrag – auch kein Thema. Wenn der Konzessionsgeber, der zufällig jetzt weitgehend der Eigner ist, abgesehen von Umlandgemeinden, uns Vorgaben gemacht hat, haben wir sie zu erfüllen, allerdings in manchen Punkten mit dem Vorbehalt der Wirtschaftlichkeit in der Satzung. Da bleibt abzuwägen, was man tun kann, um diese Vorgaben zu erfüllen.

Das dritte Programm ist im Prinzip das originäre LCP-Programm, also die Erkenntnisse aus den Gutachten und das Strategiekonzept, wie von den Gutachtern vorgeschlagen. Auf der Basis des Gutachtens verfolgen wir ein Stufenprogramm. Die erste Stufe ist im Moment in der Umsetzung und bis 1997 begrenzt, weil wir abwarten wollen, ob die Zusage aus dem Wirtschaftsministerium eingehalten wird, uns im Rahmen der Preisaufsicht das Umlegen von Zusatzkosten auf die Preise zu genehmigen.

Ein viertes Programm, über die Vorschläge aus der Studie hinaus freiwillig eingeleitet, läuft unter dem Stichwort »Pro Klima« und ist der Versuch, eine Klammer zwischen den anderen Programmen herzustellen und noch ein Segment zu besetzen, das durch den Konzessionsvertrag, Sowieso-Maßnahmen oder eben LCP nicht besetzt wird. Man kann dieses Programm idealistisch als CO_2-Minderungsprogramm betrachten, aber mit klaren Kriterien für die Finanzierung. Die Stadt hat ein Klimaschutzprogramm verabschiedet; wir haben rund zwei Millionen Mark aus der Konzessionsabgabe erbeten, wir haben mit der Industrie- und Handelskammer Konsens, daß vor dem Hintergrund der Selbstverpflich-

tung der deutschen Wirtschaft auch die Industrie etwas bei-
steuern soll, indem sie eine gewisse Preistoleranz gewährt, zum
Beispiel im Vergleich zur Hastra, dem Regionalversorger. Wir
haben mit dem Betriebsrat Konsens, damit nicht in jeder Betriebs-
versammlung die Diskussion darüber entsteht, ob die Mitarbeiter
mit Stellenabbau büßen müssen, nur weil es da so Öko-Ideen
gibt, sondern wir haben versucht, deutlich zu machen, daß es
eventuell sogar zusätzliche Stellen durch Beratungsprogramme,
Contracting und anderes gibt. Dies greift alles ineinander.
Insgesamt liegt unsere Kostenbelastung mittlerweile in der
Größenordnung von zehn Millionen Mark pro Jahr. Wenn jetzt der
Wettbewerb kommt, dann werden wir prüfen – Sie haben nach der
persönlichen Verantwortung gefragt –, ob wir dieses Programm
noch durchhalten können. Wenn es in einem Wettbewerbsmarkt
zur reinen Preiskonkurrenz kommt, zur Konkurrenz um den Preis
je Kilowattstunde, bin ich im Zweifel, wie weit bei uns oder auch
bei vielen anderen Unternehmen diese Programme weitergeführt
werden können. Ich habe sie bewußt alle vier aufgezählt, weil
alle, auch die Verpflichtungen aus dem Konzessionsvertrag,
anders zugeordnet werden müssen, andererseits die Kommunen
von den kommunalen Unternehmen immer mehr Geld zur Haus-
haltskonsolidierung verlangen. Es kann aber nicht sein, daß auf
dem Rücken kommunaler Unternehmen eine Politik nach dem
Motto »Wasch' mir den Pelz, aber mach' mich nicht naß!« gemacht
wird. Der kommunale Eigner fordert zunehmend höhere Gewinn-
abführung. In dieser Politik liegt ein Widerspruch, den wir klären
müssen.
Ich komme konkret zu Hannover. Das Klimaschutzprogramm ist
verabschiedet worden. Zu meinem Entsetzen ist der Passus aus
dem Beschluß herausgenommen worden, in dem es heißt, daß die
Stadt selbst etwas beizusteuern hat. Jetzt steht dort, die Stadtwerke sollen bezahlen. Das funktioniert nicht im Wettbewerb. Das
macht mir Sorge.
Hier schließt sich die Frage an, ob es ein reguliertes LCP geben
soll. Soll der Gesetzgeber es einfach vorgeben? Ich habe meine
Zweifel; ich glaube nicht, daß das wirksam ist, weil man so etwas
zwar im Prinzip vorgeben kann, der Umfang sich aber nicht kontrollieren läßt. Die Ministerien werden nicht die Fachleute haben,
die vergleichen können, welche optimierte LCP-Programme sind
und welche nicht, und auf der europäischen Ebene haben wir
unsere Erfahrung gemacht, wie unterschiedlich die Bürokratie in
den einzelnen europäischen Staaten mit der Umsetzung von
Gesetzen umgeht. Den Vorstellungen von einem regulierten LCP
begegne ich mit großer Skepsis.
LCP muß meiner Ansicht nach freiwillig funktionieren, als konsequenter Dienst am Kunden. Ich bezweifle, ob so etwas im regu-

lierten System funktioniert. Man sollte sich sehr genau die Erfahrungen in den USA ansehen.

Eine Frage, die einen Schritt zurück führt: Nachdem Sie mit den Wissenschaftlern zusammengefunden hatten, nach welchen Kriterien haben Sie dann konkrete Projekte ausgesucht? Und, nächster Punkt: Was haben Sie damit für Erfolge und Mißerfolge gehabt, welche Lerneffekte wurden erzielt?

Fairerweise sollte ich darauf hinweisen, daß wir mit der Umsetzung noch am Anfang stehen. Natürlich haben wir die Pilotprojekte im Rahmen des Gutachtens gemacht. Diese Pilotprojekte waren wichtig, um Erkenntnisse sowohl für das Gutachten als auch für unsere Geschäftspolitik zu gewinnen. Die Erfolge, die mit diesen Projekten erzielt wurden, lagen zunächst einmal auf dem Gebiet der Einsparung bei der Stromabgabe; sie waren also in erster Linie an der elektrischen Arbeit orientiert. Erst in zweiter Linie waren sie auch lastorientiert, haben sie also das eigentliche Ziel eines »Einsparkraftwerks« verfolgt, nicht nur die Stromabgabe zu verringern, sondern auch die elektrische Leistung, den Bedarf an installierter Kraftwerkskapazität. Wie Sie wissen, hat das Gutachten zu dem Ergebnis geführt, daß die Stadtwerke Hannover AG durch mehr Blockheizkraftwerke und anderes vierzig Megawatt einsparen können.

Darüber, wie diese zusätzlichen Maßnahmen aussehen können, haben wir durch die Pilotprojekte schon eine Reihe von Erkenntnissen gewonnen. Zum Beispiel können wir jetzt eine Rangfolge der Maßnahmen aufstellen, was vorher nicht möglich war. Wir wissen zum Beispiel, daß das Einsparpotential im Bereich Beleuchtung überraschend hoch ist – ich jedenfalls hatte das so nicht vorhergesehen. Deswegen haben wir auch ein Programm zur Installation von sparsamen Beleuchtungskörpern aufgelegt.

Zweitens haben wir die Erkenntnis, daß es im gewerblich-industriellen Bereich sehr wohl Einsparpotentiale gibt. Man hört oft, die Industrie müsse ein betriebswirtschaftliches Interesse am Energiesparen haben, sie habe ihre Fachabteilungen dafür und habe bereits dafür gesorgt, daß der reale Energieverbrauch so gering wie möglich ist. Unsere Erkenntnis ist nun eigentlich nicht so überraschend: Die Industrie rechnet mit viel kürzeren Kapitalrückflußzeiten als wir, weshalb das, was wir als wirtschaftliche Sparmaßnahme einstufen, nicht unbedingt von der Industrie auch so beurteilt wird, jedenfalls nicht dann, wenn das Unternehmen die Investition selbst vornimmt. In der Industrie erwartet man, daß sich Investitionen in der Regel in drei oder vier Jahren rentieren. Wir aber kalkulieren unsere Kraftwerke auf eine Laufzeit von zwanzig Jahren. Dazwischen gibt es eine Pay-Back-Differenz. Unser Beschluß ist daher, Contracting anzubieten und die aus unserer

Sicht wirtschaftlichen Potentiale zu erschließen. Daran werden wir
weiterarbeiten.

Im Gutachten wurden neun Programme vorgeschlagen, die wir
jetzt nach und nach auf den Markt bringen. Damit begegnen wird
nicht zuletzt dem Vorwurf, wir hätten uns halbherzig auf Pilotprojekte beschränkt. Doch dabei wird nicht berücksichtigt, daß wir
unser Handeln betriebswirtschaftlich verantworten müssen. Wir
mußten diese Pilotprojekte vorausschicken, damit wir nicht im
Nebel herumstochern müssen und dem Aktionismus verfallen.

Eine neue Qualität bekommt unsere Strategie jetzt im Rahmen der
Partnerschaft »Pro Klima«. Dort stellen wir die Vermeidung von
Kohlendioxidemissionen in den Vordergrund. Wir betreiben ein
CO_2-Ranking, das heißt, wir beurteilen die denkbaren Maßnahmen danach, welchen Effekt sie im Sinne der CO_2-Vermeidung
haben. Wo wird pro eingesetzter Mark möglichst viel Kohlendioxid eingespart? Das betrachten wir als flankierende Strategie; wir
werden deswegen das andere nicht lassen, sondern wir bringen
damit die Forderungen aus dem Konzessionsvertrag und LCP unter
einen Hut.

Für uns ist der Maßstab »Verminderung des Kohlendioxidausstoßes« sehr wichtig. Wir können mit seiner Hilfe sehr gut plausibel machen, wie wir die Prioritäten setzen. Wir können vorrech-
nen: Es gibt einen Etat, sagen wir zehn Millionen Mark, und dieses Geld geben wir nun so aus, daß das Ziel, geringere
Kohlendioxidemissionen, optimal erreicht wird. Das heißt natürlich nicht, daß wir von dieser Linie nicht auch einmal abweichen,
zum Beispiel dann, wenn wir sehen, daß sich an einer Stelle ein
Markt sehr schnell entwickelt und sich dort neue, besonders hohe
CO_2-Einsparpotentiale auftun. Aber alles in allem hilft uns dieser
einfache Maßstab »Kohlendioxid« sehr, denn nun können wir
Erfolge errechnen und vorlegen. Das ist auch für unsere Mitarbeiter einsichtig – ein sehr wichtiges Argument. Diese Mitarbeiter stehen im Kontakt mit der Öffentlichkeit; sie erzählen, was wir tun,
und werden gefragt, warum wir hier etwas tun und dort nicht.
Plötzlich werden wir angegriffen, wir täten nichts zur Förderung
der Photovoltaik. Wir können nun darauf verweisen, daß wir an
anderer Stelle aber etwas tun, und zwar mit guten Gründen.

Für die LCP-Programme haben wir den Dachbegriff »EnerCity«
gebildet; darunter wickeln wir diese Programme nun der Reihe
nach ab.

Brauchen Sie für Ihre neue Aufgabe als Energiedienstleistungsunter-
nehmen nicht einen völlig anderen Typ von Mitarbeitern als bisher?
Werden neue Arbeitsplätze in der Beratung entstehen? Wenn Sie
gezielt Contracting und anderes anbieten, kommt ein gigantischer
Beratungsbedarf auf Sie zu. Bisher hat sich bei Ihnen allenfalls mal ein

Kunde über seine Kosten beschwert, jetzt müssen Sie ihm helfen, dieses neue Denken zu verstehen. Das ist ein völlig neues Anforderungsprofil. Wie gehen Sie mit diesem Problem um?

Der Kern liegt darin, daß die Mitarbeiter verstehen müssen, daß Energiedienstleistung mehr ist als eine Worthülse, daß es nicht ein anderes Wort für Versorgung ist, sondern ein Programm, das eine wirkliche Veränderung der Unternehmenspolitik verlangt. Viele verstehen das inzwischen. Es fällt offenbar zunächst einmal schwer nachzuvollziehen, daß dieses Programm nicht die technische Leistungsfähigkeit des Unternehmens in Frage stellt, sondern daß zur technischen Leistungsfähigkeit nun flankierend die Leistungsfähigkeit am Markt hinzukommt. Daraus sind gerade zur Zeit einige Irritationen entstanden. Man sieht nicht das Miteinander dieser beiden Leistungsebenen, sondern interpretiert die neuen Anforderungen als Infragestellung bisheriger Leistungen. Das ist nicht der Fall, aber diese Irritation verlangt erhöhten Kommunikationsbedarf nach innen.

Wir haben den gesamten Bereich Dialog und Kommunikation mit neuen Mitarbeitern neu aufgebaut. Wir haben ihn verstärkt, und der Vorstand stützt ihn stark. Aufgabe des Bereichs ist der Dialog nach innen und nach außen. Diesem Bereich angegliedert ist ein neuer Marketingbereich, der mit dem Vertrieb eng zusammenarbeiten muß. Auch den Vertrieb haben wir verstärkt, und zwar nicht nur quantitativ, sondern auch qualitativ durch neue Mitarbeiter aus der Privatwirtschaft. Ich merke, daß diese neuen Mitarbeiter im Unternehmen Irritationen auslösen, zumindest im Moment noch. Insofern ist Ihre Frage sehr berechtigt. Es ist äußerst spannend zu erleben, was sich derzeit abspielt und in welchem Maße der Vorstand gefordert ist – in diesem Falle ich als der Fachvorstand. Ich greife ein und vermittle und sage: Laßt die Neuen mal machen; das ist jetzt das neue Denken. Vielleicht solltet ihr ein Stück in diese Richtung mitgehen.

Die Daten, die wir durch das LCP-Programm gewonnen haben, verschaffen uns die Möglichkeit, ein eigenes Großkundenmanagement aufzuziehen. Für unsere dreißig größten Kunden wollen wir das jetzt realisieren: Ein Kunde, ein Ansprechpartner. Drei Leute wollen wir dafür einsetzen; jeder betreut zehn Großkunden. Sie werden auch noch andere Aufgaben haben, aber kein Mitarbeiter soll für mehr als zehn Großkunden zuständig sein. Wo der Kunde früher mit drei, vier Ansprechpartnern zu tun hatte, für Gas, für Strom, Wasser und Fernwärme, ist jetzt einer da, der die Lastverläufe beim Kunden kennt, der die Personen kennt und die Bedürfnisse, der auf der anderen Seite die gesamte Palette der Angebote unseres Unternehmens kennt, das gesamte Instrumentarium von Contracting über Installationsprogramme, Planung, Projektierung und so weiter. Diese

Phase wird im Herbst abgeschlossen sein, so daß wir dann für den Markt gerüstet sind.

Ich denke, daß wir mit dieser Art Kundenbetreuung auch in einem liberalisierten Markt bestehen können, weil wir den Kunden direkt ansprechen können. Gegenüber Machtverhältnissen allerdings, etwa gegenüber den großen Verbundunternehmen, werden wir auch in Zukunft zwar nicht hilflos sein, aber nur begrenzte Möglichkeiten haben. Das ist meine Kritik an der Liberalisierung. Das Problem liegt nicht darin, daß kommunale Unternehmen nicht kostengünstig, kundenorientiert und auch gewinnorientiert arbeiten könnten; wir liefern den Beweis dafür. Aber wie sollen wir es drei oder vier Jahre lang durchhalten, wenn PreußenElektra, gestützt durch die enormen Rückstellungen aus der Kernenergie, seine Finanzkraft einsetzt und einigen unserer wichtigen Großkunden die Energie für Preise im Bereich der eigenen Grenzkosten anbietet und zeitlich begrenzt auf seine Marge verzichtet? Die brauchen uns nur einige Großkunden aus unserem Kundenstamm herauszubrechen, dann ist unserer Kalkulation die Basis entzogen, und die Gewinne sind weg. Das ist die Sorge, mit der wir der Preiskonkurrenz entgegensehen.

Wichtig für die Geschäftspolitik ist, daß wir uns aus Überzeugung aus der rein am Strom orientierten LCP-Politik gelöst haben. Wir beziehen das Gas jetzt mit ein. Das ist nur logisch, wenn der Kohlendioxidausstoß ein Kriterium ist. Wir verkaufen, in Arbeit gemessen, dreimal so viel Gas wie Strom: 10 000 Gigawattstunden Gas, 3300 Gigawattstunden Strom und eine Gigawattstunde Fernwärme. Ob LCP für Gas anwendbar ist, wage ich zu bezweifeln, weil die Beschaffungsstruktur eine ganz andere ist. Nur: Wenn wir uns über Ressourcenschonung unterhalten, müssen wir Gas und Fernwärme einbeziehen.

Wo sind Sie bei Ihren bisher abgewickelten oder angestoßenen Projekten auf die größten Probleme gestoßen?

Es gibt nicht »die größten« Probleme, es gibt immer konkrete Probleme zu einer bestimmten Zeit in einer bestimmten Situation. Ich will versuchen, drei davon zu konkretisieren.

Das eine ist die Akzeptanz im Unternehmen selbst, denn Veränderungen verursachen immer Ängste. Da sich immer verschiedene Vorgaben überlappen, ist für die Mitarbeiter oft nicht klar, was Ursache und was Wirkung ist. Wir mußten mit Blick auf den Wettbewerb ohnehin rationalisieren; wir haben inzwischen zehn Prozent Personal abgebaut und werden bis zum Jahr 2000 weitere zehn Prozent abbauen. Für viele Mitarbeiter ist die Ursache dafür das LCP, was gar nicht stimmt. Es ist nicht ganz leicht, damit umzugehen; ich hatte ja schon gesagt, daß die Kommunikation nach innen am Anfang hätte optimiert werden müssen.

Das zweite Problem ist das Wirtschaftsministerium. Wir haben, im Gutachten dokumentiert, die Zustimmung, die Kosten von LCP-Maßnahmen in die Tarife aufzunehmen. Wir haben aber erhebliche Probleme, das im Bereich der Sondervertragskunden umzusetzen. Solange eine Wettbewerbsaufsicht als Kriterium für den Wettbewerb den Preis pro Kilowattstunde ansetzt und nicht akzeptiert, daß LCP-Maßnahmen auch einmal einen um 0,1, 0,2 oder 0,3 Pfennig höheren Strompreis verlangen, haben wir ein Problem. Auch jetzt wieder sagt die Kartellbehörde und fällt damit ein Stück hinter das Gutachten zurück, daß sie das nur akzeptieren werde, wenn alle Sondervertragskunden bei den Programmen mitmachen. Wenn nur einer nicht mitmache, subventioniere er die anderen. Wir werden aber niemals alle Sondervertragskunden dazu bringen mitzumachen. Das ist das zweite, große Problem.

Das dritte Problem sind der Konzessionsgeber und der Eigner, die bei uns weitgehend identisch sind. Einerseits akzeptiert er, daß eine kundenorientierte Energiepolitik gemacht wird, die obendrein den Effekt der Ressourcenschonung hat. Diese Politik verursacht aber auch Kosten, wie das Gutachten ausgewiesen hat. Es ist nicht ganz leicht, die Stadt dazu zu bringen, die entsprechenden Folgen für die Ertragsabführung oder Dividende zu akzeptieren. Interessanterweise akzeptieren das unsere beiden großen privaten Partner, die Ruhrgas und die Thüga, im Sinn der Selbstverpflichtung der deutschen Wirtschaft im Moment leichter und nüchterner. Die Zustimmung in der Politik zu erhalten, unabhängig von aller Parteipolitik, ist das dritte, große Problem. Ohne den Eigner ist das Management hilflos, denn er ist unser Auftraggeber.

Sie haben unter den Problemen die Kunden nicht aufgezählt. Daher die nächste Frage: Es heißt oft, es gebe viele umweltbewußte Menschen, die auch bereit seien, etwas mehr zu bezahlen, wenn es denn der Umwelt dient und man es ihnen plausibel macht. Können Sie das beobachten, oder sprechen Sie mit Ihren Aktionen nur einen bestimmten Typus von Kunden an, der ohnehin auf ökologisch motivierte Aktionen anspricht?

Im Moment bezweifle ich diese idealisierte Einschätzung des Umweltbewußtseins. Die Zahl der Menschen, die bereit sind, höhere Tarife zu akzeptieren, wird nicht sehr hoch sein. Wir diskutieren im Moment mit dem Wirtschaftsministerium und der niedersächsischen Energieagentur über einen grünen Tarif, das heißt, einen Zuschlag zum Tarif mit der klaren Vorgabe, daß diese Mehreinnahmen für ökologische Zwecke eingesetzt werden und dieser Einsatz durch ein Monitoring belegt wird. Damit werden wir feststellen, welche Kunden bereit sind, mehr zu zahlen.

Die Beobachtung ist eine andere, besonders eklatant beim Wasser: Seit Jahren sinkt der Wasserverbrauch. Bei achtzig Prozent

Fixkosten müssen wir dann auch dort den Preis heraufsetzen. Die Folge ist, daß Kunden bis zum Vorstand kommen, um sich zu beklagen. Ich finde das auch in Ordnung, weil ich gern selbst die Kundenresonanz einschätzen möchte. Ihre Klage lautet: Jetzt haben wir Wasser gespart und werden durch höhere Preise dafür bestraft. Da hätten wir gleich mehr verbrauchen können. Oder noch deutlicher: Der Umwelt zuliebe haben wir Wasser gespart, und jetzt zahlen wir drauf. Ich rufe dann schon mal einen Kunden an und unterhalte mich selbst mit ihm. Ich sage ihm: Liebe Leute, ihr habt das Wasser nicht der Umwelt zuliebe gespart, sondern um den Geldbeutel zu schonen. Das ist legitim, aber versteckt euch nicht hinter der Umwelt. Wir haben gemeinsam etwas für die Umwelt getan: Wir haben Wasserressourcen gespart. Das ist in Ordnung. Aber kommt jetzt nicht und idealisiert euer Verhalten. Das Interessante ist, daß die Leute auf diese ehrliche und zunächst provozierende Aussage viel besser und nachdenklicher reagieren, als wenn ich damit argumentiere, daß alles so schwierig ist und das Geld so knapp. Der offene und ehrliche Umgang mit den Kunden führt viel eher zum Ziel als ein Versteckspiel.

Auf diesem Sektor sind wir noch sehr weit weg von einer wirksamen Öffentlichkeitsarbeit. Eine breite Bereitschaft in der Bevölkerung zu schaffen, für die Umwelt auch praktisch etwas zu tun, kann aber ein Unternehmen nicht allein leisten; es muß allmählich in die Köpfe eindringen. Wir pflegen ausgiebige Kontakte zu den Schulen und haben viele Schulklassen zu Besichtigungen bei uns. Zusammen mit der ASEW haben wir ein Programm für die Schulen mit Unterrichtshilfen entwickelt, das auch bundesweit gut aufgenommen wurde. Die Schulen sind für uns ein sehr wichtiger Ansatzpunkt.

Sie können auch nicht jeden Kunden anrufen.

Nein, das wollte ich auch gar nicht so hervorheben. Ich rufe vielleicht zehnmal im Jahr einen Kunden an. Aber ich tue es ganz gern, weil ich ein Gefühl für die Stimmung bekommen möchte. Der Aha-Effekt, wenn sie hören, mit wem sie sprechen, ist manchmal amüsant. Wissen Sie, oft werden meine Leute von Kunden ziemlich aggressiv beschimpft. Warum soll ich mich nicht auch einmal selbst beschimpfen lassen?

Sie bauen den Bereich »Beratung« in Ihrem Angebotsspektrum aus. Bekommen Sie darüber nicht Streit mit dem Handwerk, insbesondere der Gas- und Elektrobranche?

Gut, daß Sie diese Frage stellen! Das ist im Augenblick unser viertes Problem; aber ich bin zuversichtlich, daß wir es überwinden werden. Das Handwerk ist im Moment hochgradig irritiert, weil wir in Märkte gehen, die diese Betriebe als die ihren ansehen, auch wenn sie ehrlicherweise zugeben müßten, daß sie sie nie richtig beackert haben. Nun sehen sie auf einmal die Marktpotentiale. Unser Argument ist – und wir haben sehr vernünftige Partner unter den Handwerksbetrieben, mit denen wir darüber gut reden können: Wir öffnen euch doch erst den Markt! Wenn wir in den Gaststätten von Langenhagen 300 Niedrigenergielampen kostenlos eindrehen, dann habt Ihr zwar diese 300 Lampen nicht verkauft. Aber wir haben einen Markt geöffnet. Das bestätigen die Langenhagener, mit denen wir übrigens sehr viel zusammenarbeiten, weil die Verwaltung sehr aufgeschlossen ist. Viele Menschen dort haben die Aktion in den Gaststätten beobachtet, sind sich dadurch bewußt geworden, daß sie in diesem Bereich etwas tun können, und haben selbst Energiesparlampen gekauft.

Ein anderes Beispiel ist das Contracting hier in der Stadt. Die Stadt hat einen Nachholbedarf an energiesparender Sanierung von 300 Millionen Mark. Mit unseren zwanzig, dreißig Leuten, die wir jetzt in diesen Bereich schicken, können wir doch keine Bedrohung für 30 000 Handwerker sein! Trotzdem kommt die Sorge auf: Die kennen die Kundensituation sehr genau, die haben einen Informationsvorsprung, die brauchen ja nur die Zähler abzulesen und wissen, wie die Situation ist. Das müssen wir überwinden, und das wird der nächste Schritt sein.

Ich habe die Konfrontation mit dem Handwerk eine Weile lang laufen lassen, weil sie nötig war, möchte jetzt aber aus der Konfrontation heraus, denn sie bringt niemandem etwas. Wir brauchen das Handwerk als Verbündeten. Vom Sanitärhandwerk haben wir inzwischen sehr viel Zustimmung. Das Elektrohandwerk ist konservativer und deshalb noch kritisch.

Man wirft uns vor: Das kennen wir aus keiner anderen Stadt in Deutschland. Ich antworte darauf: Richtig, das könnt ihr auch noch nicht. Aber die anderen Städte werden nachziehen. Und so ist es auch. Inzwischen haben wir gehört, daß auch in München der Streit mit dem Handwerk anfängt.

Herzlichen Dank, Herr Deppe.

Glossar

ASEW Arbeitsgemeinschaft kommunaler Versorgungsunternehmen zur Förderung rationeller, sparsamer und umweltschonender Energieverwendung und rationeller Wasserverwendung.

Abdiskontierung Methode, um den Wert von in verschiedenen Zeitperioden anfallenden Aufwendungen oder Erträgen zu einem bestimmten Zeitpunkt (meist die Gegenwart) mit Hilfe einer Zinsrechnung zu bestimmen.

Amortisationzeit Zeitdauer, die vergeht, bis das – z.B. infolge einer Investition – gebundene Kapital wiedergewonnen ist.

anthropogen (griech. *anthropos* = Mensch und griech. *genes* = hervorbringend, hervorgebracht); durch menschliche Eingriffe verursacht oder ausgelöst.

Audit Prüfung, Rechenschaftslegung.

Blockheizkraftwerk Dezentrales Kraftwerk (mit ---} Kraft-Wärme-Kopplung) zur Versorgung eines größeren Gebäudekomplexes oder Wohngebietes mit Strom und Wärme.

Brennwert früher oberer Heizwert: Reaktionswärme, die bei der vollständigen Verbrennung einer bestimmten Brennstoffmenge freigesetzt wird, wobei das entstehende Wasser in Form von Wasserdampf bilanziert wird. Bei festen und flüssigen Brennstoffen wird der Brennwert auf 1kg Brennstoff (spezifischer Brennwert), bei gasförmigen Bennstoffen auf 1m³ Gas unter Normalbedingungen(0 Grad C, 1013 bar)

Bruttoinlandsprodukt Das BIP mißt die gesamte Enderzeugung von Gütern und Dienstleistungen, die innerhalb der Landesgrenzen sowohl von Gebietsansässigen als auch von Ausländern erstellt werden.

Contracting Vorfinanzierung einer Energiesparmaßnahme durch ein externes Unternehmen, das über das notwendige Know-how verfügt. Der Eigentümer zahlt über einen gewissen Zeitraum eine Art Miete für diese Energieeinsparmaßnahme.

DSM Demand-Side Management

EDU Energiedienstleistungsunternehmen

Endenergie Energie, die vom Endverbraucher eingesetzt wird. Dazu gehören in der Regel die meiste Sekundärenergie, z.B. Kohle-, Mineralöl- und Gasprodukte, Strom und Fernwärme, doch auch direkt nutzbare Primärenergie, wie z.B. Erdgas.

Energiedienstleistung Energiebezogene Dienstleistung; die durch Nutzenergie dem Endverbraucher zur Verfügung stehende Dienstleistungen, wie z.B. warme oder kühle Räume; helle Straßen, Arbeitsplätze und Wohnräume; Kraftunterstützung in Produktion, Transport und Verkehr oder Kommunikation und Information.

Energieintensität Das Verhältnis zwischen der für eine Energiedienstleistung aufgewandten Energiemenge und dem dadurch erbrachten Output (z.B. Bruttowertschöpfung).

EVU Energieversorgungsunternehmen

externe Effekte Auswirkungen des Handelns eines Wirtschaftssubjekts (Unternehmen, Haushalte, usw.) auf ein anderes, die nicht durch eine Entschädigung/Vergütung über den Markt ausgeglichen sind.

Grenzkosten Als Grenzkosten bezeichnet man den Kostenzuwachs, der durch die Produktion einer zusätzlichen Produkteinheit entsteht.

Grundlast   Leistung, die Tag und Nacht, Sommer wie Winter, konstant nachgefragt wird, mindestens 6500 Stunden pro Jahr.

IIASA   International Institute For Applied Systems Analysis

Internalisierung externer Kosten   Zurechnung externer Kosten auf den oder die Verursacher.

IPCC (Intergovernmental Panel on Climate Change)   Von der UNEP und der WMO eingesetztes, zwischenstaatliches Gremium, das die antropogene Einflußnahme auf das Klima der Erde und die damit verbundenen Folgen untersucht.

IPSEP   International Project for Sustainable Energy Paths.

IRP   Integrated Resource Planning

Kleinverbrauch   Zum Sektor Kleinverbrauch werden gezählt u.a. die Verbrauchergruppen öffentliche Verwaltung und Dienstleistungen (z.B. Krankenhäuser und Schulen); gewerbliche Dienstleistungen (z.B. Handel und Gastgewerbe); Landwirtschaft; Handwerk und Kleinindustrie; Bundeswehr.

Klima   Zustand der Atmosphäre über einem bestimmten Ort, charakteristisch für ein großes Zeitintervall von meist mehr als 30 Jahren.

Kraft-Wärme-Kopplung (KWK)   KWK-Aggregate, realisiert in dezentralen Blockheizkraftwerken, produzieren Strom und nutzen gleichzeitig die Wärme des Kühlwassers und der Abgase für Nah- und Fernwärmenetze. Dadurch werden wesentlich höhere Wirkungsgrade erreicht.

Least-Cost Planning   Konzept, das die Energieversorgungsunternehmen verpflichtet, vor einer Ausweitung ihres Angebotes beim Kunden alle Maßnahmen der Einsparung (Negawatts) zu realisieren, deren Kosten unter denen der Bereitstellung von Energie liegen. Eine unternehmensbezogene Variante vom LCP wird auch als Demand-Side Management (DSM) bezeichnet.

Mittellast   Leistung, die tages- und jahreszeitlichen Schwankungen unterliegt und zwischen 2 000 bis 6 000 Stunden pro Jahr nachgefragt wird.

Nutzenergie   Energie, die vom Verbaucher tatsächlich genutzt wird, dh. nach Abzug der Umwandlungsverluste beim Einsatz der Endenergie. Nutzenergie sind z.B. Wärme, Licht, Kraft und Nutzelektrizität. Die Nutzenergie liegt in Deutschland z.Zt. bei 45 Prozent der Endenergie und bei rund 33 Prozent der eingesetzten Primärenergie.

Primärenergie   Als Primärenergie wird die Energie vor der ersten Umwandlungsstufe bezeichnet.   Rohstoffe zur Energiegewinnung, d.h. Primärenergieträger sind alle Energieträger, die natürlich vorkommen, z.B. die fossilen Brennstoffe Steinkohle, Braunkohle, Erdöl, Erdgas, Ölschiefer, Teersande oder die Kernbrennstoffe Uran, Torium oder die erneuerbaren Energiequellen, z.B. Wasserkraft, Windkraft, Sonne, Erdwärme, Biomasse.

RAVEL   Rationelle Verwendung von Elektrizität (eines von drei vom Bundesamt für Konjunkturfragen in der Schweiz gestarteten Impulsprogramme).

REG (Regenerative Energiequellen)   zur Erzeugung elektrischer Energie: Photovoltaik, Windenergie, Wasserkraft, solarthermische Kraftwerke; für die Wärmebereitstellung: Geothermie, Solare Nahwärme, dezentrale Solarkollektoren, Solararchitektur, Wärmepumpen. Alternative Brennstoffe: Biogas, feste Biomasse, Bioöle, Bioethanol, Müll, Klärschlamm.

REN   Rationelle Energienutzung

Ressourcen   Ressourcen sind einer weiten Begriffsdefinition folgend alle Bestände der Produktionsfaktoren Arbeit, Boden und Kapital, die bei der Produktion von Gütern eingesetzt werden können. Im engeren Sinne werden unter Ressourcen Rohstoffe und Energieträger verstanden.

Spitzenlast   Leistung, die nur an wenigen Stunden oder einigen Tagen im Jahr auftritt, bis zu max. 2000 Stunden im Jahr.

Sprungfixe Kosten   Viele Kosten steigen nicht mit jeder Änderung des Beschäftigungsgrades, sondern nur in gewissen Sprüngen. Diese Kosten sind für eine Reihe von Beschäftigungsgraden fix, steigen dann plötzlich und bleiben wieder für ein bestimmtes Intervall fest.

Szenario   beschreibt die Entwicklung, die eintreten würde, wenn die laufenden Tendenzen bzw. Trends sich in die Zukunft fortsetzen würden; es bildet den Vergleichsmaßstab für andere Szenarien, in denen vom Trend abweichende Entwicklungspfade (z.B. eine Einführung einer Energiesparmaßnahme) abgebildet werden.

TPA   Third-Party-Access hier: Öffnung der Übertragungs-und/oder Verteilungsnetze für Dritte, z.B. im Binnenmarkt für Elektrizität.

Unbundling   hier: kostenrechnerische und organisatorische Trennung von Produktion, Transport und Speicherung.

VDEW   Vereinigung Deutscher Elektriziätswerke

VKU   Verband kommunaler Unternehmen

WEC   Weltenergierat (World Energy Council)

Wirkungsgrad   Verhältnis der Nutzleistung zur aufgewandten Leistung (z.B. bei Kraftmaschinen). Bei Wärmekraftmaschinen unterteilt man den Gesamtwirkungsgrad in den thermischen und mechanischen Wirkungsgrad. Hohe Wirkungsgrade vermindern den Einsatz von Energierohstoffen und führen damit auch zu einer Emissionreduktion klima- und ozonrelevanter Spurenstoffe.

Literaturverzeichnis

Altner, G./Dürr, H.P./Michelsen, G./Nitsch, J.: Zukünftige Energiepolitik, Bonn 1995

Baier, U.: Der fehlgeleitete Konsum. Eine ökologische Kritik am Verbraucherverhalten, Frankfurt 1993.

Benzler, G. et al.: Wettbewerbskonformität von Rücknahmeverpflichtungen im Abfallbereich, Essen 1995.

Berlo, K.: Auswertung der Nutzwärmekonzepte deutscher Stadtwerke. Eine Untersuchung im Auftrag des Wuppertal-Instituts für Klima, Umwelt, Energie, Dortmund 1993.

Biedenkopf, K.: Die ökologische Dimension der Wirtschaftsordnung, Sonderheft Politische Ökologie, München 1990.

Brown, L.: Die ökologische Revolution beginnen, Berlin 1992.

Bundesamt für Energiewirtschaft/Amt für Bundesbauten/Bundesamt für Konjukturfragen(Hrsg.): Externe Kosten und kalkulatorische Energiepreiszuschläge für den Strom- und Wärmebereich. Studie erstellt von INFRAS AG und Prognos AG, Bern 1994.

Bundesministerium für Umwelt, Naturschutz und Reaktorsicherheit, Vorabdruck aus UMWELT, Heft Februar 1996.

Bundesminister für Wirtschaft (BMWi): Interner Entwurf zur Neuregelung des Energiewirtschaftsrechtes, Bonn 1991.

Bundesministerium für Wirtschaft (BMWi): Internationale Kompensationsmöglichkeiten zur CO_2-Reduktion unter Berücksichtigung steuerlicher Anreize und ordnungspolitischer Maßnahmen. Kurzfassung eines Gutachtens in: BMWi Studienreihe, Nr. 86, Bonn 1995.

Bundesministerium für Wirtschaft (BMWi): Entwurf eines Gesetzes zur Neuregelung des Energiewirtschaftsrechts, Bonn 1996.

BUND: Memorandum zum 60. Jahrestag der Verkündigung des EnWG von 1935 am 16.12.1995, Bonn 1996.

BUND/MISEREOR (Hrsg.): Zukunftsfähiges Deutschland. Ein Beitrag zu einer global nachhaltigen Entwicklung. Studie des Wuppertal Instituts für Klima, Umwelt, Energie GmbH, Basel 1996.

Bündnis 90/Die Grünen: Eckpunktpapier. Ersatz des Energiewirtschaftsgesetzes (EnWG) durch ein Energiegesetz (EnG), Bonn 1995.

Bündnis 90/Die Grünen: Zeit für die SonnenEnergieWende, Bonn 1996.

Deregulierungskommission: Marktöffnung und Wettbewerb. Die Stromwirtschaft, Bonn 1991.

Der Spiegel, Nr. 23/1992.

Deutsch, C.: Abschied vom Wegwerfprinzip, Stuttgart 1994.

Die Zeit, 15.12.1995.

Energiewirtschaft: Heft 26, Seite 1633, 1994.

Energiewirtschaftliches Institut (EWI)/Öko-Institut: Zukünftiger, die Klimaschutzziele begünstigender Ordnungsrahmen insbesondere für die leitungsgebundene Energieträger, in: Enquête-Kommission »Schutz der Erdatmosphäre« des Deutschen Bundestages (Hrsg.), Bonn 1995.

Energiewirtschaftliches Institut (EWI): TPA and single buyer systems, Cologne 1995.

Enquête-Kommission »Vorsorge zum Schutze der Erdatmosphäre« des Deutschen Bundestages(Hrsg.): Schutz der Erde. Eine Bestandsaufnahme mit Vorschlägen zu einer neuen Energiepolitik, Bände 1 und 2. Bonn 1990.

Enquête-Kommission »Schutz der Erdatmosphäre« des Deutschen Bundestages (Hrsg.): Mehr Zukunft für die Erde – Nachhaltige Energiepolitik für dauerhaften Klimaschutz, Schlußbericht der Enquête-Kommission »Schutz der Erdatmosphäre« des 12. Deutschen Bundestages, Bonn 1995.

Ergebnisbericht des Round-Table »Least-Cost Planning«. Fakten und Kommentare. Ministerium für Wirtschaft und Mittelstand, Technologie und Verkehr des Landes Nordrhein-Westfalen, Düsseldorf 1995.

Erlhoff, M.: Nutzen statt besitzen, Göttingen 1995.

Fischedick, M./Hennicke, P.: Für eine klimaverträgliche und risikominimierende Energieversorgung, in: Greenpeace (Hrsg.): Der Preis der Energie. Plädoyer für eine ökologische Steuerreform, München 1995.

Fischedick, M. et al.: Kernenergie: Rettung aus der Klimakatastrophe oder Hemmschuh für effektiven Klimaschutz?, Wuppertal Papers Nr. 55, Wuppertal 1996.

Floyd, D.B.: Field Commissioning of a Daylight-Dimming Lighting System. in: Right Light Three. Proceedings Volume I. 3rd Conference on Energy-Efficient Lighting, 18th -21st June, Newcastle upon Tyne, England, S. 83-90 .

Freiburger Energie- und Wasserversorgungs AG: Presse-Erklärungen vom 17.4.1996 und 9.2.1996.

Fujii, Y.: An Assessment of the Responsibility for the Increase in the CO_2- Concentration and Intergenerational Carbon Accounts, Working Paper, IIASA, Laxenburg 1990.

GERTEC (Hrsg.): Konzept für ein Least-Cost Planning Abwasser, o.J. Essen.

Gesellschaft für Energieanwendung und Umwelttechnik (GEU): Integrated Resource Planning – Grundlagen für integrierte Verkehrsmodelle am Beispiel der Stadt Leipzig, Dresden, Leipzig, Berlin 1995.

Gillwald, K.: Ökologisierung von Lebensstilen. Argumente, Beispiele, Einflußgrößen, Berlin 1995.

Greenpease (Hrsg.): Least-Cost Planning. Der Weg zum Umbau unseres Energieversorgungssystems, Hamburg 1992.

Gröner, H.: Die Ordnung der deutschen Elektrizitätswirtschaft, Baden-Baden 1975.

Hennicke, P./Seifried, D.: »Endbericht Least-Cost Planning«. Studie im Auftrag der »Gruppe Energie 2010«, Wuppertal Institut/Öko-Institut, Wuppertal, Freiburg, 1994.

Hennicke, P.: LCP: Konzeptionelle Grundsatzfragen und Erfahrungen in der Bundesrepublik, in: Hoecker, K./Fahl, U.: Least-Cost Planning in der Energiewirtschaft: Chancen und Probleme, Verlag TÜV Rheinland,1992.

Hennicke, P. (Hrsg.): Solarwasserstoff – Energieträger der Zukunft ? Berlin 1995.

Hennicke, P.: Deregulierung oder Re-Regulierung? Neuordnung des Energierechts und Veränderung in der Struktur der Energiemärkte. Vortrag bei der Sozialdemokratischen Gemeinschaft für Kommunalpolitik, Bonn, Wuppertal 1996.

Herppich, W./Zuchtriegel, T./Schulz, W.: Least-Cost Planning in den USA, München 1989.

Hohmeyer, O.: Adäquate Berücksichtigung der Erschöpfbarkeit nicht erneuerbarer Ressourcen, in: Prognos: Externe Kosten, Basel 1992.

Homberg, F.: unveröffentlichtes Arbeitspapier, Wuppertal Institut 1995.

Horntrich, G.: Ökologie und Design – Widerspruch oder Perspektive?, in: Jacob, H.(Hrsg.): Zweites Kölner Design Jahrbuch 1993, Köln 1993a.

Horntrich, G.: Eine neue Warenästhetik: Anreiz oder Vorbedingung für Langzeitnutzen?, in: Gemeinsam Nutzen statt einzeln verbrauchen, IFG Ulm, Gießen 1993b.

Intergovernmental Panel On Climate Change (IPCC), Summaries for Policy Makers, IPCC Secretariat WMO, Geneva 1995.

Irrek, W.: Volkswirtschaftliche Vorteile und höhere Finanzierungssicherheit durch einen Stillegungs- und Entsorgungsfonds, Wuppertal Papers Nr. 53, Wuppertal 1996.

ISI/DIW: Gesamtwirtschaftliche Auswirkungen von Emissionsstrategien, in: Enquête-Kommission »Schutz der Erdatmosphäre« des Deutschen Bundestages, Band 3 Energie, Studienprogramm, Teilband II, Bonn 1995.

Kienbaum Unternehmungsberatung, unveröffentlichtes Manuskript vom 1.2.1996.

Klemmer, P.: Ecological Economics – Ökonomieverträglichkeit einer Stoffpolitik, in: IÖW, Informationsdienst.

Koenigs, T.: Minus 50 % Wasser möglich?, Frankfurt 1994.

Krause, F.: Least-Cost Planning in den USA: Erfahrungen und Perspektiven für eine energiedienstleistungsorientierte Energiewirtschaft in der BRD, Tagungsdokumentation, Öko-Institut, Freiburg 1991.

Krause, F. et al.: Nuclear Power, Executive Summary, IPSEP, El Cerrito 1995a.

Krause, F. et al.: Energy Policy in the Greenhouse. Vollume II, Cutting Carbon Emissions: Burden or Benefit? The Economics of Energy Taxes and Regulatory Reforms on Climate, Growth and Jobs, IPSEP 1995b.

Krause, F. et al: Energy Policy in the Greenhouse, Volume II, Part 3 B, Negawatt Power, The Cost and Potential of Electrical Efficiency Resources in Western Europe, Executive Summary, IPSEP, El Cerrito 1996 .

Küppers, P./Hanusch, Ch.: Das Dienstleistungsangebot Nutzwärme – eine sinnvolle Geschäftserweiterung für kommunale Versorgungsunternehmen? Stadtwerke Rottweil. Vortrag vor der Werkleiterversammlung, 30.11.1995 in Stuttgart, Stuttgart 1995.

Leprich, U.: Least-Cost Planning als Regulierungskonzept. Öko-Institut, Freiburg 1994.

Leprich, U.: NegaWatt: Die strategische Erschließung von Einsparpotentialen am Beispiel des US-amerikanischen Stadtwerkes SMUD, Stadtwerke Hannover/Öko-Institut 1995a.

Leprich, U.: Wettbewerbliche Impulse durch den Energiebinnenmarkt: Risiken und Chancen für die Umwelt?, Öko-Institut, Freiburg 1995b.

Masuhr, K. P. et al.: Konsistenzprüfung einer denkbaren zukünftigen Wasserstoffwirtschaft, Prognos AG, Basel 1991.

Michael, K. et al.: Marktanalyse »Besonders sparsame Haushaltsgeräte 1995«, Detmold 1995.

Monopolkommission: Hauptgutachten 1973/1975. Mehr Wettbewerb ist möglich, Baden-Baden 1976.

Monopolkommission: Mehr Wettbewerb auf allen Märkten, Baden-Baden 1994.

Müller,M./Hennicke,P.: Wohlstand durch Vermeiden, Darmstadt 1994.

Müller, M./ Hennicke, P.: Mehr Wohlstand mit weniger Energie, Darmstadt 1995.

Müller,M./Friege,H./Hennicke,P/ Simonis, U.: Mehr Wohlstand durch ökologische Stoffpolitk, Darmstadt 1996 (im Erscheinen).

Nitsch, J./Luther, J: Energieversorgung der Zukunft, Berlin, New York 1990.

Noergard, J.S./Viegard, J.: Low Electric Europe – Sustainable Options, Lyngby 1992.

Oesterwind, D. et al.: Energieversorgung für eine offene Gesellschaft. Auf der Suche nach der besseren Lösung, Essen 1996.

Öko-Institut: Vermeidungsagentur. Konzeptstudie für eine Agentur für gewerbliche Abfälle im Auftrag des Kreises Unna, Darmstadt 1991.

Öko-Institut: Entwicklung eines methodischen Instrumentariums für ein örtliches/ regionales »Least-Cost Planning«-Modell (incl. CO_2 -Reduktionskonzept). Gutachten im Auftrag der BEWAG Berlin, der Stadtwerke Hannover AG und der Energieleitstelle der Senatsverwaltung für die Stadtentwicklung und Umweltschutz Berlin, Freiburg, Darmstadt, Mannheim 1992a .

Öko-Institut: Umweltanalyse von Energie-, Transport- und Stoffsystemen: Gesamt-Emissions-Modell Integrierter Systeme (GEMIS) Version 2.0, U. Fritsche, J. Leuchtner, F.C. Matthes, L. Rausch, K.-H. Simon, im Auftrag.des Hessischen Ministeriums für Umwelt, Energie und Bundesangelegenheiten, Darmstadt, Freiburg, Kassel, Berlin 1992b.

Öko-Institut: Demand-Side-Management in der Wärmeversorgung. Ein warmmietenneutrales Contracting-Angebot für Plattenbauten am Beispiel der Fernwärmeversorgung in Dessau. Freiburg 1994.

Öko-Institut: Least-Cost Planning in der Wasserversorgung, Endbericht im Auftrag des Umweltministeriums Baden-Württemberg, Freiburg 1995.

Öko-Institut: Das Energiewende-Szenario 2020. Ausstieg aus der Atomenergie, Einstieg in Klimaschutz und nachhaltige Entwicklung, Darmstadt, Freiburg, Berlin 1996a.

Öko-Institut: Die Energiewende gestalten, Freiburg 1996b.

Österreichisches Institut für Wirtschaftsforschung: Makroökonomische und sektorale Auswirkungen einer umweltorientierten Energiebesteuerung in Österreich, Wien 1995.

Pasche, M.: Evolutorische Ökonomik und Ecological Economics, in: IÖW. Informationsdienst Nr. 5-6, 1995.

Pastowski, A./Lichtenthäler, D.: Least-Cost Tranportation Planning, Wuppertal-Paper Nr. 47, Wuppertal 1995.

Pohl, I.: Integrierte Ressourcenplanung in der Abfallwirtschaft, Studienarbeit an der TH Darmstadt, Darmstadt 1994.

Prognos AG: Rationelle Energieverwendung und -erzeugung ohne Kernergie: Möglichkeiten sowie energetische, ökologische und wirtschaftliche Auswirkungen, Basel 1987.

Prognos AG: Die externen Kosten der Energieversorgung, Stuttgart 1992.

Prognos AG et al.: Die Saarbrücker Energiestudie 2005: Untersuchung im Auftrag der Stadtwerke Saarbrücken. ARGE Prognos, Deutsche Forschungsanstalt für Luft- und Raumfahrt e.V., Zentrum für Sonnenergie und Wasserstoff-Forschung Baden-Württemberg und Öko-Institut, Basel, Berlin, Freiburg, Stuttgart 1994.

Prognos AG: Die Energiemärkte Deutschlands im zusammenwachsenden Europa – Perspektiven bis zum Jahr 2020, Basel 1995.

Prose, F./Wortmann, K.: Energiesparen: Verbraucheranalyse und Marktsegmentierung der Kieler Haushalte. Forschungsbericht, Universität Kiel, Institut für Psychologie, Kiel 1991.

Prose, F./Wortmann, K.: Negawatt statt Megawatt. Eine Energiesparlampen-Aktion, in: Altner, G. et al. (Hrsg.), Jahrbuch Ökologie 1992, München 1992.

Prose, F./Hübner, G.: Soziales Marketing für den Klimaschutz, in: Altner, G. et al. (Hrsg.): Jahrbuch Ökologie 1996, München 1996 .

RAVEL: Strom rationell nutzen. Umfassendes Grundlagenwissen und praktischer Leitfaden zur rationellen Verwendung von Elekrizität, Herausgegeben vom Bundesamt für Konjunkturfragen, Zürich 1992.

Reusswig, F.: Lebensstile und Ökologie, Frankfurt/M. 1994.

Riechmann, S./Schulz, W.: Verfahren zur Festlegung der Kosten- und Erlöslage einschließlich Kostenträgerrechnung im Preisgenehmigungsverfahren nach § 12 BTO-Elt, Vorläufiger Abschlußbericht, Köln 1995.

Sacramento Municipal Utility District (SMUD): Demand-Side Management Business Plan. Continuing to Build Sacramento´s Conservation Power Plant, Sacramento March 1995a.

Sacramento Municipal Utility District (SMUD): Demand-Side Management Strategic Plan 1996–2000. Striking a Competitive Balance, Sacramento 1995b.

Schaeffer, R.: Erfahrungen bei der Umsetzung einer neuen Wasserpolitik, Vortrag beim Deutschen Institut für Urbanistik, Frankfurt 1994.

Schiffer, H.-W.: Energiemarkt Bundesrepublik Deutschland, Köln 1994.

Schüssler, M./Hennicke, P.: Potentiale und Kosten für eine risikoarme Energieversorgung. Übersicht über die Ergebnisse internationaler Studien, Wuppertal 1994.

Schmidt-Bleek, F.: Wieviel Umwelt braucht der Mensch? MIPS – Das Maß für ökologisches Wirtschaften, Berlin 1994.

Schmidt-Bleek,F./Tischner U.: Produktentwicklung. Nutzen gestalten – Natur schonen, in: Schriftenreihe des Wirtschaftsförderungsinstituts, Wien 1995.

Schweizer Rückversicherungs-Gesellschaft: Risiko Klima, Zürich 1994.

Seifert, E.K./Priddat, B.P. (Hrsg.): Neuorientierung in der ökonomischen Theorie, Marburg 1995.

Seifried, D./Stark, N.: Energiedienstleistungen. Strategien und Marketingansätze für eine ökologische Energieversorgung, Freiburg 1994.

SPD-Bundestagsfraktion: Wege zu einer klimaverträglichen Energiepolitik. Handlungsempfehlungen der Arbeitsgruppe »Klima« der SPD-Bundestagsfraktion in der Enquête-Kommission »Schutz der Erdatmosphäre«, Bonn 1995.

Stadtwerke Hannover AG (Hrsg.): Integrierte Ressourcenplanung. Die LCP-Fallstudie der Stadtwerke Hannover, Gutachten erstellt vom Öko-Institut und Wuppertal Institut, Hannover 1995.

Stadtwerke Saarbrücken: Das Saarbrücker Zukunftskonzept Energie, Saarbrücken 1992 .

Stahel, W.R.: Vermeidung von Abfällen im Bereich Produkte. Vertiefungsstudie zur Langlebigkeit und zum Materialrecycling, in: Tagungsbericht Wirtschaft und Staat. Zusammen Lösungen zur Abfallvermeidung anpacken, Stuttgart 1991.

Stahel, W.R.: Produktgestaltung und Produktverantwortung, in: Konzentrierte Aktion Ökotechnik/Ökowirtschaft, Chancen für Umwelt und Wirtschaft, Flensburg 1993.

Stumpf, H./Windorfer, E.: Fernwärme in der Bundesrepublik Deutschland. Hindernisse für ihre Förderung, WIBERA, Düsseldorf 1994.

TAM – Nachrichtendienst für die Versorgungswirtschaft, München 3/96.

Traube, K.: Wirtschaftlichkeit der Kraft-Wärme-Kopplung und Hindernisse für ihren Ausbau durch kommunale Versorgungsunternehmen; im Auftrag des Ministeriums für Wirtschaft, Mittelstand und Technologie des Landes Nordrhein-Westfalen, Hamburg 1987.

Traube, K.: Perspektiven der Umstrukturierung des westdeutschen Energiesystems angesichts des CO2-Problems, Bremer Energie-Institut, Bremen 1992.

Verband kommunaler Unternehmen (VKU), Nachrichtendienst Nr. 569, Köln 1996.

Weidemann, C.: Abfallgesetz, München 1995.

Weizsäcker, E.U.: Erdpolitik. Ökologische Realpolitik an der Schwelle zum Jahrhundert der Umwelt, Darmstadt 1994.

Weizsäcker, E.U./Lovins, B.L./Lovins, L.H.: Faktor 4. Doppelter Wohlstand – halbierter Naturverbrauch, München 1995.

Wirth, M.:Herausforderung Öko-Effizienz, in: Oikos, Umweltökonomische Studenteninitiative an der Universität St. Gallen, o.J. St. Gallen.

Wollny, V.: Abschied vom Müll, Göttingen 1992.

World Energy Council (WEC)/International Institute for Applied Systems Analysis (IIASA): Global Energy Perspektives to 2050 and Beyond, WEC Report 1995, London 1995.

Wüstenhagen, R.: Integration ökologischer Dienstleistungen in Umweltmanagement und Umwelt-Audit eines kommunalen Energieversorgungsunternehmens, Diplomarbeit, TU-Berlin, Fachbereich Wirtschaft und Management, Berlin 1996.

Wuppertal Institut/Beratungsgruppe Energie + Marketing : Evaluierung des KesS-Programms der RWE Energie AG, Endbericht, Gutachten im Auftrag von RWE Energie AG, Wuppertal, Icking 1995

Index

Wieviel Umwelt braucht der Mensch?

Die Materialintensität unseres Wohlstandes ist ökologisch nicht mehr tragbar: Wir beuten die natürlichen Ressourcen aus und hinterlassen Abraumhalden, Erosionen und gestörte Wasserläufe. Die menschengemachten Materialverschiebungen, die Stoffströme, verändern die natürlichen Balancen, nachhaltig und unaufhaltsam. Wir müssen lernen, Wohlstand mit weniger Umwelt zu erhalten und zu schaffen.

„Der ökologische Strukturwandel steht erst am Anfang. Er muß als Chefsache in Wirtschaft und Politik begriffen werden. Nun haben die Chefs die richtige Lektüre."
Ernst Ulrich von Weizsäcker

Friedrich Schmidt-Bleek
Wieviel Umwelt braucht der Mensch?
MIPS – Das Maß für ökologisches Wirtschaften
Mit einem Vorwort von
Ernst Ulrich von Weizsäcker
304 Seiten mit 10 Farbfotos
und 35 zweifarbigen Grafiken
Gebunden mit Schutzumschlag
ISBN 3-7643-2959-9

In allen Buchhandlungen erhältlich